21世纪高等教育计算机规划教材

数据库原理及应用

DataBase Concepts and Applications

罗佳 杨菊英 杨铸 编著

人民邮电出版社

北 京

图书在版编目（CIP）数据

数据库原理及应用 / 罗佳，杨菊英，杨铸编著. --
北京 : 人民邮电出版社，2016.11（2023.8重印）
21世纪高等教育计算机规划教材
ISBN 978-7-115-43975-8

Ⅰ. ①数… Ⅱ. ①罗… ②杨… ③杨… Ⅲ. ①关系数
据库系统－高等学校－教材 Ⅳ. ①TP311.138

中国版本图书馆CIP数据核字(2016)第265199号

内 容 提 要

本书以关系数据库为核心，全面系统地阐述了数据库系统的相关概念、基本原理和应用技术。全书分为原理篇（第1~6章）、应用篇（第7~9章）和提高篇（第10章）。其中原理篇包括数据库系统绪论、数据模型、关系代数、规范化设计、结构化查询标准语言 SQL、数据库安全及 SQL 的高级编程等；应用篇介绍了数据库的应用实践，包括数据库应用系统的开发流程、C/S 开发案例—学生成绩管理系统（SQL Server+JAVA），以及 B/S 开发案例—在线成绩管理系统（MySQL+PHP）等；提高篇介绍了大数据技术。

本书内容丰富、结构清晰、理论与实践紧密结合，以"一书两案例"模式贯穿全文，每章都配备上机实训，实用性强。

本书既可作为高等学校本科和专科计算机专业、信息系统专业及相关专业数据库课程的教学用书，也可作为从事数据库管理、信息领域工作和计算机应用开发的工程人员和科技人员的自学参考书。

◆ 编　著　罗　佳　杨菊英　杨　铸
　　责任编辑　刘　博
　　责任印制　沈　蓉　彭志环
◆ 人民邮电出版社出版发行　北京市丰台区成寿寺路 11 号
　　邮编　100164　电子邮件　315@ptpress.com.cn
　　网址　http://www.ptpress.com.cn
　　北京九天鸿程印刷有限责任公司 印刷
◆ 开本：787×1092　1/16
　　印张：21.25　　　2016 年 11 月第 1 版
　　字数：561 千字　　2023 年 8 月北京第 5 次印刷

定价：49.80 元
读者服务热线：(010)81055256　印装质量热线：(010)81055316
反盗版热线：(010)81055315
广告经营许可证：京东市监广登字 20170147 号

前言

数据库原理及应用是计算机学科和信息类专业重要的学科基础课，是一门理论性和实践性都很强的专业基础课程。随着以云计算为基础的电子商务信息平台的蓬勃发展，尤其是大数据时代的到来，使数据库成为应用最广泛的技术之一。为了适应数据库发展需要，并结合近年来的教学实践，作者编写了这本教材，目的是使读者在学习数据库基础知识的同时，也能学会运用数据库编程进行简单的数据库应用系统开发。

本书的一个特色是以关系数据库为主，以数据库管理系统（DBMS）为中心，将数据库的主体内容划分为原理篇（第 1~6 章）、应用篇（第 7~9 章）和提高篇（第 10 章）三大部分，并通过一个贯穿全书的案例——学生成绩管理系统，将三部分内容有机地结合在一起；另外，本书还将另一个类似案例——图书管理系统穿插于每一章的上机实训中，让读者依葫芦画瓢，自行完成，从而形成 "一书两案例"的独特模式。两个案例同步进行，既能辅助教师的课外实训教学，减轻教师的工作量，又能让学生一次性学会两个完整的数据库项目开发，大大强化了学生的动手实践能力，可谓"双管齐下，一举两得"。

本书的另一个特色是，在应用篇中使用了当前较流行的开发语言 Java 和 PHP，并分别搭配目前使用频率较高的两种数据库 SQL Server 和 MySQL，向读者全方位呈现软件开发的两大体系架构 C/S 和 B/S 的开发过程。这样既打破了传统教材介绍单一数据库的局限性，又丰富了本书的项目实践案例。本书的各章具体内容安排如下。

第 1 章　绪论。本章主要讲述数据库的基础知识，包括数据管理的发展，数据库的相关概念，概念模型 E-R 图和数据模型、数据库系统组成，以及数据库的体系结构等。

第 2 章　关系数据库。本章主要讲述关系数据库的重要概念，系统地对关系模型进行描述，并通过实例详细讲解关系代数，包括并、交、差、笛卡尔积集合操作，以及特殊的选择、投影、连接和除运算。

第 3 章　关系数据库的规范化。本章是进行数据库设计必需的理论基础，主要讲述函数依赖的相关概念，1NF、2NF、3NF 和 BCNF 的定义及其规范化方法等。

第 4 章　关系数据库标准语言 SQL。本章是进行数据库操作的重点章节，主要讲述标准 SQL 语言的基础语法及应用，通过列举大量的实例帮助读者理解和掌握 SQL 语言的使用和特点。

第 5 章　数据库的安全与保护。本章主要讲述数据库的安全性控制、完整性控制、数据库的并发控制技术，以及数据备份与恢复技术。

第 6 章　SQL 高级编程。本章属于 SQL 语言的提高章节，要求读者有一定的 SQL 语言基础，因此本章可作为教材的选讲章节。本章主要讲述 Transact-SQL 语言的基本语法、函数、游标、存储过程、触发器的定义和使用方法等。

第 7 章　数据库应用系统开发。本章主要讲述数据库应用系统的开发流程，数据库产品介绍、前台开发语言介绍，以及数据库连接技术的介绍等。

第 8 章　C/S 开发——学生成绩管理系统（SQL Server+Java）。本章主要讲述学生成绩管理系统的开发全过程，包括用 Java 语言进行前台界面编程，SQL Server 后台数据库编程，以及前后台的 JDBC 连接编程等。

第 9 章　B/S 开发——在线成绩管理系统（MySQL+PHP）。本章主要讲述通过 Web 浏览器进行学生成绩管理系统的设计和实现过程，以及用 PHP 语言调用 MySQL 数据库编程等。

第 10 章　大数据。本章简要介绍大数据的定义，大数据处理的流程，以及核心技术 Hadoop、应用领域、当前热点问题及未来发展趋势。

本书由长期从事相关课程教学的教师共同编写，是对多年数据库教学的经验和实践总结。在本书的编写过程中，人民邮电出版社及方智、杨姝等教师对本书的出版提供了极大的支持和帮助，并提出了许多宝贵的意见和建议，在此表示诚挚的感谢。

虽然本书已经过严格的审核、精细的编辑，但由于水平有限，书中难免有疏漏和不足之外，敬请各位读者和专家批评指正。

为方便教学，本书配有电子课件 PPT，以及相关教学案例的完整源代码，任课教师如有需要，可与人民邮电出版社联系，或联系作者邮箱 luojia_dou@163.com，免费提供。

编　者

2016 年 8 月

目 录

原 理 篇

应 用 篇

提 高 篇

原 理 篇

第1章 绪论

数据库技术是计算机科学的重要分支，产生于20世纪60年代末70年代初，其主要目的是研究如何对数据资源进行有效地管理和存取，以便提供可共享、安全、可靠的信息。数据库从诞生到现在，在不到半个世纪的发展里，形成了坚实的理论基础、成熟的商业产品和广泛的应用领域，是计算机领域发展最快的技术之一。随着 Internet 信息技术的发展，数据库技术更是渗透人们日常生活的方方面面，如网上购物、飞机、火车票预定系统、网络游戏等，无一不使用到数据库，它已然成为计算机信息系统和应用系统的核心技术和重要基础。数据库技术的建设规模、信息量的大小及使用程度也成为目前衡量国家及企业信息化程度的重要标志。

1.1 数据库技术的发展

数据库的历史可以追溯到20世纪50年代，那时的数据管理非常简单，先是通过人工进行大量的分类绘制表格，再由机器运行数百万张穿孔卡片来进行最终的数据存储和处理，其程序繁琐且效率低下。然而，1951年雷明顿·兰德公司的名叫 Univac I 的计算机推出了一种能一秒钟可以输入数百条记录的磁带驱动器，标志着开始了数据库管理革命。

简单地说，在应用需求的推动下，随着计算机软硬件的发展，数据库管理技术经历了人工管理、文件系统、数据库系统3个阶段。这3个阶段的特点及其比较如表1.1所示。

表 1.1　　　　　　　　　　　　　　数据管理 3 个阶段的比较

		人工管理阶段	文件系统阶段	数据库系统阶段
背景	应用背景	科学计算	科学计算，数据管理	大规模数据管理
	硬件背景	无直接存取存储设备	磁盘、磁鼓	大容量磁盘及阵列
	软件背景	没有操作系统	有文件系统	有数据库管理系统
特点	处理方式	批处理	联机实时处理、批处理	联机实时处理、分布处理、批处理
	数据的管理者	用户	文件系统	数据库管理系统
	数据面向的对象	某一应用程序	某一应用	现实世界

续表

特点		人工管理阶段	文件系统阶段	数据库系统阶段
特点	数据的共享程度	无共享、冗余度极大	共享性差、冗余度大	共享性高、冗余度小
	数据的独立性	不独立、完全依赖程序	独立性差	具有高度物理独立性和一定的逻辑独立性
	数据的结构化	无结构	记录内有结构、整体无结构	整体结构化、用数据模型描述
	数据控制能力	应用程序自己控制	应用程序自己控制	由数据库管理系统提供数据安全性、完整性、并发控制和恢复能力

1.1.1　人工管理阶段

在 20 世纪 50 年代中期之前，计算机硬件还不完善，硬件存储设备只有磁带、卡片和纸带，计算机软件更没有操作系统和管理数据的软件。当时的计算机仅仅用于数值计算，对于数据的逻辑结构和物理结构，包括存储、存取、输入、输出等，都需要程序员人工操作，且数据处理只能是批处理，一旦物理组织发生改变，用户程序就必须重新编制。由于数据的组织面向应用，不同的程序之间不能实现数据的共享，且不同的应用之间存在大量的重复数据，很难维护应用程序之间数据的一致性。总的说来，这一阶段的数据管理具有如下特点。

（1）数据不能保存。

（2）应用程序管理数据。

（3）数据不共享。

（4）数据不具有独立性。

在人工管理阶段，程序与数据之间的对应关系如图 1.1 所示。

图 1.1　程序与数据之间的对应关系

1.1.2　文件系统阶段

从 20 世纪 50 年代后期到 60 年代中期，计算机硬件磁盘、磁鼓等直接存储设备的出现，推动了软件技术的发展，而操作系统的出现更是标志着数据管理技术步入了一个新的阶段——文件系统阶段。在这个阶段数据以文件为单位存储在外存储器上，并由操作系统统一管理。用户程序和数据也可分别放在外存储器上，各个应用程序可实现共享，处理方式不仅可以是批处理，也可以是联机实时处理。文件系统管理数据具有如下特点。

（1）数据可长期保存。

（2）文件系统提供程序和数之间的读写方法。

（3）可数据共享，但共享性差、冗余度大。

（4）数据具有独立性，但独立性较差。

在文件管理阶段，文件与数据之间的对应关系如图 1.2 所示。

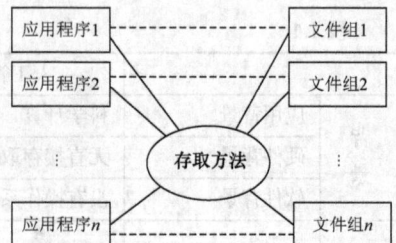

图 1.2　文件与数据之间的对应关系

1.1.3 数据库系统阶段

20 世纪 60 年代后期以来，计算机管理对象规模越来越大，应用范围越来越广泛，数据量急剧增长，多种应用、多种语言互相覆盖地共享数据集合的要求越来越强烈。同时计算机硬件已有类似硬盘的大容量的磁盘，硬件价格随之下降，软件的编制和维护成本却相对上升；在处理方式上，联机实时处理的要求更多，并开始提出分布处理。在这种背景下，以文件系统作为数据管理手段已经不能满足应用的需求，于是为了解决多用户、多应用共享数据的需求，使数据尽可能多的应用服务，数据库技术应运而生，出现了统一管理数据的专门软件系统——数据库管理系统。数据库管理系统管理数据阶段具有如下特点。

（1）以数据为中心组织数据，形成综合性数据库，为各应用实现高度共享。

（2）数据冗余小，易扩展，易修改。

（3）数据具有高度独立性。

（4）对数据进行统一的数据库管理，提供了数据的安全性、完整性和并发控制。

在数据库系统阶段，数据库与数据之间的对应关系如图 1.3 所示。

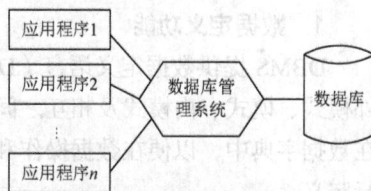

图 1.3　数据库与数据之间的对应关系

综上所述，数据库是长期存储在计算机内有组织的、大量的、共享的数据集合。它可以供各种用户共享，具有最小冗余度和较高的数据独立性。数据库管理系统（Database Management System，DBMS）在数据库建立、运用和维护时对数据库进行统一控制，以保证数据的完整性和安全性，并在多用户同时使用数据库时进行并发控制，在发生故障后对数据库进行恢复。目前，数据库已成为现代化信息系统的重要组成部分，也是计算机领域发展最快的技术之一。

1.2　数据库的基本概念

在系统地介绍数据库及数据库系统之前，首先介绍一些数据库的最常用的术语和基本概念。

1.2.1 数据

数据（Data）是数据库中存储和处理最基本的对象。数据是现实世界中信息的一种抽象，一种符号化表示方法。数据在大多数人头脑中的第一个反映就是数字，例如 1、3、99…等，其实这只是数据狭义的理解。广义的数据种类很多，除了数字，文本、图形、图像、音频、视频、记录等都是数据。

可以对数据做如下定义：描述事物的符号记录称为数据。描述事物的符号可以是数字，也可以是文字、图形、图像、声音、语言等。数据有多种表现形式，它们都可以经过数字化后存入计算机。

在现代计算机系统中数据的概念更加广泛。早期数据存于计算机中主要用于科学计算，处理的数据也仅仅是数值型数据，如整型、实数、浮点型等。现在计算机中存储和处理的数据对象越来越复杂。

1.2.2 数据库

数据库（DataBase，DB），顾名思义，是存放数据的仓库，只不过这个仓库在计算机存储设备上，并且按一定格式存放。

严格地讲，数据库是长期存储在计算机内、有组织的、可共享的、大量数据的集合。数据库中的数据按一定的数据模型组织、描述和储存，具有较小冗余度（redundancy）、较高数据独立性（data independency）和易扩展性，并可为各种用户共享。概括地讲，数据库具有永久存储、有组织和可共享 3 个基本特点。

1.2.3　数据库管理系统

数据库管理系统（DataBase Management System，DBMS），是位于用户与操作系统之间的一层数据管理软件。数据库管理系统和操作系统一样是计算机的基础软件，也是一个大型复杂的软件系统，它的主要功能包括以下 4 个方面。

1. 数据定义功能

DBMS 提供数据定义语言（Data Definition Language，DDL），定义数据库的三级结构，包括外模式、模式、内模式及相互之间的映像。各级模式通过 DDL 编译成相应的目标模式，并保存在数据字典中，以便在数据操作和控制中使用。用户还可通过它方便地对数据库中的数据对象进行定义。

2. 数据操纵功能

DBMS 提供了数据操纵语言（Data Manipulation Language，DML），用户可以使用 DML 操纵数据，实现对数据库的基本操作，如查询、插入、删除和修改等。

3. 数据库运行管理功能

数据库的所有操作都在 DBMS 的统一管理和控制下进行，以保证事务的正确运行，是 DBMS 运行时的核心部分。具体包括以下功能。

（1）数据库的建立。数据库的建立是指对数据库各种数据的组织、存储、输入、转换等，包括以何种文件结构和存取方式组织数据，如何实现数据之间的联系等。

（2）数据库的维护。数据库的维护是指通过对数据的并发控制、完整性控制和安全性保护等策略，以保证数据的安全性和完整性，并且在系统发生故障后能即时恢复到正确状态。

4. 数据字典

数据字典（Data Dictionary，DD）中存放着对实际数据库各级模式所做的定义，也就是对数据库结构的描述。DBMS 根据数据字典中的定义，从物理记录中导出逻辑记录，再根据逻辑记录导出用户所检索的记录。所以数据字典是 DBMS 管理和存取数据的基本依据，是对数据库数据集中管理的手段。同时，数据字典在系统设计、实现、运行和扩充各个阶段，是管理和控制数据库的有力信息工具。

目前市面上的 DBMS 产品很多，公司不同，规模也不同，它们各自以特有的性能，在数据库市场上各占一席之地。有关各产品介绍将在第 7 章中详细讲解。

1.2.4　数据库系统

数据库系统（DataBase System，DBS）是指计算机引入数据库后的系统，它能够有组织地、动态地存储大量的数据，提供数据处理和数据共享机制。一般由硬件系统、软件系统、数据库和人员组成。应当指出的是，数据库的建立、使用和维护等工作只靠一个 DBMS 远远不够，还需要专门的专业人员来协助完成。在一般不引起混淆的情况下，常常把数据库系统直接简称为数据库。

1.3 数据模型

在现实世界中，人们对模型并不陌生。一张地图、一组建筑沙盘、一架飞机航模，一眼看去，就会使人联想到真实生活中对应的事物。模型是对现实世界中某个对象特征的模拟和抽象。

数据模型（Data Model）也是一种模型，它是对现实世界数据（Data）特征的抽象。也就是说，数据模型用来描述数据、组织数据和对数据进行操作。由于计算机不可能直接处理现实世界中的具体事物，所以人们必须事先把具体事物转换成计算机能够处理的数据，即要数字化，把具体的人、物、活动、概念等用数据模型来抽象表示和处理。所以数据模型是实现数据抽象的主要工具，具有很大的优越性。

数据模型是数据库系统的核心和基础，决定了数据库系统的结构、数据定义语言和数据操纵语言、数据库设计方法、数据库管理系统软件的设计和实现。它也是数据库系统中用于信息表示和提供操作手段的形式化工具。

1.3.1 两类数据模型

不同的数据模型是提供给模型化数据和信息的不同工具。根据模型应用的不同目的，可将数据模型分为两类：一类是概念模型（Conceptual Model），也称信息模型，是按用户的观点对数据和信息建模；另一类是计算机支持的数据模型，是按计算机系统观点对数据建模，它包括逻辑模型（Logical Model）和物理模型（Physical Model）。

其中，第二类数据模型中的逻辑模型主要包括层次模型（Hierarchical Model）、网状模型（Network Model）、关系模型（Relational Model）、面向对象模型（Object Oriented Model）和对象关系模型（Object Relational Model）等，主要用于 DBMS 的实现，需由用户自行设计和实现。而第二类数据模型中的物理模型则是对数据最底层的抽象，它描述数据在系统内部（如磁盘或磁带上）的表示和存取方法。物理模型的具体实现一般由 DBMS 完成，用户不必考虑其细节。

为了把现实世界的具体事物抽象组织成为计算机系统 DBMS 支持的数据模型，人们常常需要首先将现实世界抽象为信息世界，然后将信息世界转换为机器世界。也就是说，首先把现实世界中的客观对象抽象为某一种信息数据，成为一种概念级的模型，这个转换过程是由数据库设计人员完成的；然后再把这概念模型转换为计算机上某一 DBMS 支持的逻辑模型，这个转换过程是由数据库设计人员和数据库设计工具 DBMS 共同完成；最后逻辑模型再转换为最底层的物理模型，从而进行最终的实现。这个转换过程是由 DBMS 自行完成，如图 1.4 所示。

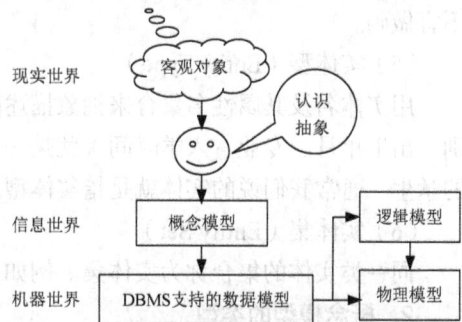

图 1.4 将客观对象抽象为数据模型的完整过程

1.3.2 概念模型

概念模型（Conceptual Data Model）是面向数据库用户的现实世界的数据模型，是现实世界到信息世界的第一层抽象，主要用于描述现实世界的概念化结构。它是数据库的设计人员在设计初始阶段的有力设计工具，使设计人员可以摆脱计算机系统及数据库管理系统的具体技术问题，集中精力分析数据及数据之间的联系等，与 DBMS 无关。

从图 1.6 可以看出概念模型是现实世界到机器世界的一个不可缺少的中间层。因此，概念层需要具备两个方面的特征：一方面，概念模型应该具有较强的语义表达能力，能够方便、直接地表达应用中的各种语义知识；另一方面，概念模型应该简单、清晰、易于用户理解。

1. 概念模型的术语

（1）实体（Entity）

客观存在并可相互区别的事物称为实体。实体可以是具体的人、事、物，也可以是抽象的概念或联系。例如，一个职工、一个学生、一个部门、一门课、学生的一次成绩、部门的一次订货、老师与院系的工作关系等都是实体。

（2）属性（Atribute）

实体所具有的某一特性称为属性。一个实体可以由若干个属性来刻画。例如，学生实体可用若干属性（学号、姓名、性别、出生年月日、所在院系、入学时间）来描述。其中各个属性针对实体的不同取值也不同，实体的具体取值称为属性值。例如，1340620232，吴伟，男，12/23/1990，计算机系，09/01/2013，在学生实体集中表征了一个具体的学生。

具有相同属性的实体具有共同的特征和性质，用实体及其属性名集合来抽象和刻画同类实体，称为实体型。如实体型"学生"表示全体学生的概念，并不具体指学生甲或学生乙。每个学生是学生实体"型"的一个具体"值"，必须明确区分"型"和"值"的概念。在数据模型中的实体均是针对"型"而言。以后在不致引起混淆的情况下，说实体即是指实体型。

（3）联系（Relationship）

实体集之间的对应关系称为联系，它反映现实世界事物内部及事物之间的联系。联系分两种，一是实体内部各属性之间的联系，例如，相同年级的学生有很多，但一个学生只有一个年级；另一种是实体之间的联系，例如，一个学生可以选修很多门课，一门课可以被很多学生选修。在这里主要讨论实体与实体之间的联系。

（4）码（Key）

码，又称关键字，是在属性集中能唯一标识实体的属性或属性组合。例如，学生的学号因具有唯一性，故可以将"学号"选做学生实体的码。反之，由于姓名可能存在重复性，故"姓名"不宜做码。

（5）实体型（Entity Type）

用实体名及其属性名集合来抽象描述同类实体，称为实体型。例如，学生（学号、姓名、性别、出生年月、专业、入学时间）就是一个实体型。它是表示学生这个信息，不是指某一个具体的学生。通常我们说的实体就是指实体型。

（6）实体集（Entity Set）

同一类实体的集合称为实体集。例如，全校学生就是一个实体集。

2. 概念模型的类型

概念模型的类型主要根据实体与实体间的联系类型（这里主要讨论两个实体之间的联系类型）划分的，可分为以下 3 种。

（1）一对一联系（1：1）

如果对于实体集 A 中的每一个实体，实体集 B 中至多有一个实体与之联系；反之，实体集 B 中的每一个实体至多和实体集 A 中的一个实体联系，则称实体集 A 与实体集 B 具有一对一联系，记为 1：1。如图 1.5 所示。

例如，学校里面，一个班级只有一个正班长，而一个正班长只在一个班中任职，则班级与正班长之间具有一对一联系。

"至多"一词的含义，最多一个，也可以没有，1∶1 联系不一定都是一一对应的关系。

（2）一对多联系（1∶n）

如果对于实体集 A 中的每一个实体，实体集 B 中有 n 个实体（$n \geq 0$）与之联系；反之，对于实体集 B 中的每一个实体，实体集 A 中至多只有一个实体与之联系，则称实体集 A 和实体集 B 有一对多联系，记为 1∶n，如图 1.6 所示。

例如，一个班级中有若干名学生，而每一个学生只在一个班级里学习，则班级与学生之间具有一对多联系。

（3）多对多联系（m∶n）

如果对于实体集 A 中的每一个实体，实体集 B 中有 n 个实体（$n \geq 0$）与之联系；反之，对于实体集 B 中的每一个实体，实体集 A 中也有 m 个实体（$m \geq 0$）与之联系，则称实体集 A 与实体集 B 具有多对多联系，记为 m∶n，如图 1.7 所示。

例如，一门课程同时有若干个学生选修，而一个学生可以同时选修多门课程，则课程与学生之间具有多对多联系。

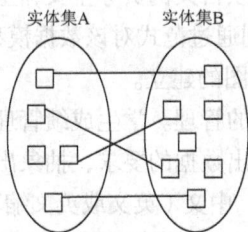

图 1.5　一对一联系（1∶1）　　图 1.6　一对多联系（1∶n）　　图 1.7　多对多联系（m∶n）

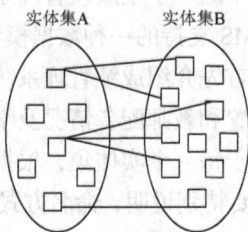

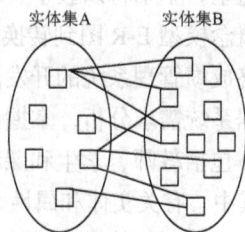

此外，单个实体集，以及两个以上实体集间也可发生以上三种联系，但因其都可转换为上述的两个实体集之间的联系，故在此不再赘述。设计者应当认真分析，使之真实反映现实世界。

3. 概念模型的表示方法：E-R 图

概念模型是对信息世界建模，所以概念模型应该能够方便、准确地表示信息世界中的常用概念。概念模型的表示方法很多，其中最著名最常用的是 P.P.S.Chen 于 1976 年提出的实体—联系方法，用这个方法描述的概念模型称为实体—联系模型（Entity-Relationship Approach），简称 E-R 模型，用图形表示的 E-R 模型称为 E-R 图。E-R 模型可以非常方便地进一步转换为任何一种 DBMS 所支持的数据模型。

E-R 图包括如下 3 个要素。

（1）实体：用矩形框表示，框内标注实体名称。

（2）属性：用椭圆形表示，椭圆框内标注各属性名称，并用连线将椭圆框与相应的实体连接起来。

例如，学生实体具有学号、姓名、性别、出生年份、系、入学时间等属性，用 E-R 图表示，如图 1.8 所示。

（3）联系：用菱形表示，菱形框内标注联系名称，并用连线将菱形框与有关的实体连接起来，同时在连线旁标注联系的类型（1∶1、1∶n 或 m∶n）。

例如，如果用"选修"作为学生实体和课程实体间的联系，用 E-R 图表示，如图 1.9 所示。

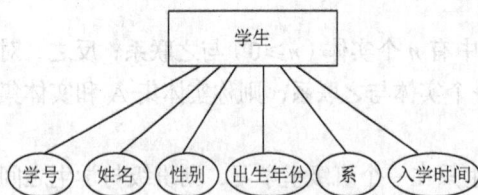

图 1.8　学生实体及属性　　　　　图 1.9　学生及课程间的联系

> 实体间的联系是指一个实体型所表示的集合中的每一个实体与另一个实体型中多个实体存在联系，并非指 1 个矩形框通过菱形框与另外几个矩形框画连线。实体间的联系虽然复杂，但都可以分解到少数实体间的联系，最基本的是两个实体间的联系。

在这里，本书将以教学管理系统中的"学生成绩管理系统"为项目案例贯穿全文，全程讲述从建立概念模型 E-R 图到转换为 DBMS 支持的一种数据模型，再到通过范式对该数据模型修正，直到最终成绩管理系统的开发。下面首先介绍成绩管理系统的 E-R 图的建立。

根据系统需求分析，掌握课程设置和教师配备情况及学生成绩的管理。学生成绩管理系统涉及的实体包括教师、学生和课程；对于每一个实体集，根据系统输出数据的要求，抽象出实体集属性。其中，有关实体和属性命名需要特别说明，命名方式一般是：中文（英文或英文缩写）。中文命名是为了方便数据库设计人员及团队对数据库信息的获取和交流，括号里的英文命名是为了方便后续对数据库的实际存储和编程。

① 教师（Teacher）：教师号（Tno）、姓名（Tname）、性别（Tsex）、职称（Tpro）、系（Tdept）。

② 学生（Student）：学号（Sno）、姓名（Sname）、性别（Ssex）、出生日期（Sbirth）、系（Sdept）。

③ 课程（Course）：课程号（Cno）、课程名（Cname）、学分（Ccredit）、学时（Chour）。

作为一个系统内的实体集，这些实体间并不会完全相互独立，一定存在着联系，因此有必要对实体间的联系做如下分析。

① 1 个教师可以讲授多门课程，而 1 门课程也可以由多个教师共同讲授，且每个教师讲授的每门课程都有不同的教学评价，因此教师与课程之间是多对多联系，记为 $m∶n$。

② 1 个学生可以选修多门课程，而 1 门课程也可以被多个学生选修，且每个学生选修每门课程都有不同的的成绩，因此学生与课程之间也是多对多联系，记为 $p∶n$。

③ 1 个教师可以给多个学生授课，而 1 个学生也有多个不同的上课教师，且每个学生对每个教师也有不同的教学评价，因此教师和学生之间仍然是多对多联系，记为 $m∶p$。

将以上各实体及实体间的联系分析后，初步建立了图 1.10 所示的成绩管理系统的 E-R 图。

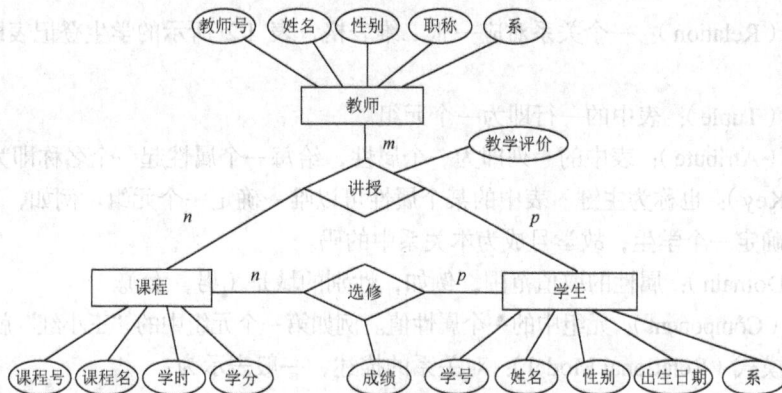

图 1.10　成绩管理系统的 E-R 图

1.3.3　关系模型

通过分析，将现实世界中的事物抽象成 E-R 图描述的概念模型后并不能直接存入计算机。概念模型中的实体与实体间的联系必须进一步表示成便于计算机处理的数据模型。数据模型是数据库系统的一个核心问题，数据库系统大多都是基于某种数据模型的。目前数据库系统领域中常用的数据模型如下。

（1）层次模型（Hierarchical Model）。

（2）网状模型（Network Model）。

（3）关系模型（Relational Model）。

（4）面向对象模型（Object Oriented Model）。

（5）对象关系模型（Object Relational Model）。

其中关系模型是以上模型中最常用、最重要的一种，关系数据库系统大都采用关系模型作为数据的组织方式。

1970 年美国 IBM 公司圣荷西（San Jone）研究室的研究员埃德加·弗兰克·科德（E. F. Codd）首次提出数据库系统的关系模型，开创了数据库关系方法和关系数据理论的研究，为数据库技术奠定了理论基础。由于 E. F. Codd 的杰出工作，他于 1981 年获得了 ACM 图灵奖。

20 世纪 80 年代，计算机厂商新推出的数据库管理系统几乎都支持关系模型，非关系模型的产品也大都加上了关系接口。数据库领域当前的研究工作也都是以关系方法为基础。为此，本书重点研究数据模型中的关系模型。

1. 关系模型的数据结构

关系模型与以往的模型不同，是建立在严格的数据概念的基础上。但从用户观点看，关系模型的数据结构其实就是一张规范化的二维表格，每一张二维表格称为一个关系（Relation）。二维表格中存放了两类数据，即实体本身的数据和实体间的联系。现以学生登记表（如表 1.2 所示）为例介绍关系模型中常用的术语。

表 1.2　　　　　　　　　　　　学生登记表

学号	姓名	性别	出生日期	专业
2005004	王小红	女	02/12/1990	软件技术
2005006	黄大鹏	男	04/05/1991	计算机科学
2005008	张文彬	男	03/20/1990	网络管理

（1）关系（Relation）：一个关系对应一张二维表格，表 1.2 所示的学生登记表即表示了一个学生关系。

（2）元组（Tuple）：表中的一行即为一个元组。

（3）属性（Atribute）：表中的一列即为一个属性，给每一个属性起一个名称即为属性名。

（4）码（Key）：也称为主键。表中的某个属性可以唯一确定一个元组。例如，表 1.2 中的学号，可以唯一确定一个学生，故学号成为本关系中的码。

（5）域（Domain）：属性的取值范围，例如，性别的域是（男，女）。

（6）分量（Component）：元组中的一个属性值。例如第一个元组中的"王小红"就是一个分量。

（7）关系模式（Relational Model）：对关系的描述，一般表示为：

$$关系名（属性 1，属性 2，\cdots，属性 n）$$

例如，上面的关系二维表格可以表格示为：学生（学号，姓名，性别，出生日期，系）。

在关系模型中，除需描述实体及属性，还需描述实体间的联系，一般都是用不同关系中相同属性名实现的。例如，学生、课程之间的多对多联系在关系模型中表示为：

学生（学号、姓名、性别、出生日期、系）

课程（课程号、课程名、学分、学时）

选修（学号、课程号、成绩）

2. 关系模型的特点

关系模型应该具有以下特点。

（1）关系模型的概念单一。无论实体还是实体间的联系都用关系表示。关系之间的联系通过相容的属性来表示，相容的属性即来自同一个取值范围的属性。在关系模型中，用户看到的数据的逻辑结构就是二维表格，而在非关系模型中，用户看到的数据结构是由记录及记录之间的联系构成的网状结构或层次结构。当应用环境很复杂时，关系模型体现出其简单清晰的特点。

（2）关系必须规范化。所谓规范化的关系是指关系模型中的每一个关系模式都要满足一定的要求或者称为规范化条件，最基本的一个规范化条件是每一个分量都是一个不可再分的数据项，即表中不允许还有表。有关规范条件在后面第 3 章中将详细讲解。

（3）在关系模型中，用户对数据的检索操作就是从原来的表中得到一张新的表。由于关系模型概念简单、清晰，用户易懂易用，有严格的数据基础及在此基础上发展的关系数据理论，简化了程序员的工作和数据库的开发建立的工作，因而关系模型自诞生之日起，就迅速发展成熟起来，成为深受用户欢迎的数据模型。

3. E-R 模型向关系模型转换

E-R 模型向关系模型转换要解决的问题是如何将实体和实体间的联系转换为关系模型中的关系模式，如何确定关系模式的属性和码。转换一般遵循以下原则。

（1）实体的转换。E-R 图中的一个实体对应一个关系模式。E-R 图中实体的属性对应关系模式的属性，E-R 图中实体的码对应关系模式中的码，并用下划线标识。例如，图 1.12 所示的成绩管理系统 E-R 图中，有教师、学生、课程 3 个实体，则将它们转换为 3 个关系模式，分别为：

教师（教师号，姓名，性别，职称、系）

学生（学号，姓名，性别，出生日期，系）

课程（课程号，课程名，学分，学时）

（2）实体间联系的转换。按联系的种类划分，其转换分为以下 3 种转换方式。

① 对于 1∶1 联系，联系的属性由联系本身的属性和与之联系的两个实体的码组成，而联系

的码由各实体的码共同组成。图 1.11 所示班级和班长为具有 1 对 1 联系实体的 E-R 图，转换后的关系模式为（此处"管理"无属性）：

班级（<u>班号</u>，专业，人数）

班长（<u>学号</u>，姓名，专业）

管理（<u>班号</u>、学号）

对于 1∶1 联系，实体也可以与某一端的关系模式合并，在任何一个关系模式中加入联系自身的属性及另一个关系模式的码即可，如将管理与班级关系模式合并，则将班级修改为（此处"管理"无属性）：

班级（<u>班号</u>，专业，人数，学号）

② 对于 1∶n 联系，联系的属性由联系本身的属性和与之联系的两个实体的码组成，而联系的码由 n 端实体的码组成。图 1.12 所示系和教师为具有 1 对 n 联系实体的 E-R 图，转换后的关系模式为（此处"管理"无属性）：

系（<u>系号</u>，系名，系主任，电话）

教师（<u>教师号</u>，姓名，性别，职称，专业）

管理（<u>教师号</u>、系号）

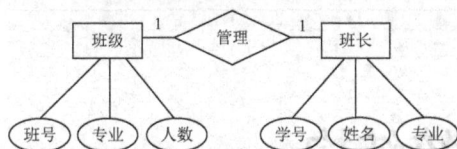

图 1.11　班级和班长的 E-R 图　　　　图 1.12　系和教师的 E-R 图

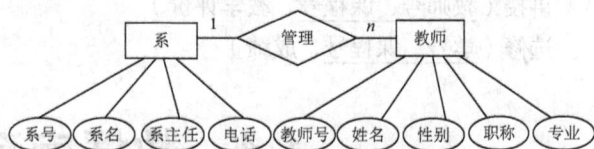

对于 1∶n 联系，实体仍可以与某一端的关系模式合并，但只能在 n 端实体的关系模式中加入联系自身的属性及另一个实体的码。这里只能将 n 端实体"教师"与管理关系模式合并，则将教师修改为（此处"管理"无属性）：

教师（<u>教师号</u>，姓名，性别，职称，专业，系号）

③ 对于 $n∶m$ 联系，联系的属性由联系本身的属性和与之联系的两个实体的码组成，而联系的码由各实体的码共同组成。图 1.13 所示学生和课程为具有 n 对 m 联系实体的 E-R 图，转换后的关系模式为（此处"选修"的属性是"成绩"）：

学生（<u>学号</u>，姓名，性别，出生日期，系）

课程（<u>课程号</u>，课程名，学时，学分）

选修（<u>学号</u>、课程号，成绩）

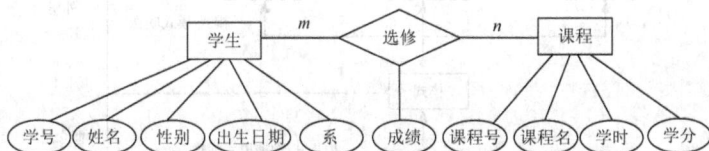

图 1.13　学生和课程的 E-R 图

下面将前面图 1.10 所示的成绩系统的 E-R 模型转换为关系模型。

（1）将各实体转换为关系模式，分别为：

教师（<u>教师号</u>，姓名，性别，职称、系）

学生（<u>学号</u>，姓名，性别，出生日期，系）

课程（<u>课程号</u>，课程名，学分，学时）

（2）将"教师"与"课程"间的联系转换为关系模式，因"讲授"联系具有"教学评价"属性，则用"教师"和"课程"的码及它自己的属性一起作为属性，且它们之间是 m 对 n 的联系，则"讲授"的码则由两个实体的码共同组成。

讲授（<u>教师号</u>、<u>课程号</u>、教学评价）

（3）同上，修改"教师"与"学生"联系的关系模型为：

讲授（<u>教师号</u>、<u>学号</u>、教学评价）

（4）同上，修改"学生"与"课程"联系的关系模型为：

选修（<u>学号</u>、<u>课程号</u>，成绩）

（5）整理后，图1.12所示的成绩系统管理的关系模型为：

教师（<u>教师号</u>，姓名，性别，职称、系）

学生（<u>学号</u>，姓名，性别，出生日期，系）

课程（<u>课程号</u>，课程名，学分，学时）

讲授（<u>教师号</u>、<u>学号</u>、教学评价）

讲授（<u>教师号</u>、<u>课程号</u>、教学评价）

选修（<u>学号</u>、<u>课程号</u>，成绩）

1.4 数据库系统结构

尽管目前世界上大多数数据库系统种类不同，考查的层次和角度也不同，但它们的体系结构基本上是相同的，通常采用三级模式的总体结构，在这种模式下，形成了二级映像，实现了数据的独立性。

1.4.1 三级模式结构

数据库系统的三级模式是指数据库系统是由外模式、模式、内模式三级构成，描述了数据库系统的3个抽象描述级，也定义了数据库系统的外层、概念层和内层3个层次，如图1.14所示。

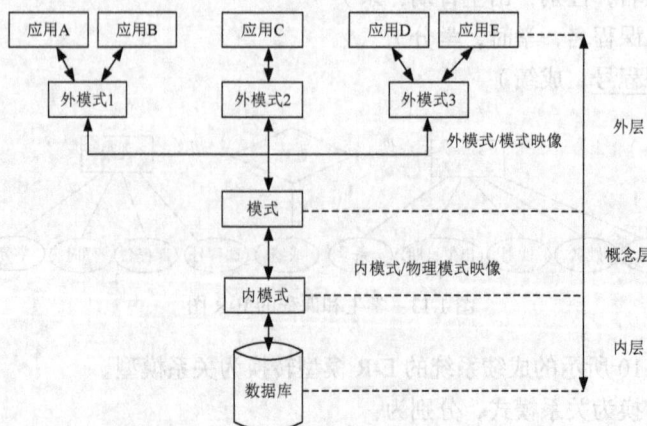

图1.14 数据库系统的三级模式结构

1．外模式

定义用户视图的模式称为外模式，又称子模式。外模式用外模式的数据描述语言来定义，具有相同数据视图的用户共享一个外模式，一个外模式也可以为多个用户所使用。从层次讲，外模式属于数据库系统的外层，用户只能看到外层，其他两层（概念层和内层）是看不到的。

2．模式

定义概念模型的模式称为概念模式，简称模式。模式用模式数据描述的语言来定义。它是数据库的整个逻辑描述，并说明一个数据库采用的数据模型。同时模式还给出了实体与属性的名字，并说明了它们的联系，是一个可以放进数据项值的框架。

3．内模式

内模式也称物理模式，是数据库系统的最底层，是用设备介质描述语言定义的。它规定数据项、记录、数据集、索引和存取路径在内的一切物理组织方式，以及优化性能，响应时间和存储空间需求。内模式还规定了记录的位置、块的大小和溢出区等。

数据库的三级结构是靠映像来连接的，所谓映像是一种对应规则，指出映像双方如何进行转换。例如，用户通过子模式/模式映像将外模式与概念模式联系起来，又通过模式/物理模式映像将概念模式与物理数据库联系起来。而数据库管理系统 DBMS 的一项最重要工作就是完成三级数据库之间的映像连接，将用户对数据库的操作自动转化成对物理数据库的操作。用户数据库是概念数据库的部分抽取；概念数据库是物理数据库的抽象表示；物理数据库是概念数据库的具体实现。

1.4.2　二级映像

数据库的三级模式是对数据的 3 个抽象级别。它使用户能够逻辑地、抽象地处理数据，而不必再去关心数据在计算机中的具体表示方式与存储方式。实际上，为了能够实现在这 3 个抽象层次之间的联系和转换，DBMS 在这三级模式之间设计了以下两级映像。

（1）外模式/模式映像。

（2）模式/内模式映像。

这两级映像保证了数据库中的数据能够具有较高的逻辑独立性和物理独立性。

1．外模式/模式映像

一个 DB 只有一个模式，但可以有多个外模式。所以，每一个外模式在数据库系统中都有一个外模式/模式映像。外模式/模式映像定义了这个外模式与模式的对应关系。外模式的描述中通常包含了这些映像的定义。当模式改变时（增加新的关系、新的属性、改变属性的数据类型等），由数据库管理员对各个外模式/模式映像做相应的改变，可以使外模式保持不变。而又由于应用程序是依据外模式编写的，从而应用程序不必修改，这就保证了数据与程序的逻辑独立性。

外模式/模式映像保证了当模式改变时，外模式不用变，即逻辑独立性。

2．模式/内模式映像

一个 DB 只有一个模式，也只有一个内模式，所有模式/内模式映像是唯一的，它定义了数据全局逻辑结构与存储结构之间的对应关系。当数据库的存储结构改变时（例如选用了另一个存储结构），由数据库管理员对模式/内模式映像做出相应的改变，可以使模式保持不变，从而应用程序也不必改变。这就保证了数据和程序的物理独立性。

1.4.3　数据独立性

数据独立性表示应用程序与数据库中存储的数据不存在依赖关系，包括逻辑数据独立性和物理数据独立性。

逻辑数据独立性是指局部逻辑数据结构（外视图即用户的逻辑文件）与全局逻辑数据结构（概念视图）之间的独立性。当数据库的全局逻辑数据结构（概念视图）发生变化（数据定义的修改、数据之间联系的变更或增加新的数据类型等）时，它不影响某些局部的逻辑结构的性质，应用程序不必修改。

物理数据独立性是指数据的存储结构与存取方法（内视图）改变时，数据库的全局逻辑结构（概念视图）和应用程序不必做修改的一种特性，也就是说，数据库数据的存储结构与存取方法独立。

数据独立性的好处在于：即使数据的物理存储设备更新或物理表示及存取方法改变，数据的逻辑模式可以不改变。数据的逻辑模式改变，但用户的模式可以不改变，因此应用程序也可以不变，这将使维护程序变得容易，另外，对同一数据库的逻辑模式，可以建立不同的用户模式，从而提高数据共享性，使数据库系统有较好的可扩充性，给 DBA 维护、改变数据库的物理存储提供了方便。

1.5　数据库系统组成

数据库系统是由数据库（DB）、数据库管理系统（DBMS），支持数据库系统运行的硬件和操作系统，以及使用数据库系统的用户等组成，如图 1.15 所示，它们在计算机内部的层次结构如图 1.16 所示。其中，数据库是数据的汇集，它以一定的组织形式保存于存储介质上；DBMS 是管理数据库的系统软件，它实现数据库系统的各种功能，是数据库系统的核心；DBA 负责整个数据库的规划、设计、协调、维护和管理等工作；应用程序是指以数据库以及数据库数据为基础的应用程序。

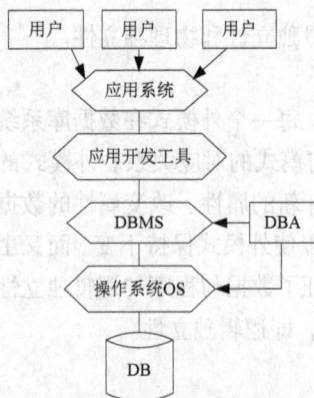

图 1.15　数据库系统组成图　　　　　图 1.16　数据库系统中各部分在计算机内部的层次结构

1.5.1　硬件

由于数据库系统数据量都很大，加之 DBMS 丰富的功能使其自身的规模也很大，因此整个数据库系统对硬件资源提出了较高的要求，这些要求如下。

（1）要有足够大的内存，用来存入操作系统、DBMS 的核心模块、数据缓冲区和应用程序。

（2）要有足够大的磁盘或磁盘阵列等设备存放数据库，有足够的磁带（或光盘）做数据备份。

（3）要求系统有较高的通道能力，以提高数据传送率。

1.5.2　软件

数据库系统的软件主要包括如下内容。

（1）DBMS。DBMS 是为了数据库的建立、使用和维护配置的系统软件。

（2）支持 DBMS 运行的操作系统。

（3）具有与数据库接口的高级语言及编译系统，便于开发应用程序。

（4）以 DBMS 为核心的应用开发工具。它是系统为应用开发人员和最终用户提供的多功能的应用生成器、第四代语言等各种软件工具。它们为数据库系统的开发和应用提供了良好的环境。

（5）为特定应用环境开发的数据库应用系统。

1.5.3　人员

数据库系统的人员主要有：数据库管理员（DBA）、系统分析员、数据库设计人员、应用程序员和最终用户。不同的人员涉及不同的数据抽象级别，具有不同的数据视图，如图 1.17 所示，其各自的职责如下。

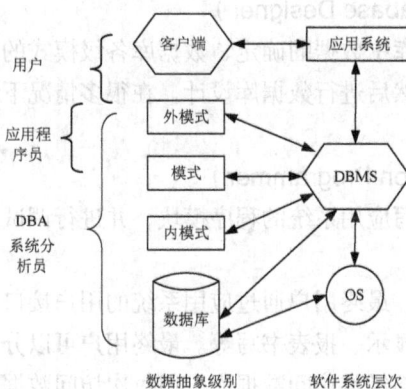

图 1.17　各种人员的数据视图

1. 数据库管理员（DataBase Administrator，DBA）

在数据库系统环境下，有两类共享资源，一类是数据库，另一类是数据库管理软件。因此需要有专门的管理机构来监督和管理数据库系统。DBA 是这个机构的一个人员（组），负责全面管理和控制数据库系统，具体职责包括如下方面。

（1）决定数据库中的信息内容和结构

数据库中存放哪些信息，DBA 要参与决策。因此 DBA 必须参加数据库设计的全过程，并与用户、应用程序员、系统分析员密切合作、共同协商，搞好数据库的设计。

（2）决定数据库的存储结构和存取策略

DBA 要综合用户的应用要求，和数据库设计人员共同决定数据的存取策略，以求获得较高的存取效率和存储空间利用率。

（3）定义数据的安全性要求和完整性约束

DBA 的重要职责就是监视数据库的安全性和完整性。因此 DBA 负责确定各个用户对数据库的存取权限、数据的保密级别和完整性约束。

（4）监控数据库的使用和运行

DBA 还有一个重要的职责就是监视数据库系统的运行情况，及时处理运行过程中出现的问题。例如，当系统发生各种故障时，数据库会因此遭到不同程序的破坏，DBA 必须在最短时间内将数据库恢复到正确状态，并尽可能不影响或少影响计算机系统其他部分的正常运行。为此，DBA 要定义和实施适当的后备和恢复策略，如周期性地转储数据、维护日志文件等。

（5）数据库的改进和重组重构

DBA 还负责在系统运行期间监视系统的空间利用率、处理效率等性能指标，对运行情况进行记录、统计分析，依靠工作实践并根据实际应用环境，不断改进数据库设计。不少数据库产品都提供了对数据库运行状况进行监视和分析的工具，DBA 可以使用这些软件完成这项工作。

另外，在数据运行过程中，大量数据不断插入、删除、修改，时间一长，会影响系统的性能。因此，DBA 要定期对数据库进行重组织，以提高系统的性能。

2. 系统分析员（System Analyst）

系统分析员负责应用系统的需求分析和规范说明，要和用户及 DBA 相结合，确定系统的软硬件配置，并参与数据库的概要设计。

3. 数据库设计人员（Database Designer）

数据库设计人员负责数据库中数据的确定、数据库各级模式的设计。数据库设计人员必须参加用户需求调查和系统分析，然后进行数据库设计。在很多情况下，数据库设计人员就由数据库管理员担任。

4. 应用程序员（Application Programmer）

应用程序员负责设计和编写应用系统的程序模块，并进行调试和安装。

5. 用户（End User）

这里的用户是指最终用户。最终用户通过应用系统的用户接口使用数据库。常用的接口方式有浏览器、菜单、表格、图形显示、报表书写等。最终用户可以分为以下三类。

（1）偶然用户。这类用户不经常访问数据库，但每次访问数据库时往往需要不同的数据库信息，这类用户一般是企业或组织机构中的高中级管理人员。

（2）简单用户。数据库的多数最终用户都是简单用户。这些用户的主要工作是查询更新数据库，一般都是通过应用程序员精心设计并具有友好界面的应用程序存取数据库。例如，银行职员、航空公司的机票预定人员、旅馆总台服务员等。

（3）复杂用户。复杂用户包括工程师、科学家、经济学家、科学技术工作者等具有较高科学技术背景的人员。这类用户一般都比较熟悉数据库管理系统的各种功能，能够直接使用数据语言访问数据库，甚至能够基于数据库管理系统的 API 编制自己的应用程序。

本章小结

本章内容比较丰富，先后介绍了数据库发展历程、数据库的常用术语和基本概念、数据库的数据模型、数据库系统结构，以及数据库系统的组成部分。本章概念较多，学习这一章应把注意力放在掌握基本概念和对数据库基础认识方面。其中，数据库的两类数据模型，包括概念模型 E-R 图的建立，以及 E-R 图向关系模型的转换为本章的重点，学好这两类数据模型，有助于为后续章节中数据库的设计打下良好的基础。

练 习 题

一、选择题

1. 在数据管理技术的发展过程中，经历了人工管理阶段、文件系统阶段和数据库系统阶段。在这几个阶段中，数据独立性最高的是（　　）阶段。

    A. 数据库系统　　　B. 文件系统　　　C. 人工管理　　　D. 数据项管理

2. 数据库的概念模型独立于（　　）。

    A. 具体的机器和 DBMS　　　　　　B. E-R 图

    C. 信息世界　　　　　　　　　　　D. 现实世界

3. 数据库的基本特点是（　　）。

    A. 数据可以共享、数据独立性、数据冗余大，易移植、统一管理和控制

    B. 数据可以共享、数据独立性、数据冗余小，易扩充、统一管理和控制

    C. 数据可以共享、数据互换性、数据冗余小，易扩充、统一管理和控制

    D. 数据非结构化、数据独立性、数据冗余小，易扩充、统一管理和控制

4. （　　）是存储在计算机内有结构的数据的集合。

    A. 数据库系统　　　　　　　　　　B. 数据库

    C. 数据库管理系统　　　　　　　　D. 数据结构

5. 数据库中存储的是（　　）。

    A. 数据　　　　　　　　　　　　　B. 数据模型

    C. 数据及数据之间的联系　　　　　D. 信息

6. 数据库中，数据的物理独立性是指（　　）。

    A. 数据库与数据库管理系统的相互独立

    B. 用户程序与 DBMS 的相互独立

    C. 用户的应用程序与存储在磁盘上数据库中的数据相互独立

    D. 应用程序与数据库中数据的逻辑结构相互独立

7. 数据库的特点之一是数据的共享，严格地讲，这里的数据共享是指（　　）。

    A. 同一个应用中的多个程序共享一个数据集合

    B. 多个用户、同一种语言共享数据

    C. 多个用户共享一个数据文件

    D. 多种应用、多种语言、多个用户相互覆盖地使用数据集合

8. 据库系统的核心是（　　）。

    A. 数据库　　　　　　　　　　　　B. 数据库管理系统

    C. 数据模型　　　　　　　　　　　D. 软件工具

9. 下述关于数据库系统的正确叙述是（　　）。

    A. 数据库系统减少了数据冗余

B. 数据库系统避免了一切冗余

C. 数据库系统中数据的一致性是指数据类型一致

D. 数据库系统比文件系统能管理更多的数据

10. 数将数据库的结构划分成多个层次，是为了提高数据库的（①）和（②）。

①A. 数据独立性　　B. 逻辑独立性　　C. 管理规范性　　D. 数据的共享

②A. 数据独立性　　B. 物理独立性　　C. 逻辑独立性　　D. 管理规范性

二、填空题

1. 数据管理技术经历了＿＿＿＿＿、＿＿＿＿＿和＿＿＿＿＿3个阶段。

2. 数据库是长期存储在计算机内、有＿＿＿＿＿、可＿＿＿＿＿的数据集合。

3. DBMS是指＿＿＿＿＿，它是位于＿＿＿＿＿和＿＿＿＿＿之间的一层管理软件。

4. 数据库管理系统的主要功能有＿＿＿＿＿、＿＿＿＿＿、数据库的运行管理和数据库的建立及维护4个方面。

5. 数据独立性又可分为＿＿＿＿＿和＿＿＿＿＿。

6. 当数据的物理存储发生改变，应用程序不变，而由 DBMS 处理这种改变，这是指数据的＿＿＿＿＿。

7. 数据模型是由＿＿＿＿＿、＿＿＿＿＿和＿＿＿＿＿3个部分组成的。

8. 数据库体系结构按照＿＿＿＿＿、＿＿＿＿＿和＿＿＿＿＿三级结构进行组织。

9. 实体之间的联系可抽象为三类，它们是＿＿＿＿＿、＿＿＿＿＿和＿＿＿＿＿。

10. 数据冗余可能导致的问题有＿＿＿＿＿和＿＿＿＿＿。

三、简答题

1. 什么是数据库?

2. 什么是数据库的数据独立性?

3. 什么是数据库管理系统?

4. 什么是数据字典，数据字典包含哪些基本内容?

上机实训

　　为和书中案例"学生成绩管理系统"配套，本书中的所有实训均以另一个案例"图书管理系统"贯穿全文。要求学生按照"学生成绩管理系统"的开发模式，自行体会"图书管理系统"整个设计流程，以一书两案例的模式达到一举两得的教学效果。

1. 实训目的

（1）熟悉 E-R 图各符号的含义。

（2）掌握 E-R 图的建立方法。

（3）掌握由 E-R 图向关系模型的转换方法。

2. 实训内容

（1）实地考察本学校的图书馆，详细进行需求分析，用 Microsoft Office Visio 软件绘制出"图书管理系统"的 E-R 模型。

（2）将绘制的 E-R 图转换为"图书管理系统"的关系模型，以备后续数据库的设计。

3. 实训提示

通过实地调查分析，图书管理系统所涉及的实体有图书管理员（假设只有一个管理员）、学生、图书，共 3 个实体，其各自属性为：

① 管理员：管理员号、姓名、性别。

② 学生：学号、姓名、性别、出生日期、系。

③ 图书：图书号、图书名、出版社、作者、价格、ISBN。

其中这些实体间还存在以下联系。

① 管理员和图书之间存在"管理"联系，并且一个管理员可以管理多本图书，一本图书只能由一个管理员管理，是 $1:m$ 联系。

② 管理员和学生之间存在"管理"联系，并且一个管理员可以管理多个学生，一个学生只能由一个管理员管理，是 $1:m$ 联系。

③ 学生和图书之间存在"借阅"联系，并且一个学生可以借多本图书，一个图书也可以被多个学生借阅，是 $m:n$ 联系。

第2章
关系数据库

关系数据库系统是目前使用最广泛的数据库系统，是应用数学方法来处理数据库中的数据。20世纪70年代末，关系方法的理论研究和软件系统的研制均取得了很大的成果，IBM公司的San Jose实验室在IBM370系列机上研制的关系数据库实验系统System R历时6年获得成功。1981年IBM公司又宣布具有System R全部特征的新的数据库软件产品SQL/DS问世。

30多年来，关系数据库的研究和开发取得了辉煌的成就。关系数据库系统从实验室走向了社会，成为最重要的、应用最广泛的数据库系统，大大促进了数据库应用领域的扩大和深入。其中最重要的成果就是关系模型。

2.1　关系模型基本概念

关系数据库系统是支持关系模型的数据库系统，在讲关系数据库系统之前，首先介绍关系模型及关系模型的完整性规则。

2.1.1　关系模型结构

按照数据模型的三要素，可以看作关系模型结构是由关系数据结构、关系操作集合和关系完整性约束三部分组成的。在关系模型中，实体和实体间的联系是通过关系来表达的。

1. 关系（Relation）

从用户角度来看，关系就是一个由行和列组成的二维表。反之，一个二维表就是一个关系。例如，一个关系R，名为student，如表2.1所示。

表2.1　　　　　　　　　　　　　　student表

学号	姓名	性别	身份证号	年龄	系号
1001	张飞	男	511024402045576123	18	D1
1002	李蜜	女	210024302125578761	20	D2
1003	赵棚	男	511024102043576412	20	D1
1004	张允	男	511124502045676141	19	D1
1005	蒋心	女	511154102745476321	21	D3

（1）元组：二维表中的一行称为一个元组。在数据库管理系统的表操作中，元组也称为记录。例如，在表2.1中，（1001，张飞，男，18）就是一个元组，或称为一条记录。

（2）属性：二维表中的一列称为一个属性。在数据库管理系统的表操作中，属性也称为字段。例如，表 2.1 中，有学号属性、姓名属性、性别属性和年龄属性。

（3）候选关键字（候选码）：属性或属性的集合，其值能够唯一地标识一个元组，则称该属性或属性组合为候选关键字。例如，表 2.1 中，"学号"和"身份证号"都能唯一决定一个学生信息，故"学号"和"身份证号"都是此关系中的候选关键字。

（4）关键字（主码）：若有两个以上的候选关键字，选定其中一个作为主关键字（也叫主属性），称为主码或主键。例如，在候选关键字"学号"和"身份证号"中可选定"学号"为此关系的关键字。

（5）外键（外码）：若关系 R 中非主属性（即除主属性以外的其他属性）或非主属性集合是其他关系的主键，则此属性或属性集合对于 R 而言为外键。两个关系可通过外键联系起来。

例如，有一个关系 S，名为 dept，如表 2.2 所示。

表 2.2   dept 表

系号	系名	系地址	电话
D1	计算机系	A 办 105	87602359
D2	经管系	A 办 117	87601512
D3	中文系	A 办 116	87604531

在关系 S 中"系号"能唯一标识一个系的存在，故"系号"是关系 S 的主属性（主键），且"系号"还是关系 R 中的一个非主属性。所以"系号"称为关系 R 的外键，关系 R 和关系 S 通过外键"系号"联系起来。

> 关系中的每个属性必须不可分割，关系中不能出现重复的元组；关系中的元组的顺序、属性的顺序不可以任意交换，不可以改变关系的实际意义。

（6）域：一组具有相同数据类型值的集合。

（7）视图：从一个关系或几个关系表导出的虚表。它的用途和特性在后续章节中会详细讲述。

2. 关系模式（Relation Model）

在关系数据库中型和值的区别是，关系模式是型，关系是值。关系模式是对关系的描述，可表示为：R（U，D，DOM，F）。

其中 R 为关系名；U 为 R 中的属性名的集合；D 为 U 中属性对应的域的集合；DOM 为属性向域的映射的集合；F 为属性间数据依赖关系的集合。

一般情况下，关系模式可简记为 R（U）或 R（A_1，A_2，…，A_n），其中 A_1…A_n 为属性名。而域名及属性向域的映像常常直接说明属性的类型、长度等。

例如，表 2.2 中 S 的关系模式可记为：dept（系号，系名，系地址，电话）。

关系是关系模式在某一时刻的状态或内容。关系模式是静态的、稳定的，而关系是动态的、随时间不断变化的。在实际工作中，人们常常把关系模式和关系笼统地称为关系。

2.1.2   关系模型的完整性

关系数据库的完整性规则是对关系的某种约束，也就是说关系的值随着时间变化时应该满足一些约束条件。这些约束条件实际上是对现实世界的要求，任何关系在任何时刻都要满足这些约束条件。

关系模型有 3 类完整性规则，即实体完整性、参照完整性和用户定义完整性。其中实体完整性和参照完整性是关系模型必须满足的完整性约束条件，被称作关系的两个不变性，应该由关系系统自动支持。用户定义完整性是应用领域需要遵循的约束条件，体现了具体领域的语义约束。

1. 实体完整性规则

实体完整性：若属性（或属性组）A 是基本关系 R 的主属性，则 A 不能取空值。

例如，学生（<u>学号</u>、姓名、性别、专业）中学号为主属性，故学号不允许为空，必须要求输入具体值，否则 DBMS 会自动报错。

2. 参照完整性规则

参照完整性规则：若属性（或属性组）F 是基本关系 R 的外码，它与基本关系 S 的主码 K 相对应，则对于 R 中的每个元组在 F 上的值必须为：

- 取空值（F 的每个属性值均为空值）；
- 或者等于 S 中某个元组的主码值。

例如，一个关系：系（<u>系号</u>、系名、系地址），其存储的内容如表 2.2 所示。另一个关系：学生（<u>学号</u>、姓名、性别、专业、系号），两个关系通过外码"系号"联系起来。学生的存储内容如表 2.3 所示。

表 2.3   student 表

学号	姓名	性别	专业	系号
1001	李航	男	计算机	D1
1002	张圆圆	女	计算机	D2
1003	刘力	男	英语	D4

按照参照完整性规则不难看出，表 2.3 中"系号"的取值只能来源于表 2.2 中"系号"的取值，即只能取 D1，D2 或空值（如果允许为空）。因 1003 同学的"D4"不在"系号"的取值范围内，所以它违反了参照完整性规则，DBMS 会自动报错，在输入数据时拒绝用户输入"D4"。

3. 用户自定义完整性规则

用户自定义完整性规则是由用户自定义的规则，是针对某一具体属性数据进行的规定，如取值范围、是否为空、是否唯一等。例如，学生的"姓名"可以自定义为不能取空值，学生的"成绩"可以自定义取值范围为 0～100。

因用户定义规则不是 DBMS 强制的规则，所以 DBMS 没有提供检查该规则的机制，需要应用开发人员在应用系统的程序中进行检查。

2.2   关系的基本运算

关系模型中常用的关系操作包括查询（Query）操作和插入（Insert）、删除（Delete）、修改（Update）操作两大部分。其中关系的查询表达能力很强，是关系操作中最核心的部分，往往表示成为一个关系运算表达式。因此关系运算是设计关系数据语言的基础，可将关系运算分为关系代数和关系演算。

2.2.1   关系代数

关系代数是一种用来表达查询操作的抽象语言，它用于对关系的运算来表达查询。

任何一种运算都是将一定的运算符作用于一定的运算对象上，从而得到预期的运算结果。所以运算对象、运算符、运算结果是运算的三大要素。

关系代数的运算对象是关系，运算结果也是关系，运算符包括集合运算符、专门关系运算符、算术比较运算符和逻辑运算符四类，如表 2.4 所示。

表2.4　　　　　　　　　　　　　　　关系代数运算表

运算符		含义	运算符		含义
集合运算符（传统集合运算）	∪	并	算术比较运算符	>	大于
	-	差		≥	大于等于
	∩	交		<	小于
	×	笛卡尔积		≤	小于等于
				=	等于
				< >	不等于
专门关系运算符（专门关系运算）	σ	选择	逻辑运算符	¬	非
	π	投影		∧	与
	⋈	连接		∨	或
	÷	除			

集合运算符（传统集合运算）将关系看成元组的集合，其运算是从关系的"水平"方向即行的角度来进行的；而专门关系运算符（专门关系运算）不仅涉及行还涉及列；算术比较运算符和逻辑运算符是用来辅助专门关系运算进行操作的。

1. 集合运算符

集合运算符是二目运算，包括并、差、交、笛卡尔积。

设关系 R 和关系 S 具有相同的 n 目（即两个关系都有 n 个属性），且相应属性的数据类型相同，t 是元组变量，$t \in R$ 表示 t 是 R 的一个元组，则进行如下定义。

（1）并（Union）：关系 R 与关系 S 的并仍然是一个含有 n 个属性的关系，它是由 R 与 S 中的全部元组且去掉冗余项（即重复项）后组成的，记为 R∪S。

$$数学表达式为：R \cup S = \{ t | t \in R \lor t \in S \}$$

（2）差（Except）：关系 R 与关系 S 的差仍是一个含有 n 个属性的关系，它是由属于关系 R 且不属于关系 S 的元组组成的，记为 R-S。

$$数学表达式为：R-S = \{ t | t \in R \land t \notin S \}$$

（3）交（Intersection）：关系 R 与关系 S 的交仍是一个含有 n 个属性的关系，它是由既属于关系 R 又属于关系 S 的元组组成，记为 R∩S。

$$数学表达式为：R \cap S = \{ t | t \in R \land t \in S \}$$

（4）笛卡尔积（Cartesian Product）：这里的笛卡尔积严格地讲是广义笛卡尔积（Extended Cartesian Product），因为这里笛卡尔积的元素是元组。

两个分别为 n 目和 m 目的关系 R 和 S 的广义笛卡尔积是一个含有 $n+m$ 列的元组的集合，它的元组个数为关系 R 与 S 元组的乘积，记为 R×S。

$$数学表达式为：R \times S = \{ t_r t_s | t_r \in R \land t_s \in S \}$$

【例 2.1】 设有 3 个关系 R、S 和 T，它们的各种运算结果如图 2.1 所示。

关系R

A	B
a_1	b_1
a_2	b_2
a_3	b_3

关系S

A	B
a_1	b_1
a_2	b_1
a_3	b_2

关系T

C	D	E
c_1	d_1	e_1
c_2	d_2	e_2

R∪S

A	B
a_1	b_1
a_2	b_2
a_3	b_3
a_2	b_1
a_3	b_2

R∩S

A	B
a_1	b_1

R-S

A	B
a_2	b_2
a_3	b_3

R×T

A	B	C	D	E
a_1	b_1	c_1	d_1	e_1
a_1	b_1	c_2	d_2	e_2
a_2	b_2	c_1	d_1	e_1
a_2	b_2	c_2	d_2	e_2
a_3	b_3	c_1	d_1	e_1
a_3	b_3	c_2	d_2	e_2

图 2.1 传统集合运算的结果

2. 专门关系运算符

专门关系运算符包括选择、投影、连接和除运算等。

（1）选择（Selection）：又叫限制（Restriction），是指在关系 R 中满足给定条件的元组集合，记为：

$$\sigma_F(R) = \{ t \mid t \in R \wedge F(t) = true \}$$

其中，t 是 R 的子集，F 表示选择条件，它是一个逻辑表达式，取"真"或"假"值。实际应用中，选择运算是在二维表中记录行的操作。F 中运用到的运算符如表 2.5 所示。

表 2.5 运算符

类型	运算符
算术运算符	=、≠、>、≥、<、≤
逻辑运算符	¬、∧、∨

【例 2.2】 设有一个关系 teacher，其存储内容如表 2.6 所示，现查询电气系的教师信息。

表 2.6 teacher 表

教师号	姓名	性别	年龄	系别
T001	张军	男	29	电气
T002	李力	女	30	计算机
T003	杨佳	女	45	机械
T004	宋丽平	女	32	电气

查询表达式为：$\sigma_{系别}$="电气"（teacher） 或 σ_5="电气"（teacher）

其中，σ_5 表示表中第 5 列属性。其运算结果如下：

教师号	姓名	性别	年龄	系别
T001	张军	男	29	电气
T004	宋丽平	女	32	电气

【例 2.3】 查询表 2.6 中电气系且年龄不高于 30 岁的教师信息。

查询表达式为：$\sigma_{系别="电气" \wedge 年龄 \leqslant 30}$（teacher） 或 $\sigma_{5="电气" \wedge 4 \leqslant 30}$（teacher）

其中，σ_5 表示表中第 5 列，4 表示第 4 列属性，其运算结果如下：

教师号	姓名	性别	年龄	系别
T001	张军	男	29	电气

（2）投影（Projection）：是指从关系 R 中选取若干属性列组成的新关系，记为：

$$\pi_A(R) = \{ t[A] | \wedge t \in R \}$$

其中，A 是 R 的属性列。实际应用中，投影运算就是对二维表中字段列的操作。

【例 2.4】 查询表 2.6 中全部教师姓名、年龄及系别信息。

查询表达式为：$\pi_{姓名, 年龄, 系别}$（teacher）或 $\pi_{2, 4, 5}$（teacher）

其中 $\pi_{2, 4, 5}$ 表示表中第 2、4、5 列属性，其运算结果如下：

姓名	年龄	系别
张军	29	电气
李力	30	计算机
杨佳	45	机械
宋丽平	32	电气

【例 2.5】 查询表 2.6 中全部系别信息。

查询表达式为：$\pi_{系别}$（teacher）或 π_5（teacher）

其中 π_5 表示第 5 列属性，其结果如下。投影之后不仅取消了原关系中的某些列，而且还可能取消某些行（元组），因为取消了某些列，可能出现重复行，投影结果应取消重复行。因此结果只有 3 个元组。

系别
电气
计算机
机械

（3）连接（Join）：也叫θ连接，是从两个关系的笛卡尔积中选取属性间满足一定条件的元组，记为：

$$R \bowtie S = \{ \widehat{t_r t_s} | t_r \in R \wedge t_s \in S \wedge t_r[A]\theta t_s[B] \}$$

其中，A 和 B 分别为 R 和 S 上度数相等且可比的属性组。θ是比较运算符。连接运算是从 R

和 S 的笛卡尔积 R×S 中选取 R 关系在 A 属性组上的值与 S 关系在 B 属性组上的值满足比较关系θ的元组。

连接运算中有两种最为重要也是最为常用的连接，一种是等值连接（Equijoin），另一种是自然连接（Natural Join）。

等值连接是指θ取"="的连接，结果为从 R 和 S 的笛卡尔积中选取 A=B 的元组集合。记为：

$$R \bowtie S = \{ \widehat{t_r t_s} \mid t_r \in R \wedge t_s \in S \wedge t_r[A] = t_s[B] \}$$

自然连接是一种特殊的等值连接。它要求两个关系中进行比较的分量必须是相同的属性组，并且在结果中把重复的属性列去掉。即若 R 和 S 具有相同的属性组 B，则自然连接可记为：

$$R \bowtie S = \{ \widehat{t_r t_s} \mid t_r \in R \wedge t_s \in S \wedge t_r[B] = t_s[B] \}$$

两种连接的区别如表 2.7 所示。

表 2.7　　　　　　　　　　　　不同连接形式的比较结果

类型	表达式	对 A 和 B 的要求	连接结果
等值连接	R ⋈ S	不一定为公共属性，只要求一个分量相等	不去掉重复的属性列
自然连接	R ⋈ S	必须为公共属性	去掉重复的属性列

【例 2.6】 已知两关系，如表 2.8 和表 2.9 所示。现要查询关系 teacher 中所有教师的成绩情况。

表 2.8　　　　　　　　　　　　teacher 表

教师号	姓名	性别	课程号
T001	张军	男	C01
T002	李苗	女	C02
T003	杨佳	女	C04

表 2.9　　　　　　　　　　　　course 表

课程号	课程名	学分	学时
C01	数据结构	4	60
C02	数学	2	30
C04	专业英语	3	45

等值连接的结果如下所示，记为 R ⋈ S。

teacher.课程号=course.课程号

教师号	姓名	性别	teacher.课程号	course.课程号	课程名	学分	学时
T001	张军	男	C01	C01	数据结构	4	60
T002	李苗	女	C02	C02	数学	2	30
T003	杨佳	女	C04	C04	专业英语	3	45

自然连接的结果如下所示，记为 R ⋈ S。

教师号	姓名	性别	课程号	课程名	学分	学时
T001	张军	男	C01	数据结构	4	60
T002	李苗	女	C02	数学	2	30
T003	杨佳	女	C04	专业英语	3	45

（4）除运算（Division）：设有关系 R（X,Y）与关系 S（Y,Z），其中 X,Y,Z 为属性集合。R 中的 Y 与 S 中的 Y 可以有不同的属性名，但必须出自相同的域集。R 与 S 的除运算得到结果是一个新的关系 P（X），P 是 R 中满足下列条件的元组在 X 属性列上的投影：元组在 X 上分量值 x 的象集 Y_x 包含 S 在 Y 上投影的集合。记为：

$$R \div S = \{ t_r[X] \mid t_r \in R \wedge \pi_Y(S) \subseteq Y_x \}$$

其中，Y_x 为 x 在 R 中的象集 $x = t_r[X]$。

【例 2.7】 设关系 R，S 分别如图 2.2（a）和图 2.2（b）所示，R÷S 的结果如图 2.2（c）所示。

求解过程：在关系 R 中，A 可以取 4 个值 $\{a_1, a_2, a_3, a_4\}$。

其中：a_1 的象集为 $\{(b_1, c_2), (b_2, c_3), (b_2, c_1)\}$；

a_2 的象集为 $\{(b_3, c_7), (b_2, c_3)\}$；

a_3 的象集为 $\{(b_4, c_6)\}$；

a_4 的象集为 $\{(b_6, c_6)\}$；

S 在（B,C）上的投影为 $\{(b_1, c_2), (b_2, c_1), (b_2, c_3)\}$。

显然只有 a_1 的象集（B,C）$_{a1}$ 包含 S 在（B,C）属性组上的投影，所以 R÷S= $\{a_1\}$。

关系 R

A	B	C
a_1	b_1	c_2
a_2	b_3	c_7
a_3	b_4	c_6
a_1	b_2	c_3
a_4	b_6	c_6
a_2	b_2	c_3
a_1	b_2	c_1

（a）

关系 S

B	C	D
b_1	c_2	d_1
b_2	c_1	d_1
b_2	c_3	d_2

（b）

R÷S

A
a_1

（c）

图 2.2 关系除运算

下面以成绩系统为例，给出一个综合运用多种关系代数运算进行查询的例子。

【例 2.8】 已知 3 个关系：学生 Student（学号 Sno，姓名 Sname，性别 Ssex，年龄 Sage，系别 Sdept）；课程 Course（课程号 Cno，课程名 Cname，学分 Ccredit，学时 Chour）；成绩 SC（学号 Sno，课程号 Sno，成绩 Grade），按照图 2.3 所示关系代数表达式完成下列要求。

① 查询 D1 系的男同学学号。

$\pi_{Sno} (\sigma_{Sdept='D1' \wedge Ssex='男'} (Student)) = \{1001\}$

② 查询选修 C02 课程的学生学号、姓名。

$\pi_{Sno, Sname} (\sigma_{Cno='C02'} (SC) \bowtie Student) = \{ (1001, 张军), (1002, 李苗) \}$

③ 查询选修"数据库"的学生学号、姓名。

$\pi_{Sno,Sname}$ (S⋈($\sigma_{Cname='数据库'}$ (SC ⋈ Course))) = {（1001，张军）}

④ 查询至少选修了 C01 和 C03 课程的学生学号。

关系 Student

Sno	Sname	Ssex	Sage	Sdept
1001	张军	男	20	D1
1002	李苗	女	19	D2
1003	杨力	男	18	D3
1004	张芸	女	19	D1

关系 Course

Cno	Cname	Ccredit	Chour
C01	数据库	4	60
C02	数学	2	30
C03	信息系统	4	60
C04	操作系统	3	45
C05	数据结构	4	60
C06	数据处理	2	30
C07	C 语言	4	60

关系 SC

Sno	Cno	Grade
1001	C01	92
1001	C02	85
1001	C03	88
1002	C02	90
1002	C03	80

图 2.3　成绩系统关系图

a. 首先建立一个临时关系 K：

关系 K

Cno
C01
C03

b. 然后求$\pi_{Sno,Cno}$(SC) ÷ K = {1001}

求解过程与【例 2.7】类似，先对 SC 关系在（Sno,Cno）属性上投影，然后逐一求出每一学生（Sno）的象集，并依次检查这些象集是否包含 K。

⑤ 查询选修了全部课程的学生的学号、姓名。

$\pi_{Sno,Cno}$ (SC) ÷ π_{Cno} (Course) ⋈ $\pi_{Sno,sname}$ (Student) = { }

⑥ 查询不选修课程号 C02 的学生学号。

π_{Sno} (Student) - π_{Sno} ($\sigma_{Cno='C02'}$ (SC)) = {1003，1004}

2.2.2　关系演算

关系演算是以谓词演算为基础的。关系演算语言可分为元组演算语言和域演算语言。

（1）元组演算语言是以元组演算为基础的语言。它用元组演算表达式表达查询结果应满足的要求和条件，元组关系演算 ALPHA 语言是由埃德加·弗兰克·科德（E.F.Codd）提出的一种元组演算语言，但没有在计算机上实现。由美国加利福尼亚大学研制的 QUEL 查询语言与 ALPHA 语言十分相似，是元组演算语言的典型代表。

（2）域演算语言是以域演算为基础的语言。它用域演算表达式表达查询结果应满足的要求和条件，域演算语言中最典型的代表是 QBE（Query By Example），采用例子进行查询。它的操作方式是一种高度非过程化的基于屏幕表格的查询语言，用户通过终端屏幕编辑程序以填写表格的方式构造查询要求，而查询结果也以表格形式显示。

尽管以上两种关系演算语言各有各自突出的特点，但实际上，关系数据库系统提供给用户的关系数据库语言并不直接采用上述两种，而是提供了更高级、更方便的实际语言。例如，常用的结构化查询语言（Struct Query Language，SQL）和 xBASE 语言等，是实际关系查询语言的典型代表。所以元组演算语言和域演算语言的具体操作，在此不再详述。但 2.2.1 关系代数语言是设计各种高级关系数据语言的基础和指导，需重点学习。

本章小结

关系数据库是目前使用最为广泛的数据库，因此是本书的重点。本章系统讲解了关系数据库的重要概念，包含关系模型的数据结构、关系的三类完整性约束及关系操作。在关系操作上重点介绍了用代数方式表达关系语言即关系代数，以及简要介绍了关系演算操作。

练习题

一、选择题

1. 关系数据库管理系统应能实现的专门关系运算包括（　　）。

    A. 排序、索引、统计　　　　　　　　B. 选择、投影、连接

    C. 关联、更新、排序　　　　　　　　D. 显示、打印、制表

2. 关系模型中，一个关键字是（　　）。

    A. 可由多个任意属性组成　　　　　　B. 至多由一个属性组成

    C. 可由一个或多个其值能惟一标识该关系模式中任何元组的属性组成

    D. 以上都不是

3. 自然连接是构成新关系的有效方法。一般情况下，当对关系 R 和 S 使用自然连接时，要求 R 和 S 含有一个或多个共有的（　　）。

    A. 元组　　　　　　B. 行　　　　　　C. 记录　　　　　　D. 属性

4. 关系运算中花费时间可能最长的运算是（　　）。

    A. 投影　　　　　　B. 选择　　　　　　C. 笛卡尔积　　　　　　D. 除

5. 关系模式的任何属性（　　）。

    A. 不可再分　　　　　　　　　　　　B. 可再分

    C. 命名在该关系模式中可以不惟一　　D. 以上都不是

6. 在关系代数运算中，5 种基本运算为（　　）。

    A. 并、差、选择、投影、自然连接　　B. 并、差、交、选择、投影

    C. 并、差、选择、投影、乘积　　　　D. 并、差、交、选择、乘积

7. 设有关系 R，按条件 f 对关系 R 进行选择，正确的是（　　）。

A. R×R 　　　　　 B. R▷◁R 　　　　 C. σf(R) 　　　　 D. Πf(R)

8. 如图 2.4 所示，两个关系 R1 和 R2，它们进行（　　　）运算后得到 R3。

R1

A	B	C
A	1	X
C	2	Y
D	1	y

R2

D	E	M
1	M	I
2	N	J
5	M	K

R3

A	B	C	D	E
A	1	X	M	I
C	1	Y	M	I
C	2	y	N	J

R1、R2 和 R3 的关系

A. 交 　　　　　 B. 并 　　　　 C. 笛卡尔积 　　　　 D. 连接

二、填空题

1. 一个关系模式的定义格式为_____。

2. 一个关系模式的定义主要包括_____、_____、_____、_____和_____。

3. 关系代数运算中，传统的集合运算有_____、_____、_____和_____。

4. 关系代数运算中，基本的运算是_____、_____、_____、_____和_____。

5. 关系代数运算中，专门的关系运算有_____、_____和_____。

6. 关系数据库中基于数学上的两类运算是_____和_____。

7. 已知系（系编号，系名称，系主任，电话，地点）和学生（学号，姓名，性别，入学日期，专业，系编号）两个关系，系关系的主关键字是_____，系关系的外关键字是_____，学生关系的主关键字是_____，外关键字是_____。

三、应用题

设有如下所示的关系 S(S#,SNAME,AGE,SEX)、C(C#,CNAME,TEACHER)和 SC(S#,C#,GRADE)，试用关系代数表达式表示下列查询语句。

（1）检索"程军"老师所授课程的课程号(C#)和课程名(CNAME)。

（2）检索年龄大于 21 的男学生学号(S#)和姓名(SNAME)。

（3）检索至少选修"程军"老师所授全部课程的学生姓名(SNAME)。

（4）检索"李强"同学不学课程的课程号(C#)。

（5）检索至少选修两门课程的学生学号(S#)。

（6）检索全部学生都选修的课程的课程号(C#)和课程名(CNAME)。

（7）检索选修课程包含"程军"老师所授课程之一的学生学号(S#)。

（8）检索选修课程号为 k1 和 k5 的学生学号(S#)。

（9）检索选修全部课程的学生姓名(SNAME)。

（10）检索选修课程包含学号为 2 的学生所修课程的学生学号(S#)。

（11）检索选修课程名为"C 语言"的学生学号(S#)和姓名(SNAME)。

上机实训

1. 实训目的

掌握关系代数的运算操作。

2. 实训内容

已知关系：学生登记情况 Student（借书证号，姓名，性别，年龄，系别），如表 2.10 所示；图书情况 Book（书号，书名，价格，库存量），如表 2.11 所示；借书情况 Borrow（借书证号，书号，借阅时间），如表 2.12 所示。根据关系代数完成下列要求。

表 2.10　关系 Student

借书证号	姓名	性别	年龄	系别
J001	张军	男	20	D1
J002	李苗	女	19	D2
J003	杨力	男	18	D3
J004	张芸	女	22	D1

表 2.11　关系 Book

书号	书名	价格	库存量
B01	C 语言设计	25.5	10
B02	操作系统	36	5
B03	网页设计	27.5	3
B04	江湖英雄	40	2

表 2.12　关系 Borrow

借书证号	书号	借阅时间
J001	B01	01-12-15
J001	B03	06-21-15
J001	B02	11-19-15
J001	B04	12-08-15
J002	B01	01-05-15
J002	B02	03-23-15
J004	B04	01-11-15

① 查询年龄不小于 20 岁的学生学号。

② 查询 D1 系所有学生学号、姓名。

③ 查询借阅了 "C 语言设计" 的学生学号、系别。

④ 查询借书证号为 J004 的学生借阅的书名、价格。

⑤ 查询目前没有借书的学生学号、姓名。

⑥ 查询目前借阅了全部图书的学生的学号、姓名。

⑦ 查询至少借阅了书号 B04 的学生学号、姓名。

3. 实训提示

请参考【例 2.8】。

第3章
关系数据库的规范化

设计任何一个数据库应用系统，不论是层次的、网状的还是关系的，都会遇到如何构造合适的数据模式的问题。由于关系模型有着严格的数学理论基础，并且可以向别的数据模型转换。因此，人们就以关系模型为背景，形成了数据库逻辑设计的一个有力工具——关系数据库的规范化理论。规范化理论虽然是以关系模型为背景，但它对于一般的数据库逻辑设计同样具有理论上的意义。

3.1 规范化的必要性

数据库是一组相关数据的集合。它不仅包含数据本身，而且包括有关数据之间的联系，这种联系通过数据模型体现出来。给出一组数据，如何构造一个合适的数据模型，在关系数据库中应该组织成几个关系模式，每个关系模式包括哪些属性，这些都是数据库逻辑设计应该考虑和解决的问题。在具体数据库系统实现之前，尚未录入实际数据时，组建较好的数据模型是关系到整个系统运行效率，以至系统成败的关键问题。反之，不规范的关系模式在应用中可能产生很多弊病，从而导致数据存储异常。

下面将通过一个例子来讨论不恰当的关系模式可能导致的一系列问题。

【例 3.1】已知一个教师授课的关系模式 TDC，如下：

TDC (Tno,Tname,Title,Dno,Dname,Loc,Cno,Cname,Level,Credit)

其中，各属性分别表示教师编号、教师姓名、教师职称、系号、系名、系地址、课程号、课程名、教师水平、学分。表 3.1 所示是该模式的一个具体数据。

表 3.1 TDC 表

Tno	Tname	Title	Dno	Dname	Loc	Cno	Cname	Level	Credit
T01	张燕	讲师	D1	计算机系	东 A101	C01	数据库	优秀	3
T01	张燕	讲师	D1	计算机系	东 A101	C02	英语	良	2
T01	张燕	讲师	D1	计算机系	东 A101	C03	数学	好	2
T02	李强	副教授	D1	计算机系	东 A101	C02	英语	优秀	2
T02	李强	副教授	D1	计算机系	东 A101	C03	数学	好	2

在这个关系模式中可以看出，一位教师可以讲授多门课程，同一门课程也可以有多位教师讲授，因此只有通过（Tno,Cno）来确定哪位教师讲授哪门课程，而一味地将所有信息简单地放置

到一个关系表中，势必会造成以下 4 个方面的问题。

1. 数据冗余

每当教师讲授一门课程时，该教师的信息，包括姓名、职称、系号、系名、系地址等信息就重复存储一次，如表 3.1 中，教师 T01 讲授了 3 门课程 C01、C02、C03，所以他的相关数据被重复输入了 3 次。一般情况下，每位教师都不止开设一门课程，数据冗余就不可避免，而一个系又有很多教师，因此可以想象，表 3.1 的关系将导致数据相当庞大的冗余度。

所谓数据冗余，是指数据库中数据被不必要的重复存储或输入。减少数据冗余就是减少不必要的重要数据，是数据库设计成功的前提条件。

2. 更新异常

由于数据的重复存储，会给更新带来很多麻烦。例如教师 T01，经过职称评定，由"讲师"晋升为"副教授"，那么表 3.1 的"Title"列需重复更改 3 次。一旦一个元组的地址未修改就会导致数据不一致，数据的不一致会直接影响数据库系统的质量。如果将涉及范围扩大，例如一个系的系地址发生改变，那么该系的所有教师记录都必须做相应的修改（如表 3.1 则需更改 5 次），这样不仅要修改的数据量大，潜在的数据不一致的危险性也更大。

3. 插入异常

如果学校新调入几位教师（若规定新教师暂时不能授课），由于缺少主关键字的一部分，而由完整约束可知，关键字不允许出现空值，则这些教师就不能插入到此关系表中，那么这些教师的其他信息（如编号、姓名、职称、系别等）也将无法记载，这显然是不合理的。另一方面，如果经过培训，这些新教师可以授课了，那么他们的信息将插入到表 3.1 中，但由于数据冗余，一个教师可担任多门课程，这势必也会导致重复执行插入操作。

4. 删除异常

与插入异常相反的情况是：如果某些教师由于致力于纯科研或身体不适等原因，将暂时不再担任讲授课程的教学任务，因主关键字不全，就需要从当前关系表中删除其相关记录，由于数据冗余，删除时势必会导致重复删除，更严重的是，那些关于这些教师不变的其他信息（如编号、姓名、职称、系别等）也将被同时删除，这更不合理。

上述这些在数据插入、删除或更新元组时产生的不良后果，均属于不希望发生的异常，产生这些异常的原因是关系模式设计得不好。如何避免和克服这类异常，是系统分析和设计人员必须考虑的问题。如果事先没有考虑到，等系统建立之后发现问题再返回去解决，会使操作变得非常棘手的，不仅费时费力，而且往往不能够彻底解决，除非把整个系统推翻重来，再重新设计一个新系统。如果在数据库设计阶段能设计一个良好的关系模式，就可大大避免发生上述异常。例如，将表 3.1 的 DTC 关系模式分解为以下 4 个关系模式，则上面的异常问题就能基本解决。

T(Tno,Tname,Title,Dno)

D(Dno,Dname,Loc)

C(Cno,Cname,Credit)

TC(Tno,Cno,Level)

这个新的关系模型由 4 个关系模式组成：教师 T、系 D、课程 C、授课 TC。各个关系不是孤立的，它们相互之间存在关联，而这些关联是通过各个关系中的外关键字反映出来的，因此构成了整个系统的模型。例如，教师 T 和系 D 之间通过 T 关系中的外关键字 Dno 完成一对多联系；教师 T 和课程 C 之间通过外关键字组合（Tno,Cno）实现多对多联系。当处理需要时，这些外关键字作为桥梁对有关的关系模式进行自然连接，则恢复了原来的关系。拆分后的关系数据表如图 3.1 所示。

关系 T

Tno	Tname	Title
T01	张燕	讲师
T02	李强	副教授

关系 D

Dno	Dname	Loc
D1	计算机系	东 A101

关系 C

Cno	Cname	Credit
C01	数据库	3
C02	英语	2
C03	数学	2

关系 TC

Tno	Cno	Level
T01	C01	优秀
T01	C02	良
T01	C03	好
T02	C02	优秀
T02	C03	好

图 3.1　拆分后的关系表

从图 3.1 可以看出拆分后的关系模型可以很好的解决上述的 4 种异常，是例 3.1 的数据模型的较好设计方案。因此如何设计一个优良的关系模型，设计的依据又是什么，是本章重点讨论的问题。

> 在实际应用中，哪个关系模式是最佳设计方案，并不能简单下结论。一切事情不能绝对化。如果在系统运行中，需要频繁地查询讲授某门课程的教师情况，在这种情况下，显然将 T 和 TC 合并为一个关系模式进行直接查询更为恰当。所以到底采用哪种关系模型更好些，需要根据数据库的规模、数据共享程度和实际应用需求来统一权衡考虑，从而获得最理想的方案。

3.2　模式的规范化

上节【例 3.1】涉及分解关系模式，对进行关系分解的指导和依据是函数依赖。函数依赖反映了数据之间的内在联系，因此在讲关系模式规范化之前首先要明确函数依赖的相关定义。

3.2.1　函数依赖

1. 函数依赖

函数依赖（Function Dependency）是最重要的数据依赖，它类似于变量之间的单值函数关系。其数学定义如下。

【定义 3.1】设 R（U）是属性集 U 上的关系模式。X，Y 是 U 的子集。若对于 R（U）的任意一个可能的关系 r，r 中不可能存在两个元组在 X 上的属性值相等，而在 Y 上的属性值不等，则称 X 函数确定 Y 或 Y 函数依赖于 X，记为 X→Y。

【例 3.2】设有关系 R（职工号、基本工资、奖金），其中一个职工号唯一确定一个基本工资数额和一个奖金数额。换言之，一个职工不可能同时拿两种基本工资或奖金，但几个职工的基本工资或奖金有可能相同。具体数据表如表 3.2 所示。

表 3.2
职工表

职工号	基本工资	奖金
E01	900.00	100.00
E02	1000.00	260.00
E03	680.00	150.00
E04	900.00	100.00

根据定义可知，在【例 3.2】中存在如下函数依赖：职工号→基本工资，职工号→奖金。但反过来则不存在这种关系，即基本工资↛职工号，奖金↛职工号，奖金↛基本工资，基本工资↛奖金。

> 函数依赖和别的数据依赖一样是语义范畴的概念，它不是指关系模式 R 的某个或某些元组满足的约束条件，而是指 R 的所有元组均要满足的约束条件。当关系中的元组增加或更新后都不能破坏函数依赖。因此，必须根据语义来确定一个函数依赖，而不能单凭某一时刻关系的实际数据值来判断。例如，姓名→年龄，这个函数依赖只有在没有重名的情况下才成立，如果允许重名，则年龄就不能函数依赖于姓名。

根据函数依赖的定义，可针对关系模型的 3 种联系，找出下面的规律。

① 在一个关系模式中，如果属性 X，Y 有 1：1 的联系，则存在函数依赖 X→Y，Y→X，可记为 X↔Y。

② 在一个关系模式中，如果属性 X，Y 有 1：n 的联系，则存在函数依赖 Y→X，但 X↛Y。

③ 在一个关系模式中，如果属性 X，Y 有 m：n 的联系，则 X 和 Y 之间不存在任何函数依赖。

2. 完全函数依赖

完全函数依赖（Complete Function Dependency）是在满足函数依赖的前提下的一种特殊的函数依赖关系，是其数学定义如下。

【定义 3.2】在 R（U）中，如果 X→Y，并且对于 X 的任何一个真子集 X'，都有 X'↛Y，则称 Y 对 X 完全依赖，记为 X$\xrightarrow{F}$Y。若 X→Y，但 Y 不完全函数依赖于 X，则称 Y 对 X 部分函数依赖（Partial Function Dependency），记为 X$\xrightarrow{P}$Y。

【例 3.3】已知一关系模式成绩 SC（Sno,Cno,Grade,Credit）。其中 Sno 表示学号，Cno 表示课程号，Crade 表示成绩，Credit 表示学分。

在这个成绩关系中，由于一个学生可以选修多门课程，一门课程可有多个学生选修，因此属性组合（Sno,Cno）中的任何单独一个属性都不能确定 Grade，Grade 应由（Sno,Cno）共同决定，故 Grade 完全依赖于（Sno,Cno），记为（Sno,Cno）$\xrightarrow{F}$Grade。

而一门课程对应一个唯一的学分，所以 Credit 完全依赖于 Cno，记为 Cno$\xrightarrow{F}$Credit，同时 Cno 又是属性组合（Sno,Cno）的真子集，所以 Credit 也部分依赖于（Sno,Cno），记为（Sno,Cno）$\xrightarrow{P}$Credit。

> 当 X 是单个属性时，由于 X 不存在任何真子集，故只存在完全依赖，不存在部分依赖。只有当 X 是属性组合时，才有可能存在部分依赖。

3. 传递依赖

传递依赖（Transitive Function Dependency）是在满足函数依赖的前提下的另一种特殊的函数

依赖，其数学定义如下。

【定义 3.3】在 R（U）中，如果 X→Y，（Y⊄X），Y→X，Y⇸Z，Z⊄Y，则称 Z 对 X 传递函数依赖，记为：$X \xrightarrow{传递} Z$。

【例 3.4】已知一关系模式 Student（Sno,Sname,Dno,Dname,Loc）。其中各属性分别表示学号，姓名，系号，系名，系地址。

通过语义分析可知，由于一个系里有很多名学生，而一个学生只能在一个系里注册；一个系只有一个确定的系地址。因此，此关系存在如下函数依赖：Sno→Dno，但 Dno⇸Sno，同时 Dno→Loc，根据定义，该关系模式存在传递依赖 Sno→Loc。

3.2.2 范式

关系数据库中的关系需满足一定的规范化要求，如果随意建立，可能会出现前面的操作异常。而这种规范化要求，称为范式。根据要求的程度不同，人们定义了不同级别的范式。满足最低要求的叫第一范式，简称 1NF。在第一范式中满足进一步要求的为第二范式，其余以此类推。

从范式来讲，主要是埃德加·弗兰克·科德（E. F. Codd）做的工作，1971—1972 年他系统地提出 1NF、2NF、3NF 的概念，讨论了规范化问题。1974 年，Codd 和博伊斯（Boyce）又共同提出了一个新范式 BCNF，1976 年费金（Fagin）又提出了 4NF，后来又有人提出了 5NF。对于各种范式之间的联系如图 3.2 所示。

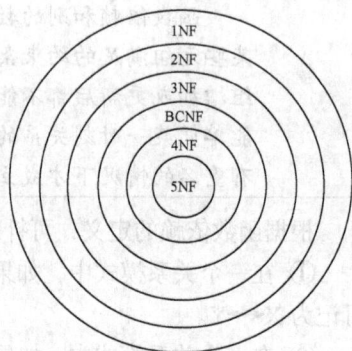

图 3.2　各范式之间的联系

一个低一级范式的关系模式，通过模式分解（Schema Decomposition）可以转换为若干个高一级范式的关系模式的集合，这种过程就叫规范化（Normalization）。

1. 第 1 范式（1NF）

【定义 3.4】关系模式 R 的每一属性值都是不可再分的最小数据单位，则称 R 属于第 1 范式的关系，记为 R∈1NF。

1NF 是最低级的范式，不属于 1NF 的关系称为非规范化关系，而数据库理论要求的都应该是规范化关系，那么如何将非规范关系转换为规范为关系呢？最常用的办法就是模式分解，下面通过一个例子来具体说明分解操作。

【例 3.5】已知关系 Eemlpyee（职工号，姓名，电话号码），具体数据如表 3.3 所示。

表 3.3　　　　　　　　　　　　　　　　职工表

职工号	姓名	电话号码
E01	李明	7012633(O)
E01	李明	7146688(H)
E01	李明	13677890034(T)
E02	张敏	15902867455(T)
E03	刘大维	2533886(O)
E03	刘大维	13456676788(T)

语义分析：职工 E01 和 E03，因为有两个以上的电话号码，导致在填表格时出现其职工号和姓名大量重复，形成数据冗余。究其原因，此关系中的"电话号码"属性可以再分，已违背 1NF，

故此关系为非规范化关系，需将其规范成 1NF，其方法有两种。

（1）将电话号码拆分为办公室电话、住宅电话、手机，即关系 Eemlpyee（职工号，姓名，办公室电话，住宅电话，手机），如表 3.4 所示，这有可能会导致某些元组出现空属性值，但电话号码不是关键字，允许出现空值。

表 3.4   满足 1NF 的职工表

职工号	姓名	办公电话	住宅电话	手机
E01	李明	7012633(O)	7146688（H）	13677890034(T)
E02	张敏			15902867455(T)
E03	刘大维	2533886(O)		13456676788(T)

（2）维持原模式不变，但在设计数据库时，额外人为约束每个元组只能录入一个电话号码，如表 3.5 所示。

表 3.5   满足 1NF 的职工表

职工号	姓名	电话号码
E01	李明	13677890034
E02	张敏	15902867455
E03	刘大维	13456676788

具体采用哪种解决办法，应根据实际需求确定。

2．第 2 范式（2NF）

【定义 3.5】若 R∈1NF，且每一个非主属性完全函数依赖于主属性（主码），则称 R 属于第 2 范式，记为 R∈2NF。

2NF 是基于 1NF 基础上讨论的。也就是说如果关系模式不满足 1NF，那么肯定也就不满足 2NF，当然也就没有必要再去判断。只有满足了 1NF 的前提下，才能判断是否满足 2NF。下面通过一个例子来具体说明不满足 2NF 带来的后果，以及如何对其消解。

【例 3.6】 已知关系成绩 SC（学号，课程号，成绩，学分），具体数据如表 3.6 所示。

表 3.6   成绩表

学号	课程号	成绩	学分
1001	C01	85	2
1001	C02	96	3
1001	C03	76	2
1002	C02	56	3
1003	C03	83	2
1003	C04	97	4

语义分析：首先，此关系的每个属性都不可再分，故满足 1NF。同时非主属性"成绩"完全依赖于主属性组合（学号，课程号），即（学号，课程号）$\xrightarrow{F}$成绩；但由于另一个非主属性"学分"只由"课程号"决定，即课程号$\xrightarrow{F}$学分，而课程号属于主属性（学号，课程号）的一部分，故"学分"部分依赖于（学号，课程号），即（学号，课程号）$\xrightarrow{P}$学分。由 2NF 定义可知，该关系违背了 2NF，会造成以下 4 个异常。

（1）数据冗余。每当 1 名学生选修 1 门课程，该课程的学分就重复存储 1 次。假设同一门课程被 50 名学生选修，学分就重复 50 次。不仅浪费存储空间，而且由于输入错误容易造成数据不一致。

（2）更新异常。如果调整了一门课程的学分，每个有关该课程的元组的学分值都必须更新。这不仅增加了更新代价，而且会导致有潜在的数据不一致。如果某些元组没有同时被修改，则会出现一门课两种学分的现象，这显然不符合现实情况。

（3）插入异常。如果学校计划增加新课，准备下学期提供给学生选修，应当把新课的课程号及学分插入到 SC 关系中。但是，由于学生还未有成绩，就缺少"学号"，关键字不完全，就不允许插入，只能等有人选修了这些课程后，才能做插入操作，这显然也违背常理。

（4）删除异常。如果学习已经结束，需从当前数据库中删除选修记录，那么这些课程的其他基本信息（如课程号，学分等）也无法保留，这显然也是极不合理的现象。

上述异常的根本原因是此关系中存在部分依赖，不属于 2NF。要想将非 2NF 的成绩关系 SC 规范成 2NF 关系，则应当设法消除属性之间的部分依赖。具体做法是通过投影将 SC 中部分依赖的非主属性和其依赖的主属性单独提出来形成另一个独立的模式，即将原来的设计分解为两个关系模式：SC（学号，课程号，成绩），Course（课程号，学分），分解后的数据表如图 3.3 所示。

成绩 SC

学号	课程号	成绩
1001	C01	85
1001	C02	96
1001	C03	76
1002	C02	56
1003	C03	83
1003	C04	97

课程 Course

课程号	学分
C01	2
C02	3
C02	3
C03	2
C04	4

图 3.3 满足 2NF 的关系表

3. 第 3 范式（3NF）

【定义 3.6】若 R∈2NF，且 R（U，F）中的所有非主属性对任何候选码都不存在传递依赖，则称 R 属于第 3 范式，记为 R∈3NF。

同样，3NF 也建立在 1NF、2NF 的基础上。只有当关系模式满足了 1NF，再满足了 2NF 后，才有必要判断其是否满足 3NF。下面仍然通过一个具体的例子来说明。

【例 3.7】已知关系 Student（学号，姓名，系号，系地址），具体数据如表 3.7 所示。

表 3.7 学生表

学号	姓名	系号	系地址
1001	张敏	D01	东 A101
1002	李飞	D01	东 A101
1003	赵同	D01	东 A101
1004	李凯	D02	西 B203
1005	李越	D03	东 A205
1006	张兰	D01	东 A101

语义分析：首先，各属性不可再分，满足 1NF；其次，关键字"学号"属于单属性，不可能有部分依赖，故满足 2NF；但是由于学号$\xrightarrow{F}$系号，系号$\xrightarrow{F}$系地址，从而构成传递依赖，即学号$\xrightarrow{传递}$

系地址，这显然违背了 3NF。在数据冗余、更新、插入、删除操作上都会产生类似【例 3.6】的异常情况，所以有必要进一步提高范式级别。

要想将符合 2NF 的关系 Student 转换成符合 3NF 的数据模式，目标就是在关系中不能留有传递依赖，应当想办法通过投影分解，将原来的传递依赖属性放到不同的关系模式中，也就是将原关系 Student 分解成为两个关系模式：Student（学号，姓名，系号），Dept（系号，系地址），分解后的数据如图 3.4 所示。

学生 Student

学号	姓名	系号
1001	张敏	D01
1002	李飞	D01
1003	赵同	D01
1004	李凯	D02
1005	李越	D03
1006	张兰	D01

系 Dept

系号	系地址
D01	东 A101
D02	西 B203
D03	东 A205

图 3.4 满足 3NF 的关系表

从【例 3.7】可以看出，对关系规范化的分解过程体现出了"一事一地"的原则，即一个关系反映一个实体或一个联系，不应当把几种关系混合在一起，切忌"大而全"。在实际应用中，倘若一个关系不能解决问题，则可在若干个基本关系组成的关系模型基础上，根据需求通过自然连接导出所需关系。

4. BCNF

巴斯范式（Boyce Codd Normal Form，BCNF）是由博伊斯（Boyce）与科德（Codd）提出的，比上述 3NF 又深入了一步，人们通常认为 BCNF 是修正的第 3 范式，有时也称 BCNF 为扩充的第 3 范式。

【定义 3.7】如果关系模式 R（U，F）中所有属性（包括非主属性和主属性）都不传递依赖于 R 的任何候选码，那么称关系 R 属于 BCNF，记为 R∈BCNF。

由 BCNF 的定义可以得到以下结论，即一个满足 BCNF 的关系模式如下。

（1）所有非主属性对每一个码都是完全依赖。

（2）所有非主属性对每一个不包含它的码，也是完全依赖。

（3）没有任何属性完全依赖于非码的任何一组属性。

按定义来说，一旦 R∈BCNF，则关系 R 就排除了任何属性对码的传递依赖和部分依赖，所以必定存在 R∈3NF，但如果 R∈3NF，未必存在 R∈BCNF。

【例 3.8】已知关系模式成绩 STC（Sno，Tno，Cno）其中各属性分别表示学生号，教师号，课程号（假设一个教师只能讲授一门课程）。具体数据如表 3.8 所示。

表 3.8　　　　　　　　　　　　　　　成绩关系 STC

Sno	Tno	Cno
S1	T1	C1
S1	T2	C2
S1	T3	C3
S2	T2	C3
S3	T1	C1
S3	T4	C4

语义分析：每一个教师只讲授一门课程，记为 Tno→Cno；因每一门课程可有若干个教师，每一个学生可选若干个教师和若干门课程。那么一个学生选定一门课时，则对应一个固定的教师，记为（Sno，Cno）→Tno；一个学生选定一个教师，则对应一门固定的课程，记为（Sno，Tno）→Cno；这些函数依赖可以用图 3.5 表示。

通过语义分析可确定候选码：由于（Sno，Cno）→Tno，因此（Sno，Cno）可函数决定整个元组，则（Sno，Cno）为一个候选码；根据（Sno，Tno）→Cno，所以（Sno，Tno）也可函数决定整个元组，则（Sno，Tno）为另一个候选码。

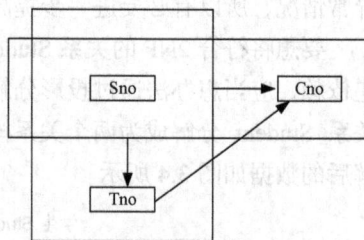

图 3.5　WPE 函数依赖示意图

对于模式的规范化，先看非主属性对候选码的函数依赖：由两个候选码可知，Sno，Tno，Cno 都是主属性，本例中并无非主属性，自然不存在非主属性对码的部分或传递依赖，故 STC 属于 3NF。

再看主属性对候选码的函数依赖：由（Sno，Cno）→Tno 和 Tno→Cno 可知，主属性 Cno 对候选码（Sno，Cno）存在传递依赖，记为（Sno，Cno）$\xrightarrow{传递}$Cno，故 STC 不属于 BCNF。

违背 BCNF 也会导致此关系操作异常。例如一个学生选修了一个新教师，那么该教师所讲授的课程也会随之插入数据库中。假设有 50 个学生选修了这个新教师，则其讲授的课程则会被重复记录 50 次，这显然是不合理的。

解决操作异常的办法仍然是采用模式分解，即将 STC 分解为 ST（Sno，Tno）和 TC（Tno，Cno），如图 3.6 所示。

关系 ST

Sno	Tno
S1	T1
S1	T2
S1	T3
S2	T2
S3	T1
S3	T4

关系 TC

Tno	Cno
T1	C1
T2	C2
T3	C3
T4	C4

图 3.6　分解后的 STC

一般而言，一个关系模式能够达到 BCNF 级别时，其规范化程度基本满足实际数据库的设计需求，为此，有关 4NF、5NF 在此不再说明，感兴趣的读者可参阅其他相关书籍。

至此，已系统地讨论了关系模式的规范化问题，即规范化是通过对已有关系模式进行模式分解来实现的。把低一级的关系分解为多个高一级的关系，使模式中的各个关系达到某种程度的分离，让一个关系只描述一个实体或实体间的联系。规范化实质上就是概念的单一化。关系模式的规范化过程如图 3.7 所示。

通过逐步地规范化，不断提高模式的级别，人们可以最大限度地消除关系模式中插入、更新和删除的异常。但在数据库实际设计实践中，并非严格按模式的规范化进行的，有时数据库根据实际需求需要，会故意保留一些非规范化关系，甚至在规范化后又进行反规范化处理，这样通常是为了改善数据库的性能。因此关系模式需不需要规范化，规范化到什么级别，往往还是需要按实际情况来决定。

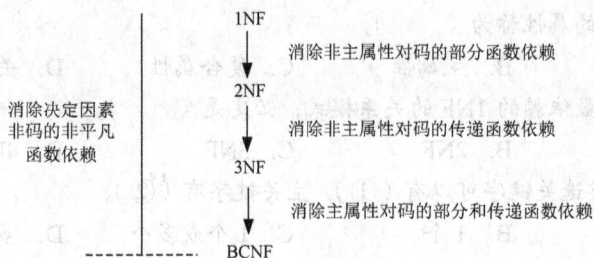

图 3.7 规范化过程

本章小结

本章重点介绍了关系数据库设计理论的基础知识，包括函数依赖等几个重要的数学定义。同时，还先后介绍了模式规范化的必要性及规范化的不同级别（1NF、2NF、3NF、BCNF）的定义，并对每个级别的范式进行了详细举例说明，包括违背后的操作异常及其解决办法等。

练 习 题

一、选择题

1. 关系规范化中的删除操作异常是指（　　　　），插入操作异常是指（　　　　）。

    A. 不该删除的数据被删除　　　　　　　　B. 不该插入的数据被插入

    C. 应该删除的数据未被删除　　　　　　　D. 应该插入的数据未被插入

2. 设计性能较优的关系模式称为规范化，规范化主要的理论依据是（　　　　）。

    A. 关系规范化理论　　　　　　　　　　　B. 关系运算理论

    C. 关系代数理论　　　　　　　　　　　　D. 数理逻辑

3. 规范化过程主要为克服数据库逻辑结构中的插入异常、删除异常，以及冗余度大（　　　　）的缺陷。

    A. 数据的不一致性　　　　　　　　　　　B. 结构不合理

    C. 冗余度大　　　　　　　　　　　　　　D. 数据丢失

4. 当关系模式 R(A，B)已属于 3NF，下列说法中正确的是（　　　　）。

    A. 它一定消除了插入和删除异常　　　　　B. 仍存在一定的插入和删除异常

    C. 一定属于 BCNF　　　　　　　　　　　D. A 和 C 都是

5. 关系模型中的关系模式至少是（　　　　）。

    A. 1NF　　　　　　B. 2NF　　　　　　C. 3NF　　　　　　D. BCNF

6. 在关系 DB 中，任何二元关系模式的最高范式必定是（　　　　）。

    A. 1NF　　　　　　B. 2NF　　　　　　C. 3NF　　　　　　D. BCNF

7. 在关系模式 R 中，若其函数依赖集中所有候选关键字都是决定因素，则 R 最高范式是（　　　　）。

    A. 2NF　　　　　　B. 3NF　　　　　　C. 4NF　　　　　　D. BCNF

8. 候选关键字中的属性称为（　　　）。

    A. 非主属性　　　　B. 主属性　　　　C. 复合属性　　　　D. 关键属性

9. 消除了部分函数依赖的 1NF 的关系模式，必定是（　　　）。

    A. 1NF　　　　　　B. 2NF　　　　　　C. 3NF　　　　　　D. 4NF

10. 关系模式的候选关键字可以有（①），主关键字有（②）。

    A. 0 个　　　　　　B. 1 个　　　　　　C. 1 个或多个　　　　D. 多个

二、填空题

1. 在关系 A(S, SN, D)和 B(D, CN, NM)中，A 的主键是 S，B 的主键是 D，则 D 在 S 中称为_____。

2. 对于非规范化的模式，经过_____转变为 1NF，将 1NF 经过_____转变为 2NF，将 2NF 经过_____转变为 3NF。

3. 在关系数据库的规范化理论中，在执行"分解"时，必须遵守规范化原则：保持原有的依赖关系和无损连接性_____。

三、综合练习

1. 已知学生关系模式

S(Sno, Sname, SD, Sdname, Course, Grade)

其中，Sno 为学号、Sname 为姓名、SD 为系名、Sdname 为系主任名、Course 为课程、Grade 为成绩。

（1）写出关系模式 S 的基本函数依赖和主码。

（2）原关系模式 S 为几范式，为什么？将其分解成高一级范式，并说明为什么？

（3）将关系模式分解成 3NF，并说明为什么？

2. 设某商业集团数据库中有一关系模式 R 如下：

R（商店编号，商品编号，数量，部门编号，负责人）

如果规定：（1）每个商店的每种商品只在一个部门销售；（2）每个商店的每个部门只有一个负责人；（3）每个商店的每种商品只有一个库存数量。

试回答下列问题：

（1）根据上述规定，写出关系模式 R 的基本函数依赖。

（2）找出关系模式 R 的候选码。

（3）试问关系模式 R 最高已经达到第几范式？为什么？

（4）如果 R 不属于 3NF，请将 R 分解成 3NF 模式集。

上机实训

1. 实训目的

（1）掌握函数依赖的概念。

（2）掌握数据库规范化理论，熟悉数据库规范化过程。

（3）掌握关系模式各级规范化原则。

2. 实训内容

现对图书管理系统的数据库设置了如下关系模式：

学生（<u>学号</u>，姓名，性别，年龄，系名，系地址）

图书（<u>书号</u>，书名，作者，价格，出版社，库存量）

借还书（<u>学号</u>，姓名，<u>书号</u>，书名，日期）

经过分析，以上关系不满足 1NF、2NF、3NF，请分别指出具体哪些地方不满足哪些范式，说明原因，并针对每个范式做出相应修改。

3. 实训提示

参考本章 3.2.2 节。

第4章
关系数据库标准语言 SQL

结构化查询语言（Structured Query Language，SQL）是关系数据库的标准语言。SQL 是一个通用的、功能极强的关系数据库语言。由于其功能丰富、使用方式灵活、语言简捷等突出特点，一经推出就很快在计算机界备受欢迎并深深扎根。当前，几乎所有的关系数据库管理系统软件都支持 SQL，许多软件厂商对 SQL 的基本命令集都进行了不同程度的扩充和修改。在使用 SQL 语言的过程中，用户完全不用考虑数据存储格式、存储路径等复杂的问题，只需通过 SQL 语言进行功能描述，数据库管理系统就会自动完成相应的一切工作。

4.1 SQL 概述

自 SQL 成为国际标准语言后，各个数据库厂家纷纷推出自己的 SQL 软件与 SQL 的接口软件。这就使得大多数数据库均用 SQL 作为共同的数据存取语言和标准接口，使不同数据库系统之间的互操作有了共同的基础。SQL 已成为数据库领域的主流语言。SQL 的意义重大，甚至有人把确立 SQL 为关系数据库语言标准及其后的发展称为是一场革命。

4.1.1 SQL 的产生和发展

SQL 是在 1974 年由博伊斯（Boyce）和张伯伦（Chamberlin）提出的，并在 IBM 公司研制的关系数据库管理系统原型 System R 上实现。由于 SQL 简单易学、功能丰富，深受用户和计算机工业界欢迎，因此它才被数据库厂商采用。经各公司不断修改、扩充和完善，SQL 得到业界的认可。1986 年 10 月美国国家标准局（American National Standard Institute，ANSI）的数据库委员会 X3H2 批准了 SQL 作为关系数据库语言的美国标准，并于同年公布了 SQL 标准文本（简称 SQL-86）。1987 年国际化标准组织（International Organization for Standardization，ISO）也通过了 SQL 标准文本。SQL 标准文本从 1986 年分布以来随着数据库技术的发展不断发展、不断丰富，其发展进程如表 4.1 所示。

表 4.1　　　　　　　　　　　　　SQL 发展进程

标准	页数	发布日期
SQL-86		1986
SQL-89	120	1989
SQL-92	622	1992
SQL-99	1700	1999

4.1.2　SQL 的特点

SQL 是一种介于关系代数与关系演算之间的语言，其本身不是一个数据库管理系统，但它是数据库管理系统中不可缺少的组成部分。SQL 不仅能用于查询，还能实现数据库的建立、存储、检索等功能。SQL 是一个通用功能极强的关系数据库语言，其主要特点如下。

1. 综合统一

SQL 语言集数据定义语言（Data Definition Language，DDL）、数据操纵语言（Data Manipulation Language，DML）、数据查询语言（Data Query Language，DQL）、数据控制语言（Data Control Language，DCL）功能于一体，语言风格统一。SQL 语言功能包括定义模式、建立数据库，插入、查询、修改、删除及维护数据，控制对数据和数据对象的存取等一系列操作。用户在数据库系统的实际使用中，可根据需要随时逐步修改模式，且不会影响数据库系统的运行，从而使系统具有良好的可扩展性。

2. 高度非过程化

SQL 是一个非过程化的语言，所有 SQL 语句将接受集合作为输入，将返回集合作为输出。SQL 的集合特性允许一条 SQL 语句的结果作为另一条 SQL 语句的输入。它不要求用户指定对数据的存放方法，只注重要得到的结果。所有 SQL 语句使用查询优化器，由系统决定对指定数据存取的最快速手段，设计者无须把握存取过程等细节。

3. 很强的可移植性

SQL 语言既是自主式语言，又是嵌入式语言。用户可以运用 SQL 命令直接对数据库进行操作。由于所有主要的关系数据库管理系统都支持 SQL，用户可将使用 SQL 的技能从一个 DBMS 转到另一个 DBMS。作为嵌入式语言，SQL 语句可以嵌入到高级语言程序中。

4. 客户/服务器体系

SQL 是一种使用分布式客户/服务器（Client/Server，C/S）体系结构来实现应用程序的工具。SQL 作为前台计算机系统和后台系统之间的桥梁，提供从个人计算机应用程序访问远程数据的权限。

5. 语言简洁，易学易用

SQL 功能极强，但由于设计巧妙，语言十分简洁，所以其完成核心功能只需用 9 个动词，如表 4.2 所示。SQL 语言形式接近英语，易学易用。

表 4.2　　　　　　　　　　　　　　　　　SQL 语言的动词

SQL 功能	动词
数据定义	CREATE, DROP, ALTER
数据操纵	INSERT, UPDATE, DELETE
数据查询	SELECT
数据控制	CRANT, REVOKE

4.1.3　SQL 数据库的体系结构

支持 SQL 的 DBMS 同样支持关系数据库的三级模式，如图 4.1 所示。其中外模式对应于视图（View）和部分基本表（Base Table），模式对应于基本表，内模式对应于存储文件（Stored File）。

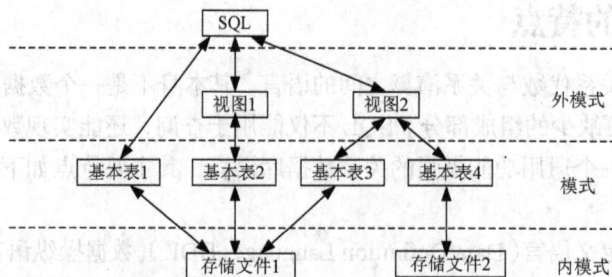

图 4.1 SQL 对关系数据模式的支持

基本表（Base Table）是本身独立存在的表，在 SQL 中一个关系对应一个基本表，其中每个表都是由行和列组成。一个（或多个）基本表对应一个存储文件，一个表可以带若干索引，索引也存放在存储文件中。

存储文件的逻辑结构组成了关系数据库的内模式；存储文件的物理结构是任意的，对用户是透明的。

视图（View）是从一个或多个基本表导出的临时表。它本身不独立存储于数据库中，数据库中只存放视图的定义而不存放视图所对应的数据。但这些数据仍存放在导出视图的基本表中，因此视图是一个虚表，它的概念与基本表等同。视图的引用大大简化了数据的查询和处理操作。

下面将逐一介绍 SQL 语句的各个功能和语法格式。各个 DBMS 产品在实现标准 SQL 时各有差别，与 SQL 标准的符合程度也不相同，一般在 85%以上。因此，在具体使用某个 DBMS 产品时，还应参阅系统提供的有关手册。

4.2　SQL 数据定义功能

SQL 的数据定义功能是定义数据库及其对象（数据库的基本表、视图等）的逻辑结构，包括定义对象（CREATE）、修改对象（ALTER）、删除对象（DROP）3 种。值得大家注意的是，所有 SQL 语句的标点符号应为英文状态下的标点符号。

4.2.1　数据库的定义和删除

数据库（DataBase），是按一定格式存放数据的仓库。后面定义的所有数据库对象都存放在这个仓库里，是数据库设计首先定义的结构。

1. 定义数据库

```
CREATE DATABASE 数据库名
```

【例 4.1】 定义一个成绩系统的数据库 SCXT

```
CREATE DATABASE SCXT
```

2. 删除数据库

```
DROP DATABASE 数据库名
```

【例 4.2】 删除成绩系统的数据库 SCXT

```
DROP DATABASE SCXT
```

4.2.2　模式的定义和删除

模式（Shema），也称为架构或命名空间，可以解决数据库对象间的命名冲突问题。如果说数据库是数据的仓库，那么模式就是仓库里分配的一个个房间，一个数据库可以设置一个或多个模式。一般说来，DBMS 都预设置了多个系统模式，用户可根据实际情况自定义模式，也可以省略模式的定义。如果用户未定义模式，那么系统会将用户定义的数据库对象通通放到 DBMS 默认的某一个模式中。

1. 定义模式

```
CREATE SCHEMA 模式名 [AUTHORIZATION 用户名]
```

其中"AUTHORIZATION 用户名"是指定模式 schema 对象所有者的标识符 ID，此 ID 必须是数据库中有效的安全账户。

【例 4.3】 定义一个学生-课程模式 S-T

```
CREATE SCHEMA "S-T"
```

或

```
CREATE SCHEMA "S-T" AUTHORIZATION Wang
```

2. 删除模式

```
DROP SCHEMA 模式名 [CASCADE | RESTRICT]
```

其中 CASCADE | RESTRICT 为可选项。选择 CASCADE（级联），表示在删除模式的同时将该模式下的所有数据库对象一起删除；选择 RESTRICT（限制），即选择默认项，表示如果该模式中已经定义了下属的数据库对象，则拒绝该删除语句的执行，反之，只有当该模式中没有任何下属的数据库对象时才能执行 DROP。

【例 4.4】 删除名为 S-T 的模式

```
DROP SCHEMA "S-T"
```

4.2.3　基本表的定义、删除和修改

1. 定义基本表

表（Table），是数据库的基本对象，独立存在于模式中。如果说模式是房间，那么表就是这间房里的一张床。一个房间可以安置一张或多张床。如果用户定义了模式，则该模式下所有表的命名都是模式名.表名；反之，如果未定义模式，则所有表都会自动存放到系统的 dbo 模式下，其表的命名都是 dbo.表名。

```
CREATE TABLE 表名（列名 数据类型 [列级约束条件]
                [, 列名 数据类型 [列级约束条件]]
                …
                [, 表级约束条件]）
```

（1）数据类型

关系数据库中一个很重要的概念就是域，每一个属性都来自于一个域，它的取值必须是域中的值。在 SQL 中域的概念是用数据类型来实现的。定义表的各个属性时需要指明其数据类型及长度。SQL 提供了一些主要数据类型，如表 4.3 所示。要注意的是，不同的 DBMS 支持的数据类型不完全相同。

表 4.3 　　　　　　　　　　　SQL 提供的数据类型

类型		长度（字节）	取值范围	备注
整型	tinyint	1	0～255	
	smallint	2	−32768～32767	
	int	4	-2^{31}～$2^{31}-1$	
	bigint	8	-2^{63}～$2^{63}-1$	
小数	decimal(p,s)	2～17	-10^{38}～10^{38}	decimal(6,2)共 6 位,小数 2 位
	numeric(p,s)			
浮点数	float	4 或 8	−1.79e−308～1.79e+308	可精确到 15 位
	double	8		
	real	4	−3.40e−38～3.40e+38	可精确到 7 位
字符型	char(n)	n	n 的取值为 1～8000	固定长度 ANSI 字符,1 字符占 1B,不足 n 时补空格
	varchar(n)	输入的长度		可变长度 ANSI 字符,根据实际宽度存储
	text(n)	输入的长度	0～$2^{31}-1$	可变长度 ANSI 文本数据
	nchar(n)	n	n 的取值为 1～4000	固定长度 Unicode 字符, 1 字符占 2B,不足 n 时补空格
	nvarchar(n)	输入的长度		可变长度 Unicode 字符
	ntext(n)	输入的长度	0～$2^{30}-1$	可变长度 Unicode 文本数据
日期时间	smalldatetime	4	1/1/1900～6/6/2079	日期和时间（用单引号括起来）
	datetime	8	1/1/1753～12/31/9999	
	date	3	1/1/2000～12/31/9999	日期（使用时用单引号括起来）
货币	smallmoney	4	-2^{31}～$2^{31}-1$	可精确到千分之十
	money	8	-2^{63}～$2^{63}-1$	
二进制	binary(n)	n	≤255	固定长度二进制
	varbinary(n)	输入的长度		可变长度二进制
	image	0～2K 倍数	≤2147483647	存储图像,不能直接 Insert 操作
位	bit	1	0 或 1/8	常用于逻辑变量,真或假

　　一个属性选用哪种数据类型要根据实际情况来决定，一般要从两方面来考虑：一是取值范围，二是要做哪些运算。例如，年龄（Sage）属性，可以采用 CHAR(3)，也可以采用 INT，还可以采用 SMALLINT，但考虑到后期有可能需要在年龄上做算术运算（如求平均年龄等），而 CHAR(3) 数据类型不能进行算术运算，所以应该选择 INT 或 SMALLINT；同时一个人的年龄的取值范围最多百岁，所以选用短整型 SMALLINT 更为恰当。

　　　　对于字符型的选择：如果肯定字符长度，不包含中文时，选择 char，可能包含中文时，选择 nchar；如果不确定字符长度，不包含中文时，选择 varchar，可能包含中文时，选择 nvarchar；如果字符长度很长，不包含中文时，选择 text，可能包含中文时，选择 ntext。

（2）完整性约束条件
　　建表的同时还可以设定与该表有关的完整性约束条件，这些条件被存放在数据字典中，当用户操作表中数据时由 DBMS 自动检查该操作是否违背这些条件。如果完整性约束条件涉及该表的多个属性列,则必须定义在表级上,否则既可以定义在列级也可以定义在表级。表 4.4 列举了 SQL 提供的常见的列级约束条件。

表 4.4　　　　　　　　　　　　　　SQL 提供的常见的列级约束条件

约束条件	含义
PRIMARY KEY	将本列设置为主码。语法: ①列名 类型 PRIMARY KEY　　　　　　（仅用于单列主码） ②PRIMARY KEY（列名 1,列名 2,…）　（可用于多列主码）
UNIQUE	限制本列取值不重复。语法: ①列名 类型 UNIQUE　　　　　　　　（仅用于单列约束） ②UNIQUE（列名 1,列名 2,…）　（可用于多列约束）
FOREIGN KEY	指定本列为引用其他表的外码。语法: FOREIGN KEY（本列列名）REFERENCES 外表名（外表主码）
NOT NULL	限制本列取值不能为空。语法:列名 类型 NOT NULL
DEFAULT	设置本列的默认值。语法:列名 类型 DEFAULT 默认值
CHECK	限制本列的取值范围。语法:列名 类型 CHECK（列名的约束表达式）

【例 4.5】　在成绩系统的数据库 SCXT 中建立一个空的"学生表"Student。

```
CREATE TABLE Student(Sno CHAR(9) PRIMARY KEY,
                     Sname NCHAR(20) UNIQUE,
                     Ssex NCHAR(2) CHECK (Ssex='男'or Ssex='女'),
                     Sage SMALLINT,
                     Sdept NCHAR(20) DEFAULT '计算机')
```

【例 4.6】　在成绩系统的数据库 SCXT 中建立一个空的"课程表"Course。

```
CREATE TABLE Course (Cno CHAR(4) PRIMARY KEY,
                     Cname NCHAR(40) NOT NULL,
                     Credit SMALLINT)
```

【例 4.7】　在成绩系统的数据库 SCXT 中建立一个空的"成绩表"SC。

```
CREATE TABLE SC (Sno CHAR(9),
                 Cno CHAR(4),
                 Grade FLOAT CHECK(Grade>=0 and Grade<=100),
                 PRIMARY KEY(Sno,Cno),
                 FOREIGN KEY(Sno) REFERENCES Student(Sno),
                 FOREIGN KEY(Cno) REFERENCES Course(Cno))
```

　　　　在 SQL Server 中对数据库中的对象（包括表、索引、视图等）进行任何操作,都需要在执行语句的第一行加上"USE 数据库名"命令,否则系统报错,找不到该对象。如上述 CREATE TABLE 前需加"USE SCXT"。依此类推,本书中只要是对 SCXT 数据库对象进行操作的,都需加上"USE SCXT"。

2. 修改表

随着应用环境和应用需求的变化,有时需要修改已建立好的表的结构,SQL 用 ALTER TABLE 来实现。

ALTER TABLE 表名［ADD 新列名 数据类型［列级约束条件］］

［DROP COLUMN 列名］
［ALTER COLUMN 列名 数据类型］
［DROP 约束条件］

其中，表名是要修改的基本表，ADD 子句用于增加新列和新的约束条件；DROP COLUMN 子句用于删除指定的列；ALTER COLUMN 子句用于修改原有列定义，包括修改该列的列名和数据类型；DROP 子句用于删除指定的约束条件。

【例 4.8】 向 Student 表中增加"入学时间 Sentrance"列（空列），其属性为日期型。

ALTER TABLE Student ADD Sentrance DATE

【例 4.9】 将 SC 表中成绩 Grade 的数据类型由 SMALLINT 改为 FLOAT。

ALTER TABLE SC ALTER COLUMN Grade FLOAT

【例 4.10】 增加"课程名 Cname"必须取唯一值的约束条件。

ALTER TABLE Course ADD UNIQUE(Cname)

3. 删除表

当不再需要某个基本表时，可使用 DROP TABLE 删除它。

DROP TABLE 表名 ［RESTRICT | CASCADE］

若选择 RESTRICT，则该表的删除是有限制条件的，欲删除的基本表不能被其他表的约束引用（如 CHECK、FOREIGN KEY 等），不能有视图、触发器、存储过程、函数等，如果存在有这些依赖于该表的对象，则此表不能被删除，RESTRICT 项是默认选项。若选择 CASCADE，则该表的删除没有限制条件，在删除基本表的同时，相关的依赖对象（如视图等）将一并被删除。

【例 4.11】 删除 Student 表。

DROP TABLE Student

4.2.4　索引的定义和删除

建立索引只是为了加快查询速度的有效手段，它不是必需的，用户可以根据应用环境的需要决定是否建立索引。如果在基本表上建立一个或多个索引，可以为 DBMS 提供多种存取路径，加快其查找速度。一般说来，建立与删除索引是由数据库管理员 DBA 或建立表的人负责完成的。系统在存取数据时会自动选择合适的索引作为存取路径，用户不必也不能显式地选择索引。

1. 定义索引

CREATE ［UNIQUE］［CLUSTER］INDEX 索引名
ON 表名（列名 1［ASC | DESC］［, 列名 2 ［ASC | DESC］…）

其中，"表名"是建立索引的基本表的名字，索引可以建立在该表的一列或多列上，各列名之间用逗号隔开，每个列名后面还可以选择 ASC（升序）或 DESC（降序），默认值为 ASC。"UNIQUE"表明此索引的每一个索引值只对应唯一的数据记录。"CLUSTER"表示要建立的索引是聚簇索引，即索引项的顺序与表中记录的物理顺序一致的索引组织。

【例 4.12】 为 Student 表的 Sname 建立一个索引，而且 Student 表的记录按 Sname 降序存放。

CREATE INDEX Stusname
ON Student(Sname DESC)

【例 4.13】 为 SC 建立一个唯一索引，要求按学号升序，课程号降序排列。

```
CREATE UNIQUE INDEX SCno
ON SC(Sno ASC,Cno DESC)
```

SQL 可使用 ALTER INDEX 命令修改索引，但与其他对象的修改不同，该命令只与索引的维护有关，而与索引的定义完全不相干。所以如果需要修改索引的定义，那么只能在删除索引后重新定义新索引。

2. 删除索引

索引一经建立，就由系统使用和维护它，无需用户干预。建立索引是为了减少查询时间，但如果数据增删改频繁，系统会花很多时间来维护，从而降低了查询效率，这时可以删除一些不必要的索引。

```
DROP INDEX 索引名 ON 表名
```

【例 4.14】 删除 Student 表的索引 Stusname。

```
DROP INDEX Stusname ON Student
```

4.3 SQL 数据操纵功能

数据库的操纵功能，有时也被称为数据更新功能，其包括对数据库基本表的一个或多个元组进行插入、修改和删除操作，是继定义基本表后的第二步操作。

4.3.1 插入数据

SQL 提供了两种数据的插入操作，一种是直接插入一个元组，另一种是插入一个子查询结果（该方式可一次性插入多个元组，详见 4.4.5 节）。其中插入元组的一般格式如下。

```
INSERT INTO 表名［列名 1，列名 2，…］
VALUES（常量 1，常量 2，…）
```

插入元组的功能是将一条新元组插入到指定的表中。其中新元组的列名和常量为一一对应关系，即列名 1 的属性值为常量 1，列名 2 的属性值为常量 2，依次类推。如果 INTO 子句中没有指明任何列名，则新插入的元组必须在每个属性列上都有常量值；如果 INTO 子句中对应列没有出现常量值，则表示该列上将取空值。但必须注意的是，在表定义时如果该列定义了 NOT NULL 约束条件，则该列不能取空值，必须给出常量值，否则 DBMS 会报错，拒绝插入。

【例 4.15】 向例 4.5 的 Student 表中插入一个新元组（1001，陈冬，男，18，计算机）。

```
INSERT INTO Student(Sno,Sname,Ssex,Sage,Sdept)
VALUES('1001','陈冬','男',18,'计算机')
```

或

```
INSERT INTO Student
VALUES('1001','陈冬','男',18,'计算机')
```

如果 INTO 子句中指明了列名，则新增加元组的常量值可以与 CREATE TABLE 中的顺序不一致，只需对应指定的列名顺序即可。但如果未指明任何列名，则各常量值的顺序必须和 CREATE TABLE 中的顺序保持一致。VALUES 子句是对新元组的各属性赋值，字符串常量需用单引号（英文状态下）括起来。

【例 4.16】 向【例 4.7】的 SC 表中插入一个新元组（1001，C01）。

```
INSERT INTO SC(Sno,Cno)
VALUES('1001','C01')
```

或

```
INSERT INTO SC
VALUES('1001','C01',NULL)
```

因为没有指出 SC 的任何列名，则表示对 SC 的所有列插入数据，但题目并未给出 Grade 的常量值，故在 Grade 列上明确给出空值，否则会报错。

4.3.2 修改数据

修改操作又称为更新操作，可实现对指定元组的数据值进行修改。其一般格式如下。

UPDATE 表名
SET 列名 1＝表达式 1 [，列名 2＝表达式 2，…]
[WHERE 条件]

修改数据的功能是修改指定表中满足 WHERE 条件（有关 WHERE 条件，见 4.4.1 节）的元组。其中 SET 子句给出的表达式值将取代相应的属性列值。如果省略 WHERE 条件，则表示要修改表中的所有元组。

【例 4.17】 将 Student 表中的所有学生的系别都改为"计算机"。

```
UPDATE Student
SET Sdept ='计算机'
```

【例 4.18】 将 Student 表中 1001 学生的年龄改为 20 岁。

```
UPDATE Student
SET Sage = 20
WHERE Sno ='1001'
```

4.3.3 删除数据

当不再需要表中的一个或多个元组时，可执行删除操作，将删除这些元组数据在表中的记录，但值得注意的是，该操作不能删除表中不存在的元组数据。其一般格式如下。

DELETE FROM 表名
[WHERE 条件]

删除数据的功能是从指定的表中删除满足 WHERE 条件的所有元组。如果省略 WHERE 子句，则表示删除表中全部元组。与 DROP 语句不同，DELETE 语句删除的是表中数据，而表的定义还是存在于数据字典中。

【例 4.19】 删除所有学生的成绩记录。

```
DELETE FROM SC
```

【例 4.20】 删除名为"陈冬"的学生记录。

```
DELETE FROM Student
WHERE Sname ='陈冬'
```

当表与表之间存在外码时，对其中一个表的增、删、改操作有可能会破坏表间的参照完整性约束，DBMS 会自动检查，一旦违背约束条件，则会拒绝执行或级联操作。有关级联操作，在后面 8.2.3.2 中详细讲解。

4.4　SQL 数据查询功能

数据库的查询操作是数据库的核心操作。SQL 提供的 SELECT 查询具有灵活的使用方式和丰富的功能。其一般格式如下。

```
SELECT［ALL│DISTINCT］目标列表达式1［，目标列表达式2，…］
FROM 表名1或视图名1［，表名2或视图名2，…］
［WHERE 条件表达式］
［GROUP BY 列名1［HAVING 条件表达式］］
［ORDER BY 列名2［ASC│DESC］］
```

数据库查询操作的功能是根据 WHERE 子句的条件表达式，从 FROM 子句指定的表或视图中找到满足条件的元组，再按 SELECT 子句的目标列表达式，选出元组中的属性值形成结果表。如果有 GROUP BY 子句，则将结果按"列名 1"的值进行分组，该属性列值相等的元组为一组。通常会在每组中作用聚集函数。如果该子句才还带 HAVING 短语，则只有满足条件的组才予以输出。如果有 ORDER BY 子句，则结果表还要按"列名 2"的值进行升序或降序排序。

SELECT 语句既可以完成简单的单表查询，也可以完成复杂的连接查询和嵌套查询，还可以完成视图的查询（有关视图，后面第 4.5 节会详细讲解），下面仍以成绩系统的数据库为例详细说明 SELECT 语句的各种用法，其涉及的基本表数据如图 4.2 所示。其中各属性分别表示为：Sno（学号）、Sname（姓名）、Ssex（性别）、Sage（年龄）、Sdept（系别）、Cno（课程号）、Cname（课程名）、Ccredit（学分）、Chour（学时）、Grade（成绩）。

学生表 Student

Sno	Sname	Ssex	Sage	Sdept
1001	张军	男	18	电气
1002	李力	女	17	计算机
1003	张佳	女	19	机械
1004	宋丽琳	女	20	电气

课程表 Course

Cno	Cname	Ccredit	Chour
C01	数据库	4	60
C02	数学_2	2	30
C03	信息系统	4	60
C04	操作系统	3	45

成绩表 SC

Sno	Cno	Grade
1001	C01	92
1001	C02	NULL
1001	C03	88
1001	C04	87
1002	C03	90
1003	C01	56
1003	C03	45

图 4.2　基本表数据图

4.4.1　单表查询

所谓单表查询，是指查询的目标仅涉及一个表，这种查询操作最为简单。对于单表查询，用户可根据应用需求查询某个表的一列或多列，也可以按条件查询满足条件的记录，甚至还可以做升降排序和各种统计等。

1. 选择表中的若干列

选择表中的全部列或部分列，这就是关系代数的投影运算。

（1）查询部分列

在很多情况下，用户只对表中的一部分属性列感兴趣，这时可以在 SELECT 子句的"目标列表达式"中指定查询的属性列名。

【例 4.21】　查询全体学生的学号和姓名。

```
SELECT Sno,Sname
FROM Student
```

该语句的执行过程是：首先从 Student 表中取出一个元组在属性 Sno 和 Sname 上的值，形成一个新的元组输出，然后对 Student 表中的所有元组做相同的处理，最后形成一个结果表输出，其结果如下。

Sno	Sname
1001	张军
1002	李力
1003	张佳
1004	宋丽琳

【例 4.22】　查询全体学生的系别、姓名和性别。

```
SELECT Sdept,Sname,Ssex
FROM Student
```

SELECT 的"目标列表达式"中的各个列的先后顺序可以与表中顺序不一致。用户可以根据应用的需要改变列的顺序，最终结果以 SELECT 子句后的列名顺序为准。

Sdept	Sname	Ssex
电气	张军	男
计算机	李力	女
机械	张佳	女
电气	宋丽琳	女

（2）查询全部列

将表中的所有属性列选出来，可以有两种方法，一种是在 SELECT 后列出所有列名（结果表中列的顺序可以按用户需求设定）；另一种是在 SELECT 后直接用*（结果表中列的顺序必须保持和表中定义的列顺序一致）。

【例 4.23】　查询全体学生的所有记录。

```
SELECT *
FROM Student
```

或

```
SELECT Sno,Sname,Ssex,Sage,Sdept
FROM Student
```

（3）查询经过计算的值

SELECT 子句的"目标列表达式"不仅可以是表中的属性列，可以是有关属性列的计算表达式，可以是算术表达式，还可以是字符串常量表达式、函数表达式等。

【例 4.24】 查询全体学生的姓名及其出生年份。

```
SELECT Sname,2015-Sage
FROM Student
```

查询结果的第 2 列在表的定义中并不是直接定义的列名，而是一个有关 Sage 列的计算表达式，即用当前年份减去学生的年龄所得。

Sname	2015-age
张军	1997
李力	1998
张佳	1996
宋丽琳	1995

用户还可以在表达式后通过指定别名来改变查询结果表中的列标题，这对于含有算术表达式、常量、函数名的目标列表达式尤其有用。别名的定义非常简单，只需在某列列名或某项列表达式后面加空格，为这列或表达式取一个新名字，并且这个新名字将作为新的列名显示在结果列表中。但值得注意的是，别名只是在结果显示时出现，并不能改变表的真正结构。例如【例 4.24】，可以定义如下列别名。

```
SELECT Sname,2015-age Sbirth
FROM Student
```

Sname	Sbirth
张军	1997
李力	1998
张佳	1996
宋丽琳	1995

2. 选择表中的若干元组

（1）消除取值重复的行

两个本来并不完全相同的元组，投影到指定的某些列上后，可能变成相同的行，可以用 DISTINCT 取消它们。如果没有指定 DISTINCT，则缺省为 ALL，即保留结果表中的重复行。

【例 4.25】 查询选修了课程的学生学号。

```
SELECT Sno
FROM SC
```

Sno
1001
1001
1001
1001
1002
1003
1003

该查询结果里包含了许多重复的行,如果想去掉结果表中的重复行,必须指定 DISTINCT 关键字。

```
SELECT DISTINCT Sno
FROM SC
```

Sno
1001
1002
1003

（2）查询满足条件的行

查询满足条件的行,可以通过 WHERE 子句实现。WHERE 子句设置查询条件,从而过滤掉不需要的数据行。常用的查询条件如表 4.5 所示。

表4.5　　　　　　　　　　　　　　常用的查询条件

查询条件	谓词
比较	=、>、<、>=、<=、!=、<>、!>、!<、NOT+上述比较运算符
确定范围	BETWEEN AND, NOT BETWEEN AND
确定集合	IN, NOT IN
字符匹配	LIKE, NOT LIKE
空值	IS NULL, IS NOT NULL
多重条件（逻辑运算）	AND, OR

① 比较大小:用于比较的运算符一般包括: =（等于）、>（大于）、<（小于）、>=（大于等于）、<=（小于等于）、!=或<>（不等于）、!>（不大于）、!<（不小于）。

【例 4.26】 查询电气系全体学生记录。

```
SELECT *
FROM Student
WHERE Sdept ='电气'
```

Sno	Sname	Ssex	Sage	Sdept
1001	张军	男	18	电气
1004	宋丽琳	女	20	电气

DBMS 执行过程是：首先对 Student 表进行全表扫描，取出一个元组，检查该元组的 Sdept 列的值是否等于"电气"。如果相等，则取出该元组输出到结果表中，否则跳过该元组，取下一个元组。

如果全校有数万学生，电气系的学生人数所占比例较小，如只占 5%左右，则可以在 Student 表的 Sdept 列上建立索引，系统会利用该索引快速找出 Sdept ="电气"的元组。这就避免了对 Student 表进行全表扫描，加快了查询速度。但值得注意的是，如果学生总人数较少，索引查找不一定能提高查询效率，系统仍会使用全表扫描，这是由查询优化器按照某些规则或估计执行代价来做出的自动选择。

【例 4.27】 查询所有年龄在 20 岁以下的学生的姓名及其年龄。

```
SELECT Sname,Sage
FROM Student
WHERE Sage < 20
```

Sname	Sage
张军	18
李力	17
张佳	19

【例 4.28】 查询成绩有不及格的学生的学号。

```
SELECT DISTINCT Sno
FROM SC
WHERE Grade < 60
```

Sno
1003

这里必须加 DISTINCT，即消除重复项。一个学生可能有多门课程不及格，那么他的学号在数据表中就会出现多次，只有加上 DISTINCT，才能让他的学号最终只显示一次。

② 确定范围：采用谓词 BETWEEN AND 和 NOT BETWEEN AND 可以用来查找在（或不在）指定范围内的元组，其中 BETWEEN 后是范围的下限（即低值），AND 后是范围的上限（即高值）。

【例 4.29】 查询年龄为 19～20 岁（包括 19 岁和 20 岁）的学生的学号、姓名、年龄。

```
SELECT Sno,Sname,Sage
FROM Student
WHERE Sage BETWEEN 19 AND 20
```

Sno	Sname	Sage
1003	张佳	19
1004	宋丽琳	20

【例 4.30】 查询出生日期不在 1995～1996 年的学生的姓名、生日。

```
SELECT Sname,2015- Sage Sbirth
FROM Student
WHERE 2015- Sage NOT BETWEEN 1995 AND 1996
```

Sname	Sbirth
张军	1997
李力	1998

③ 确定集合：谓词 IN 和 NOT IN 可以用来查找属性值属于或不属于指定集合的元组。

【例 4.31】 查询计算机系、电气系的学生记录。

```
SELECT *
FROM Student
WHERE Sdept IN('计算机','电气')
```

Sno	Sname	Ssex	Sage	Sdept
1001	张军	男	18	电气
1002	李力	女	17	计算机
1004	宋丽琳	女	20	电气

【例 4.32】 查询既不是计算机系，也不是电气系的学生记录。

```
SELECT *
FROM Student
WHERE Sdept NOT IN('计算机','电气')
```

Sno	Sname	Ssex	Sage	Sdept
1003	张佳	女	19	机械

④字符匹配：谓词 LIKE 可以用来做字符串的匹配。其一般语法格式如下。

[NOT]LIKE'匹配串' [ESCAPE'换码字符']

字符匹配的含义是查找指定的属性列值与"匹配串"相匹配的元组。"匹配串"可以是一个完整的字符串（精确匹配），也可以是含有通配符%和_的字符串（模糊匹配），其中：

• %（百分号）：代表任意长度（长度可以为 0）的字符串。例如 a%b 表示以 a 开头，b 结尾的任意长度的字符串，如 acb，addgb，ab 等都满足该匹配串。

• _（下横线）：代表任意单个字符。例如 a_b 表示以 a 开头，b 结尾的长度为 3 的任意字符串，如 acb，afb 等都满足该匹配串，而 acdb 则不满足该匹配串。

【例 4.33】 查询学号为 1002 的学生记录。

```
SELECT *
FROM Student
WHERE Sno LIKE '1002'
```

等价于

```
SELECT *
```

```
FROM Student
WHERE Sno ='1002'
```

如果 LIKE 后面没有通配符，则属于精确查找，可以用=取代；NOT LIKE 可以用!=
或<>取代。所以一般说来，实现精确查找，常用=实现，而 LIKE 一般都带有通配符，
可以实现模糊查找。

【例 4.34】 查询所有姓张的学生学号、姓名。

```
SELECT Sno,Sname
FROM Student
WHERE Sname LIKE '张%'
```

Sno	Sname
1001	张军
1003	张佳

【例 4.35】 查询姓名中第 2 个字为"丽"的学生学号、姓名。

```
SELECT Sno,Sname
FROM Student
WHERE Sname LIKE '_丽%'
```

Sno	Sname
1004	宋丽琳

汉字的模糊匹配与数据库中的字符集（即字符的编码格式）有关。当数据库中字符
集为 ASCII 时，一个汉字则需要两个下横线（_）；当字符集为 GBK 时只需要一个下横
线（_）。

【例 4.36】 查询课程名为数学_2 的课程信息。

```
SELECT *
FROM Course
WHERE Cname LIKE '数学%\_2%'ESCAPE'\'
```

Cno	Cname	Ccredit	Chour
C02	数学_2	2	30

ESCAPE'\'表示换码符。这样匹配串紧跟在"\"后面的字符"_"不再具有通配符
的含义，转义为普通"_"字符使用。

⑤ 涉及空值的查询：谓词 IS NULL 和 IS NOT NULL 可以实现查找属性值为空和不为空的
元组。

【例 4.37】 查询选修课程后未参加考试的学生学号、课程号。

```
SELECT Sno,Cno
```

```
FROM SC
WHERE Grade IS NULL
```

Sno	Cno
1001	C02

【例 4.38】 查询所有参加了考试学生的详细信息。

```
SELECT *
FROM SC
WHERE Grade IS NOT NULL
```

Sno	Cno	Grade
1001	C01	92
1001	C03	88
1001	C04	87
1002	C03	90
1003	C01	56
1003	C03	45

⑥多重条件查询：运用逻辑运算符 AND 和 OR 可以联结多个查询条件。AND 优先于 OR，但用户可以用()来改变优先级。

【例 4.39】 查询电气系且年龄在 20 岁以下的学生信息。

```
SELECT *
FROM Student
WHERE Sdept ='电气'AND Sage < 20
```

Sno	Sname	Ssex	Sage	Sdept
1001	张军	男	18	电气

【例 4.40】 查询计算机系或电气系的学生信息。

```
SELECT *
FROM Student
WHERE Sdept ='计算机' OR Sdept ='电气'
```

等价于

```
SELECT *
FROM Student
WHERE Sdept IN('计算机','电气')
```

> IN 谓词实际上是多个 OR 运算符的缩写。OR 常用于简单条件的连接查询，而 IN 更多用于嵌套子查询，详见 4.4.3 节。

3. ORDER BY 子句

用户可以用 ORDER BY 子句将查询结果按照一个或多个属性列的升序(ASC)和降序(DESC)排列，默认为升序，可省略。

【例 4.41】 查询选修了 C03 课程的学生的学号及成绩，并按成绩降序排列。

```
SELECT Sno,Grade
FROM SC
WHERE Cno ='C03' ORDER BY Grade DESC
```

Sno	Grade
1002	90
1001	88
1003	45

对于空值，排序时显示的次序由具体系统实现来决定。例如，按升序排时，含有空值的元组最后显示，按降序排时，含空值的元组最先显示。各个系统的实现可以不同，只要保持一致就行。

【例 4.42】 查询所有学生情况，查询结果按系名升序排列，同一个系的再按年龄降序排列。

```
SELECT *
FROM Student
ORDER BY Sdept,Sage DESC
```

Sno	Sname	Ssex	Sage	Sdept
1004	宋丽琳	女	20	电气
1001	张军	男	18	电气
1003	张佳	女	19	机械
1002	李力	女	17	计算机

4. 聚集函数

为了进一步方便用户，增加检索功能，SQL 提供了许多聚集函数，如表 4.6 所示。

表 4.6　　　　　　　　　　　　　常用的聚集函数

聚集函数	含义
COUNT（［DISTINCT｜ALL］*）	统计元组个数
COUNT（［DISTINCT｜ALL］列名）	统计一列中值的个数
SUM（［DISTINCT｜ALL］列名）	计算一列值的总和（此列必须是数值型）
AVG（［DISTINCT｜ALL］列名）	计算一列值的平均值（此列必须是数值型）
MAX（［DISTINCT｜ALL］列名）	求一列中的最大值
MIN（［DISTINCT｜ALL］列名）	求一列中的最小值

如果指定 DISTINCT 短语，则表示在计算时要取消指定列中的重复值。如果不指定 DISTINCT 短语或指定 ALL 短语（ALL 为默认值），则表示不取消重复值。当聚集函数遇到空值时，除 COUNT(*)外，都跳过空值而只处理非空值。注意，WHERE 子句不能用聚集函数作为条件表达式。

【例 4.43】 查询学生总人数。

```
SELECT COUNT(*) Number
FROM Student
```

Number

4

【例 4.44】 查询选修了课程的学生人数。

```
SELECT COUNT(DISTINCT Sno) Number
FROM SC
```

Number

3

【例 4.45】 计算选修了 C01 课程的学生的平均成绩。

```
SELECT AVG(Grade) Avggrade
FROM SC
WHERE Cno ='C01'
```

Avggrade

74

5. GROUP BY 子句

GROUP BY 子句将查询结果按某一列或多列的值进行分组，值相等的为一组。对查询结果分组的目的是为了细化聚集函数的作用对象。如果未对查询结果分组，聚集函数将作用于整个查询结果；如果分组后再用聚集函数，则分别作用于每一个组，即每一个组都有一个函数值。

【例 4.46】 分别计算学生表中男女各自人数。

```
SELECT Ssex,COUNT(*) Number
FROM Student
GROUP BY Ssex
```

Ssex	Number
男	1
女	3

【例 4.47】 在 SC 表中统计每门课程的成绩人数。

```
SELECT Cno,COUNT(Sno) Number
FROM SC
GROUP BY Cno
```

Cno	Number
C01	2
C02	1
C03	3
C04	1

该语句的查询过程是：首先对 SC 按 Cno 进行分组，所有具有相同的 Cno 值的元组为一组，然后对每一组用聚集函数 COUNT 计算，以求得该组的学生人数。

【例 4.48】 查询至少选修了 3 门课程的学生学号。

```
SELECT Sno
FROM SC
GROUP BY Sno
HAVING COUNT(*)>=3
```

Sno
1001

该语句的查询过程是：先用 GROUP BY 子句按 Sno 分组，再用聚集函数 COUNT 对每一组计数，HAVING 短语给出了选择组的条件，只有满足条件（即元组个数>=3）的组才会被选择出来。

> WHERE 和 HAVING 都表示条件查询，但作用对象不同。WHERE 子句作用于整个表或视图，从中选择满足条件的元组；HAVING 作用于组，从中选择出满足条件的组。HAVING 不能单独使用，必须和 GROUP BY 子句配合使用，而且 HAVING 必须在 GROUP BY 后出现。

4.4.2　多表查询

多表查询，也叫连接查询，用于同时查询两个或两个以上的表或视图。实际上多表查询通过连接，最终仍然转化为单表查询。连接查询是关系数据库中最主要的查询，它包括以下 4 种情况。

1．等值、自然、非等值连接查询

连接查询的 WHERE 子句中用来连接两个表的条件称为连接条件或连接谓词，其一般格式如下。

　　[表名1.]列名1 运算符 [表名2.]列名2

其中语法中的各参数说明如下。

（1）运算符主要有：=、>、<、>=、<=、!=（或<>）、BETWEEN AND。

（2）当运算符为=时，称为等值连接，使用其他运算符称为非等值连接。

（3）连接谓词中的列名称为连接字段，连接条件中的各字段的类型必须是一致的，但名字不必相同。

【例 4.49】 查询每个学生及其选修课程的情况。

```
SELECT Student.*,SC.*
FROM Student,SC
WHERE Student.Sno = SC.Sno
```

学生情况存放在 Student 表中，学生成绩情况存放在 SC 表中，所以本查询实际上涉及 Student 和 SC 两张表。这两张表之间的联系可通过公共属性 Sno 实现，其执行结果如表 4.7 所示。

表 4.7　　　　　　　　　　　通过公共属性 Sno 实现两表的联系

Student.Sno	Sname	Ssex	Sage	Sdept	SC.Sno	Cno	Grade
1001	张军	男	18	电气	1001	C01	92
1001	张军	男	18	电气	1001	C02	NULL
1001	张军	男	18	电气	1001	C03	88
1001	张军	男	18	电气	1001	C04	87
1002	李力	女	17	计算机	1002	C03	90
1003	张佳	女	19	机械	1003	C01	56
1003	张佳	女	19	机械	1003	C03	45

该语句的查询过程是：首先在表 Student 中找到第一个元组，然后从头开始扫描 SC 表，逐一查找与表 Student 第一个元组的 Sno 相等的 SC 元组，找到后就将表 Student 中的第一个元组与该元组拼接起来，形成结果表中的第一个元组。SC 表全部查找完后，再找表 Student 中的第二个元组，然后再从头开始扫描 SC 表，逐一查找满足连接条件的元组，找到后就将表 Student 中的第二个元组与该元组拼接起来，形成结果表的第二个元组。重复上述操作，直到全部元组都处理完毕为止。这就是嵌套循环算法的基本思想。

如果在 SC 表的 Sno 上建立索引的话，就不用每次全表扫描 SC 表了，而是根据 Sno 值通过索引找到相应的 SC 元组。用索引查询 SC 中满足条件的元组一般会比全表扫描快。

> 多表查询中，如果出现各表中某属性名相同，为了避免混淆，需在该属性名前都加上各表的表名前缀。如果属性名在各表中是唯一的，则可省略表名前缀。

由上例执行结果可以看出，由于两表都有公共属性 Sno，所以经过连接后，在结果表中会出现重复项，即两列完全相同的 Sno，这在实际情况中是不符合的。所以，应该把该重复项去掉，只保留一项。做法很简单，只需在 SELECT 时写一次 Sno 即可，即 Student.Sno 或 SC.Sno 两者选其一。

若在等值连接中把目标列中重复的属性列去掉则称为自然连接。

【例 4.50】对【例 4.47】用自然连接完成。

```
SELECT Student.Sno,Sname,Ssex,Sage,Sdept,Cno,Grade
FROM Student,SC
WHERE Student.Sno = SC.Sno
```

Student.Sno	Sname	Ssex	Sage	Sdept	Cno	Grade
1001	张军	男	18	电气	C01	92
1001	张军	男	18	电气	C02	NULL
1001	张军	男	18	电气	C03	88
1001	张军	男	18	电气	C04	87
1002	李力	女	17	计算机	C03	90
1003	张佳	女	19	机械	C01	56
1003	张佳	女	19	机械	C03	45

2. 自身连接查询

连接操作不仅可以在两个表之间进行，也可以是一个表与其自己进行连接，则称为表的自身连接。自身连接就是把某一个表中的行同该表中另外一些行连接起来。因为连接的是同一个表，所以为该表指定两个不同的别名非常重要，这样才可以在逻辑上把该表作为两个不同的表使用。

现为 Course 表增加一个属性"先修课 Cpno"。所谓"先修课"，是指在选修某一门课程前必须先选修另一门课程，则称该课程是另一门课程的先修课。其数据表 Course 修改如图 4.3 所示。

Cno	Cname	Cpno	Ccredit	Chour
C01	数据库	C04	4	60
C02	数学_2	NULL	2	30
C03	信息系统	C01	4	60
C04	操作系统	C03	3	45

图 4.3   修改后的 Course 数据表图

【例 4.51】 查询每一门课的间接先修课（即先修课的先修课）。

```
SELECT FIRST.Cno,SECOND.Cpno
FROM Course FIRST,Course SECOND
WHERE FIRST.Cpno = SECOND.Cno
```

Cno	Cpno
C01	C03
C03	C04
C04	C01

在 Course 表中，只有每门课的直接先修课信息，而没有先修课的先修课。要得到这些信息，必须先找到一门课的先修课，再按此先修课的课程号，查找其他的先修课。这就需要将 Course 表与其自身连接，即 Course 与 Course 连接，连接的两个表名相同。为了避免混淆，需为这两个相同的表名分别取两个不同的别名，一个为 FIRST，另一个为 SECOND。

3. 外连接查询

在通常连接操作中，只有满足连接条件的元组才能作为结果输出。如【例 4.48】的查询结果中没有 1004 这个学生的信息，原因在于她没有成绩，在 SC 表中没有相应的元组，造成 Student 中这个元组在连接时被舍弃了，即在进行连接时，查询是以 SC 表为主体。有时想以 Student 表为主体列出每个学生的基本情况及其成绩情况，若某个学生没有成绩，仍把舍弃的 Student 元组保存在结果表中，而在 SC 表的属性列上填上空值（NULL），这时就需要使用外连接实现。

外连接分为左外连接和右外连接。

① 左外连接用的是 LEFT JOIN…ON…子句，是指结果以连接谓词 JOIN 左边的表为主表，列出该表的所有元组，而右边的表中不满足条件的元组则用空值（NULL）填充。

② 右外连接用的是 RIGHT JOIN…ON…子句，是指结果以连接谓词 JOIN 右边的表为主表，列出该表的所有元组，而左边的表中不满足条件的元组则用空值（NULL）填充。

【例 4.52】 查询所有学生的成绩情况。

```
SELECT Student.Sno,Sname,Ssex,Sage,Sdept,Cno,Grade
FROM Student LEFT JOIN SC ON(Student.Sno = SC.Sno)
```

等价于

```
SELECT Student.Sno,Sname,Ssex,Sage,Sdept,Cno,Grade
FROM SC RIGHT JOIN Student ON(Student.Sno = SC.Sno)
```

Student.Sno	Sname	Ssex	Sage	Sdept	Cno	Grade
1001	张军	男	18	电气	C01	92
1001	张军	男	18	电气	C02	NULL
1001	张军	男	18	电气	C03	88
1001	张军	男	18	电气	C04	87
1002	李力	女	17	计算机	C03	90
1003	张佳	女	19	机械	C01	56
1003	张佳	女	19	机械	C03	45
1004	宋丽琳	女	20	电气	NULL	NULL

4. 复合条件连接查询

上面各个连接查询中，WHERE 子句中只有一个条件，即连接谓词。但在实际情况中，往往涉及的条件不止一个。当查询条件有一个以上时，需在 WHERE 子句中运用逻辑运算符 AND、OR、NOT 实现多个连接条件，称为复合条件连接。

【例 4.53】 查询选修 C01 课程且成绩在 90 分以上的所有学生。

```
SELECT Student.Sno,Sname
FROM Student,SC
WHERE Student.Sno = SC.Sno AND Cno ='C01' AND Grade > 90
```

Student.Sno	Sname
1001	张军

该语句的查询过程是：先从 SC 中挑选出 Cno ='C01'并且与 Grade > 90 的元组形成一个中间关系，再和 Student 中满足连接条件的元组进行拼接，从而得到最终的结果表。

【例 4.54】 查询每个学生的学号、姓名、选修的课程名及成绩。

```
SELECT Student.Sno,Sname,Cname,Grade
FROM Student,Course,SC
WHERE Student.Sno = SC.Sno AND Course.Cno = SC.Cno
```

Student.Sno	Sname	Cname	Grade
1001	张军	数据库	92
1001	张军	数学_2	NULL
1001	张军	信息系统	88
1001	张军	操作系统	87
1002	李力	信息系统	90
1003	张佳	数据库	56
1003	张佳	信息系统	45

4.4.3 嵌套查询

在 SQL 语言中，一个 SELECT-FROM-WHERE 语句称为一个查询块。将一个查询块嵌套在另一个查询块的 WHERE 子句或 HAVIGN 短语的条件中的查询称为嵌套查询（Nested Query）。

SQL 语言允许多层嵌套查询，即一个子查询中还可以再嵌套其他子查询。需要特别指出的是，子查询的 SELECT 语句不能使用 ORDER BY 子句，ORDER BY 子句只能对最终查询结果排序。

嵌套查询使人们可以用多个简单查询构成复杂查询，从而增强 SQL 的查询能力。以层层嵌套的方式来构造程序正是 SQL 中"结构化"的思想所在。

1. 带有 IN 谓词的子查询

在嵌套查询中，子查询的结果往往是一个结果集合，所以谓词 IN 在嵌套查询中最经常使用。

【例 4.55】 查询与"张军"在同一个系的学生。

```
SELECT Sno,Sname,Sdept
FROM Student
WHERE Sdept IN (SELECT Sdept
                FROM Student
                WHERE Sname ='张军')
```

该语句可以先分步完成此查询，然后再构造嵌套查询。

① 先确定"张军"所在系名。

```
SELECT Sdept
FROM Student
WHERE Sname ='张军'
```

Sdept
电气

② 再查找所有在"电气"系的学生。

```
SELECT Sno,Sname,Sdept
FROM Student
WHERE Sdept IN('电气')
```

Sno	Sname	Sdept
1001	张军	电气
1004	宋丽琳	电气

③ 最后将第①步嵌入第②步的查询条件中，从而完成嵌套查询，查询结果如下。

```
SELECT Sno,Sname,Sdept
FROM Student
WHERE Sdept IN (SELECT Sdept
                FROM Student
                WHERE Sname ='张军')
```

本例中，子查询的查询条件不依赖于父查询，称为不相关子查询（Uncorrelated Subquery）。一种求解方法是由里向外处理，即先执行子查询，子查询的结果用于建立其父查询的查找条件。

实现一个查询可以有多种方法，嵌套查询往往也可以用复合条件查询实现。例如【例 4.55】

还可以用自身连接查询语句实现。

```
SELECT S1.Sno,S1.Sname,S1.Sdept
FROM Student S1,Student S2
WHERE S1.Sdept = S2.Sdept AND S2.Sname ='张军'
```

当然，不同的查询方法执行效率可能会有差别，甚至差别很大。到底应该选择什么样的查询方法，这就是数据库编程人员应该掌握的数据库性能调优技术，包括具体 DBMS 产品的性能调优方法，感兴趣的读者可以参考相关文献资料。

【例 4.56】 查询选修了课程名为"信息系统"的学生学号和姓名。

```
SELECT Sno,Sname
FROM Student
WHERE Sno IN (SELECT Sno
              FROM SC
              WHERE Cno IN (SELECT Cno
                            FROM Course
                            WHERE Cname ='信息系统'))
```

本查询涉及学号、姓名和课程名 3 个属性。学号和姓名存放在 Student 表中，课程名存放在 Course 表中，但 Student 表和 Course 两个表之间没有直接联系，必须通过 SC 表建立二者联系。所以本查询实际涉及 3 张关系表，整个查询过程如下。

① 首先在 Course 表中找到"信息系统"的课程号 Cno。

```
SELECT Cno
FROM Course
WHERE Cname ='信息系统'
```

Cno
C03

② 然后在 SC 表中找出选修了 C03 课程的所有学生的学号 Sno。

Sno
1001
1002
1003

③ 最后在 Student 表中取出 Sno 所对应的姓名 Sname。

Sno	Sname
1001	张军
1002	李力
1003	张佳

同样，本查询可以用如下连接查询实现。

```
SELECT Student.Sno,Sname
FROM Student,SC,Course
WHERE Student.Sno=SC.Sno AND SC.Cno=Course.Cno AND Cname='信息系统';
```

从【例 4.55】和【例 4.56】可以看出，当查询涉及多个关系表时，相对于连接查询，用嵌套查询逐步求解，层次清楚、易于构造，且嵌套查询具有结构化程序设计的优点。当然，在实际查询中，并不是所有嵌套查询都能用连接查询替换，到底采用哪种查询方法，用户可以根据自己的习惯确定。

2. 带有比较运算符的子查询

以上查询都是不相关子查询，这类查询是嵌套查询中较简单的。如果子查询的条件依赖于父查询，这类子查询称为相关子查询（Correlated Subquery），整个查询语句称为相关嵌套查询（Correlated Nested Query）语句。带有比较运算符的子查询就是最典型的相关子查询。

【例 4.57】 找出每个学生超过他选修课程平均成绩的课程号。

```
SELECT Sno,Cno
FROM SC x
WHERE Grade >= (SELECT AVG(Grade)
                FROM SC y
                WHERE y.Sno = x.Sno)
```

x、y 都是表 SC 的别名，又称元组变量，可以用来表示 SC 的一个元组。内层子查询是求一个学生所有选修课程的平均成绩，至于是哪个学生的平均成绩要看参数 x.Sno 的值，而该值是与父查询相关的，因些这类查询称为相关子查询。整个查询过程如下。

① 首先从外层查询中取出 SC（别名为 X）的第一个元组，并将该元组的 Sno 值（'1001'）传送给内层子查询。

```
SELECT AVG(Grade)
FROM SC y
WHERE y.Sno ='1001'
```

无列名
89

② 用 89 代替内层查询，得到外层查询（注意：此时的 Sno='1001'）。

```
SELECT Sno,Cno
FROM SC x
WHERE Grade >= 89
```

Sno	Cno
1001	C01

③ 然后外层查询取出下一个元组重复上述①～②步骤的处理，直到外层的 SC 元组全部处理完毕。最终查询结果为：

Sno	Cno
1001	C01
1002	C03
1003	C01

不相关与相关子查询的执行过程是完全不同的。不相关子查询是先执行内层子查询，并且是一次性将其结果求解出来，再执行外层父查询；而相关子查询是先执行外层父查询一个元组，再带入内层子查询求解，并且相关子查询由于内外层查询相关，因此必须反复求解。

3. 带有 ANY 或 ALL 谓词的子查询

子查询返回单值时可以用比较运算符，但返回多值时则需要用 ANY（有的系统用 SOME）或 ALL 谓词修饰。使用 ANY 或 ALL 谓词时必须同时使用比较运算符。其语法如表 4.8 所示。

表 4.8　　　　　　　　　　　　ANY 或 ALL 常见表示方法

表示方法	含义
> ANY	大于子查询结果中的某个值
> ALL	大于子查询结果中的所有值
< ANY	小于子查询结果中的某个值
< ALL	小于子查询结果中的所有值
>= ANY	大于等于子查询结果中的某个值
>= ALL	大于等于子查询结果中的所有值
<= ANY	小于等于子查询结果中的某个值
<= ALL	小于等于子查询结果中的所有值
= ANY	等于子查询结果中的某个值
= ALL	等于子查询结果中的所有值（通常没有实际意义）
!= （或<>）ANY	不等于子查询结果中的某个值
!= （或<>）ALL	不等于子查询结果中的任何一个值

【例 4.58】 查询其他系中比电气系某一学生年龄小的学生姓名、年龄和系别。

```
SELECT Sname,Sage,Sdept
FROM Student
WHERE Sage < ANY (SELECT Sage
                  FROM Student
                  WHERE Sdept ='电气') AND Sdept <>'电气'
```

Sname	Sage	Sdept
李力	17	计算机
张佳	19	机械

该语句执行过程是：首先处理子查询，找出电气系所有学生的年龄，构成一个集合（18，20），然后再处理父查询，找到所有不是电气系并且年龄小于 18 或 20 的学生。

本查询也可以用聚集函数来实现。首先用子查询找出电气系中最大年龄 20，然后在父查询中查找所有非电气系并且年龄小于 20 岁的学生。其 SQL 语句如下。

```
SELECT Sname,Sage,Sdept
FROM Student
WHERE Sage < (SELECT MAX(Sage)
              FROM Student
              WHERE Sdept ='电气') AND Sdept <>'电气'
```

【例 4.59】 查询其他系中比电气系所有学生年龄都小的学生姓名、年龄和系别。

```
SELECT Sname,Sage,Sdept
FROM Student
WHERE Sage < ALL (SELECT Sage
                  FROM Student
                  WHERE Sdept ='电气') AND Sdept <>'电气'
```

Sname	Sage	Sdept
李力	17	计算机

该语句执行过程是：首先处理子查询，找出电气系所有学生年龄，构成一个集合（18，20），然后处理父查询，找到所有不是电气系并且年龄小于 18，也小于 20 的学生。

本查询也可以用聚集函数来实现。首先用子查询找出电气系中最小年龄 18，然后在父查询中查找所有非电气系并且年龄小于 18 岁的学生。其 SQL 语句如下。

```
SELECT Sname,Sage,Sdept
FROM Student
WHERE Sage < (SELECT MIN(Sage)
              FROM Student
              WHERE Sdept ='电气') AND Sdept <>'电气'
```

事实上，用聚集函数实现子查询通常比直接用 ANY 或 ALL 查询效率要高。ANY、ALL 与聚集函数的对应关系如表 4.9 所示。

表 4.9　　　　　　　　　　ANY 或 ALL 与聚集函数的等价转换关系

	=	<>或!=	<	<=	>	>=
ANY	IN	--	< MAX	<=MAX	> MAX	>= MAX
ALL	--	NOT IN	< MIN	<= MIN	> MIN	>= MIN

4. 带有 EXISTS 谓词的子查询

EXISTS 代表存在量词 ∃。带有 EXISTS 谓词的子查询不返回任何数据，只产生逻辑真值 TRUE 或逻辑假值 FALSE。可以利用 EXISTS 来判断 X∈S、S⊆R、S=R、S∩R 非空等是否成立。

【例 4.60】 查询所有选修了 C01 课程的学生姓名。

```
SELECT Sname
FROM Student
WHERE EXISTS (SELECT *
              FROM SC
              WHERE Sno = Student.Sno AND Cno ='C01')
```

Sname
张军
张佳

该语句查询过程是：首先取外层中的 Student 表的第一个元组，根据它与内层查询相关的属性 Sno 值处理内层查询，即 Sno 值= SC.Sno，并且 SC.Cno = 'C01'，若 WHERE 子句返回为真，则取外层查询中该元组的 Sname 放入结果表中；然后取 Student 表的下一个元组，重复这一过程，直到外层 Student 表全部检查完为止。

通俗的讲，EXISTS 子查询的查询过程就是将外查询的每一个元组依次代入 EXISTS 的内查询作为检查，如果满足条件，则 EXISTS 返回真，将外查询的该个元组作为一个结果放入结果表中，否则放弃该个元组，反复执行，直到外查询的所有元组遍历一遍。

> 由 EXISTS 引出的子查询，其目标列表达式通常都用*，因为带有 EXISTS 的子查询只返回真值或假值，给出具体列名无实际意义。

【例 4.61】 查询没有选修 C01 课程的学生姓名。

```
SELECT Sname
FROM Student
WHERE NOT EXISTS(SELECT *
                    FROM SC
                    WHERE Sno = Student.Sno AND Cno ='C01')
```

Sname
李力
宋丽琳

一般带有 EXISTS 或 NOT EXISTS 谓词的子查询不能被其他形式的子查询等价替换，但所有带 IN、比较运算符、ANY 和 ALL 谓词的子查询都能用带 EXISTS 谓词的子查询等价替换。例如【例 4.55】可以用以下带 EXISTS 子查询替换。

```
SELECT Sno,Sname,Sdept
FROM Student S1
WHERE EXISTS (SELECT *
                FROM Student S2
                WHERE S2.Sdept = S1.Sdept AND S2.Sname ='张军')
```

> 由于带 EXISTS 量词的相关子查询只关心内层子查询是否有返回值，并不需要查具体值，因此其效率并不一定低于不相关子查询，有时是高效的查询方法。

【例 4.62】 查询选修了全部课程的学生姓名。

```
SELECT Sname
FROM Student
WHERE NOT EXISTS (SELECT *
                FROM Course
                WHERE NOT EXISTS (SELECT *
                                FROM SC
                                WHERE Sno=Student.Sno
                                    AND Cno=Course.Cno))
```

Sname
张军

本例由于 SQL 中没有全称量词（For All），但也可以将带有全称量词的谓词转换为等价的带有存在 EXISTS 量词的谓词：$(\forall x)P \equiv \neg(\exists x(\neg P))$，也就是说本例需将题目转换为查询这样的学生：

不存在一门课程该学生没有选修（双重否定表肯定）。该 SQL 语句可以按以下方式分布完成。

① 外层父查询：查询学生姓名，条件是"不存在（NOT EXISTS）一门课程该学生没有选修"。

```
SELECT Sname
FROM Student
WHERE(NOT EXISTS (一门课程该学生没有选修));
```

② 所谓"一门课程该学生没有选修"，等价于"不存在一门课程该学生选修了"。

```
SELECT *
FROM Course
WHERE NOT EXISTS (选修);
```

③ "选修"只需将 SC、Course 和 Student 完成自然连接操作即可。

```
SELECT *
FROM SC
WHERE Sno=Student.Sno AND Cno=Course.Cno
```

④ 将③嵌入到②中，再将②嵌入到①中即可完成整个嵌套查询，结果如下。

```
SELECT Sname
FROM Student
WHERE NOT EXISTS (SELECT *
                  FROM Course
                  WHERE NOT EXISTS (SELECT *
                                    FROM SC
                                    WHERE Sno=Student.Sno
                                          AND Cno=Course.Cno))
```

本查询也可以用聚集函数实现，先用 COUNT 函数计算出 Course 表的课程总数，再分类统计各个学生选修课程数，最后从中筛选出选修课程数等于 Course 表课程总数的学生即可。

```
SELECT Sname
FROM Student
WHERE Sno = (SELECT Sno
             FROM SC
             GROUP BY Sno
             HAVING COUNT(Cno) = (SELECT COUNT(Cno)
                                  FROM Course))
```

【例 4.63】 查询至少选修了 1003 学生选修的全部课程的学生学号。

```
SELECT DISTINCT Sno
FROM SC S1
WHERE NOT EXISTS (SELECT *
                  FROM SC S2
                  WHERE S2.Sno ='1003'
                  AND NOT EXISTS (SELECT *
                                  FROM SC S3
                                  WHERE S3.Sno=S1.Sno
                                        AND S3.Cno=S2.Cno))
```

Sno
1001
1003

本查询可以用逻辑蕴涵来表达：查询学号为 x 的学生，对所有课程 y，只要 1003 学生选修了课程 y，则 x 学生也选修了 y。形式化表示如下。

用 p 表示谓词"学生 1003 选修了课程 y"；

用 q 表示谓词"学生 x 选修了课程 y"。

则上述查询为：$(\forall y)p \to q$，SQL 语言中没有蕴涵（Implication）逻辑运算，但是用户可以利用谓词演算将一个逻辑蕴涵的谓词等价转换为 $p \to q \equiv \neg p \lor q$。

本例查询可以转换等价形式为：$(\forall y)p \to q \equiv (\exists y(\neg(p \to q))) \equiv \neg(\exists y(\neg(\neg p \lor q))) \equiv \neg \exists y(p \land \neg q)$。

它所表达的语义为：不存在这样的课程 y，学生 1003 选修了，而学生 x 没有选修。

本查询也可以用聚集函数实现，首先计算出学生 1003 选修的所有课程号，其次筛选出选修课程号在 1003 选修课程号范围里的学生，然后分类统计这些学生选修的课程数，最后筛选出这些学生中选修课程数大于等于 1003 选修的课程数的学生即可。该查询语句可按以下分步完成。

① 首先查询学生 1003 选修的所有课程号。

```
SELECT Cno
FROM SC
WHERE Sno ='1003'
```

Cno
C01
C03

② 其次筛选出选修课程号在集合（C01，C03）范围里的学生，这些学生分为 3 类：只选修了 C01 的学生、只选修了 C03 的学生、同时选修了 C01 和 C03 的学生。

```
SELECT DISTINCT Sno
FROM SC
WHERE Cno IN('C01','C03')
```

Sno
1001
1002
1003

③ 然后统计出 1003 学生选修课程数。

```
SELECT COUNT(Cno)
FROM SC
WHERE Sno ='1003'
```

无列名
2

④ 最后分类统计出步骤②筛选出的学生选修的课程数大于等于 2 的学生，将步骤②中 1002 学生删除。

```
SELECT DISTINCT Sno
FROM SC
```

```
WHERE Cno IN('C01','C03')
GROUP BY Sno
HAVING COUNT(Cno)>= 2
```

Sno
1001
1003

⑤ 将步骤①～④整理，得出最终完整的 SQL 语句，查询结果如下。

```
SELECT DISTINCT Sno
FROM SC
WHERE Cno IN (SELECT Cno FROM SC WHERE Sno ='1003')
GROUP BY Sno
HAVING COUNT(Cno) >= (SELECT COUNT(Cno)
                      FROM SC
                      WHERE Sno ='1003')
```

4.4.4 集合查询

SELECT 查询语句的查询结果是元组的集合，所以对多个 SELECT 语句的结果可以进行集合操作。集合操作主要包括并（UNION）、交（INTERSECT）、差（EXCEPT）。注意，能参加集合查询操作的前提是各查询结果的列数必须相同，对应项的数据类型也必须相同。

【例 4.64】 查询选修了课程 C01 或者 C04 的学生。

```
SELECT *
FROM SC
WHERE Cno='C01'
UNION
SELECT *
FROM SC
WHERE Cno='C04'
```

等价于

```
SELECT *
FROM SC
WHERE Cno='C01' OR  Cno='C04'
```

Sno	Cno	Grade
1001	C01	92
1003	C01	56
1001	C04	87

本查询实际上是求选修了 C01 的学生集合和选修了 C04 的学生集合的并集。使用 UNION 将多个查询结果合并起来时，系统会自动去掉重复元组。如果想保留重复元组则需要用 UNION ALL 操作符。

【例 4.65】 查询电气系的学生及年龄不大于 18 岁的学生。

```
SELECT *
FROM Student
WHERE Sdept ='电气'
UNION
```

```
SELECT *
FROM Student
WHERE Sage <= 18
```

Sno	Sname	Ssex	Sage	Sdept
1001	张军	男	18	电气
1002	李力	女	17	计算机
1004	宋丽琳	女	20	电气

如果题目中出现"…或…""…及…"时，可用两个查询的并集实现。

【例 4.66】 查询电气系年龄不大于 18 岁的学生。

```
SELECT *
FROM Student
WHERE Sdept ='电气'
INTERSECT
SELECT *
FROM Student
WHERE Sage <= 18
```

等价于

```
SELECT *
FROM Student
WHERE Sdept ='电气' AND Sage <= 18
```

Sno	Sname	Ssex	Sage	Sdept
1001	张军	男	18	电气

【例 4.67】 查询既选修了课程 C01 又选修了 C03 的学生。

```
SELECT Sno
FROM SC
WHERE Cno ='C01'
INTERSECT
SELECT Sno
FROM SC
WHERE Cno ='C03'
```

等价于

```
SELECT Sno
FROM SC
WHERE Cno ='C01' AND Sno IN (SELECT Sno
                              FROM SC
                              WHERE Cno ='C03')
```

Sno
1001
1003

如果题目中出现"…且…""既…又…"时，可用两个查询的交集实现。

【例 4.68】 查询电气系的学生与年龄不大于 18 岁的学生的差集。

```
SELECT *
FROM Student
WHERE Sdept ='电气'
EXCEPT
SELECT *
FROM Student
WHERE Sage <= 18
```

等价于

```
SELECT *
FROM Student
WHERE Sdept ='电气' AND Sage > 18
```

Sno	Sname	Ssex	Sage	Sdept
1004	宋丽琳	女	20	电气

4.4.5　带子查询的数据操纵语句

1. 带子查询的插入语句

前面第 4.3.1 节讲插入语句 INSERT…INTO…时提到，除了可以插入一条数据外，还可以将一个子查询结果嵌套在 INSERT 中，实现批量插入数据。

【例 4.69】 对每一个系，求学生的平均年龄，并把结果存入数据库中。

本例可按以下分步完成操作。

① 首先在数据库中建立一个新表，其中一列存放系名，另一列存放相应的平均年龄。

```
CREATE TABLE Dept_age (Sdept CHAR(20),
                       Avg_age SMALLINT)
```

② 然后将 Student 表按系分组求出平均年龄。

```
SELECT Sdept,AVG(Sage)
FROM Student
GROUP BY Sdept
```

③ 最后把系名和平均年龄插入到新表 Dept_age 中。

```
INSERT INTO Dept_age(Sdept,Avg_age)
SELECT Sdept,AVG(Sage)
FROM Student
GROUP BY Sdept
```

Sdept	Avg_age
电气	19
机械	19
计算机	17

插入一行数据时 VALUES 不可缺少；但插入带子查询的批量数据时，VALUES 必须去掉，否则系统报错。

2. 带子查询的修改语句

子查询同样可以嵌套到修改语句 UPDATE 中，用以构造修改的条件。

【例 4.70】 将电气系全体学生的成绩置零。

本例可按以下分步完成操作。

① 查询 Student 表中所有电气系学生的学号。

```
SELECT Sno
FROM Student
WHERE Sdept ='电气'
```

② 将查询结果作为 UPDATE 修改的条件。

```
UPDATE SC SET Grade = 0
WHERE Sno IN (SELECT Sno
              FROM Student
              WHERE Sdept ='电气')
```

本例还可以用以下语句进行修改。因需修改数据的表 SC 中没有系别 Sdept 这个属性，所以可以先通过自然连接将表 Student 和表 SC 连接起来，再修改查询结果表中系别为"电气"的元组记录。

```
UPDATE SC SET Grade = 0
WHERE '电气'= (SELECT Sdept
              FROM Student
              WHERE Student.Sno = SC.Sno)
```

Sno	Cno	Grade
1001	C01	0
1001	C02	0
1001	C03	0
1001	C04	0
1002	C03	90
1003	C01	56
1003	C03	45

3. 带子查询的删除语句

子查询还可以嵌套到删除语句 DELETE 中，用以构造删除的条件。

【例 4.71】 将电气系所有学生的成绩记录删除。

```
DELETE FROM SC
WHERE Sno IN (SELECT Sno
              FROM Student
              WHERE Sdept ='电气')
```

或

```
DELETE FROM SC
WHERE '电气'=(SELECT Sdept
        FROM Student
        WHERE Student.Sno = SC.Sno)
```

Sno	Cno	Grade
1002	C03	90
1003	C01	56
1003	C03	45

4.5　视图

视图是从一个或几个基本表（或视图）导出的表。它与基本表不同，是一个虚表。数据库中只存放视图的定义，而不存放视图所对应的数据，这些数据仍存放在原来的基本表中。所以如果基本表中数据发生变化，从视图中查询的数据也随之改变。从这个意义上讲，视图就像一个窗口，透过它可以看到数据库中自己感兴趣的数据及其变化。

4.5.1　视图的作用

视图的最终定义是在基本表之上，对视图的一切操作最终都需转换为对基本表的操作，而且对于非行列子集视图进行查询或更新时还有可能出现问题，既然如此，为什么还要定义视图呢？这是因为合理使用视图能够带来许多好处，也能大大提高 DBMS 执行效率。视图的作用如下。

1. 视图能够简化查询语句

视图机制使用户可以将注意力集中在所关心的数据上。如果这些数据不是直接来自基本表，则可以通过定义视图，使数据库看起来结构简单、清晰，并且可以简化用户的数据查询操作。例如，那些定义了若干张表连接的视图，将表与表之间的连接操作对用户隐藏起来，即这个视图是怎样连接的，怎么得来的，用户都无需了解。换句话说，用户每次查询不再需要做复杂的连接查询或嵌套查询，而所做的只是对一个视图进行简单 SELECT 查询即可。

2. 视图使用户能以多种角度看待同一数据

视图机制能使不同的用户以不同的方式看待同一数据，当许多不同种类的用户共享同一数据库时，这种灵活性是非常重要的。

3. 视图对重构数据库提供了一定程度的逻辑独立性

数据的逻辑独立性是指当数据库重构造时，如增加新关系或对原关系增加新的字段等，用户的应用程序不会受影响。在关系数据库中，数据库的重构往往是不可避免的，重构数据库最常见的是将一个基本表"垂直"地分成多个基本表，这样数据库的逻辑结构变了，应用程序理所当然应该改变，但有了视图机制，尽管逻辑结构改变，但应用程序却不必修改，因为新建立的视图定义仍为用户原来的关系，用户的外模式保持不变，用户的应用程序通过视图仍然能够查找数据。数据的逻辑独立性是层次数据库和网状数据库不能完全支持的。

4. 视图能够对机密数据提供安全保护

有了视图机制，就可以在设计数据库应用系统时，对不同的用户定义不同的视图，使机密数据不出现在不应看到这些数据的用户视图上。这样视图机制自动提供了对机密数据的安全保护功能。例如，Student 表涉及全校 15 个院系的学生数据，可以在其定义 15 个视图，每个视图只包含一个院系的学生数据，并只允许每个院系的主任查询和修改自己系的学生视图。

4.5.2 定义视图

视图虽然是一个虚表，但也需像基本表一样进行定义，而且一经定义，也可以和基本表一样被查询、删除。甚至还可以在一个视图的基础上再定义视图，但对视图的增、删、改操作则有一定的限制。

1. 定义视图

SQL 语言用 CREATE VIEW 命令建立视图，其一般格式如下。

```
CREATE VIEW <视图名>[(<列名>[,<列名>]…)]
AS <子查询>
[WITH CHECK OPTION]
```

其中，子查询可以是任意复杂的 SELECT 查询语句，但通常不允许含有 ORDER BY 子句和 DISTINCT 短语。WITH CHECK OPTION 表示对视图进行 UPDATE、INSERT 和 DELETE 操作时要保证更新、插入或删除的行满足视图定义中的谓词条件（即子查询中的条件表达式）。

组成视图的属性列名要么全部省略，要么全部指定。如果省略了视图的各个属性列名，则隐含该视图由子查询中 SELECT 子句目标列中的各字段组成。但在下列 3 种情况下必须明确指定组成视图的所有列名。

① 各个目标列不是单纯的属性列名，而是聚集函数或列表达式。

② 多表连接时选出了几个同名列作为视图的字段。

③ 需要在视图中为某个列启用新的更适合的名字。

RDBMS 执行 CREATE VIEW 语句的结果只是把视图的定义存入数据字典，并不执行其中的 SELECT 语句。只有对视图查询时，才按视图的定义从基本表中将数据查出来。

【例 4.72】 建立电气系学生的视图。

```
CREATE VIEW IS_Student1
AS
SELECT Sno,Sname,Sage
FROM Student
WHERE Sdept ='电气'
```

---

①本例中省略了视图 IS_Student1 的列名，则隐含了由子查询中 SELECT 子句中的 3 个列名组成。②本例如果要求进行插入、修改和删除操作时，仍需保证该视图只有电气系的学生，则需在最后一行加上 WITH CHECK OPTION，那么以后在对视图 IS_Student1 进行插入、修改和删除操作时，DBMS 都会在其操作语句后自动加上条件语句 Sdept ='电气'。③如果基本表删除了，由该基本表导出的所有视图虽然没有被删除，但均已无法使用。

【例 4.73】 将 Student 表中所有女生定义为一个视图。

```
CREATE VIEW IS_Student2(no,name,sex,age,dept)
AS
SELECT *
FROM Student
WHERE Ssex ='女'
```

> 本视图是由子查询 SELECT * 建立的。其属性列与 Student 表的属性列一一对应。
> 如果以后修改了基本表 Student 的结构，则 Student 表与 IS_Student2 视图的映像关系就
> 被破坏，该视图就不能正确工作。为了避免这类问题，最好在修改基本表之后删除由该
> 基本表导出的视图，然后再重建这个视图。

以上视图是从一个基本表中导出的，并且只是去掉了基本表的某些行或某些列，保留主码，我们称这类视图为行列子集视图。【例 4.72】中的 IS_Student1 视图就是一个行列子集视图。当然，视图不仅可以建立在单个基本表上，同样可以建立在多个基本表上。

【例 4.74】 建立电气系选择了 C01 课程的学生视图。

```
CREATE VIEW IS_Student3(Sno,Sname,Grade)
AS
SELECT Student.Sno,Sname,Grade
FROM Student,SC
WHERE Sdept ='电气' AND Cno ='C01' AND Student.Sno = SC.Cno
```

视图不仅可以建立在一个或多个基本表上，甚至还可以建立在一个或多个已定义好的视图上。

【例 4.75】 建立电气系选择了 C01 课程且成绩在 90 分以上的学生视图。

```
CREATE VIEW IS_Student4
AS
SELECT Sno,Sname,Grade
FROM IS_Student3
WHERE Grade >= 90
```

定义基本表时，为了减少数据库的冗余数据，表中只存放基本数据，由基本数据经过各种计算派生出的数据一般是不存储的。但由于视图中的数据并不实际存储，所以定义视图时可以根据应用的需要，设置一些派生属性列。这些派生属性由于在基本表中并不实际存在，所以也称它们为虚拟列。带有虚拟列的视图也称为带表达式的视图。

【例 4.76】 定义一个反映学生出生年份的视图。

```
CREATE VIEW IS_BT(Sno,Sname,Sbirth)
AS
SELECT Sno,Sname,2015-Sage
FROM Student
```

此外，还可以用带有聚集函数和 GROUP BY 子句的查询来定义视图，这种视图称为分组视图。

【例 4.77】 将学生的学号及平均成绩定义为一个视图。

```
CREATE VIEW IS_AVG(Sno,Gavg)
AS
SELECT Sno,AVG(Grade)
FROM SC
GROUP BY Sno
```

由于 AS 子句中 SELECT 语句的目标平均成绩是通过聚集函数得到的，所以 CREATE VIEW 中必须明确定义组成 IS_AVG 视图的各个属性列名。IS_AVG 是一个典型的分组视图。

2. 删除视图

```
DROP VIEW <视图名> [CASCADE]
```

视图删除后，其定义将从数据字典中删除。如果该视图上还导出了其他视图，则使用 CASCADE 级联删除语句，把该视图和由它导出的所有视图一并删除。

【例 4.78】 删除视图 IS_Student1。

```
DROP VIEW IS_Student1
```

【例 4.79】 删除视图 IS_Student3。

```
DROP VIEW IS_Student3 CASCADE
```

【例 4.79】必须加上级联删除 CASCADE，因为 IS_Student3 视图还导出了 IS_Student4，如果不加 CASCADE，则执行语句时会被 DBMS 拒绝执行。

4.5.3 查询视图

视图定义后，用户就可以像对基本表一样对视图进行查询操作。

【例 4.80】 查询【例 4.72】视图 IS_Student1 中年龄小于 20 岁的学生。

```
SELECT Sno,Sage
FROM IS_Student1
WHERE Sage < 20
```

DBMS 执行对视图的查询时，首先进行有效性检查。检查查询中涉及的表、视图等是否存在。如果存在，则从数据字典中取出该视图的定义，把定义中的子查询和用户的查询结合起来，转换成等价的对基本表的查询，然后执行修正了的查询。这一转换过程称为视图消解（View Resolution）。

本例转换后的等价查询为：

```
SELECT Sno,Sage
FROM Student
WHERE Sdept ='电气' AND Sage < 20
```

【例 4.81】 查询选修了 C01 课程的电气系学生。

```
SELECT IS_Student1.Sno,Sage
FROM IS_Student1,SC
WHERE IS_Student1.Sno = SC.Sno AND Cno ='C01'
```

本查询涉及视图 IS_Student（虚表）和基本表 SC，通过视图与表的连接完成用户请求。

一般情况下，视图查询的转换是直截了当的。但有些情况下，这种转换如果直接进行，查询时就会出现问题，如【例 4.82】所示。

【例 4.82】 在【例 4.77】视图 IS_AVG 中查询平均成绩在 90 分以上的学生学号和平均成绩。

```
SELECT *
FROM IS_AVG
WHERE Gavg >= 90
```

将本查询与视图 IS_AVG 定义中的子查询结合，即形成下列修正后的查询语句。

```
SELECT Sno,AVG(Grade)
FROM SC
WHERE AVG(Grade)>= 90
GROUP BY Sno
```

因 WHERE 语句中不能用聚集函数作为条件表达式，因此将会出现语法错误。而正确的查询语句如下。

```
SELECT Sno,AVG(Grade)
FROM SC
GROUP BY Sno
HAVING AVG(Grade)>= 90
```

目前多数关系数据库系统对行列子集视图均能进行正确的转换。但对非行列子集视图的查询（如【例 4.82】）就不一定能做转换了，因此这类查询不能对视图进行，而应该直接对基本表进行。

4.5.4　更新视图

更新视图是指通过视图进行插入（INSERT）、删除（DELETE）和修改（UPDATE）数据。

由于视图是不实际存储数据的虚表，因此对视图的更新，最终要转换为对基本表的更新。像查询视图那样，对视图的更新操作也是通过视图消解，转换为对基本表的更新操作。

为防止用户在通过视图对数据进行增加、删除和修改时，有意无意地对不属于视图范围内的基本数据进行操作，可在定义视图时加上 WITH CHECK OPTION 子句。这样在视图上增删改数据时，DBMS 会检查视图定义中的条件，若不满足条件，则拒绝执行该操作。

【例 4.83】 将【例 4.72】视图 IS_Student1 中学号为 1001 的学生姓名改为"王强"。

```
UPDATE IS_Student1
SET Sname ='王强'
WHERE Sno ='1001'
```

通过视图消解，转换为对基本表的操作。

```
UPDATE Student
SET Sname ='王强'
WHERE Sno ='1001' AND Sdept ='电气'
```

【例 4.84】 向【例 4.72】视图 IS_Student1 中插入一个新的学生记录，学号：1005，姓名：赵飞乐，年龄：18 岁。

```
INSERT
INTO IS_Student1
VALUES('1005','赵飞乐',18)
```

通过视图消解，系统自动将系别"电气"放入 VALUES 子句中。

```
INSERT
INTO Student(Sno,Sname,Sage,Sdept)
VALUES('1005','赵飞乐',18,'电气')
```

【例 4.85】 删除【例 4.72】视图 IS_Student1 中学号为 1001 的记录。

```
DELETE
FROM IS_Student1
WHERE Sno ='1001'
```

通过视图消解，转换为对基本表的操作。

```
DELETE FROM Student
WHERE Sno ='1001' AND Sdept ='电气'
```

在关系数据库中，并不是所有的视图都是可以更新的，因为有些视图的更新不能唯一地有意义地转换成对相应的基本表的更新。例如，修改【例 4.77】视图 IS_AVG 中学号为 "1002" 的学生的平均成绩为 70 分。其 SQL 语句操作如下。

```
UPDATE IS_AVG
SET Gavg = 70
WHERE Sno ='1002'
```

由于视图 IS_AVG 是由学号和平均成绩两个属性列组成的，其中平均成绩是通过对基本表 Student 进行元组分组和聚集函数得来的。所以想直接修改该视图的平均成绩一项，明显是无法实现的。因为系统无法通过修改各科成绩，以使平均成绩正好为修改后的新值。

目前，关系数据库系统一般只允许对行列子集视图进行更新，而且各个系统对视图的更新还有更进一步的规定。由于各系统实现方法上的差异，这些规定也不尽相同。例如，DB2 规定如下。

① 若视图是由两个以上基本表导出的，则此视图不允许更新。

② 若视图的字段来自字段表达式或常数，则不允许对视图执行 INSERT 和 UPDATE 操作，但允许执行 DELETE 操作。

③ 若视图的字段来自聚集函数，则视图不允许更新。

④ 若视图定义中含有 GROUP BY 子句，则此视图不允许更新。

⑤ 若视图定义中含有 DISTINCT 短语，则此视图不允许更新。

⑥ 若视图定义中有嵌套查询，并且内层查询的 FROM 子句中涉及的表也是导出该视图的基本表，则这些视图不允许更新。例如，将 SC 中成绩在平均成绩之上的元组定义一个视图 IS_AVG2。

```
CREATE VIEW IS_AVG2
AS
SELECT Sno,Cno,Grade
FROM SC
WHERE Grade >(SELECT AVG(Grade)
             FROM SC)
```

由于视图 IS_AVG2 的基本表是 SC，内层查询中涉及的基本表也是 SC，所以视图 IS_AVG2 是不允许执行更新操作的。

⑦ 一个不允许更新的视图上定义的视图也不允许更新。

4.6 SQL 数据控制功能

数据控制也称为数据保护，包括数据的安全性控制、完整性控制、并发控制和恢复，它是由 DBMS 统一提供，是数据库系统的特点之一。目前的 SQL 标准也提供对数据控制的支持，主要是通过对用户权限的授权（Authoriaztion）与回收（Callback）机制实现的。

用户权限是指用户可以在哪些数据库对象上进行哪些类型的操作。用户权限由两个要素组成：操作对象和操作类型。在数据库系统中，定义存取权限称为授权，释放存取权限称为回收。

在关系数据库系统中，用户权限的操作对象不仅指数据本身（基本表中的数据、属性列上的数据），还有数据库模式（包括数据库 SCHEMA、基本表 TABLE、视图 VIEW 和索引 INDEX）等。表 4.10 列出了主要的存取权限。

表 4.10   关系数据库系统中的存取权限

对象类型	操作对象	操作类型
数据库	模式	CREATE SCHEMA
	基本表	CREATE TABLE，ALTER TABLE
模式	视图	CREATE VIEW
	索引	CREATE INDEX
数据	基本表和视图	SELECT，INSERT，UPDTATE，DELETE，REFERENCES，ALL PRIVILEGES
数据	属性列	SELECT，INSERT，UPDTATE，REFERENCES，ALL PRIVILEGES

4.6.1 授权与回收

某个用户对某类数据库对象具有何种操作权力是政策问题而不是技术问题。数据库管理系统的功能就是保证这些决定的执行。SQL 通过提供 GRANT 语句向用户授予权限，REVOKE 语句向用户收回之前授予的权限。

1. 授权（GRANT）

GRANT 语句的一般格式如下。

```
GRANT <权限>[，<权限>]…
ON 表名[（列名）][，表名[（列名）]]…
TO <用户>[，<用户>]…
[WITH GRANT OPTION]
```

GRANT 语句的语义是：将对指定操作对象的指定操作权限授予指定的用户。发出该 GRANT 语句的可以是 DBA，也可以是该数据库对象创建者（属主 Owner），还可以是已经拥有该权限的用户。接受权限的用户可以是一个或多个，也是可以是 PUBLIC（即全体用户）。

如果指定了 WITH GRANT OPTION 子句，则获得某种权限的用户可以把这种权限再授予其他用户。如果没有指定 WITH GRANT OPTION 子句，则获得某种权限的用户只能使用该权限，不能传授该权限。

> SQL 标准允许具有 WITH GRANT OPTION 的用户传递授权，但不允许循环授权，即被授权者不能把权限再授回给授权者或其祖先。

【例 4.86】 把查询 Student 表的权限授给用户 U1。

```
GRANT SELECT
ON Student
TO U1
```

【例 4.87】 把对 Student 表和 Course 表的全部操作权限授予用户 U2 和 U3。

```
GRANT ALL PRIVILEGES
ON Student,Course
TO U2,U3
```

【例 4.88】 把对表 SC 的查询权限授予所有用户。

```
GRANT SELECT
ON SC
TO PUBLIC
```

【例 4.89】 把查询 Student 表和修改学生学号的权限授予用户 U4。

```
GRANT UPDATE(Sno),SELECT
ON Student
TO U4
```

【例 4.90】 把对表 SC 的 INSERT 权限授予用户 U5，并允许将此权限再授予其他用户。

```
GRANT INSERT
ON SC
TO U5
WITH GRANT OPTION
```

由于使用了 WITH GRANT OPTION 子句，那么用户 U5 可以通过下列语句将此权限授予其他用户，如 U6，以此类推下去。

```
GRANT INSERT
ON SC
TO U6
```

由于上述语句没有使用 WITH GRANT OPTION，则表示 U5 未给 U6 传递的权限，因此 U6 不能再传递此权限。

由上面例子可以看出，GRANT 语句可以一次向一个用户授权，如【例 4.86】，这是最简单的一种授权操作；也可以向多个用户授权，如【例 4.87】、【例 4.88】；甚至还可以完成对基本表和属性列等不同对象的授权，如【例 4.89】。表 4.11 所示是执行了上述全部例子后成绩系统的数据库中的用户权限定义表。

表 4.11 用户权限定义示例

授权用户名	被授权用户名	操作对象名	允许的操作类型	能否传递授权
DBA	U1	基本表 Student	SELECT	不能
DBA	U2	基本表 Student	ALL	不能
DBA	U2	基本表 Course	ALL	不能
DBA	U3	基本表 Student	ALL	不能
DBA	U3	基本表 Course	ALL	不能
DBA	PUBLIC	基本表 SC	SELECT	不能
DBA	U4	基本表 Student	SELECT	不能
DBA	U4	属性列 Student.Sno	UPDATE	不能
DBA	U5	基本表 SC	INSERT	能
U5	U6	基本表 SC	INSERT	不能

2. 回收（REVOKE）

被授予的权限也可以由 DBA 或其他授权者用 REVOKE 语句收回，REVOKE 语句的一般格式如下。

```
REVOKE <权限>[，<权限>]…
```

```
ON 表名 [ (列名) ] [ , 表名 [ (列名) ] ] …
FROM <用户> [ , <用户> ] … [ CASCADE | RESTRICT ]
```

上述 CASCADE 表示级联收回，适用于该用户将权限传递给其他用户的情况。那么在收回本用户的权限同时，还将自动收回被该用户传递的所有用户的权限。缺省值为 RESTRICT，表示只收回本用户的权限，不进行级联操作。

【例 4.91】 将用户 U4 修改学生学号的权限收回。

```
REVOKE UPDATE(Sno)
ON Student
FROM U4
```

【例 4.92】 收回所有用户对表 SC 的查询权限。

```
REVOKE SELECT
ON Student
FROM PUBLIC
```

【例 4.93】 把用户 U5 对 SC 表的 INSERT 权限收回，同时也收回 U6 对 SC 表的 INSERT 权限。

```
REVOKE INSERT
ON SC
FROM U5 CASCADE
```

> 对于 U6 这里，只收回了它在 U5 处获得的 INSERT 权限，但如果 U6 还在别的用户处获取了相应的权限，那么这些权限仍会保留，并不会被收回。

执行完上述回收例子后，成绩系统的数据库中的用户权限定义表如表 4.12 所示。

表 4.12 　　　　　　　　　　　　　　　用户权限定义示例

授权用户名	被授权用户名	操作对象名	允许的操作类型	能否传递授权
DBA	U1	基本表 Student	SELECT	不能
DBA	U2	基本表 Student	ALL	不能
DBA	U2	基本表 Course	ALL	不能
DBA	U3	基本表 Student	ALL	不能
DBA	U3	基本表 Course	ALL	不能
DBA	U4	基本表 Student	SELECT	不能

由此可见，SQL 提供了非常灵活的授权机制。首先，数据库管理员 DBA 拥有对数据库中所有对象的所有权限，并可以根据应用的需要用 GRANT 语句将不同的权限授予不同的用户；其次，用户对自己建立的基本表和视图拥有全部的操作权限，并且也可以用 GRANT 语句将其中某些权限授予其他用户。被授权的用户如果有传递授权的许可，则还可以将获得的权限传递给其他用户。而所有授予出去的权力在必要时又都可以用 REVOKE 语句收回。这种灵活的存取权限控制机制被称为自主存取控制。

4.6.2 　数据库角色

数据库角色（ROLE）是被命名的一组与数据库操作相关的权限，角色是权限的集合。因此，可以为一组具有相同权限的用户创建一个角色，使用角色来管理数据库权限可以简化授权的过程。具体做法是，首先用 CREATE ROLE 语句创建角色，然后用 GRANT 语句给角色授权。通过角色可以使自主授权机制的执行更加灵活、方便。

1. 创建角色

创建角色的一般格式如下。

```
CREATE ROLE <角色名>
```

2. 授权角色

刚刚创建的角色是空的，没有任何内容，可以用 GRANT 为角色授权，其一般格式如下。

```
GRANT <权限>[,<权限>]…
ON <对象类型> <对象名>
TO <角色>[,<角色>]…
```

3. 传递角色

DBA 和用户可以利用 GRANT 语句将角色授予其他角色或用户。其一般格式如下。

```
GRANT <角色1>[,<角色2>]…
TO <角色3>[,<用户1>]…
[WITH ADMIN OPTION]
```

如果指定了 WITH ADMIN OPTION 子句，则获得的全部权限的角色或用户还可以把这种权限再授予其他角色。

其中，一个角色所拥有的全部权限就是授予这个角色的全部权限加上其他角色授予这个角色的全部权限的总和。

4. 回收角色

用户可以利用 REVOKE 回收角色的权限，从而使修改角色拥有权限。其一般格式如下。

```
REVOKE <权限>[,<权限>]…
ON 表名[（列名）]
FROM <角色>[,<角色>]…
```

REVOKE 动作的执行者可以是角色的创建者，也可以是拥有在这个角色上的 ADMIN OPTION。

【例 4.94】 通过一个角色实现将一组权限授予一个用户。步骤如下。

① 创建一个角色 R1。

```
CREATE ROLE R1
```

② 使角色 R1 拥有 Student 表的 SELECT、UPDATE、INSERT 权限。

```
GRANT SELECT,UPDATE,INSERT
ON Student
TO R1
```

③ 将这个角色授予张林、王宇。使他们具有角色 R1 所包含的全部权限。

```
GRANT R1
TO 张林,王宇
```

④ 当然，也可以一次性通过 R1 来回收张林的这 3 个权限。

```
REVOKE R1
FROM 张林
```

【例 4.95】 为角色 R1 增加 Student 表的 DELETE 权限。

```
GRANT DELETE
ON Student
TO R1
```

【例 4.96】 为角色 R1 减少 Student 表的 SELECT 权限。

```
REVOKE SELECT
ON Student
FROM R1
```

本章小结

本章从 SQL 的数据定义、数据查询、数据操纵和数据控制 4 个方面着手，系统详尽地讲解了其相关技术和编写方法。SQL 语言是关系数据库语言的核心，得到了各个数据库厂商的广泛支持，并在遵循 SQL 语言标准的基础上做了扩充和修改。本章绝大部分例子都可在多个数据库系统上运行，如 Access、MySQL、SQL SERVER、ORACLE 系统等。其中，SQL 的数据查询功能是最丰富，也是最复杂、最困难的，读者应加强实验练习。

此外，本章在介绍 SQL 语言的基础上还简单地介绍了视图的概念及使用方法。通过视图的管理，可以使用户对基本表的 SQL 操作更加灵活、方便。

练习题

一、选择题

1. SQL 语言是（　　）的语言，易学习。

　　A. 过程化　　　　　　B. 非过程化　　　　C. 格式化　　　　　　D. 导航式

2. SQL 语言是（　　）语言。

　　A. 层次数据库　　　B. 网络数据库　　　C. 关系数据库　　　D. 非数据库

3. SQL 语言具有（　　）的功能。

　　A. 关系规范化、数据操纵、数据控制

　　B. 数据定义、数据操纵、数据控制

　　C. 数据定义、关系规范化、数据控制

　　D. 数据定义、关系规范化、数据操纵

4. SQL 语言具有两种使用方式，分别称为交互式 SQL 和（　　）。

　　A. 提示式 SQL　　　B. 多用户 SQL　　　C. 嵌入式 SQL　　　D. 解释式 SQL

5. 假定学生关系是 S(S#, SNAME, SEX, AGE)，课程关系是 C(C#, CNAME, TEACHER)，学生选课关系是 SC(S#, C#, GRADE)。

要查找选修 "COMPUTER" 课程的 "女" 学生姓名，将涉及关系（　　）。

　　A. S　　　　　　　B. SC, C　　　　　　C. S, SC　　　　　　D. S, C, SC

6. 如下面的数据库的表中，若职工表的主关键字是职工号，部门表的主关键字是部门号，SQL 操作（　　）不能执行。

A. 从职工表中删除行（'025', '王芳', '03', 720）

B. 将行（'005', '乔兴', '04', 750）插入到职工表中

C. 将职工号为，'001'的工资改为 700

D. 将职工号为，'038'的部门号改为'03'

职工表			
职工号	职工名	部门号	工资
001	李红	01	580
005	刘军	01	670
025	王芳	03	720
038	张强	02	650

部门表		
部门号	部门名	主任
01	人事处	高平
02	财务处	蒋华
03	教务处	许红
04	学生处	杜琼

7. 若用如下的 SQL 语句创建一个 student 表：

```
CREATE TABLE student(NO C(4) NOT NULL,
NAME C(8) NOT NULL,
SEX C(2),
AGE N(2))
```

可以插入到 student 表中的是（　　）。

A. ('1031', '曾华', 男, 23)   B. ('1031', '曾华', NULL, NULL)

C. (NULL, '曾华', '男', '23')   D. ('1031', NULL, '男', 23)

第 8~10 题基于学生表 S、课程表 C 和学生选课表 SC 3 个表，它们的结构如下：

```
S(S#, SN, SEX, AGE, DEPT)
C(C#, CN)
SC(S#, C#, GRADE)
```

其中：S#为学号，SN 为姓名，SEX 为性别，AGE 为年龄，DEPT 为系列，C#为课程号，CN 为课程名，GRADE 为成绩。

8. 检索所有比"王华"年龄大的学生姓名、年龄和性别。正确的 SELECT 语句是（　　）。

A. SELECT SN, AGE, SEX FROM S
WHERE AGE > (SELECT AGE FROM S
WHERE SN="王华")

B. SELECT SN, AGE, SEX
FROM S
WHERE SN = "王华"

C. SELECT SN, AGE, SEX FROM S
WHERE AGE > (SELECT AGE
WHERE SN="王华")

D. SELECT SN, AGE, SEX FROM S
WHERE AGE > 王华. AGE

9. 检索选修课程"C2"的学生中成绩最高的学生的学号。正确的 SELECT 语句是（　　）。

A. SELECT S# FORM SC
WHERE C#="C2" AND GRAD > =
(SELECT GRADE FORM SC
WHERE C#="C2")

B.　SELECT S# FORM SC

　　WHERE C#="C2" AND GRADE IN

　　(SELECT GRADE FORM SC

　　WHERE C#="C2")

C.　SELECT S# FORM SC

　　WHERE C#="C2" AND GRADE NOT IN

　　(SELECT GRADE FORM SC

　　WHERE C#="C2")

D.　SELECT S# FORM SC

　　WHERE C#="C2" AND GRADE > = ALL

　　(SELECT GRADE FORM SC

　　WHERE C#="C2")

10. 检索学生姓名及其所选修课程的课程号和成绩。正确的 SELECT 语句是（　　　）。

A.　SELECT S.SN,SC.C#,SC. GRADE

　　FROM S

　　WHERE S.S#=SC.S#

B.　SELECT S.SN, SC.C#,SC.GRADE

　　FROM SC

　　WHERE S.S# = SC.GRADE

C.　SELECT S.SN, SC.C#, SC.GRADE

　　FROM S,SC

　　WHERE S.S#=SC.S#

D.　SELECT S.SN,SC.C#,SC.GRADE

　　FROM S.SC

二、填空题

1. SQL 是＿＿＿＿结构化查询语言。

2. 视图是一个虚表，它是从＿＿＿＿中导出的表。在数据库中，只存放视图的＿＿＿＿，不存放视图的＿＿＿＿。

3. 设有如下关系表 R：

R(NO, NAME, SEX, AGE, CLASS)

主关键字是 NO，

其中 NO 为学号，NAME 为姓名，SEX 为性别，AGE 为年龄，CLASS 为班号。

写出实现下列功能的 SQL 语句。

① 插入一个记录（25，"李明"，"男"，21，"95031"）；

② 插入 "95031" 班学号为 30、姓名为 "郑和" 的学生记录；

③ 将学号为 "10" 的学生姓名改为 "王华"；

④ 将所有 "95101" 班号改为 "95091"；

⑤ 删除学号为 "20" 的学生记录；

⑥ 删除姓 "王" 的学生记录。

上机实训一

1. 实训目的

（1）掌握数据库的建立与删除操作。

（2）掌握数据表结构的建立、修改和删除操作。

（3）掌握数据表的插入、修改和删除操作。

2. 实训内容

（1）在 SQL Server 中用 SQL 语句或对象资源管理器完成以下操作。

① 创建图书管理系统的数据库 BookManage。

② 根据第 3 章的关系模型对照下表，为数据库 BookManage 创建相关表结构。

学生表：student 表

字段名	类型	备注
sno	nvarchar(10)	学号（主键）
sname	nvarchar(10)	姓名
ssex	nchar(2)	性别
sbirth	date	出生日期
sdept	nvarchar(10)	所在系

图书表：book 表

字段名	类型	备注
bno	nvarchar(10)	书号（主键）
bname	nvarchar(10)	书名
author	nvarchar(10)	作者
price	float	价格
publish	nvarchar(10)	出版社
number	smallint	库存量

借阅表：borrowrestore 表

字段名	类型	备注	
sno	nvarchar(10)	学号	（主键）
bno	nvarchar(10)	书号	
borrowdate	date	借书日期	
restoredate	date	还书日期	
latedate	date	还书期限	

③ 为上述数据表插入下列数据。

student 表

sno	sname	ssex	sbirth	sdept
1001	王强	男	1994-05-12	计算机系
1002	李燕	女	1992-11-05	经管系
1003	李小同	男	1992-07-08	中文系

book 表

bno	bname	author	price	publish	number
b01	数据库原理	赵言松	32.5	清华大学出版社	5
b02	C 语言程序设计	刘晨	43	清华大学出版社	3
b03	大学英语	张楠	23.5	高等教育出版社	6

（2）在 SQL Server 中用 SQL 语句实现下列操作。

① 李小同从中文系转到计算机系。

② 图书馆今天为"数据库原理"进了 5 本书。

③ 图书馆不再存放"大学英语"这种书。

④ 王强于 2015-09-13 借了一本"数据库原理"。

⑤ 为借还书表 borrowrestore 增加一个"罚款"字段 fine，用于记录逾期未还时需缴纳的费用。

⑥ 王强于 2015-10-20 将"数据库原理"归还。

3. 实训提示

（1）学生转系，实际就是更新该学生的"系"这个字段。

（2）图书馆进货，实际就是更新某书的库存量。

（3）不再存放某本书，实际就是将该书的所有记录删除。

（4）学生借书实际就是对借阅表进行插入操作，但值的注意的是，学生每借一本书，该书的库存量应减少 1；同时还应该按学校规定，计算出还书的期限，即最晚还书日期，一并插入到借阅表中（假设图书馆规定：借书有效期为一个月）。

（5）学生还书实际就是对借还书表中的还书日期进行更新操作，同理，学生每还一本书，该书的库存量应增加 1，同时还需按图书馆规定计算出罚金，更新借阅表中的 fine 字段（假设图书馆规定：超过还书期限后需按每天 0.2 元缴纳罚金）。

上机实训二

1. 实训目的

（1）掌握 select 单表查询的相关操作。

（2）掌握 select 多表查询的相关操作。

（3）掌握 select 中带有比较运算符的嵌套查询操作。

（4）理解 select 中 exists 存在谓词的嵌套查询操作。

（5）理解 select 中集合查询操作。

2. 实训内容

（1）在 SQL Server 中用 SQL 语句完成以下操作（单表查询）。

① 统计图书馆共有多少种图书。

② 按年龄从大到小列出所有女学生的学号、姓名、性别和年龄。

③ 查询 1001 同学的借书总量。

④ 查询清华大学出版社带有"数据库"三字的图书信息，包括书号、书名和出版社。

⑤ 查询 2015 年平均罚款金额。

⑥ 查询今年共有多少学生借书。

⑦ 查询今年 4 月的所有借书信息，并按借书量降序排序。

⑧ 查询 b01 图书不在 13～15 年期间的借书记录。

⑨ 查询清华大学、人民邮电和高等教育 3 家出版社的所有图书号、书名和出版社，并按价格和库存量升序排列。

⑩ 查询图书的库存总量低于 10 本的出版社名。

（2）在 SQL Server 中用 SQL 语句完成以下操作（多表查询）。

① 查询所有学生借书情况，包括学生姓名、图书名、借书日期、借书数量。

② 查询借阅了清华大学出版社且书名中包含"数据库"三字的图书的读者，显示姓名、书名、出版社、借出日期、还书日期。

③ 按学生最喜欢图书列出图书排行榜，包括书号、书名和出版社。

④ 查询至少借阅过 1 本清华大学出版社书的读者学号、姓名、书名、借阅数量，并按借阅本数降序排列。

⑤ 查询逾期未还的读者姓名和书名。

⑥ 统计所有学生的借书总量。

⑦ 统计从未借过数的学生学号和姓名。

⑧ 查询从未被借阅过的图书号、图书名。

（3）在 SQL Server 中用 SQL 语句完成以下操作（嵌套和集合查询）。

① 查询与"数据库原理"同价位书的信息，并按库存量降序排序。

② 查询价格超过图书馆平均价格的图书编号、名称、出版社、价格。

③ 查询同时借阅了"数据库原理"和"C 语言程序设计"的学生学号和姓名。

④ 查询与"刘晨"在同一天借书的读者学号、姓名、系别及借书日期。

⑤ 统计去年借书频率低于 2 的系。

⑥ 查询和"刘晨"还书总数相同的读者学号、姓名。

⑦ 查询借阅了清华大学出版社但没有借阅人民邮电出版社的学生的学号和姓名。

⑧ 查询 2015 年 7 月以后没有借书的读者学号、姓名、系别。

⑨ 查询正在借阅的图书的书号、书名和出版社。

⑩ 查询图书已全部还清的系，并显示该系的全部借书记录。

3. 实训提示

（1）为验证 SQL 语句的正确性，请根据题目为各表加入适当的验证数据。

（2）获取系统当前日期可用 date 函数，如获取当前日期：date()。

（3）获取一个日期的年可用 year 函数，如获取"借书日期"的年：year(borrowdate)。

（4）获取一个日期的月份可用 month 函数，如获取"借书日期"的月：month(borrowdate)。

（5）所谓"图书排行榜"，是指按图书借阅次数从高到低排序。

（6）"所有学生的借书总量"应该包含没有借过书的学生，其借书总量为 0。

（7）所谓"借书频率"，是指借书的次数。

（8）所谓"正在借阅"，是指该书还未归还。

上机实训三

1．实训目的

（1）掌握视图的创建、删除操作。

（2）掌握查询视图操作。

（3）了解视图的更新操作。

2．实训内容

（1）为清华大学出版社的图书创建一个视图。

（2）通过（1）视图完成查询清华大学出版社所有图书信息。

（3）通过（1）视图完成查询清华大学出版社价格在 50 元以上的图书信息。

（4）通过（1）视图更新"数据库原理"这本书的作者为"李言松"。

3．实训提示

参考本章 4.5.2 节。

第 5 章
数据库的安全与保护

数据库系统中的数据是由 DBMS 统一管理与控制的。为了适应数据共享的环境，防止数据的意外丢失和产生不一致数据，以及数据库遭到的破坏能迅速恢复正常，DBMS 必须提供数据库的保护能力，以保护数据库中数据的安全可靠和正确有效。数据库保护分为安全性控制、完整性控制、并发控制及数据库备份与恢复 4 个方面。随着数据的增加，数据库的安全与保护变得越来越重要。

5.1　数据库的安全性控制

数据库的安全性控制是对数据库采用的一种保护措施，是指保护数据库，防止非法使用，以避免非法用户对其进行窃取数据、篡改数据、删除数据和破坏库结构等操作。数据库的安全性控制就是尽可能地杜绝对数据库所有可能的非法访问，而不管它们是有意的还是无意的。数据库安全性控制的目标是在不过分影响用户的前提下，通过节约成本的方式将由预期事件导致的损失最小化。

数据库的安全性包括多方面，从数据库角度而言，DBMS 常用的安全性措施有用户标识和鉴别、访问控制、视图机制、跟踪审计和数据加密等。

5.1.1　用户标识和鉴别

用户标识和鉴别（Identification & Authentication）是系统提供的最外层安全保护措施。数据库系统不允许一个不明身份的用户对数据库进行操作，每次用户在访问数据库之前必须先标识自己的名字和身份，由 DBMS 系统进行核对之后，还要通过口令进行验证，以防止非法用户盗用他人的用户名进行登录。用户标识和鉴别方法简单易行并且可重复使用，但用户名和口令容易被人盗取，通常采用较复杂的用户身份鉴别及口令识别。

用户标识（Identification）包括用户名（User Name）和口令（Password）两部分，DBMS 有一张用户口令表，每个用户有一条记录，其中记录着用户名和口令两项数据。用户在访问数据库前，必须先在 DBMS 中进行登记备案，即标识自己输入的用户名和口令。在数据库使用过程中，DBMS 根据用户输入的信息来识别用户身份的合法性，这种标识鉴别可以重复多次，采用的方法也是多种多样，其中常用的方法有下述 3 种。

1. 使用只有用户掌握的特定信息来鉴别用户

用户掌握的特定信息最广泛使用的就是口令。口令是在用户注册系统和用户约定好的，可以是一个别人不易猜出的字符串，也可以是由被鉴别的用户回答系统的提问。用户在终端输入口令，且口令信息隐藏显示，若口令正确则允许用户进入数据库系统，否则用户不能使用该系统。

通过口令来鉴别用户的方法是最简单易行的，但口令容易被人盗取，因此在实际应用过程中，系统还可以用更复杂的方法。例如，每个用户都预先约定好一个计算过程或函数，鉴别用户身份时，系统提供一个随机数，用户根据自己预先约定的计算过程或函数进行计算，系统根据用户计算的结果是否正确来进一步鉴定用户身份。这种方式的优点是，不怕别人看到，系统提供的是随机数，即使用户的回答被他人看到了也没有关系，因为只有猜出了变换表达式才能真正盗取，而要猜出用户的变换表达式是很困难的。

2. 使用只有用户具有的物品来鉴别用户

用户具有的物品使用较为广泛的是磁卡。磁卡上记录用户的用户名标识符，使用时，数据库系统通过阅读磁卡装置，读入信息与数据库内的存档信息进行比较来鉴别用户的身份。该方法的缺点就是磁卡具有容易丢失、损坏甚至被盗的危险。

3. 使用用户的个人特征来鉴别用户

用户的个人特征有指纹、签名、声音等。针对每个用户，其个人特征具有唯一性，故相对于其他两种方法，这种鉴别方法更加安全和准确。但由于使用该方法需要昂贵的、特殊的鉴别装置，因此影响其推广和使用。

5.1.2　访问控制

用户标识和鉴别解决了用户是否合法的问题，但合法用户的权力也应有所控制，即任何用户只能访问被授权的数据。访问控制（Access Control）是杜绝对数据库非法访问的基本手段之一，其控制的是合法用户对数据库资源（包括基本表、视图及实用程序等）的各种操作（包括创建、编辑、查询、撤销、增加、删除和修改等）权力。访问控制包括以下两个部分。

1. 授权

授权（Authorization）就是给予用户的访问权限，这是对用户访问权力的规定和限制。对用户授权有两种方法：一种是授予某类用户使用数据库的权力，只有拥有这种授权的用户才能访问数据库中的数据；另一种是授予某类用户对数据库中某些数据对象进行某些操作的权力。

DBMS 在数据字典中为每个数据库设置一张授权表（Authorization Table），此表主要有用户标识、访问对象、访问权限 3 个方面的内容。其中用户标识可以是用户名、角色名或程序名等；访问对象可以是基本表、视图等；访问权限可以是对表或视图的创建、撤销、增加、删除和修改等。DBMS 为保证这些权限的执行，必须提供适当的语言来定义和授予用户权限，其中 SQL 标准语言就是使用 GRANT 语句完成整个授权过程。这在第 4 章 4.6 节 SQL 数据控制功能中已详细讲解，这里就不再赘述。

2. 权限检查

权限检查（Authorization Check）是当用户请求存取数据库时，DBMS 先查找数据字典中的授权表进行合法权限检查，看用户的请求是否在其权限范围之内。若用户的操作请求超出了定义的权限，系统将拒绝执行该操作。

5.1.3　视图机制

视图机制为不同的用户定义不同的视图，将数据对象限制在一定的范围内，它通过向某些用户隐藏数据库部分信息的方式提供了强大而灵活的安全机制。用户只能看到查询结果，却看不到原始表的任何信息，最大程度地保护了基本表的原始信息。关于视图的创建及使用方法，在第 4 章 4.5 节视图中已详细讲解。

5.1.4 跟踪审计

跟踪审计（Follow and Audit Trail）是一种监视措施，是对指定的数据的访问跟踪，把用户对数据库的所有操作自动记录下来，一旦发现潜在的窃密或破坏的企图，数据库自动发出警报或记载，事后可以根据这些记载进行分析和调查。跟踪审计的结果，记录在一个特殊的文件上，称为跟踪审计日志，其内容包括操作类型、访问者与访问端口标识、访问日期和时间、访问的数据及前后的值。DBA 可以通过检查跟踪审计的日志信息，重现导致数据库现有状况的一系列可疑事件，如非法存取数据库的用户、时间和活动内容等。

跟踪审计一般由 DBA 控制，或由数据的所有者控制，DBMS 提供相应的功能供用户选择使用。值得注意的是，跟踪审计功能很浪费时间、空间，所以在 DBMS 中一般是作为可选项，常用于安全性要求较高的部门。

5.1.5 数据加密

为了防止采用窃取磁盘、磁带或窃听等手段得到数据的窃密活动，较好的办法就是对数据进行加密。数据加密（Data Encryption）是在存储数据时对数据进行加密转换，在查询时需解密转换才能使用。其具体过程是：原始的数据明文（Plain Text）在加密密钥（Encryption Key）的作用下，通过加密系统加密成密文（Cipher Text），需要查询时，密文只有在解密密钥（Dncryption Key）的帮助下，才能通过解密系统解密成明文。如果使用明文，其失窃后果是严重的，而单单获取密文是毫无用处的。

数据加密的方法多种多样，感兴趣的读者可以查阅相关资料，这里不再讲解。值得注意的是，虽然数据加密在一定程度上保护了数据的安全，但由于数据加密、解密增加了开销，从而降低了数据库系统的性能，数据加密功能往往是可选特征，只有那些保密要求特别高的数据，才值得采用这种方法。

5.2 数据库的完整性控制

数据库的完整性和安全性是两个不同的概念，数据库的安全性是保护数据库，防止恶意的破坏和非法的存取；而完整性是为了防止数据库中存在不符合语义规定的数据，防止错误信息的输入/输出，即所谓的垃圾进和垃圾出（Garbage In Garbage Out）造成的无效操作和错误结果。也就是说安全性的防范对象是非法用户和非法操作；完整性的防范对象是不符合语义的数据。

5.2.1 完整性控制的含义

数据库的完整性包括数据的正确性、有效性和一致性。其中，正确性是指输入数据的合法性。例如，一个数值数据只能有 0，1，…，9，不能包含字母和特殊字符，有了字母和特殊字符就不正确，就失去了完整性。有效性是指所定义数据的有效范围。例如，人的性别不能有"男"或"女"之外的值；一天的时间不能超过 24 小时，一个月最多 31 天等。一致性是指描述同一个事实的两个数据应相同。例如，一个人不能有两个不同的性别、年龄等。

1．数据库完整性控制的作用

数据库完整性控制对数据库系统是非常重要的，其作用具体体现在以下 5 个方面。

（1）数据库完整性约束能够防止合法用户使用数据库时向数据库中添加不合法的数据。

（2）利用基于 DBMS 的完整性控制机制来实现业务规划，易于定义，容易理解，而且可降低应用程序的复杂性，提高应用程序的运行效率。

（3）基于 DBMS 的完整性控制机制是集中管理的，因此比应用程序更容易实现数据库的完整性。

（4）合理的数据库完整性设计，能够同时兼顾数据库的完整性和系统的效能。

（5）在应用软件的功能测试中，完整的数据库完整性有助于尽早发现应用软件中的错误。

2．对数据库完整性的破坏

通常情况下，对数据库完整性的破坏来自以下 5 个方面。

（1）操作人员或终端用户的错误或疏忽。

（2）数据库中并发操作控制不当。

（3）由于数据冗余，引起某些数据在不同副本中的不一致。

（4）DBMS 或操作系统出错。

（5）系统中某些硬件（如 CPU、磁盘、I/O 设备等）出错。

数据库的完整性控制随时都有可能遭到以上各方面的破坏，应尽可能减少被破坏的可能性，以及在数据遭到破坏后能尽快恢复到原样。因此，完整性控制是一种预防性的策略。完整性控制能够保证各个操作的结果得到正确的数据，即只要能确保正确输入，就能保证正确的操作产生正确的输出。

5.2.2　完整性控制的构成

完整性控制具体由定义完整性约束条件、完整性检查和违约处理 3 个部分构成。

1．定义完整性约束条件

完整性约束条件也称完整性规则，是指数据库中数据必须满足的语义约束条件。它作用的对象可以是属性列、元组或关系。

（1）属性列约束。属性列约束具体包括如下内容。

① 类型约束。包括对数据类型、长度、精度等的约束。例如，规定学生的姓名必须是字符型。

② 格式约束。例如，学号的前两位代表学生的入学年份，第 3、4 位代表学生的系别等。

③ 范围约束。例如，月份必须是 1～12 的整数等。

④ 空值约束。有些列允许为空值（如成绩），有些列不允许为空值（如学号），在定义列时需指明其是否允许取空值。

（2）元组约束。元组约束是指元组中各个字段间联系的约束。例如，职工的福利金不得超过工资的 20%。

（3）关系约束。关系约束是指若干元组间，关系集合上及关系之间联系的约束。也就是说同一关系的不同属性之间应当满足一定的约束条件；同时，不同关系的属性之间也会有联系，也应满足一定的约束条件。具体约束方式如下。

① 实体完整性约束。该约束说明了关系的关键字必须唯一，且值不允许为空。例如，学号取值不能重复，也不能取空值。

② 参照完整性约束。该约束说明了不同的关系属性之间的约束条件，即外部关键字的值必须在参照关系的主关键值中找到。例如，成绩表 SC 中的学号必须来源于学生表 Student 中的学号。

完整性约束条件涉及的属性列、元组和关系，其状态可能是静态的，也可能是动态的。静态约束是对数据库的每一个确定状态所应满足的条件，是数据库状态合理性约束。例如，学号不允许为空值。动态约束是数据库从一种状态转变到另一种状态时，对新、旧值转换时应满足的条件，它反映了数据库状态变迁的约束。例如，在更新工资时，要求满足新的工资值不得低于原来的工资值。这些完整性约束条件一般由 SQL 的 DDL 语句来实现。它们作为数据库模式的一部分定义存入数据字典。

2. 完整性检查

DBMS 中检查数据是否满足完整性约束条件的机制称为完整性检查。从检查时间上可分为立即检查和延迟检查。立即检查是指用户执行完一条操作语句后，系统立即对该数据进行完整性条件检查，结果正确后才能进行下一条语句的执行；延迟检查是指先执行全部的操作语句，再对数据进行完整性条件检查，只有结果正确，整个操作才能被最终确认。

3. 违约处理

DBMS 若发现用户的操作违背了完整性约束条件，就会采取一定的动作，如拒绝（NO ACTION）执行该操作，或级联（CASCADE）执行其他操作，或设置为空值等违约处理以保证数据的完整性。

5.2.3 完整性控制的实现

SQL 语言提供了一系列实现数据库完整性控制功能的语句。下面详细介绍用 SQL 语言具体实现对以上各类完整性约束条件的控制。

1. 属性列约束的控制

（1）定义约束条件

在 CREATE TABLE 中定义属性的同时可以根据应用要求，定义属性上的约束条件，包括如下内容。

① 列值非空（NOT NULL）。

② 列值唯一（UNIQUE）。

③ 检查列值是否满足一个布尔表达式（CHECK）。

【例 5.1】 定义 Student 表，其中姓名唯一，性别只能取"男"或"女"，年龄不允许为空。

```
CREATE TABLE Student(Sno CHAR(9)PRIMARY KEY,
                     Sname CHAR(20)UNIQUE,
                     Ssex CHAR(2)CHECK(Ssex='男'or Ssex='女'),
                     Sage SMALLINT NOT NULL,
                     Sdept CHAR(20));
```

（2）完整性检查和违约处理

当往表中插入元组（执行 INSERT）或修改属性的值（执行 UPDATE）时，DBMS 就检查属性上的约束条件是否被满足。如果不满足则提示用户并拒绝执行操作。

2. 元组约束的控制

（1）定义约束条件

与属性上的约束条件的定义类似，在 CREATE TABLE 语句中可以用 CHECK 短语定义元组上的约束条件。

【例 5.2】 定义 Student 表，当学生的性别是"男"时，其名字不能以 Ms.打头。

```
CREATE TABLE Student(Sno CHAR(9),
                     Sname CHAR(20)UNIQUE,
                     Ssex CHAR(2)CHECK(Ssex='男'or Ssex='女'),
                     Sage SMALLINT NOT NULL,
                     Sdept CHAR(20),
                     CHECK(Ssex='女'OR Sname NOT LIKE'Ms.%'));
```

（2）完整性检查和违约处理

当往表中插入元组（执行 INSERT）或修改属性的值（执行 UPDATE）时，DBMS 就检查属性上的约束条件是否被满足。性别是女性的元组都能通过该项检查，因为 Ssex='女'成立；当性别是男性时，要通过检查则名字一定不能以 Ms.打头，因为 Ssex='男'时，条件要想为真值，Sname NOT LIKE'Ms.%'必须为真值。如果不满足则提示用户并拒绝执行操作。

3. 关系约束的控制

（1）实体完整性控制

① 定义约束条件。在 CREATE TABLE 语句中用 PRIMARY KEY 定义。对单属性构成的码有两种说明方法：一种是定义为列级约束；另一种是定义为表级约束。对多个属性构成的码只有一种说明方法，即定义为表级约束。

【例 5.3】 定义 Student 表，其中 Sno 定义为码。

```
CREATE TABLE Student(Sno CHAR(9)PRIMARY KEY,
                     Sname CHAR(20),
                     Ssex CHAR(2),
                     Sage SMALLINT,
                     Sdept CHAR(20));
```

或

```
CREATE TABLE Student(Sno CHAR(9),
                     Sname CHAR(20),
                     Ssex CHAR(2),
                     Sage SMALLINT,
                     Sdept CHAR(20),
                     PRIMARY KEY(Sno));
```

【例 5.4】 定义 SC 表，其中 Sno，Cno 共同为码。

```
CREATE TABLE SC(Sno CHAR(9),
                Cno CHAR(4),
                Grade SMALLINT,
                PRIMARY KEY(Sno,Cno));
```

② 完整性检查和违约处理。当往表中插入元组（执行 INSERT）或修改属性的值（执行 UPDATE）时，DBMS 就会自动检查如下内容。

a. 检查主码值是否唯一，如果不唯一，则拒绝执行。

b. 检查主码的各个属性是否为空，只要有一个为空就拒绝执行。

（2）参照完整性控制

① 定义约束条件。在 CREATE TABLE 语句中用 FOREIGN KEY 来定义哪些列为外码，用 REFERENGES 来指明这些外码参照哪些表的主码。

【例 5.5】 定义 SC 表，其中 Sno 参照 Student 表的 Sno，Cno 参照 Course 表的 Cno。

```
CREATE TABLE SC(Sno CHAR(9),
                Cno CHAR(4),
                Grade SMALLINT,
```

```
PRIMARY KEY(Sno,Cno),
FOREIGN KEY(Sno)REFERENCES Student(Sno),
FOREIGN KEY(Cno)REFERENCES Course(Cno));
```

② 完整性检查和违约处理。表 5.1 所示为可能破坏参照完整性约束的情况及违约处理。

表 5.1　　　　　　　　　　　可能破坏参照完整性约束的情况及违约处理

被参照表（Student 表）	参照表（SC 表）	违约处理
可能破坏参照完整性 ←	插入元组	拒绝
可能破坏参照完整性 ←	修改外码值	拒绝
删除元组 →	可能破坏参照完整性	拒绝/级联删除/设置为空值
修改主码值 →	可能破坏参照完整性	拒绝/级联修改/设置为空值

当上述的不一致发生时，系统可以采用以下策略进行违约处理。

a. 拒绝（NO ACTION）执行。不允许该操作执行，该策略一般设置为默认策略。

b. 级联（CASCADE）操作。当删除或修改被参照表（Student）的一个元组造成与参照表（SC）不一致时，则删除或修改参照表中所有造成不一致的元组。

例如，当删除 Student 表中 Sno ='1001'的元组时，SC 表中的所有有关 Sno ='1001'的元组全部自动删除。

c. 设置为空值。当删除或修改被参照表（Student）的一个元组造成与参照表（SC）不一致时，则将参照表中所有造成不一致的元组的对应属性设置为空值。

例如：学生（学号，姓名，专业号）

专业（专业号，专业名）

在上述关系中，专业号为外码，当专业表中的某个元组删除时，则应当把学生表中该专业的所有元组的专业号这列设置为空，表示这些学生专业未定，等待重新分配专业。

一般地，当对参照表和被参照表的操作违反了参照完整性，系统则选用默认策略，即拒绝执行。如果想让系统采用其他策略（如级联或设置为空），则必须在创建表中显示地加以说明。选择何种违约策略，要根据应用环境的要求确定。

【例 5.6】 在 SC 表中显示说明级联删除和级联修改。

```
CREATE TABLE SC(Sno CHAR(9),
                Cno CHAR(4),
                Grade SMALLINT,
                PRIMARY KEY(Sno,Cno),
                FOREIGN KEY(Sno)REFERENCES Student(Sno)
                ON DELETE CASCADE
                ON UPDATE CASCADE,
                FOREIGN KEY(Cno)REFERENCES Course(Cno)
                ON DELETE CASCADE
                ON UPDATE CASCADE);
```

5.3　数据库的并发控制

数据库是一个多用户的共享资源，因此在多个用户同时执行某些操作时，由于操作间的互相干扰，有可能产生错误的结果。即使这些操作在单独执行时都是正确的，但是在并发执行时有可能造成数据的不一致，破坏数据的完整性。因此，保证数据的正确性是并发控制要解决的问题。

5.3.1　事务概述

1．事务（Transaction）

事务是用户定义的一个数据操作序列，这些操作要么全做要么全不做，是数据库运行的最小的、不可分割的工作单位。也就是说，所有对数据库的操作都要以事务作为一个整体单位来执行或撤销，同时事务也是保证数据一致性的基本手段，无论发生什么事情，DBMS 都应该保证事务能正确、完整地进行。在关系数据库中，一个事务可以是一条 SQL 语句、一组 SQL 语句或整个程序。

事务的开始和结束可以由用户显式控制。如果用户没有显式地定义事务，则由 DBMS 按缺省规定自动划分事务。在 SQL 语言中，事务通常以 BEGIN TRANSACTION 开始，以 COMMIT 或 ROLLBACK 结束。COMMIT 表示提交，即提交事务的所有操作。具体地说就是将事务中所有对数据库的更新写回到磁盘上的物理数据库中，事务便正常结束。ROLLBACK 表示回滚，即在事务运行的过程中发生了某种故障，事务不能继续执行，系统将事务中对数据库的所有已完成的更新操作全部撤销，回滚到事务开始时的状态。

2．事务的特性

事务具有 4 个特性：原子性（Atomicity）、一致性（Consistency）、隔离性（Isolation）和持续性（Durability）。这 4 个特性也简称为 ACID 特性（ACID Properties）。

（1）原子性。表明事务是数据库的逻辑工作单位，事务中包括的所有操作要么都做，要么都不做。

（2）一致性。表明事务执行的结果必须是使数据库从一个一致性状态变到另一个一致性状态。因此，当数据库只包含成功事务提交的结果时，就说数据库处于一致性状态。如果数据库系统运行中发生了故障，有些事务尚未完成就被迫中断，这些未完成事务对数据库所做的更新操作有一部分已写入物理数据库，这时数据库就处于一种不正确的状态，或者说是不一致的状态。为确保一致性，系统会将事务中对数据库的所有已完成的操作全部撤销，回滚到事务开始时的一致性状态。

（3）隔离性。表明一个事务的执行不能被其他事务干扰，即一个事务内部的操作及使用的数据对其他并发事务是隔离的，并发执行的各个事务之间不能互相干扰。

（4）持续性。持续性也称为永久性（Permanence），表明一个事务一旦提交，它对数据库中数据的改变就应该是永久的，接下来的其他操作或故障不应该对其执行结果有任何影响。

事务是恢复和并发控制的基本单位，保证事务的 ACID 特性是事务处理的重要任务。事务ACID 特性可能遭到破坏的因素一般有以下两种。

（1）多个事务并行运行时，不同事务的操作交叉执行。此时 DBMS 必须保证多个事务的交叉运行不影响这些事务的原子性。

（2）事务在运行过程中被强行停止。此时 DBMS 必须保证被强行停止的事务对数据库和其他事务没有任何影响。

3．SQL 事务处理模型

SQL 所处理的事务有两种模型：一种是显式事务，是指有显式的开始和结束标记的事务；另一种是隐式事务，是指每一条数据操作语句都自动地成为一个事务。对于显式事务，不同的数据库管理系统又有不同的形式。一类是采用国际标准化组织（ISO）制定的事务处理模型；另一类是采用 Transact-SQL 的事务处理模型。

（1）ISO 事务处理模型

ISO 事务处理模型是明尾暗头，即事务的开始是隐式的，而事务的结束有明确标记。在这种事务处理模型中，程序的首条 SQL 语句或事务开始符后的第一条语句自动作为事务的开始；而在程序的正常结束处或在 COMMIT 或 ROLLBACK 语句处是事务的终止。

【例 5.7】 从账号 A 转移 n 元钱到账号 B。

```
UPDATE 支付表 SET 总额=总额-n
    WHERE 账户名 ='A'
UPDATE 支付表 SET 总额=总额＋n
    WHERE 账户名 ='B'
COMMIT
```

（2）Transact-SQL 事务处理模型

Transact-SQL 事务处理模型对每个事务都有显式的开始标记 BEGIN TRANSACT 和结束标记 COMMIT 或 ROLLBACK。

【例 5.8】 上述例子可用 Transact-SQL 事务处理模型描述。

```
BEGIN TRANSACT
  UPDATE 支付表 SET 总额=总额-n
      WHERE 账户名 ='A'
  UPDATE 支付表 SET 总额=总额＋n
      WHERE 账户名 ='B'
COMMIT
```

5.3.2 并发控制

数据库系统一个明显的特点是多用户共享数据库资源，尤其是多个用户可以同时存取相同数据，如飞机订票系统数据库、银行系统数据库等都是多个用户共享的数据库系统。在这些系统中，同一时刻可同时运行数百个事务。若对多用户的并发操作不加以控制，就会造成数据存取错误，破坏数据库的一致性和完整性。

如果事务是顺序执行的，即一个事务完成后，再开始另一个事务，则称这种执行方式为串行执行。如果 DBMS 可以同时接受多个事务，并且这些事务在时间上可以重叠执行，则称这种执行称为并行执行或并发执行。事务的执行方式如图 5.1 所示。

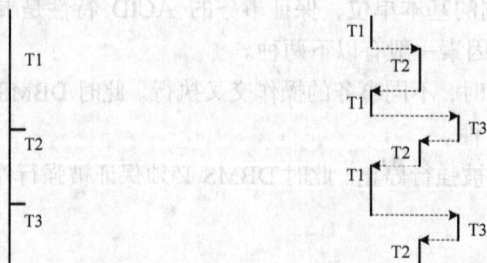

（a）事务的串行执行　　　　（b）事务的并发执行（交叉并发）

图 5.1　事务的执行方式

并发执行有显而易见的优点，如提高系统资源的利用率；改善短事务的响应时间等。但并发操作也有可能会破坏事务的 ACID 特征。下面以一个例子，说明并发执行带来的数据不一致性问题。

【例 5.9】 设有两个飞机订票点 A 和 B，其中 A 和 B 同时办理同一架航班的飞机订票业务。其操作过程及顺序如下。

① A 订票点（事务 A）读出航班目前的机票余额数，假设为 10 张；

② B 订票点（事务 B）读出航班目前的机票余额数，也为 10 张；

③ A 订票点卖出 6 张机票，则修改机票余额数 10-6 = 4，并将 4 写回数据库中；

④ B 订票点卖出 5 张机票，则修改机票余额数 10-5 = 5，并将 5 写回数据库中。

从上述操作中可以看出，这两个事务不能反映出飞机票数不够的情况，并且事务 B 还覆盖了事务 A 对数据库的修改，使数据库中的数据不可信，这种情况称为数据的不一致性。这种不一致是由并发执行引起的。在并发执行下会产生不一致，是因为系统对事务 A 和 B 的操作序列的调度是随机的，这种不一致是致命的，在现实生活中是绝对不允许发生的。因此数据库管理员必须想办法避免出现这种情况，这就是数据库管理系统在并发控制中要解决的问题。

并发执行所带来的数据不一致情况大致可以分为 4 种：丢失修改、不可重复读、读"脏"数据和产生"幽灵"数据。下面分别介绍这 4 种情况。

1. 丢失修改（Lost Update）

丢失修改是指当两个或多个事务选择同一数据值，基于最初选定的值更新时，会发生丢失更新问题。例如，两个事务 T1 和 T2 读入同一个数据并进行修改，T2 提交的结果破坏了 T1 提交的结果，导致 T1 的修改被 T2 覆盖掉。这是由于每个事务都不知道其他事务的存在，最后的更新将重写由其他事务所做的更新，这将导致数据丢失。【例 5.9】就属于这种情况，其丢失修改情况如图 5.2 所示（t_n 表示时间）。

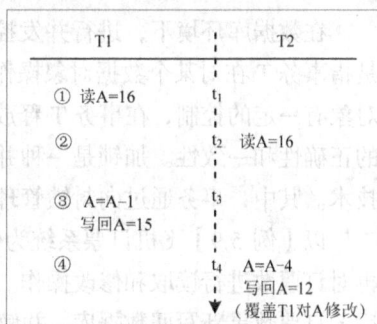

T1		T2
① 读A=16	t_1	
②	t_2	读A=16
③ A=A-1 写回A=15	t_3	
④	t_4	A=A-4 写回A=12 （覆盖T1对A修改）

图 5.2 丢失修改

2. 不可重复读（Non-Repeatable Read）

不可重复读是指事务 T1 读取数据后，事务 T2 执行更新操作，修改了 T1 读取的数据，T1 操作完数据后，又重新读取了同样的数据。但这次读取后，当 T1 再对这些数据进行相同操作时，所得到的结果与前一次不一样。不可重复读情况如图 5.3 所示。

3. 读"脏"数据（Dirty Read）

读"脏"数据是指一个事务读取了某个失败运行过程中的数据。也就是说，事务 T1 修改了某一数据，并将修改结果写回磁盘，然后事务 T2 读取了同一数据（是 T1 修改后的结果）。但 T1 后来由于某种原因撤销了它所做的操作，这样被 T1 修改过的数据又恢复为原来的值，那么 T2 读到的值就与数据库中实际数据值不一致。这时就说 T2 读的数据为 T1 的"脏"数据，或不正确的数据。读"脏"数据的情况如图 5.4 所示。

4. 产生"幽灵"数据（Ghost Data）

产生"幽灵"数据实属不可重复读的范畴。它是指当事务 T1 按一定条件从数据库中读取某些记录后，事务 T2 删除其中的部分记录，或者在其中添加部分记录，那么当 T1 再次按相同条件读取数据时，发现其中莫名其妙地少了（删除）或多了（插入）一些记录，这些数据对于 T1 来说就是"幽灵"数据，或称"幻影"数据。

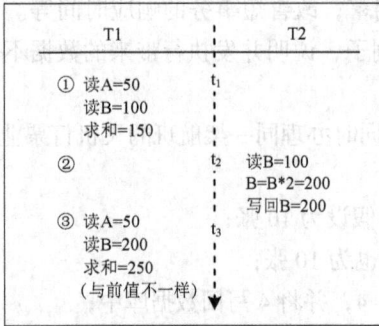

图 5.3　不可重复读　　　　　　　　　　图 5.4　读"脏"数据

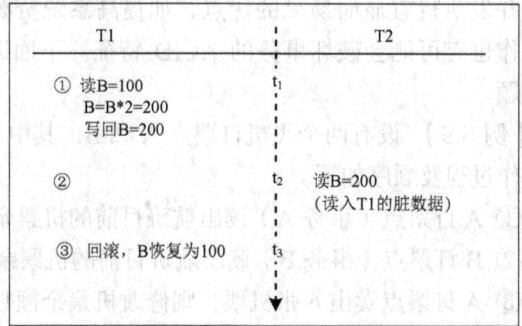

由上可见，产生这 4 种不一致现象的主要原因是并发操作破坏了事务的隔离性。并发控制就是要用正确的方法来调度并发操作，使一个事务的执行不受其他事务的干扰，避免造成数据的不一致情况。

5.3.3　并发控制方法

在数据库环境下，进行并发控制的主要方法是使用封锁机制，即加锁（Locking）。所谓加锁是指事务 T 在对某个数据对象操作之前，先向系统发出请求，对其加锁。加锁后事务 T 对该数据对象有一定的控制，在事务 T 释放它的锁之前，其他事务不能更新此数据对象，以保证数据操作的正确性和一致性。加锁是一种并发控制技术，是用来调整对数据库中共享数据进行并行存取的技术。其中，事务通过向封锁管理程序发出请求而对记录进行加锁。

以【例 5.9】飞机订票系统为例，当事务 A 要修改订票数，在读出订票数前先封锁订票数，再对订票数进行读取和修改操作。这时事务 B 就不能读取和修改，直到事务 A 完成操作，将修改后的订票数重新写回数据库，并解除对订票数的封锁之后事务 B 才能读取和修改，这样就不会造成【例 5.9】的数据不一致现象。

确切的控制由封锁的类型决定。基本的封锁类型有两种：排他锁（Exclusive Locks，简称 X锁）和共享锁（Share Locks，简称 S 锁）。

1. 排他锁（X 锁）

排他锁又称写锁。若事务 T 对数据对象 A 加上 X 锁，则只允许事务 T 读取和修改 A，其他任何事务都不能再对 A 加任何类型的锁，直到事务 T 释放 A 上的锁。这就保证了其他事务在 T释放 A 上的锁之前不能再读取和修改 A。由此可见，X 锁采用的方法是禁止并发操作。

2. 共享锁（S 锁）

共享锁又称读锁。若事务 T 对数据对象 A 加上 S 锁，则事务 T 可以读 A 但不能修改 A，其他事务只能再对 A 加 S 锁，而不能加 X 锁，直到事务 T 释放 A 上的 S 锁。这就保证了其他事务可以读 A，但在 T 释放 A 上的 S 锁之前不能对 A 做任何操作。由此可见，S 锁采用的方法是对并发操作进行某些限制。即只允许多事务同时对同一数据进行检索（读取），但不能同时对同一数据进行更新操作。因为检索操作并不会破坏数据的完整性，而修改操作（INSERT、UPDATE、DELETE）才会破坏数据的完整性。加锁的真正目的在于防止更新带来的失控操作破坏数据一致性，从而可以放心地进行检索操作。

排他锁和共享锁的控制方式可以用表 5.2 的相容矩阵（Compatibility Matrix）来表示。

表 5.2		加锁类型的相容矩阵		
T1 ＼ T2	X	S	-	
X	N	N	Y	
S	N	Y	Y	
-	Y	Y	Y	

在表 5.2 的加锁类型的相容矩阵中，最左边一列表示事务 T1 已经获得的数据对象上的锁的类型，其中 "-" 表示没有加锁。最上面一行表示另一个事务 T2 对同一数据对象发出的封锁请求。T2 的封锁请求能否被满足用矩阵中的 "Y"（Yes）和 "N"（No）表示：其中 "Y" 表示事务 T2 的封锁要求与 T1 已持有的锁相容，封锁请求可以满足；"N" 表示事务 T2 的封锁要求与 T1 已持有的锁冲突，封锁请求被拒绝。

5.3.4　封锁协议

在运用 X 锁和 S 锁封锁数据时，还需约定一些规则，如何时申请锁、持锁时间、何时释放锁等。这些规则称为封锁协议或加锁协议（Locking Protocel）。对不同的封锁方式规定不同的规则，这就形成了不同级别的封锁协议。不同级别的封锁协议所能达到的系统一致性级别也不同。

1.　一级封锁协议

一级封锁协议的规则是：给事务 T 要修改的数据加 X 锁，直到事务结束（包括正常结束和非正常结束）时才释放锁。

一级封锁协议可以防止丢失修改，并保证事务 T 是可恢复的，如图 5.5 所示。在图 5.5 中，事务 T1 在对 A 进行修改前先对 A 加 X 锁，当 T2 再请求对 A 加 X 锁时被拒绝，T2 只能等待 T1 释放 A 上的锁后才能获得对 A 的 X 锁，这时它读到的 A 已经是 T1 更新过的值 15，再按此新的 A 值进行运算，并将结果值 A=11 送回到磁盘。这样就避免丢失 T1 的更新。

在一级封锁协议中，如果事务 T 只是读数据而不是修改数据，则不需要加锁，这样就不能保证可复生读和读 "脏" 数据。

2.　二级封锁协议

二级封锁协议的规则是：一级封锁协议加上事务 T 对要读取的数据加 S 锁，读取后立即释放 S 锁。

二级封锁协议除了可防止数据丢失修改，还可以防止读 "脏" 数据，如图 5.6 所示。在图 5.6 中，事务 T1 在对 C 进行修改前，先对 C 加 X 锁，修改其值后写回磁盘。这时 T2 请求在 C 上加 S 锁，因 T1 已在 C 上加了 X 锁，因此请求被拒绝，只能等待。T1 因某种原因被撤销，C 恢复为原值 50，T1 释放 C 上的 X 锁后 T2 才获得 C 的 S 锁，读 C=50。这就避免了 T2 读 "脏" 数据。

在二级封锁协议中，由于事务 T 读完数据后立即释放了 S 锁，因此不能保证可重复读数据。

3.　三级封锁协议

三级封锁协议规则是：一级封锁协议加上事务 T 对要读取的数据加 S 锁，并且直到事务结束时才释放。

三级封锁协议除可以防止丢失修改和不读 "脏" 数据，还可以进一步防止不可重复读，如图 5.7 所示。在图 5.7 中，事务 T1 在读 A、B 之前，先对 A、B 加 S 锁，这样其他事务只能再对 A、B 加 S 锁，而不能加 X 锁，即其他事务中只能读 A、B，而不能修改它们。所以当 T2 为修改 B 而申请对 B 的 X 锁时被拒绝只能等待 T1 释放 B 上的锁。T1 为验算再读 A、B，这时读出的 B 仍然是 100，求和的结果仍然为 150，即可重复读。T1 结束才释放 A、B 上的 S 锁，T2 才获得对 B 的 X 锁。

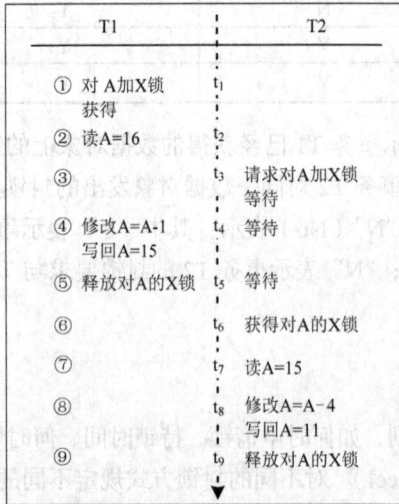

	T1		T2
①	对 A 加 X 锁 获得	t₁	
②	读 A=16	t₂	
③		t₃	请求对 A 加 X 锁 等待
④	修改 A=A-1 写回 A=15	t₄	等待
⑤	释放对 A 的 X 锁	t₅	等待
⑥		t₆	获得对 A 的 X 锁
⑦		t₇	读 A=15
⑧		t₈	修改 A=A-4 写回 A=11
⑨		t₉	释放对 A 的 X 锁

图 5.5 没有丢失修改

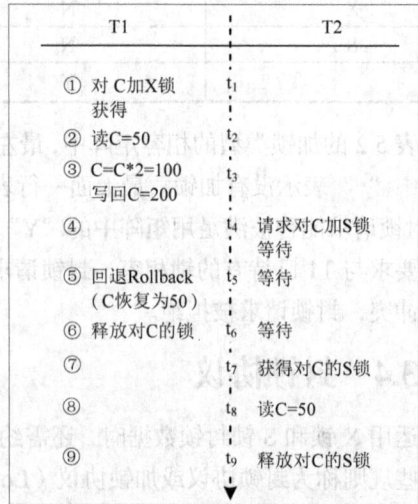

	T1		T2
①	对 C 加 X 锁 获得	t₁	
②	读 C=50	t₂	
③	C=C*2=100 写回 C=200	t₃	
④		t₄	请求对 C 加 S 锁 等待
⑤	回退 Rollback （C 恢复为 50）	t₅	等待
⑥	释放对 C 的锁	t₆	等待
⑦		t₇	获得对 C 的 S 锁
⑧		t₈	读 C=50
⑨		t₉	释放对 C 的 S 锁

图 5.6 不读"脏"数据

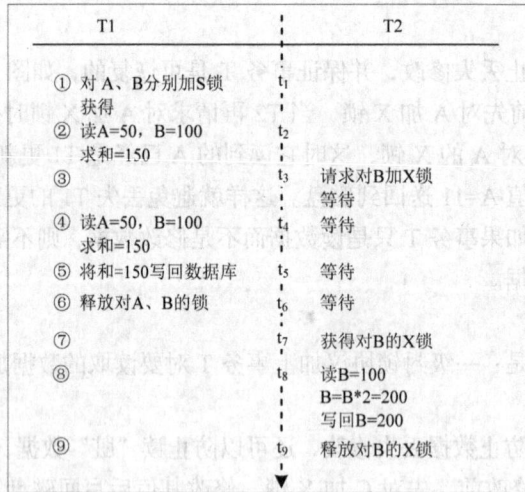

	T1		T2
①	对 A、B 分别加 S 锁 获得	t₁	
②	读 A=50，B=100 求和=150	t₂	
③		t₃	请求对 B 加 X 锁 等待
④	读 A=50，B=100 求和=150	t₄	等待
⑤	将和=150 写回数据库	t₅	等待
⑥	释放对 A、B 的锁	t₆	等待
⑦		t₇	获得对 B 的 X 锁
⑧		t₈	读 B=100 B=B*2=200 写回 B=200
⑨		t₉	释放对 B 的 X 锁

图 5.7 可以重复读

3 个封锁协议的主要区别在于哪些操作需要申请封锁，以及何时释放锁，3 个级别的封锁协议总结如表 5.3 所示。

表 5.3　　　　　　　　　　　　　　　不同级别的封锁协议

封锁协议	X 锁（写）	S 锁（读）	不丢失修改（写）	不读脏数据（读）	可重复读
一级	全程加锁	不加锁	√		
二级	全程加锁	开始加锁，读完后立即释放	√	√	
三级	全程加锁	全程加锁	√	√	√

5.3.5　活锁和死锁

封锁技术可有效地解决并发操作的一致性问题，但和操作系统一样，封锁技术也可能引起活锁和死锁等问题。

1. 活锁

当两个或多个事务请求对同一数据进行封锁时，总是使某一事务处于永远等待状态的情况称为活锁。具体指事务 T1 封锁了数据 R，事务 T2 又请求封锁 R，于是 T2 等待，T3 也请求封锁 R。当 T1 释放了 R 上的封锁后系统首先批准了 T3 的请求，T2 仍然等待。然后 T4 又请求封锁 R，当 T3 释放了 R 上的封锁之后系统又批准了 T4 的请求……这样，T2 有可能永远等待，这就是活锁的情形，如图 5.8 所示。

避免活锁的最简单方法是采用先来先服务的策略。当多个事务请求封锁同一数据对象时，封锁子系统按请求封锁的先后顺序对事务进行排队，数据对象上的锁一旦释放就批准申请队列中的第一个事务获得锁。

2. 死锁

在同时处于等待状态的两个或多个事务，其中的每一个在它能继续进行之前，都等待封锁某个数据，而这个数据已被它们中的某个事务封锁的情况称为死锁。具体指事务 T1 封锁了数据 R1，T2 封锁了数据 R2，然后 T1 又请求封锁 R2，因 T2 已经封锁了 R2，于是 T1 请求被拒绝只能等待，直到 T2 释放 R2 上的锁。接着 T2 又申请封锁 R1，因 T1 已经封锁了 R1，于是 T2 请求被拒绝只能等待，直到 T1 释放 R1。这样就出现了 T1 在等待 T2，而 T2 又在等待 T1 的局面，T1 和 T2 两个事务永远不能结束，形成死锁，如图 5.9 所示。

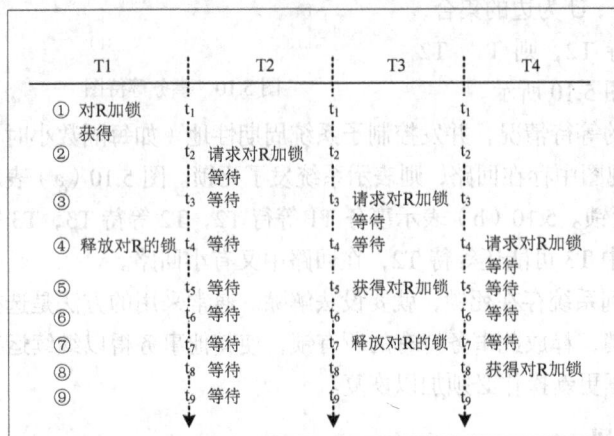

图 5.8　活锁

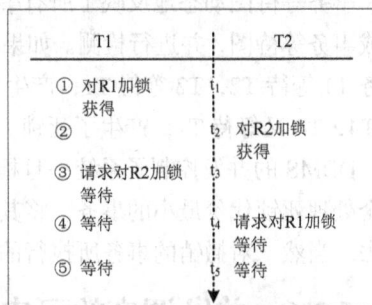

图 5.9　死锁

目前在数据库中解决死锁问题的方法主要有两类：一类是采取一定的措施来预防死锁的发生；另一类是允许死锁的发生，但需采取一定的手段定期诊断系统中有无死锁，若有则解除之。

（1）死锁的预防

在数据库中，产生死锁的原因是两个或多个事务都已封锁了一些数据对象，然后又都请求对已被其他事务封锁的数据对象加锁，从而出现死等待。防止死锁的发生其实就是要破坏产生死锁的条件。预防死锁通常有如下两种方法。

① 一次性封锁法。一次性封锁法要求每个事务必须一次将所有要使用的数据全部加锁，否则

就不能继续执行。图 5.9 中，如果事务 T1 将数据对象 R1 和 R2 一次加锁，T1 就可以执行下去，而 T2 等待。T1 执行完后释放 R1、R2 上的锁，T2 继续执行。这样就不会发生死锁。一次性封锁法虽然可以有效地防止死锁的发生，但也存在问题。第一，一次就将以后要用的全部数据加锁，势必扩大了封锁的范围，从而降低了系统的并发度。第二，数据库中数据是不断变化的，原来不要求封锁的数据，在执行过程中可能会变成封锁对象，所以很难事先精确地确定每个事务所要封锁的数据对象，为此只能扩大封锁范围，将事务在执行过程中可能要封锁的数据对象全部加锁，这就进一步降低了并发度。

② 顺序封锁法。顺序封锁法是预先对数据对象规定一个封锁顺序，所有事务都按这个顺序实行封锁。顺序封锁可以有效地防止死锁，但也同样存在问题。第一，数据库系统中封锁的数据对象极多，并且随数据的插入、删除等操作而不断变化，要维护这样资源的顺序非常困难，成本很高。第二，事务的封锁请求可以随着事务的执行而动态地决定，很难事先确定每一个事务要封锁哪些对象，因此也就很难按规定的顺序去实施封锁。

（2）死锁的诊断与解除

预防死锁的策略并不适合数据库的特点，因此，DBMS 在解决死锁问题上普遍采用的是诊断并解除死锁的方法。一般使用超时法或事务等待图法。

① 超时法。如果一个事务的等待时间超过了规定的时限，就认为发生了死锁。超时法实现简单，但其不足也很明显。第一是有可能误判死锁，事务因为其他原因使等待超时，系统会误认为发生了死锁。第二是时限若设置得太长，死锁发生后不能及时发现。

② 事务等待图法。事务等待图是一个有向图。T 为结点的集合，每个结点表示正在运行的事务；U 为边的集合，每条边表示事务等待的情况。若 T1 等待 T2，则 T1、T2 之间划一条有向边，从 T1 指向 T2，如图 5.10 所示。

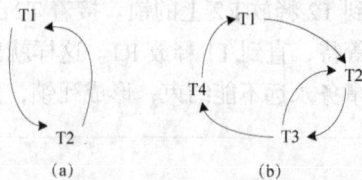

图 5.10 事务等待图

事务等待图动态地反映了所有事务的等待情况，并发控制子系统周期性地（如每隔数小时）生成事务等待图，并进行检测。如果发现图中存在回路，则表示系统发了死锁。图 5.10（a）表示事务 T1 等待 T2，T2 等待 T1，产生了死锁。5.10（b）表示事务 T1 等待 T2，T2 等待 T3，T3 等待 T4，T4 又等待 T1，产生了死锁。其中 T3 可能还等待 T2，在回路中又有小回路。

DBMS 的并发控制子系统一旦检测到系统存在死锁，就要设法解除。通常采用的方法是选择一个处理死锁代价最小的事务，将其撤销，释放此事务持有的所有锁，使其他事务得以继续运行下去。当然，对撤销的事务所执行的数据更新操作必须加以恢复。

5.3.6　并发调度的可串行性

计算机系统对并发事务中的操作调度是随机的，而不同的调度会产生不同的结果。那么什么样的调度是正确的？显然，串行调度是正确的。同时，如果多个事务在某个调度下的执行结果与这些事务在某个串行调度下的执行结果相同，那么这个调度也是正确的。

多个事务的并发执行是正确的，当且仅当其结果与按某一次序串行地执行这些事务时的结果相同，称这种调度策略为可串行化（Serializable）的调度。

可串行性（Serializability）是并发事务正确调度的准则。按这个准则规定，一个给定的并发调度，当且仅当它可串行化时，才认为是正确调度。为保证并发操作的正确性，DBMS 的并发控制机制必须提供一定的手段来保证调度是可串行化的。

【例 5.10】现有两个事务，分别包含下列操作。

　　　　事务 T1：读 B；A=B+1；写回 A；
　　　　事务 T2：读 A；B=A+1；写回 B；

假设 A、B 的初值均为 4，若按 T1→T2 的顺序执行，其结果 A=5，B=6；若按 T2→T1 的顺序执行，其结果 A=6，B=5。当并发调度时，如果执行结果是这两者之一，就认为该并发调度策略是正确的。

图 5.11 给出了这两个事务的 4 种调度策略。

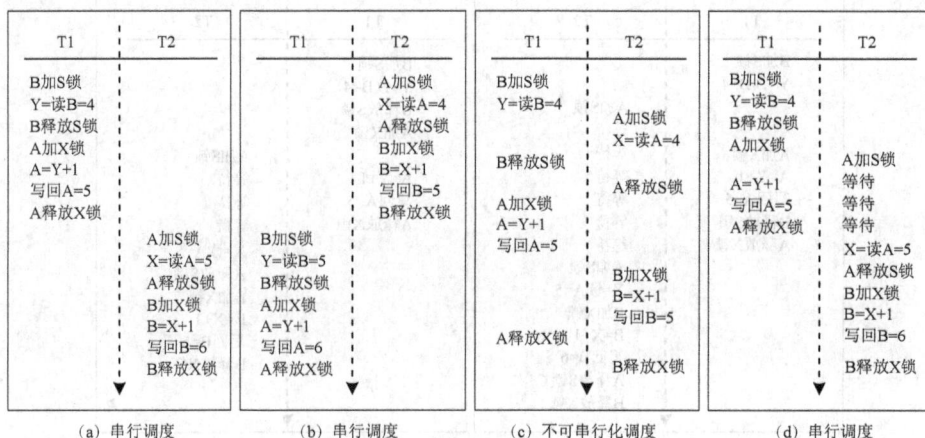

(a) 串行调度		(b) 串行调度		(c) 不可串行化调度		(d) 串行调度	
T1	**T2**	**T1**	**T2**	**T1**	**T2**	**T1**	**T2**
B加S锁			A加S锁	B加S锁		B加S锁	
Y=读B=4			X=读A=4	Y=读B=4		Y=读B=4	
B释放S锁			A释放S锁	B释放S锁	A加S锁	B释放S锁	
A加X锁			B加X锁		X=读A=4	A加X锁	
A=Y+1			B=X+1	A加X锁			A加S锁
写回A=5			写回B=5	A=Y+1	A释放S锁	A=Y+1	等待
A释放X锁			B释放X锁	写回A=5		写回A=5	等待
	A加S锁	B加S锁				A释放X锁	等待
	X=读A=5	Y=读B=5		B加X锁			X=读A=5
	A释放S锁	B释放S锁		B=X+1			A释放S锁
	B加X锁	A加X锁		写回B=5			B加X锁
	B=X+1	A=Y+1					B=X+1
	写回B=6	写回A=6		A释放X锁			写回B=6
	B释放X锁	A释放X锁			B释放X锁		B释放X锁

图 5.11　并发事务的不同调度

图 5.11（a）和图 5.11（b）为两种不同的串行调度策略，虽然执行结果不同，但它们都是正确的调度；图 5.11（c）执行结果与图 5.11（a）、图 5.11（b）的结果都不同，所以是错误的调度；图 5.11（d）虽然不是串行调度，但其执行结果与串行调度图 5.11（a）的结果相同，所以该调度也是正确的。

5.3.7　两段锁协议

为保证并发调度的正确性，DBMS 的并发控制机制必须提供一定的手段来保证调度的可串行化。目前 DBMS 普遍采用两段锁（Two-Phase Locking，2PL）协议的方法实现并发调度的可串行化，从而保证调度的正确性。两段锁协议是最常用的一种封锁协议。

所谓两段锁协议是指所有事务必须分两个阶段对数据对象加锁和解锁。

（1）在对任何数据进行读、写操作之前，要先申请并获得对该数据的封锁；

（2）在释放一个封锁之后，事务不再申请和获得任何其他封锁。

所谓"两段"锁的含义是，事务分为两个阶段，第一阶段是获得封锁，也称为扩展阶段，在这个阶段，事务可以申请获得任何数据对象上的任何类型的锁，但是不能释放任何锁；第二阶段是释放封锁，也称为收缩阶段，在这个阶段，事务可以释放任何数据对象上的任何类型的锁，但是不能再申请任何锁。

例如，若某事务遵守两段锁协议，则其封锁序列如图 5.12 所示。

事务过程　　　△　加锁段　　△　解锁段　　　　　　　t　　明显地分为加锁、解锁两个时间段
　　　　　　　开始　　　　　段分界

图 5.12　两段锁协议示意图

事务遵守两段锁协议是可串行化调度的充分条件，而不是必要条件。也就是说，如果并发事务都遵守两段锁协议，则对这些事务的任何并发调度策略都是可串行化的。反之，若对并发事务的调度是可串行化的，并不意味这些事务都符合两段锁协议。

例如，对于图 5.11 所示的两个事务，图 5.13（a）和图 5.13（b）都是可串行化的调度，但只有图 5.13（a）中的 T1 和 T2 都遵守了两段锁协议；而图 5.13（b）中的 T1 和 T2 虽然没有遵守两段锁协议，但它也是可串行化调度的。

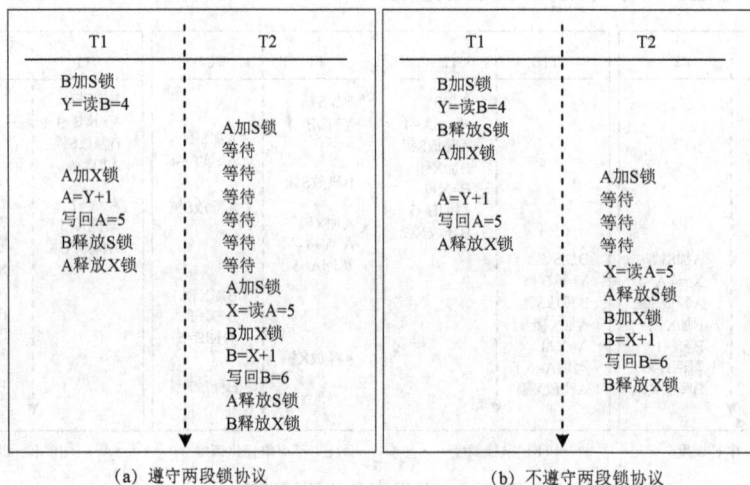

T1	T2
B加S锁	
Y=读B=4	
	A加S锁
	等待
A加X锁	等待
A=Y+1	等待
写回A=5	等待
B释放S锁	等待
A释放X锁	等待
	A加S锁
	X=读A=5
	B加X锁
	B=X+1
	写回B=6
	A释放S锁
	B释放X锁

T1	T2
B加S锁	
Y=读B=4	
B释放S锁	
A加X锁	
	A加S锁
A=Y+1	等待
写回A=5	等待
A释放X锁	等待
	X=读A=5
	A释放S锁
	B加X锁
	B=X+1
	写回B=6
	B释放X锁

(a) 遵守两段锁协议　　　　　　　　　　(b) 不遵守两段锁协议

图 5.13　可串行化调度

5.4　数据库备份与恢复

虽然数据库系统已采取了各种各样的措施来保证数据库的安全性和完整性，但任何系统都不可能保证永远不出现故障。因此数据库系统对付故障一般采取两种办法：一种是尽可能提高系统的可靠性；另一种是在系统发生故障后，把数据恢复到正确状态。数据库管理系统的备份与恢复机制就是保证数据库系统出现故障时，能够将数据库系统还原到正确状态。

5.4.1　数据库的故障种类

数据库故障是指导致数据库中信息出现错误描述状态的情况。数据库系统中可能发生的故障大致分为以下 5 种。

1. 事务故障

事务故障表示由非预期的、不正常的程序结束所造成的故障，即事务没有执行到预期的终点（COMMIT 或 ROLLBACK）。这会造成数据库处于可能不正确或不一致状态。这种故障的原因包括输入数据的错误，运算的溢出，违反了某些完整性控制，并发事务发生死锁等。

2. 系统故障

系统故障，又称软故障（Soft Crash），是指造成系统停止运行的任何事件，它使所有正在运行的事务都以非正常方式中止，使系统要重新启动。造成这种故障的原因可能有：硬件错误、操作系统故障、DBMS 代码错误、数据库服务器出错、突然停电等。这类故障影响正在运行的所有事务，但不破坏数据库。发生系统故障时，数据库缓冲区中的内容丢失，所有运行的事务都非正常中止，一些尚未完成的事务的结果可能已存入物理数据库，可能有一部分甚至全部留在缓冲区，尚未写回到磁盘上的物理数据库中，从而造成数据库处于不正确的状态。

3. 介质故障

介质故障，又称硬故障（Hard Crash），是指系统在运行过程中，由于存储器介质遭到破坏，如硬盘损坏、磁盘损坏、磁头碰撞或瞬时强磁场干扰等，使存储在外存中的数据部分或全部丢失。该故障的破坏性相当大。磁盘上的物理数据和日志文件可能被破坏，也可能会造成数据无法恢复。

4. 计算机病毒

计算机病毒是一种人为的故障或破坏，它是由一些有恶意的人编制的计算机程序。这种程序与其他应用程序不同，它具有破坏性、寄生性、潜伏性、传染性，它可以对计算系统和数据库系统造成相当大的破坏，轻则部分数据错误，重则整个数据库被破坏。

5. 用户操作错误

在某些情况下，由于用户有意或无意的操作也有可能删除数据库中有用的数据或加入错误的数据，这同样会造成一些潜在的危险。

5.4.2　数据备份

数据备份是指定期或不定期地对数据库进行复制，可以将数据复制到本地机器或其他机器上。数据备份是保证系统安全的一项重要措施。数据备份最常用的技术是数据转储和登记日志文件，通常一个数据库系统中，这两种方法是一起使用的。

1. 数据转储

所谓数据转储是指 DBA 定期将整个数据库复制到另一个磁盘上保存起来的过程。这些备用的数据文本称为后备副本或后援副本。当数据库遭到破坏后可将后备副本重新装入，但重装后备副本只能将数据库恢复到转储时的状态，要想恢复到故障发生时的状态，必须重新运行至转储以后的所有更新事务。

数据转储从转储内容上划分，有完全转储和增量转储两种方式。完全转储是指每次转储全部数据库；增量转储则是指每次只转储上一次转储后更新过的数据。从恢复角度看，使用完全转储得到的后备副本进行恢复一般说来会更方便些。但如果数据库很大，事务处理又十分频繁，则增量转储方式更实用。

数据转储从转储周期上划分，有静态转储和动态转储两种方式。静态转储是指在无运行事务时进行的转储操作，即转储操作开始的时候，处于一致性状态，而转储期间不允许或不存在对数据库的任何存取、修改活动。显然，静态转储得到的一定是一个数据一致性的副本。静态转储较简单，但转储必须等待正运行的用户事务结束才能进行，同样，新的事务必须等待转储结束才能执行，这会降低数据库的可用性。动态转储是指转储期间允许对数据库进行存取和修改，即转储和用户事务可以并发执行。动态转储可以克服静态转储的缺点，但是转储结束时后援副本上的数据并不能保证正确有效。

数据转储是十分耗费时间和资源的，不能频繁进行。DBA 应该根据数据库使用情况确定适当的转储内容和转储周期。

2. 登记日志文件

日志文件（Log File）是用来记录事务对数据库的更新操作的文件，也就是把转储期间各事务对数据库的修改活动登记下来。这样，后援副本加上日志文件就能把数据库恢复到某一时刻的正确状态。

日志文件在数据库的恢复中起着重要的作用，可以用来进行事务故障恢复和系统故障恢复，并协助后备副本进行介质故障恢复。典型的日志文件主要内容包括：更新数据库的事务标识、操作类型、操作对象、更新前数据值、更新后数据值和事务处理中的各个关键时刻。

为保证数据库可恢复，登记日志文件必须遵循以下两条原则。

（1）登记的次序严格按照并行事务执行的时间次序。

（2）必须先写日志文件，后写数据库。

除此以外，对于备份操作还应考虑以下两个方面。

1. 备份内容

备份数据库应备份数据库中的表（结构）、数据库用户（包括用户和用户操作权）、用户定义的数据对象及数据库中全部数据。表包括系统表、用户定义的表，还应该备份数据库日志等内容。

2. 备份频率

确定备份频率需考虑以下两个因素。

（1）存储介质出现故障时，允许丢失的数据量的大小。

（2）数据库的事务类型（读多还是写多），以及事故发生的频率（经常发生还是偶尔发生）。

不同的数据库备份频率通常不一样。但一般情况下，数据库可以每周备份一次，事务日志可以每日备份一次。对于一些重要的联机数据库，数据库可以每日备份一次，事务日志甚至可以每隔数小时备份一次。

5.4.3 数据库的恢复

当系统运行过程中发生故障时，利用数据库后备副本和日志文件就可以将数据库恢复到故障前的某个一致性状态。不同故障其恢复策略也不同。

1. 事务故障恢复

事务故障是指事务在运行至正常终止点前被中止，这时恢复该系统可利用日志文件撤销此事务已对数据库的修改。事务故障的恢复是由 DBMS 自动完成的，对用户是透明的。事务故障恢复的具体做法如下。

（1）反向扫描日志文件，查找该事务的更新操作。

（2）对事务的更新操作执行反操作。即对已插入的新记录进行删除操作；对已删除的记录进入插入操作；对已修改的数据恢复旧值，用旧值代替新值。这样由后向前逐个扫描该事务的所有更新操作，并做同样的处理，直到扫描到此事务的开始标记，事务故障恢复完毕。

2. 系统故障恢复

系统故障造成数据库数据不一致状态的有两种情况：一种情况是未完成事务对数据库的更新可能已写入数据库，这样在系统重启后，要强行撤销所有未完成的事务，清除这些事务对数据库所做的修改，这些未完成的事务在日志文件中只有 BEGIN TRANSACTION 标记，而无 COMMIT 标记。另一种情况是已提交事务对数据库的更新可能还留在缓冲区，还没有来得及写入磁盘上的物理数据库中，因此应将事务已提交的结果重新写入数据库，这种恢复称为事务的重做，这些已提交的事务在日志文件中既有 BEGIN TRANSACTION 标记，也有 COMMIT 标记。系统故障恢复是由 DBMS 在重新启动时自动完成的，不需要用户干预。系统故障恢复的具体做法如下。

（1）正向扫描日志文件，找出在故障发生前已提交的事务，将其事务标记记入重做队列，同时找出故障发生时未完成的事务，将该事务标记记入撤销队列。

（2）对撤销队列中的各个事务进行撤销处理，其方法同事务故障恢复一致。

（3）对重做队列中的各个事务进行重做处理。其方法是：正向扫描日志文件，按照日志文件中所登记的操作内容重新执行操作，使数据库恢复到最近的某个可用状态。

3.　介质故障恢复

发生介质故障后，磁盘上的物理数据和日志文件被破坏，这是最严重的一种故障，可能会造成数据无法恢复。其恢复的方法是重装数据库，然后重做已完成的事务。介质故障恢复需要 DBA 介入，但 DBA 只需重装最近转储的数据库副本和有关的日志文件副本，然后执行系统提供的恢复命令即可，其余的恢复操作仍由 DBMS 完成。介质故障恢复的具体做法如下。

（1）装入最新的后备数据库副本，使数据库恢复到最近一次转储时的一致性状态。对于动态转储的数据库副本，还需同时装入转储时刻的日志文件副本，利用与恢复系统故障相同的方法，才能将数据库恢复到一致性状态。

（2）装入最新的日志副本，根据日志文件中的内容重做已完成的事务。其方法是：首先正向扫描日志文件，找出发生故障前已提交的事务，将其记入重做队列；然后正向扫描日志文件，对重做队列中所有事务进行重做处理，即将日志文件中的数据已经更新后的值写入数据库。

除上述针对系统故障的恢复外，数据库还有其他恢复技术，如检查点恢复技术、数据库镜像技术等。

1.　检查点恢复技术

利用日志文件进行数据库恢复时，系统必须搜索日志文件，确定哪些事务需要重做，哪些事务需要撤销。这样做可能有两个问题：一是搜索整个日志文件将耗费大量时间；二是故障发生前已经有很多事务将它们的更新操作写到数据库中，而系统又把它们全部撤销，全部重做一遍，这样浪费了大量的时间。为了解决这些问题，又产生了具有检查点的数据恢复技术。这种技术在日志文件中增加了"检查点记录（Check Point）"和一个重新开始文件，并让系统在登记日志文件期间动态地维护日志。

检查点记录的内容包括：建立检查点时刻所有正在执行的事务清单（Active List），以及这些事务最近一个日志记录的地址。系统使用检查点技术进行数据库恢复的具体做法如下。

（1）从重新开始文件中找到最后一个检查点记录日志文件中的地址，由该地址在日志文件中找到最后一个检查点记录。

（2）由该检查点记录得到检查点建立时刻所有正在执行的事务清单。

（3）从检查点开始正向扫描日志文件。如有新开始的事务 Ti，则暂时把 Ti 放入要执行撤销事务的清单中；如有提交的事务 Tj，则把 Tj 从要执行撤销的事务清单中移到要重做的事务清单中，直到日志文件结束。

2.　数据库镜像技术

随着磁盘容量越来越大，价格越来越便宜，为避免磁盘介质出现故障影响数据库的可用性，许多数据库管理系统提供了数据库镜像（Mirror）功能用于数据库的恢复，即根据 DBA 的要求，自动把整个数据库或其中的关键数据复制到另一个磁盘上。每当主数据库更新时，DBMS 自动把更新后的数据复制过去，也就是说 DBMS 自动保证镜像数据与主数据库的一致性。这样，一旦出现介质故障，可由镜像磁盘继续使用，同时 DBMS 自动利用镜像磁盘数据进行数据库的恢复，不需要关闭系统和重装数据库副本。

在没有出现故障时，数据库镜像还可以用于并发操作，即当一个用户对数据加排他锁修改数据时，其他用户可以读镜像数据库上的数据，而不必等待该用户释放锁。一般情况下，主数据库用于修改，镜像数据库用于查询。

本章小结

本章主要讲解了通过数据库的安全性控制、完整性控制、并发控制、备份和恢复机制，以保证数据库中数据的安全性和完整性。其中对数据库并发控制中的事务、活锁和死锁，以及封锁类型、封锁协议等重要的概念进行了详细的说明。最后还简要介绍了 5 种常见的数据库故障和针对这些故障进行的恢复策略和具体过程。

练 习 题

一、选择题

1. 下面（　　）不是数据库系统必须提供的数据控制功能。

    A. 安全性　　　　　B. 可移植性　　　C. 完整性　　　　　D. 并发控制

2. 保护数据库，防止未经授权的或不合法的使用造成数据泄露、更改破坏。这是指数据的（　　）。

    A. 安全性　　　　　B. 完整性　　　　C. 并发控制　　　　D. 恢复

3. 数据库的（　　）是指数据的正确性和相容性。

    A. 安全性　　　　　B. 完整性　　　　C. 并发控制　　　　D. 恢复

4. 在数据系统中，对存取权限的定义称为（　　）。

    A. 命令　　　　　　B. 授权　　　　　C. 定义　　　　　　D. 审计

5. 数据库管理系统通常提供授权功能来控制不同用户访问数据的权限，这主要是为了实现数据库的（　　）。

    A. 可靠性　　　　　B. 一致性　　　　C. 完整性　　　　　D. 安全性

6. 下列 SQL 语句中，能够实现"收回用户 ZHAO 对学生表（STUD）中学号（XH）的修改权"这一功能的是（　　）。

    A. REVOKE UPDATE（XH）ON TABLE FROM ZHAO

    B. REVOKE UPDATE（XH）ON TABLE FROM PUBLIC

    C. REVOKE UPDATE（XH）ON STUD FROM ZHAO

    D. REVOKE UPDATE（XH）ON STUD FROM PUBLIC

7. 把对关系 SC 的属性 GRADE 的修改权授予用户 ZHAO 的 SQL 语句是（　　）。

    A. GRANT GRADE ON SC TO ZHAO

    B. GRANT UPDATE ON SC TO ZHAO

    C. GRANT UPDATE（GRADE）ON SC TO ZHAO

    D. GRANT UPDATE ON SC（GRADE）TO ZHAO

8. 在 SQL Server 中删除触发器用（　　）。

    A. ROLLBACK　　　　　　　　　B. DROP

C. DELALLOCATE　　　　　　　D. DELETE

9. 在数据库系统中，保证数据及语义正确和有效的功能是（　　）。

　　A. 并发控制　　　B. 存取控制　　　C. 安全控制　　　D. 完整性控制

10. 关于主键约束以下说法错误的是（　　）。

　　A. 一个表中只能设置一个主键约束

　　B. 允许空值的字段上不能定义主键约束

　　C. 允许空值的字段上可以定义主键约束

　　D. 可以将包含多个字段的字段组合设置为主键（　　）。

11. 在表或视图上执行除了（　　）以外的语句都可以激活触发器。

　　A. INSERT　　　B. DELETE　　　C. UPDATE　　　D. CREATE

12. 在数据库的表定义中，限制成绩属性列的取值为 0～100，属于数据的（　　）约束。

　　A. 实体完整性　　　B. 参照完整性　　　C. 用户自定义　　　D. 用户操作

二、填空题

1. 保护数据安全性的一般方法是_____用户标识和存取权限控制。

2. 安全性控制的一般方法有_____、_____、_____、_____和视图的保护五级安全措施。

3. 存取权限包括两方面的内容，一个是_____，另一个是_____。

4. 在数据库系统中对存取权限的定义称为授权_____。

5. 在 SQL 语言中，为了数据库的安全性，设置了对数据存取进行控制的语句，对用户授权使用_____语句，收回所授的权限使用_____语句。

6. DBMS 存取控制机制主要包括自主存取控制、_____两部分。

7. 当对某一表进行_____、_____、_____操作时，SQL Server 就会自动执行触发器所定义的 SQL 语句。

8. 数据库的完整性是指数据的_____、_____、_____。

9. 实体完整性是指在基本表中，主属性不能取_____。

10. 参照完整性是指在基本表中，_____。

上机实训

1. 实训目的

（1）了解数据库完整性控制的含义及构成。

（2）掌握数据库完整性控制的具体实现。

（3）了解事务、并发控制等概念，以及并发控制导致数据不一致的现象。

（4）理解利用封锁协议来解决并发控制中导致的不一致的问题。

2. 实训内容

使用第 4 章上机实训一中的相关数据表，完成下面相关题目。

（1）建立借阅表 borrowrestore 与学生表 student、图书表 book 之间的参照完整性控制，并实现级联删除和级联更新，请写出其具体完整性实现代码。

（2）利用封锁机制解决两个读者同时借阅同一本书的情况，参与图 5.5 写出其实现过程。

3. 实训提示

（1）借阅表 borrowrestore，学号 sno 应来源于学生表中的 sno，图书号 bno 应来源于图书表 book 中的 bno。当学生表中的 sno 删除或修改时，借阅表中凡是有该 sno 的元组信息应该一并删除或修改；当图书表中的 bno 删除或修改时，借阅表中凡是有该 bno 的元组信息应该一并删除或修改。

（2）假设读者 1001 准备借阅 b01（库存量只有 1 本）这本书，当他单击了"借阅"按钮，但 b01 还未更新为 0 本时（更新需要时间），读者 1002 也准备借阅 b01，因为还未更新为"0 本"，读者 1002 看到的 b01 仍然是 1 本，所以他也单击了"借阅"按钮。这就意味着同一本书同时借给了两个读者，这是完全不符合现实情况的。怎么解决这个数据不一致问题，可以用封锁机制解决。当读者 1001 一单击"借阅"按钮，就立即将 b01 这本书加上 X 锁，然后再做更新操作，更新完成后，再释放 X 锁。这样，1002 就只可以查看，却无法借阅了。

第6章
SQL 高级编程

标准 SQL 是非过程化的查询语言，具有操作统一、面向集合、功能丰富、使用简单等多项优点。但和程序设计语言相比，高度非过程化的优点同时也造成了缺少流程控制能力的弱点，难以实现应用业务中的逻辑控制。SQL 高级编程技术可以有效克服 SQL 查询语言实现复杂应用方面的不足，提高应用系统和 DBMS 的互操作性。

6.1 Transact-SQL 语言

Transact-SQL 语言，也称为事务语言，简称 T-SQL，是标准化 SQL 语言的扩展版本。它不仅与 ANSI SQL 标准兼容，还在存储过程与触发器、附加的游标功能、完整增加特性、用户定义和系统数据类型、错误处理命令、流程控制、默认与规则、附加的内置函数等方面都做了扩充和增强。T-SQL 不仅拥有 SQL 的 4 个子功能（DDL、DML、DQL、DCL），实现数据的查询，还具有一定的过程控制能力和事务控制能力。

6.1.1 数据类型

数据类型用于为数据库表中的列、局部变量、表达式和过程参数指定其类型、大小和存储形式。指定一个对象的数据类型，相当于定义了该对象的如下 4 个特性。

（1）对象所含的数据类型，如字符型、整数型或二进制型等。

（2）所存储值的长度或大小。

（3）数据精度（仅用于数字数据类型）。

（4）小数位数（仅用于数字数据类型）。

T-SQL 提供了两类数据类型：系统数据类型和用户自定义类型。

1. 系统数据类型

系统数据类型是指可直接使用、无需定义的数据类型。T-SQL 的系统数据类型与 SQL 的系统数据类型相同，在第 4 章表 4.3 已列出，这里不再赘述。

2. 用户自定义类型

类似于高级程序设计语言，T-SQL 也允许用户定义自己的数据类型。其具体方法是：用户利用系统命令 sp_addtype、sp_droptype 和 sp_help 创建、删除或查看自定义类型。

（1）sp_addtype

sp_addtype 用于创建用户自定义类型，其一般格式如下。

```
sp_addtype '类型名','系统数据类型名','属性'
```

其中"属性"有以下 3 种选项。

① NULL。允许用户不输入确定值，即允许该列为空值。

② NOT NULL。必须给定确定值，即不允许该列为空值。

③ IDENTITY。指定列为标识列，用户则不能对该列进行增删改。例如，将 Student 表中学号 Sno 定义为 IDENTITY，那么在插入时，系统将为 Sno 列自动填充递增的数据，用户还可以为其设置一个初值。每张表只能有一个标识列，只能为数值型，且小数部分为 0，不能为空。其中初值的设定，可在创建表的列定义时进行，也可用 SET identity_insert 表名 ON/OFF；命令开启或关闭选项"identity_insert0"，用来决定是否允许或禁止初值的修改。

【例 6.1】 用户自定义类型示例。

```
EXEC sp_addtype notes,text,NULL
EXEC sp_addtype tests, 'char(2)','NOT NULL'
```

上述语句说明如下。

① 执行上述语句应加上"EXEC"，除非该语句是一段执行程序的第一条语句时，才可省略"EXEC"。

② 上述语法的各参数必须加单引号，除非不含空格、"（ ）""."时，才可省略单引号。

③ 类型一旦定义，即可像系统数据类型一样直接使用。

（2）sp_droptype

sp_droptype 用于删除用户自定义类型，其一般格式如下。

```
sp_droptype '类型名'
```

【例 6.2】 删除【例 6.1】中创建的"text"类型。

```
sp_droptype 'text'
```

（3）sp_help

sp_help 用于查看用户自定义类型的创建过程，其一般格式如下。

```
sp_help'类型名'
```

【例 6.3】 查看【例 6.1】中创建的"texts"类型。

```
sp_help 'texts'
```

6.1.2 变量和运算符

1. 批

在 T-SQL 编程中，可通过一个批（Batch）将多条 T-SQL 语句用 GO 提交给服务器，由服务器按一个事务来执行批。若批中的所有语句都执行成功，则将结果返回给客户机；若批中任何一条语句出错，则批中所有语句均将回退（ROLLBACK）。

批可分为两类：交互批和文件批。交互批是指在交互使用 SQL 命令的环境下，用 GO 作为一个批的结束，并提交系统执行，一般情况下，一次只能提交一个批。文件批是指将多个批放在一个文件中，一并提交给系统一次性执行，其中的每一个批均以 GO 结束。

有关 T-SQL 中的批，需注意以下两个问题。

（1）批中所有未注明所属数据库的对象，均基于当前数据库。

（2）不能在一个批中删除一个对象的同时又创建同名的对象,但可将它们放在不同的批中进行。

2. 注释

注释,也称为注解,是指程序代码中不执行的文本字符串。使用注释对代码进行说明,不仅能使程序易读易懂,而且有助于日后的管理和维护。注释通常用于记录程序名称、作者姓名和主要代码更改的日期,注释还可以用于描述复杂的计算或者解释编程的方法。

在 T-SQL 编程中,提供了如下两种注释。

（1）/* …… */。多行注释,与 C/C++语言中的多行注释相同。

（2）--。只用于单行注释,类似于 C/C++中的“//”。

【例 6.4】 注释举例。

```
USE SCXT
  -- SCXT 为数据库名
SELECT * FROM Student
GO
/*查询 Student 表所有记录
  提交*/
```

3. 变量

变量是程序设计语言中必不可少的组成部分。T-SQL 语言中有两种形式的变量,一种是用户自定义的局部变量;另一种是系统提供的全局变量。

（1）局部变量

局部变量是一个能够拥有特定数据类型的对象,它的作用范围仅限制在程序内部。局部变量被引用时要在其名称前加上标志“@”,而且必须先用 DECLARE 命令定义后才能使用。

① 局部变量的定义。在使用局部变量之前必须用 DECLARE 命令定义,其定义一般格式如下。

```
DECLARE @变量名 数据类型 [, @变量名 数据类型, …]
```

此语法说明如下。

a. “数据类型”用于设置数据对象的类型及大小,可以是任何由系统提供的或用户定义的数据类型,但是,不能是“text、ntext 或 image”数据类型。

b. 变量一旦定义,系统会自动为其赋值 NULL。如果使用的是用户自定义类型,那么变量并不继承与该类型绑定的规则或默认值。

② 局部变量的赋值。局部变量定义后,除系统自动赋值为 NULL 外,用户还可以用 SELECT 或 SET 命令为其赋值。其赋值一般格式如下。

```
SET @变量名=表达式值; 或 SELECT @变量名 = 表达式值 [, …n]
```

此语法说明如下。

a. SET 一次只能为一个变量赋值,而 SELECT 可一次为多个变量赋值。

b. 表达式值可以是直接数据值,如整数、小数、字符串等;也可以是从表中取值,如果从表中返回多个值时,只能用 SELECT 赋值,而且是取最后一个值赋给变量。

c. 表达式值的类型应与变量的类型保持一致。

③ 输出局部变量值。同 SQL 的 SELECT 查询相同,T-SQL 中也可用 SELECT 查看并输出一个变量的值。其一般格式如下。

```
SELECT @变量名
```

【例6.5】 为1个变量直接赋值。

```
DECLARE @myvar char(20)
SELECT @myvar = 'hello' 或 SET @myvar = 'hello'
SELECT @myvar
GO
```

【例6.6】 为多个变量直接赋值。

```
DECLARE @var1 INT,@var2 char(20)
SELECT @var1 = 3,@var2 = 'hello'
SELECT @var1,@var2
GO
```

【例6.7】 以第4章成绩系统的数据图4.2为例，通过查询表返回结果为变量赋值。

```
DECLARE @rows int
SET @rows =(SELECT COUNT(*) FROM Student)
```

或

```
SELECT @rows = COUNT(*) FROM Student
SELECT @rows
GO
```

（2）全局变量

除了局部变量外，系统还提供了一些全局变量。全局变量是系统内部使用的变量，其作用范围并不仅仅局限于某一程序，而是任何程序均可随时调用。全局变量通常存储一些系统的配置设定值和统计数据。用户可以在程序中通过使用全局变量来测试系统的设定值或者是 T-SQL 命令执行后的状态值。使用全局变量应该注意以下4点内容。

① 全局变量不是由用户程序定义的，而是系统服务器级定义的。

② 用户只能使用全局变量，不能定义和修改全局变量。

③ 使用全局变量的一般格式为：@@变量名。

④ 局部变量的命名不能与全局变量相同。

系统常用的全局变量有以下4种。

① @@error。返回最后一个语句产生的错误代码。

② @@rowcount。返回最后一个语句执行后受影响的行数。任何不返回行的语句将设置该变量为零。

③ @@trancount。事务嵌套即计数。

④ @@transtate。一个语句执行后，事务的当前状态。

【例6.8】 显示到当前日期和时间为止用户试图登录系统的次数。

```
SELECT GETDATE() AS '当前日期和时间',@@CONNECTIONS AS '登录的次数'
GO
```

4. 运算符

运算符是一些符号，它们能够用来执行算术运算、字符串连接、赋值，以及在字段、常量和变量之间进行比较。运算符主要有以下六大类。

（1）算术运算符

算术运算符可以在两个表达式上执行算术运算，这两个表达式可以是数字数据类型、字符类型等。算术运算符包括+（加）、-（减）、*（乘）、/（除）和%（取模）。其中，取模也就是取余数。

（2）赋值运算符

T-SQL 中只有一个赋值运算符 "="。赋值运算符能够将数据值指派给特定的对象。另外，还可以使用赋值运算符在列标题和为列定义值的表达式之间建立关系。

（3）位运算符

位运算符能够在整型数据或者二进制数据（image 类型除外）之间执行位操作。此外，在位运算符左右两侧的操作数不能同时是二进制数据。表 6.1 列出了所有位运算符。

表 6.1　　　　　　　　　　　　　　　　　　位运算符

运算符	含 义
&	按位与（AND）两个操作数
|	按位或（OR）两个操作数
^	按位互斥 OR 两个操作数

（4）比较运算符

比较运算符亦称为关系运算符，包括=（等于）、>（大于）、<（小于）、>=（大于等于）、<=（小于等于）、<>（不等于）、!=（不等于）、!>（不大于）、!<（不小于），比较运算符主要用于比较两个表达式的大小是否相同，其比较的结果是布尔值，即 TRUE（真）、FALSE（假）和 UNKNOWN（未知数）。除 text、ntext 和 image 数据类型的表达式外，比较运算符可用于其他所有表达式。

> 在 T-SQL 中等号 "=" 的用法有两种。一般说来，用在赋值语句中时，"=" 表示赋值，而用在条件语句中时，"=" 则表示相等。

（5）逻辑运算符

逻辑运算符可以把多个逻辑表达式连接起来，逻辑运算符包括 AND（逻辑与）、OR（逻辑或）和 NOT（逻辑非）等。逻辑运算符和比较运算符一样，返回带有 TRUE 和 FALSE 值的布尔数据类型。

（6）字符串连接运算符

字符串连接运算符允许通过加号（+）进行字符串连接。这个加号即被称为字符连接运算符。例如，对于语句 SELECT'abc'+ 'def'，其结果为'abcdef'。

当遇到多个运算符同时参与运算时，需按运算符的优先级的高低进行先后运算。表 6.2 列出了 T-SQL 运算符从高到低的优先级。优先级高先运算；优先级低后运算；优先级相同按照从左到右顺序进行。

表 6.2　　　　　　　　　　　　　　　　　　运算符优先级

优先级	运算符名称	所包含运算符
1	乘、除、求模运算符	*、/、%
2	加减运算符	+、-
3	比较运算符	=、>、<、>=、<=、<>、!=、!>、!<
4	位运算符	^、&、|
5	逻辑运算符	NOT
6	逻辑运算符	AND
7	逻辑运算符	OR

6.1.3　流程控制语句

流程控制语句是用来控制程序执行和流程分支的语句。T-SQL 中的流程控制语句是对 SQL 标准的扩展，使 T-SQL 成为功能较强大的编程语言。

1. BEGIN…END 语句

BEGIN…END 语句能够将多个 T-SQL 语句组合成一个语句块，并将它们视为一个单元处理。在条件语句和循环语句等控制流程语句中，当符合特定条件执行两个或多个语句时，就需要用 BEGIN…END 语句。其一般格式如下。

```
BEGIN
    T-SQL 语句或语句块
END
```

> BEGIN…END 类似 C/C++ 中的大括号 {…}，将多条语句形成一条复合语句。

2. GO 语句

GO 语句是 T-SQL 批的结束语句，用于定义批处理结束的关键字。两个 GO 之间的若干 T-SQL 语句形成一个批，其好处在于，可以将代码分成若干小段，即使前一小段运行失败，其他小段可能会继续运行。

3. PRINT 语句

PRINT 语句用于信息显示。其使用形式有如下两种。

（1）直接显示字符串，其一般格式如下。

```
PRINT 字符串 1 [+字符串 2+…]
例：PRINT 'hello'
    PRINT 'hello'+'world'
```

（2）直接显示变量值，其一般格式如下。

```
PRINT 变量名
例：DECLARE @msg smallint
    SET @msg = 2
    PRINT @msg
    GO
```

> PRINT 和 SELECT 都可以输出常量或变量值，其区别在于：①PRINT 是输出语句，直接输出值；而 SELECT 是查询语句，是以表结构形式输出值。②SELECT 可一次性直接输出多个变量值，用逗号隔开；而 PRINT 一般情况一次只能直接输出一个值，除非用 "+" 串联输出多个字符型值。

4. IF 语句

IF 语句是条件判断语句，用来判断当某一条件成立时执行某段程序，条件不成立时执行另一段程序，其一般格式如下。

```
IF 条件表达式
    T-SQL 语句或语句块
[ELSE IF]
    T-SQL 语句或语句块
[ELSE]
    T-SQL 语句或语句块
```

IF 条件语句和 C/C++中 IF 用法一样。总共有 3 种方式：①单重条件语句，即只有一个 IF，其他都省略；②双重条件语句，即 IF…ELSE…③多重条件语句，即 IF…ELSE IF…ELSE…或 IF…ELSE IF…

【例 6.9】 IF 条件语句简单举例。

```
DECLARE @data1 smallint, @data2 smallint
SELECT @data1=4,@data2=10
IF @data1>=@data2
    PRINT '最大数为第 1 个数'
ELSE
    PRINT '最大数为第 2 个数'
GO
```

【例 6.10】 以第 4 章成绩系统的数据图 4.2 为例，如果 SC 中的的平均成绩小于 60 分，则所有成绩提高 50%，如果平均成绩为 60～70 分，提高 30%，否则提高 5%。

```
IF(SELECT AVG(Grade) FROM SC)<60
    BEGIN
        UPDATE SC SET Grade=Grade*1.5
        PRINT '成绩提高 50%'
    END
ELSE IF(SELECT AVG(Grade) FROM SC)<70
    BEGIN
        UPDATE SC SET Grade=Grade*1.3
        PRINT '成绩提高 30%'
    END
ELSE
    BEGIN
        UPDATE SC SET Grade=Grade*1.05
        PRINT '成绩提高 5%'
    END
GO
```

IF 的条件表达式如果含有 SELECT 语句，则必须用圆括号（）将整个 SELECT 语句括起来。

5. CASE 语句

CASE 语句是多重条件判断语句，可以计算多个条件值，并将其中一个符合条件的结果表达式返回。类似于 C/C++中的 SWITCH 语句。CASE 语句按照使用形式不同，可分为简单 CASE 和搜索 CASE。

（1）简单 CASE。将某个表达式与一组简单的表达式比较以决定结果。其一般格式如下。

```
CASE 输入表达式
    WHEN 表达式 1 THEN 结果表达式 1
    [,…n]
    ［ELSE 结果表达式］
END
```

当"输入表达式"等于第 i 个 WHEN 的"表达式"时，返回第 i 个"结果表达式"。当所有 WHEN 的比较都不满足时，如果有 ELSE，则返回 ELSE 的结果表达式；否则，返回 NULL 值。

【例 6.11】 以第 4 章成绩系统的数据图 4.2 为例，通过学分对课程进行分类。

```
SELECT Cname 课程名,Ccredit 学分,类型=
CASE Ccredit
    WHEN 2 THEN '基础课'
    WHEN 3 THEN '必修课'
    WHEN 4 THEN '选修课'
    ELSE '其他类型'
END
FROM Course
GO
```

课程名	学分	类型
数据库	4	选修课
数学_2	2	基础课
信息系统	4	选修课
操作系统	3	必修课

（2）搜索 CASE。计算一组布尔表达式以决定结果。其一般格式如下。

```
CASE
    WHEN 布尔表达式 1 THEN 结果表达式 1
    [,…n]
    [ELSE 结果表达式]
END
```

当第 i 个 WHEN 的"布尔表达式"为"真"时，返回第 i 个"结果表达式"。当所有 WHEN 的布尔表达式都不为"真"时，如果有 ELSE，返回 ELSE 的"结果表达式"，否则，返回 NULL 值。

【例 6.12】 以第 4 章成绩系统的数据图 4.2 为例，对学生成绩进行等级评定。

```
SELECT Student.Sno 学号,Sname 姓名,Cname 课程名,Grade 成绩,总评=
    CASE
        WHEN Grade>=90 THEN '优秀'
        WHEN Grade>=80 THEN '良好'
        WHEN Grade>=70 THEN '中等'
        WHEN Grade>=60 THEN '及格'
        ELSE '不及格'
    END
FROM Student,Course,SC
WHERE Student.Sno=SC.Sno AND Course.Cno=SC.Cno AND Grade IS NOT NULL
GO
```

学号	姓名	课程名	成绩	总评
1001	张军	数据库	92	优秀
1001	张军	信息系统	88	良好
1001	张军	操作系统	87	良好
1002	李力	信息系统	90	优秀
1003	张佳	数据库	56	不及格
1003	张佳	信息系统	45	不及格

6. WHILE 语句

WHILE…CONTINUE…BREAK 语句用于重复执行 T-SQL 语句或语句块。只要指定的条件为真，就重复执行语句。其中 CONTINUE 语句可以使程序跳过 CONTINUE 语句后面的所有语句，回到 WHILE 循环的第一行命令。BREAK 语句则使程序完全跳出循环，结束 WHILE 语句的执行。与 C/C++的 WHILE 相同。其一般格式如下。

```
WHILE 条件表达式
    T-SQL 语句或语句块
[BREAK]
    T-SQL 语句或语句块
[CONTINUE]
    T-SQL 语句或语句块
```

【例 6.13】 WHILE 循环简单举例。

```
DECLARE @count samllint
SET @count=0
WHILE @count<=10
BEGIN
    SET @count=@count+1
    IF @count=6
        BREAK
    ELSE
        CONTINUE
END
GO
```

【例 6.14】 以第 4 章成绩系统的数据图 4.2 为例，如果 SC 表的平均成绩低于 90 分，则将所有成绩提高 5%，直到平均成绩达到 90 分或最高成绩超过 100 分为止，其中超过 100 分的成绩直接计为 100 分。

```
WHILE(SELECT AVG(Grade) FROM SC)<90
BEGIN
    UPDATE SC SET Grade=Grade*1.05
    IF (SELECT MAX(Grade) FROM SC)>=100
        BEGIN
            UPDATE SC SET Grade=100 WHERE grade>=100
            BREAK
        END
END
```

> WHILE 的条件表达式如果含有 SELECT 语句，也必须用圆括号（ ）将整个 SELECT 语句括起来。

7. GOTO 语句

GOTO 语句可以使程序直接跳到指定的标有标识符的位置处继续执行，而位于 GOTO 语句和标识符之间的程序不会被执行。GOTO 语句和标识符也可以用在语句块、批处理和存储过程中。标识符可以是数字与字符的组合，但必须以 "：" 结尾。如 "a1"，在 GOTO 语句行的标识符后面不用跟 "："。GOTO 语句破坏了程序结构，所以应尽可能少用或不用。其一般格式如下。

```
GOTO 标识符
标识符：
```

【例 6.15】 GOTO 语句简单举例。求 1~5 的总和。

```
DECLARE @sum smallint,@count smallint
SELECT @sum=0,@count=1
Label1:
SELECT @sum=@sum+1
SELECT @count=@count+1
IF @count<=5
   GOTO Label1
SELECT @sum,@count
GO
```

8. RETURN 语句

RETURN 语句用于无条件地终止一个查询、存储过程或者批处理。此时位于 RETURN 语句之后的程序将不会执行。其一般格式如下。

```
RETURN [整型值]
```

其中整型值是指在函数或存储过程中可以给调用过程或应用程序返回整型值，可省略，与 C/C++的 RETURN 语句相同。

9. IF[NOT]EXISTS 语句

IF[NOT]EXISTS 语句用于判断是否有数据存在。其一般格式如下。

```
IF[NOT]EXISTS(SELECT 语句)
```

【例 6.16】 以第 4 章成绩系统的数据图 4.2 为例，查询 SC 表中 1004 是否成绩。

```
IF NOT EXISTS(SELECT * FROM SC WHERE Sno='1004')
   BEGIN
       PRINT '1004 没有成绩'
       RETURN
   END
```

10. WAITFOR 语句

WAITFOR 语句用于暂时停止执行 T-SQL 语句、语句块和存储过程等，直到所设定的时间已过或者所设定的时间已到才继续执行。其一般格式如下。

```
WAITFOR{DELAY 'time' | TIME 'time'}
```

其中 DELAY 用于指定时间间隔，表示延迟"time"时间后执行；TIME 用于指定某一时刻，表示指定在"time"时刻执行。"time"的数据类型为 datatime，格式为"hh:mm:ss"。

【例 6.17】 WAITFOR 简单举例。延迟 30 分钟后查询学生表记录。

```
WAITFOR DELAY '00:30:00'
SELECT * FROM Student
```

【例 6.18】 WAITFOR 简单举例。在今晚 22:20 查询学生表记录。

```
WAITFOR TIME '22:20:00'
SELECT * FROM Student
```

11. RAISERROR 语句

RAISERROR 可用于调用错误信息及其代码，其一般格式如下。

```
RAISERROR(错误代码, 严重级别, 状态号[,参数值表])
```

其中系统错误代码为 50000 以下，用户自定义错误代码必须为 50000 以上，但需执行系统存储过程 sp_addmessage 来预先定义用户的错误信息及其代码；严重级别是指 0～18 的错误严重程度；状态号是指当在多个位置引发相同的错误时，需针对每个位置使用唯一的状态号（介于 1～127 的任意整数），有助于找到引发错误的代码段，一般默认为 1；参数值表是指当错误信息中有参数变量时，需在调用时指定该变量的实际参数值。

【例 6.19】 RAISERROR 调用系统错误代码 15001，表示操作对象不存在。

```
DECLARE @table_name varchar(20)
SELECT @table_name='teacher'
RAISERROR(15001,'16','1,'@table_name)
```

6.1.4　函数

在 T-SQL 语言中，函数被用来执行一些特殊的运算以支持 SQL 的标准命令。T-SQL 包含多种不同的函数用以完成各种工作，每一个函数都有一个名称，在名称之后都有一对小括号，如 gettime()。大部分函数在小括号内需要一个或多个参数。与 C/C++函数一样，T-SQL 函数也分为系统函数和用户自定义函数。

1．系统函数

系统函数是指系统已经预定义好的函数，用户可以直接调用。T-SQL 提供了 4 种系统函数：行集函数、聚集函数、Ranking 函数和标量函数。

（1）行集函数

行集函数返回一个结果集，该结果集可以在 T-SQL 语句中当表引用。T-SQL 的行集函数有如下 6 种。

① CONTAINSTABLE。该函数返回具有零行、一行或多行的一个表。

② FREETEXTTABLE。该函数返回基于全文索引信息生成一个虚拟表。

③ OPENQUERY。该函数允许使用链接服务器上的任何查询（返回行集的 SQL 语句）返回一个虚拟表。

④ OPENROWSET。该函数可以在 SQL Server 语句中使用来自不同服务器的数据。

⑤ OPENDATASOURCE。该函数提供一种更灵活的连接方法，用于建立与 OLE DB 数据源的临时连接。

⑥ OPENXML。该函数可以将 XML 文件内的节点集作为类似于表或视图的行集数据源来对待。

【例 6.20】 通过行集函数 OPENQUERY 执行分布式查询，以便从服务器 local 中提取学生表记录。

```
EXEC sp_addlinkedserver @server = 'local', @srvproduct = '',
                        @provider = 'SQLOLEDB' , @datasrc = @@servername
SELECT * FROM OPENQUERY(local,'SELECT * FROM SCXT.dbo.Student')
GO
```

（2）聚集函数

聚集函数用于对一组值进行计算并返回一个单一的值。聚集函数经常与 SELECT 语句中的 GROUP BY 子句一同使用。除 COUNT 函数外，聚集函数忽略空值。有关常用的聚集函数在第 4 章表 4.6 已列出，这里不再介绍。

（3）Ranking 函数

Ranking 函数，也叫排名函数，能对每一个数据行进行排名，从而提供一种以升序来组织输出的方法，可以给每一行一个唯一的序号，或者给每一组相似的行相同的序号。T-SQL 提供的 Ranking 函数包括如下 4 种。

① ROW_NUMBER。该函数为查询的结果行提供连续的整数值序列。

② RANK。该函数为行的集合提供升序的、非唯一的排名序号，对于具有相同值的行，给予相同的序号。由于行的序号有相同的值，因此，要跳过一些序号。

③ DENSE_RANK。该函数与 RANK 类似，不过，无论有多少行具有相同的序号，DENSE_RANK 放回的每一行的序号将比前一个序号增加 1。

④ NTILE。该函数把从查询中获取的行放置到具有相同的（或尽可能相同的）行数的、特定序号的组中，NTILE 返回行所属的组的序号。

Ranking 函数的一般格式如下。

```
函数名() OVER ([PARTITION BY列名] ORDER BY列名)
```

其中 OVER 定义排名应该如何对数据排序或划分。PARTITION BY 定义列将使用什么数据作为划分的基线。ORDER BY 定义数据排序的详情。其中 NTILE 的括号里必须有一个正整数常量表达式，用于指定每个分区必须被划分成的组数。

【例 6.21】 以第 4 章成绩系统的数据图 4.2 为例，为 SC 表成绩从高到低排名。

```
SELECT RANK() OVER (ORDER BY Grade) 排名,Sno 学号,Cno 课程号,Grade 成绩
FROM SC
WHERE Grade IS NOT NULL
```

排名	学号	课程号	成绩
1	1001	C01	92
2	1002	C03	90
3	1001	C03	88
4	1001	C04	87
5	1003	C01	56
6	1003	C03	45

（4）标量函数

标量函数用于对传递给它的一个或者多个参数值进行处理和计算，并返回一个单一的值。标量函数可以应用在任何一个有效的表达式中。T-SQL 的标量函数有如下 4 种。

① 字符串函数。字符串函数可以对二进制数据、字符串和表达式执行不同的运算，大多数字符串函数只能用于 char 和 varchar 数据类型，以及明确转换成 char 和 varchar 的数据类型，少数几个字符串函数也可以用于 binary 和 varbinary 数据类型。T-SQL 提供的常用字符串函数如表 6.3 所示。

表 6.3　　　　　　　　　　　　　　　T-SQL 字符串函数

语法	含义	示例	结果
substring(字符表达式,开始位置,长度)	获取字符子串	substring('abcd',2,2)	bc
right(字符表达式,长度)	从右边开始获取子串	right('abc',2)	bc
left(字符表达式,长度)	从左边开始获取子串	left('abc',2)	ab
upper(字符表达式)	全部转换为大写	upper ('abc')	ABC

续表

语法	含义	示例	结果
lower(字符表达式)	全部转换为小写	lower ('aBC')	abc
charindex (模式,字符表达式)	查找子串的位置	charindex('bc','abc')	2
ascii (字符表达式)	将字符转换为 ascii 码	ascii('T')	84
char(整数表达式)	将 ascii 码转换为字符	char (84)	T
ltrim (字符表达式)	将左边空格去除	ltrim ('　abc')	abc
rtrim (字符表达式)	将右边空格去除	rtrim ('abc　')	abc
len (字符表达式)	获取字符串长度	len('abc')	3
space(整数表达式)	生成空格字符串	space (2)	
str(小数,长度,小数位)	将小数转换为字符	str (56.21,4,1)	56.2
replicate (字符表达式,整数表达式)	复制字符串	replicate ('ab',2)	abab

【例 6.22】　以第 4 章成绩系统的数据图 4.2 为例，获取课程名最左边的 3 个字符。

```
SELECT left(Cname,3)
FROM Course
GO
```

②　日期和时间函数。日期和时间函数用于对日期和时间数据进行各种不同的处理和运算，并返回一个字符串、数字、日期和时间值。与其他函数一样，日期和时间函数可以在 SELECT 语句的 SELECT 和 WHERE 子句及表达式中使用。表 6.4 中给出 T-SQL 中常用的日期和时间函数。

表 6.4　　　　　　　　　　　　　　　　T-SQL 日期和时间函数

语法	含义	示例	结果
dateadd（日期元素,数值,日期表达式）	将数值转换成日期元素，加到日期表达式上	dateadd(yy,25,'1990-10-20')	2015-10-2000:00:00
datediff（日期元素,日期1,日期2）	两个日期相减后，按日期元素返回	datediff(yy,'1990-10-20',getdate())	25
datename（日期元素,日期表达式）	以字符串形式返回日期元素指定的日期的名字	datename(dw,'2015-08-15')	星期六
datepart（日期元素,日期表达式）	以数值形式返回日期元素指定的日期的名字	datepart(qq,'2015-08-15')	3
getdate ()	返回当前日期和时间	getdate()	2015-08-15 11:20:15
year（日期）	返回日期的年份数	year(getdate())	2015
month（日期）	返回日期的月份数	month(getdate())	08
day（日期）	返回日期的天数	day(getdate())	15

其中，日期元素及其指定返回的日期部分如下。

- yy。返回日期表达式中的年。
- qq。返回日期表达式中的季。

- mm。返回日期表达式中的月。
- dw。返回日期表达式中的星期几。
- dy。返回日期表达式中的一年的第几天。
- dd。返回日期表达式中的天。
- wk。返回日期表达式中的一年的第几个星期。
- hh。返回日期表达式中的小时。

【例 6.23】 设已知学生关系 Student(Sno,Sname,Sbirth)，其中 Sno（学号）、Sname（姓名）、Sbirth（出生日期）都已知，现查询学生的年龄。

```
SELECT Sno 学号,Sname 姓名,datediff(yy,Sbirth,getdate()) 年龄
FROM Student
GO
```

③ 数学函数。数学函数用于数字表达式进行数学运算并返回运算结果。数学函数可以对 SQL 提供的数字数据（decimal、int、smallint、tinyint、float、real、money、smallmoney）进行处理。T-SQL 中常用的数学函数如表 6.5 所示。

表 6.5　　　　　　　　　　　　　　　　T-SQL 数学函数

语法	含义	示例	结果
abs(数值表达式)	求绝对值	abs(-100)	100
ceiling(数值表达式)	向上取整	ceiling(99.2)	100
floor(数值表达式)	向下取整	floor(99.2)	99
round(数值表达式,整数表达式)	四舍五入为指定的精度	round(66.2387,2)	66.24
exp (浮点表达式)	表示 e 的浮点表达式次方	exp(0)	1
rand()	求随机数	rand()	0.1979…
log(浮点表达式)	求浮点表达式的对数值	log(1)	0
pi()	求圆周率	pi()	3.14159…
power(数值表达式，指数表达式)	求数值表达式的指数次方	power(3,3)	27
sqrt(数值表达式)	求数值表达式的平方根	sqrt(4)	2
sin(浮点表达式)	求数值表达式的正弦值	sin(pi())	0
cos(浮点表达式)	求数值表达式的余弦值	cos(pi())	-1
tan(浮点表达式)	求数值表达式的正切值	tan(pi())	-1.22…e-16

【例 6.24】 以第 4 章成绩系统的数据图 4.2 为例，学生成绩保留两位小数。

```
SELECT Sno 学号,Cno 课程号,round(Grade,2) 成绩
FROM SC
GO
```

④ 类型转换函数。当两种不同类型数据做运算时，需将它们先转换为同一类型，然后才能做运算。类型转换分为显式（explict）和隐式（implict）两种。隐式类型转换是指系统根据一定的转换规则自动完成的转换；显式类型转换是指用户手动地利用一些转换函数完成的转换。表 6.6 列出了 T-SQL 的类型转换。

表 6.6　　　　　　　　　　　　　　　　　　T-SQL 的类型转换

	real	float	char	varchar	money
real	—	隐式	显式	显式	隐式
float	隐式	—	显式	显式	隐式
char	显式	显式	—	隐式	显式
varchar	显式	显式	隐式	—	显式
money	隐式	隐式	隐式	隐式	—

a. 隐式转换。除表 6.6 中列出的隐式转换规则外，在如下 3 种类型间的比较中，也会进行隐式转换：字符串与 datetime，smallint 与 int，以及 char 与 varchar。

b. 显式转换。T-SQL 提供了两种显式转换函数：convert 和 cast。一般情况下，两者除语法外没有区别，但遇到转换为日期类型时，一般用 convert，因为 convert 比 cast 多了一个 style 参数，可以转换为不同格式的日期。

```
cast (表达式 as 转换类型符)
convert(转换类型符[(长度)],表达式[, style] )
```

其中 style 的常用取值及其对应日期输出格式如表 6.7 所示。

表 6.7　　　　　　　　　　　　　　　　　style 取值及格式

style 值	输出格式	style 值	输出格式
2	yy.mm.dd	102	yyyy.mm.dd
3	dd/mm/yy	103	dd/mm/yyyy
4	dd.mm.yy	104	dd.mm.yyyy
5	dd-mm-yy	105	dd-mm-yyyy

【例 6.25】　cast 函数简单举例，将字符型显式转换为整型。

```
DECLARE @number char(20)
SET @number='1001'
PRINT cast(@number as smallint)+1
GO
```

【例 6.26】　covert 函数简单举例，将日期型显式转换为字符型。

```
DECLARE @birth date
SET @birth='1992-05-13'
PRINT convert(char(20),@birth,103)
GO
```

⑤ isnull 函数。在聚集函数中，一般都会把空值 NULL 的列排除在外。有时为了运算方便，需要将空值的列包含进来参加运算。这时可用 isnull 函数指定一个数值来替换表中的 NULL 值。其一般格式如下。

```
Isnull(列名，替换的值)
```

【例 6.27】　以第 4 章成绩系统的数据图 4.2 为例，计算平均成绩。

```
SELECT AVG(isnull(Grade,0)) 平均成绩
FROM SC
GO
```

2. 用户自定义函数

T-SQL 虽然提供了丰富的系统函数，但用户在编程时，有时需要将 T-SQL 语句组成子程序，以便能够反复使用，这种子程序称为用户自定义函数。自定义函数用 CREATE FUNCTION 命令完成，且 CREATE FUNCTION 必须是一个批的第一行语句。用户自定义函数分为标量函数、表值函数和多语句表值函数。

（1）标量函数。用户自定义标量函数返回单个数据，返回值类型可以是除 text、ntext、image、cursor 和 timestamp 外的任何数据类型。

① 标量函数的创建。其一般格式如下。

```
REATE FUNCTION [所有者.]函数名([参数1类型[=默认值],…])
RETURNS 返回值类型
AS
BEGIN
    函数体
    RETURN 返回的标量值表达式
END
```

【例 6.28】 以第 4 章成绩系统的数据图 4.2 为例，定义一个标量函数，输入学号和课程号，得到成绩。

```
USE SCXT
GO
CREATE FUNCTION fn_getgrade(@snum char(9),@cnum char(4))
RETURNS float
AS
BEGIN
    DECLARE @result float
    SET @result=(SELECT Grade
                 FROM SC
                 WHERE Sno=@snum AND Cno=@cnum
                 )
    RETURN @result
END
GO
```

> 因为 USE 和 CREATE FUNCTION 都必须位于一个批的第一行，所以必须在"USE SCXT"后加上"GO"命令，表示将它们分隔为两个完全独立的批，这样它们自然位于各自批的第一行了。

② 标量函数的调用。调用标量函数，必须提供至少两部分组成的名称（所有者.函数名）。如果定义标量函数时省略了所有者，那么函数的所有者默认是 dbo。以下是调用【例 6.28】标量函数的方式。

```
PRINT dbo.fn_getgrade('1001','C03')
```

（2）表值函数。表值函数是返回 TABLE 数据类型的用户自定义函数。其中返回的 TABLE 一般是 SELECT 查询结果表。

① 表值函数的创建。其一般格式如下。

```
CREATE FUNCTION 函数名([参数1类型[=默认值],…])
RETURNS TABLE
```

```
AS
RETURN [SELECT 语句]
```

【例 6.29】以第 4 章成绩系统的数据图 4.2 为例，输入学生学号，得到该学生的所有基本信息。

```
USE SCXT
GO
CREATE FUNCTION fn_student (@snum char(9))
RETURNS TABLE
AS
RETURN (SELECT *
            FROM Student
            WHERE Sno=@snum)
    GO
```

② 表值函数的调用。该函数的调用与标量函数调用不同，首先，表值函数调用可省略函数的所有者；其次，表值函数返回的是一个表，因此其调用往往和 SELECT 语句搭配使用。以下是调用【例 6.29】表值函数的方式。

```
SELECT * FROM fn_student('1001')
```

（3）多语句表值函数。多语句表值函数返回的也是 TABLE。与表值函数不同的是，多语句表值函数返回的表往往不是数据库已经存在的表，而是重新定义的新表。

① 多语句表值函数的创建。其一般格式如下。

```
CREATE FUNCTION 函数名([参数 1 类型[=默认值],…])
RETURNS @表变量 TABLE(表类型定义)
AS
BEGIN
    函数体
    RETURN
END
```

【例 6.30】以第 4 章成绩系统的数据图 4.2 为例，输入学生学号，得到学生的学号、姓名、课程名和成绩。

```
USE SCXT
GO
CREATE FUNCTION fn_message(@snum char(9))
RETURNS @temp TABLE
(
    Sno CHAR(9),
    Sname NCHAR(20),
    Cname NCHAR(40),
    Grade FLOAT
)
AS
BEGIN
    INSERT INTO @temp
    SELECT Student.Sno,Sname,Cname,Grade
    FROM Student,Course,SC
    WHERE Student.Sno=@snum AND Studnent.Sno=SC.Sno
                        AND Course.Cno=SC.Cno
    RETURN
END
GO
```

② 多语句表值函数的调用。该函数的调用方式与表值函数调用方式一样。以下是调用【例
6.30】多语句函数的方式。

```
SELECT * FROM fn_message('1001')
```

6.1.5　游标

由于 SQL 语言中的 SELECT 语句查询出的结果是一个行的集合，为能对该集合值按行灵活
处理，T-SQL 提供了游标（cursor）。游标，实际上是通过在内存开辟一段缓冲区，将 SELECT 查
询的结果集合按行放入该缓冲区。也可以理解成游标是一个定义在 SELECT 查询的结果集上的指
针（pointer），这样用户可以利用该指针灵活存取和处理各行数据。例如，控制这个指针循环遍历
整个结果集，或者仅仅是指向结果集中特定的行。游标为 T-SQL 的存储过程、触发器、函数和高
级编程语言提供了按行处理查询结果集合的途径。

游标的使用，必须按其生命周期进行，包括定义游标（declare cursor）、打开游标（open cursor）、
存取（fetch）游标数据、关闭游标（close cursor）和释放（deallocate）游标缓冲区。

以下介绍的游标语法仅仅是 SQL-92 最基本部分，事实上，T-SQL 对此标准作了
较大扩充，要全面了解 T-SQL 游标的语法及使用，可参考 SQL Server 的联机技术资料。
SQL Server 是众多 DBMS 产品中的一种，有关 SQL Server 的详细介绍将在后面 8.2 节中
详细讲解。

1．定义游标

实际上，T-SQL 的游标类似于 C/C++的文件，定义游标相当于创建文件。游标可分为两类：
只读（read only）游标和更新（update）游标。如果定义成更新游标，则类似于通过更新视图来更
新表的方法，也可以通过更新游标来更新表；如果定义成只读游标，则表示不能通过游标对表进
行修改。其中，有一种特殊情况，虽然未指定 read only 选项，但如果 SELECT 语句中含有 DISTINCT
选项、GROUP BY 子句、聚集函数或 UNION 集合操作，则该游标会自动定义为只读游标。其一
般格式如下。

```
DECLARE 游标名 CURSOR
FOR SELECT 语句
[FOR {READ ONLY | UPDATE [OF 列名表]}]
```

2．打开游标

打开游标相当于 C/C++打开文件。游标一旦打开，即开始执行查询，并将查询结果集放入内
存缓冲区。游标打开后，用户可用 FETCH 语句检索数据。其一般格式如下。

```
OPEN 游标名
```

3．存取游标数据

存取游标数据相当于 C/C++存取文件。其一般格式如下。

```
FETCH [[NEXT | PRIOR | FIRST | LAST | ABSOLUTE n |
       RELATIVE n] FROM ]
游标名[INTO 局部变量列表]
```

其中 NEXT 表示下一行；PRIOR 表示上一行；FIRST 表示第一行；LAST 表示最后一行；
ABSOLUTE n，n 为正数时，表示第 n 行，n 为负数时，表示倒数第 n 行；RELATIVE n，n 为正

数时，表示当前位置开始的第 n 行，n 为负数时，表示当前位置开始倒数第 n 行。由于一行可能有多列，因此，在 FETCH 之前，需要为各列定义对应的局变量，有几列就需要定义几个局部变量。FETCH 命令发出后，可通过检查全局变量的值来控制处理进程。游标中常用的全局变量有：@@fetch_status，用来检测最后一个 FETCH 语句的状态，它有 3 种状态取值：0（成功）、-1（失败或行超出结果集范围）、-2（数据行丢失）；@@cursor_rows 表示游标中结果集中的行数，它也有 3 种状态取值：正整数（行数）、-1（动态游标）、0（空集游标）。

4. 关闭游标

关闭游标相当于 C/C++关闭文件。其一般格式如下。

```
CLOSE 游标名
```

5. 释放游标缓冲区

游标关闭后还可以再打开，再存取数据。但游标如果被释放，则不能再打开，必须按其生命周期的顺序，重新定义后再打开使用。其一般格式如下。

```
DEALLOCATE CURSOR 游标名
```

6. 用游标对数据表操作

游标定义好后，可利用更新游标实现对数据的删除和修改。

（1）删除表中与当前游标位置对应的行，前提是该表具有唯一的索引。删除后指针不动，下面的行自动上移。其一般格式如下。

```
DELETE 表名 WHERE CURRENT OF 游标名
```

（2）修改表中与当前游标位置对应的行。其一般格式如下。

```
UPDATE 表名 SET 列名=值[,…n] WHERE CURRENT OF 游标名
```

7. 事务中的游标

事务被提交/回退时，游标不会自动关闭，需要用 CLOSE 关闭。但如果"SET CLOSE ON ENDTRAN"选项为 ON 时，则在事务被提交/回退时会自动关闭游标。SQL Server 对该选项默认为 OFF。

【例 6.31】 以第 4 章成绩系统的数据图 4.2 为例，要求用游标查找并显示"张佳"的记录。

```
DECLARE @number CHAR(9),@name NCHAR(20),@sex NCHAR(2),
        @age smallint,@dept NCHAR(20)
DECLARE Cursor_female CURSOR
FOR SELECT Sno,Sname,Ssex,Sage,Sdept FROM Student
OPEN Cursor_female
FETCH NEXT FROM Cursor_female INTO @number,@name,@sex,@age,@dept
WHILE @@fetch_status=0
BEGIN
  IF @name='张佳'
    BEGIN
      PRINT '学号:'+rtrim(@number)+',姓名:'+ rtrim(@name)+',性别:'
            + rtrim(@sex)+', 年龄:'+cast(@age as nchar(2))+',系别:'
            + rtrim(@dept)
      BREAK
    END
  FETCH NEXT FROM Cursor_female INTO @number,@name,@sex,@age,@dept
END
IF @@fetch_status!=0
```

```
            PRINT '没有找到'
CLOSE Cursor_female
DEALLOCATE Cursor_female
GO
```

【例 6.32】 以第 4 章成绩系统的数据图 4.2 为例,定义一个游标,将学号为 "1003",课程号为 "C01" 的成绩修改为 60 分。

```
DECLARE @snum CHAR(9),@cnum CHAR(4),@grade FLOAT
DECLARE Cursor_grade CURSOR
FOR SELECT Sno,Cno,Grade FROM SC
OPEN Cursor_grade
FETCH NEXT FROM Cursor_grade INTO @snum,@cnum,@grade
WHILE @@fetch_status=0
BEGIN
    IF @snum='1003' AND  @cnum='C01'
        BREAK
    FETCH NEXT FROM Cursor_grade INTO @snum,@cnum,@grade
END
UPDATE SC SET Grade=60 WHERE CURRENT OF Cursor_grade
GO
```

6.2 存储过程

存储过程(stored procedure)是一组预先编译好的,完成特定功能的代码,是 SQL 语句与流程控制语句的集合。SQL 是高度非过程化的语言,存储过程是对 SQL 的扩展,它结合了 SQL 语言的数据操作能力和过程化语言的流程控制能力。任何一个设计良好的数据库应用程序都应该用到存储过程,同时,几乎所有的关系数据库系统都提供存储过程功能。

6.2.1 存储过程的优点

存储过程可以把用户经常使用的任务操作封装起来,允许多个用户通过存储过程使用相同的代码,完成同样的数据操作。使用存储过程有以下 4 个方面优点。

1. 执行速度快

存储过程在创建时就经过了语法检查和性能优化,因此在执行时不必再重复这些步骤。存储过程在经过第一次调用后就驻留在内存中,不必再经过编译和优化,所以执行速度很快。

2. 增强系统的安全性

通过设置用户的权限只能通过存储过程对某些关键数据进行访问,而不允许直接使用 SQL 语句对数据进行访问,在一定程度上增强了系统的安全性。

3. 降低网络数据流量

存储过程中可以包含大量的 SQL 语句,但存储过程作为一个独立的单元来使用,在进行调用时,只需要使用一条语句就可以实现,所以大大减少了网络上的数据流量。

4. 简化应用程序设计

把体现业务规则的程序放入数据库服务器中,当业务规则发生变化时,在服务器中改变存储过程即可,无需修改任何应用程序。

6.2.2 存储过程的类型

SQL Server 不仅提供了许多可作为工具直接使用的系统存储过程，也提供了用户自定义存储过程的功能，还提供了扩展存储过程。

1. 系统存储过程

系统存储过程是 SQL Server 系统预定义的存储过程，用于进行系统管理、登录管理、权限设置、数据库对象管理、数据库复制等操作。这些存储过程主要由系统管理员使用，有少部分可通过授权被其他用户调用。它们一般需要从系统表中获取信息，从而为系统管理员进行系统管理提供支持。系统存储过程在 SQL Server 中存放在系统数据库 master 中，并且以 sp_ 或 xp_ 为前缀，如图 6.1 所示。

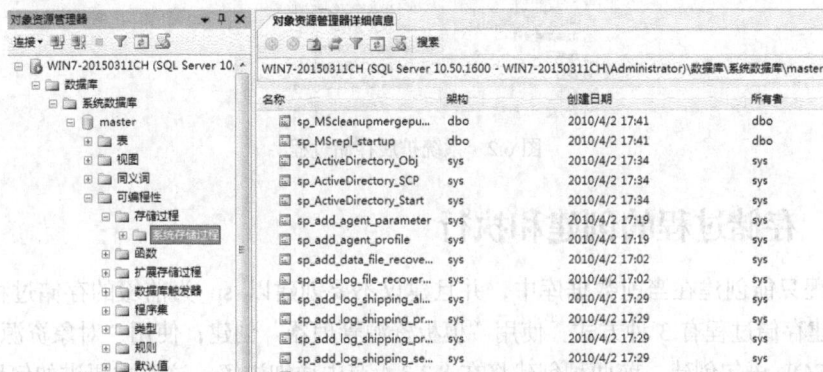

图 6.1 系统存储过程

其中应用编程中常用的系统存储过程如下。

（1）sp_helpdb：列出系统中所有数据库的名称、大小等信息。

（2）sp_helplogins：列出所有的用户信息。

（3）sp_spaceused：可查看数据库中数据对象的大小。

（4）sp_store_procedures：返回当前数据中的存储过程清单。

（5）sp_lock：查看系统中锁的情况。

（6）sp_helpindex：查看数据库中的索引信息。

（7）sp_helptext：查看存储过程的定义源代码。

（8）sp_rename：修改当前数据库中用户对象的名称。

（9）sp_configure：用于管理服务器配置选项设置。

2. 用户自定义存储过程

用户自定义存储过程是由用户创建并完成某一特定功能的代码集。用户把常用的数据库处理功能设计为存储过程，并把它放在数据库服务器中，就可以在各个程序中重复调用，减轻程序编写的工作量，也避免大量的数据在网络上传输，减少了网络流量。

存储过程可以接受参数和输出参数，并返回执行的状态信息，还可以嵌套使用，但不能直接在表达式中使用。在 SQL Server 中，用户自定义存储过程有两种：T-SQL 存储过程和公共语言运行库（Common Language Runtime，CLR）存储过程。T-SQL 存储过程是指用 T-SQL 编写的存储过程，它是 T-SQL 的集合。CLR 存储过程是指应用 Microsoft .NET Framework 公共语言运行时方法的存储过程，它在.NET Framework 程序集是作为类的公共静态方法实现的。

3. 扩展存储过程

扩展存储过程允许使用高级编程语言（如 C、C++语言等）创建应用程序的外部例程，从而使 SQL Server 的实例可以动态地加载和运行动态链接库（DLL）函数。扩展存储过程的名称以 xp_ 为前缀，使用时按照存储过程的方法执行。图 6.2 所示为 SQL Server 的系统扩展存储过程。

图 6.2　系统扩展存储过程

6.2.3　存储过程的创建和执行

存储过程只能创建在当前数据库中，并且建议不要创建以 sp_为前缀的存储过程。在 SQL Server 中创建存储过程有 3 种方式：使用"模板资源管理器"创建；使用"对象资源管理器"创建；使用 T-SQL 语句创建。前两种创建将在 8.2.3.4 节中详细讲解，这里主要讲如何用 T-SQL 语句创建存储过程。

1. 创建存储过程

在查询编程器中使用 T-SQL 语句中 CREATE PROCEDURE（可简写 PROC）语句实现用户自定义存储过程的创建，其一般格式如下。

```
CREATE PROCEDURE 过程名[;序号]
[参数 1 类型[=默认值][OUTPUT],…]
AS
过程体
```

其中，序号为可选的整数，当存储过程出现同名现象时，需为同名的存储过程分别指定不同的序号，以示区别；存储过程的参数可以有输入参数、输出参数，如果是输出参数，必须在参数后面指定 output 关键字。此外，在创建存储过程时，下面的语句是不能使用的。

（1）CREATE AGGREGATE，CREATE DEFAULT，CREATE RULE 语句。

（2）CREATE 或 ALTER VIEW，CREATE 或 ALTER PROCEDURE，CREATE 或 ALTER TRIGGER，CREATE 或 ALTER FUNCTION 语句。

（3）SET PARSEONLY，SET SHOWPLAN_ALL，SET SHOWPLAN_TEXT，SET SHOWPLAN_XML 语句。

（4）USE database_name 语句。

下面通过应用实例来介绍 T-SQL 语句创建存储过程的操作。

（1）创建不带任何参数完成查询表的存储过程。

【例 6.33】 以第 4 章成绩系统的数据图 4.2 为例，创建存储过程 pro_student，显示所有学生的学号、姓名、系别、课程名和成绩。

```
USE SCXT
GO
CREATE PROCEDURE pro_student;1
AS
SELECT Student.Sno 学号,Sname 姓名,Sdept 系别,Cname 课程名,Grade 成绩
FROM Student,Course,SC
WHERE Student.Sno=SC.Sno AND Course.Cno=SC.Cno
GO
```

与创建函数 "CREATE FUNCTION" 一样，创建存储过程 "CREATE PROCEDURE" 也必须位于一个批的第一行，所以在 USE 后要加上 GO 命令。

（2）创建不带任何参数完成插入表的存储过程。

【例 6.34】 以第 4 章成绩系统的数据图 4.2 为例，创建存储过程 pro_insert，完成插入一个新学生。

```
USE SCXT
GO
CREATE PROCEDURE pro_insert
AS
INSERT INTO Student VALUES('1005','李慧','女','20','计算机')
GO
```

（3）创建带普通输入参数的存储过程。

【例 6.35】 以第 4 章成绩系统的数据图 4.2 为例，创建存储过程 pro_student，显示指定系别的所有学生的学号、姓名、课程名和成绩。

```
USE SCXT
GO
CREATE PROCEDURE pro_student;2
       @dept  nchar(20)
AS
SELECT Student.Sno 学号,Sname 姓名,Sdept 系别,Cname 课程名,Grade 成绩
FROM Student,Course,SC
WHERE Student.Sno=SC.Sno AND Course.Cno=SC.Cno AND Sdept=@dept
GO
```

这两例存储过程名完全相同，所以必须各自指定整数序号，否则系统报错。当然，也可以取不同的存储过程名，这时序号可省略。

（4）创建带有通配符输入参数的存储过程。

【例 6.36】 以第 4 章成绩系统的数据图 4.2 为例，创建存储过程 pro_grade，如果在执行时没有给出成绩参数，则将一条消息发送到用户的屏幕上，然后从过程中退出；如果给出了成绩参数，则查询所有大于此成绩的学生的学号和课程号。

```
USE SCXT
GO
CREATE PROCEDURE pro_grade
       @grade float=NULL
AS
IF @grade IS NULL
   BEGIN
```

```
                PRINT '必须输入一个值'
                RETURN
            END
        ELSE
            BEGIN
                SELECT Sno 学号, Cno 课程号
                FROM SC
                WHERE Grade>@grade
            END
        GO
```

（5）创建带输入和输出参数的存储过程。

【例 6.37】 以第 4 章成绩系统的数据图 4.2 为例，输入学生学号，查询该学生的系别。

```
USE SCXT
GO
CREATE PROCEDURE pro_find
        @snum char(4),@dept nchar(20) output
AS
SELECT @dept=Sdept
FROM Student
WHERE Sno=@snum
GO
```

2. 执行存储过程

T-SQL 语言使用 EXECUTE（可简写 EXEC）语句执行存储过程。其一般格式如下。

```
EXECUTE 过程名[;序号]
```

【例 6.38】 下面语句分别执行【例 6.31】～【例 6.34】创建的存储过程。

```
EXECUTE pro_student;1
EXECUTE pro_insert
EXECUTE pro_student;2 @dept='电气' 或 EXECUTE pro_student;2 '电气'
EXECUTE pro_grade @grade=80 或 EXECUTE pro_grade 80
```

【例 6.39】 下面语句是执行【例 6.35】创建的存储过程。

```
DECLARE @department nchar(20)
EXECUTE pro_find @snum='1001', @dept=@department output
```
或
```
EXECUTE pro_find '1001', @department output
SELECT @department
```

6.2.4 存储过程的修改和删除

存储过程作为数据库对象存储在指定的数据库中，在不使用时也可以根据用户的要求修改和删除这些存储过程。

1. 修改存储过程

T-SQL 语言使用 ALTER PROCEDURE 语句修改存储过程，其一般格式如下。

```
ALTER PROCEDURE 过程名[;序号]
[参数1类型[=默认值],…]
AS
过程体
```

【例 6.40】 修改存储过程 pro_grade，从 SC 表中查询所有小于此成绩的学号、课程号和成绩。

```
ALTER PROCEDURE pro_grade
    @grade float=NULL
AS
IF @grade IS NULL
    BEGIN
        PRINT '必须输入一个值'
        RETURN
    END
ELSE
    BEGIN
        SELECT *
        FROM SC
        WHERE Grade<@grade
    END
GO
```

2. 删除存储过程

T-SQL 语言使用 DROP PROCEDURE 语句删除存储过程，其一般格式如下。

```
DROP PROCEDURE 过程名[;序号]
```

【例 6.41】 删除存储过程 pro_grade。

```
DROP PROCEDURE pro_grade
GO
```

6.2.5　存储过程与函数

存储过程和用户自定义函数都有类似的功能，其目的都是为了捆绑一组 SQL 语句，并将其存储在服务器中供反复使用，以提高工作效率。它们其实本质上并没有区别，但两者之间还是有一些细微却很重要的差异，具体表现如表 6.8 所示。

表 6.8　　　　　　　　　　　　　　存储过程与函数的差异

	存储过程	用户自定义函数
声明方式	关键字 PROCEDURE	关键字 FUNCTION
返回类型	不需要描述返回类型	必须描述返回类型，且必须有一个 RETURN 语句
返回值	可没有返回值	必须有返回值
	可返回多个值，但不能返回表	只能返回一个值，可返回表
	可以返回参数	不可返回参数
参数	可有输入和输出参数	只有输入参数
调用方式	必须用 EXECUTE 单独调用	不能单独调用
	不能赋值一个变量	可以赋值一个变量
	SQL 语句中不可用存储过程	①当函数返回标量值时，可作为 SELECT 语句的一部分 ②当函数返回表值时，可位于 FROM 关键字后面
DML 操作	可做插入、修改、删除表操作	不可做插入、修改、删除表操作
限制	限制较少	限制较多，如不能用临时表等

存储过程与自定义函数该如何选择，用户应根据实际情况灵活运用，下面列出的情况仅供参考。

（1）处理复杂功能或进行多表连接查询时，应选择存储过程。

（2）对表做插入、修改、删除时，应选择存储过程。

（3）返回多个值时，应选择存储过程。

（4）独立调用时，应选择存储过程。

（5）处理简单功能或进行单表查询时，应选择用户自定义函数。

（6）当结果需赋值给一个变量时，应选择用户自定义函数。

（7）在 SQL 语句中使用时，应选择用户自定义函数。

（8）返回一个表时，应选择用户自定义函数。

6.3　触发器

触发器（trigger）是用户定义在关系表上的一种特殊存储过程。其特殊性在于它不需要由用户调用执行，而是当用户对表中的数据进行插入、修改或删除操作时自动触发执行。触发器通常用于保证业务规则和数据完整性约束。与完整性约束相比，触发器可以进行更为复杂的检查和操作，具有更精细和更强大的数据控制能力。

大多数 DBMS 都支持触发器，其功能主要包括如下内容。

（1）触发器可以通过级联的方式对相关表进行修改。通过级联引用完整性约束可以更有效地执行这些修改。例如，某个表上的触发器中包含对另一个表的数据修改，从而保证数据的一致性和完整性。

（2）触发器可以检查 SQL 所做的操作是否被允许，从而不允许数据库中未经许可的特定更新和变化。

（3）触发器可以评估数据修改前后的表状态，并根据其差异采取对策。一个表中的多个同类触发器允许采取多个不同的对策以响应同一个修改语句。

（4）触发器可以实现比 CHECK 约束更加复杂的约束。与 CHECK 约束不同，触发器可以引用其他表中的列。例如，触发器可以使用另一个表中的 SELECT 语句来比较插入或更新的数据，以及执行其他操作，如修改数据或显示用户定义的错误信息。

6.3.1　触发器的组成

触发器也称为 Event-Condition-Action 规则（简称 ECA 规则），这是由于一个触发器由以下 3 个部分组成。

（1）事件（Event）。所允许事件种类通常是对数据库的插入、修改和删除等操作。触发器在这些事件发生时将自动开始运作。

（2）条件（Condition）。触发器将测试条件是否成立，如果条件成立，就执行相应的动作，否则什么也不做。

（3）动作（Action）。如果触发器满足测试条件，那么就由 DBMS 自动执行这些动作。实际上，动作可以是任何数据库操作序列，包括与触发事件毫无关联的操作。

6.3.2　触发器的工作原理

一般将触发器所依附的基本表称为触发器表。当在触发器表上发生插入、修改和删除操作时，DBMS 会自动生成两个特殊的临时表。在不同的 DBMS 中其名称不一样，如在 SQL Server 中，这两个特殊的表分别称为 Inserted 表和 Deleted 表。这两个表的结构与触发器表结构相同，而且只能由创建它们的触发器引用。触发器会对这两张表进行检查，检查一些数据更新的影响，为触发器动作设置条件，但不能直接修改这两张表的数据。

（1）INSERT 操作。当向触发器表中插入元组时，新插入的元组会被插入到 Inserted 表和触发表中，如图 6.3（a）所示。

（2）DELETE 操作。当从触发器表中删除元组时，触发器表中需要删除的元组将被移入 Deleted 表中，如图 6.3（b）所示。

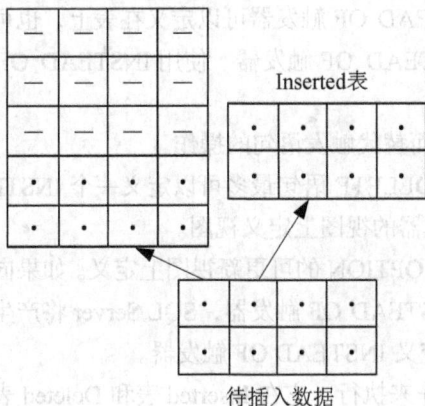
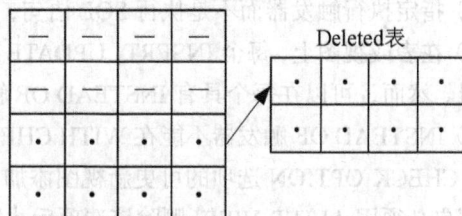

图 6.3　触发器涉及的 3 种表

（3）UPDATE 操作。UPDATE 操作相当于先执行 DELETE 操作，删除需要修改的元组，再执行 INSERT 操作，插入修改之后的元组，因此 UPDATE 操作要用到 Inserted 和 Deleted 两个表。

由此可见，Inserted 表和 Deleted 表中没有相同的数据行，一旦触发器完成任务，这两个临时表将自动被 DBMS 删除。

6.3.3　触发器类型

在 SQL Server 中，根据激活触发器执行的 T-SQL 语句类型不同，可以把触发器分为两类：一类是 DML 触发器；另一类是 DDL 触发器。

1. DML 触发器

DML 触发器是当数据库服务器中发生数据操纵语言（DML）事件时执行的存储过程。DML 事件包括在指定基本表或视图中修改数据的 INSERT 语句、UPDATE 语句或 DELETE 语句。

根据定义和应用范围条件、触发时机不同，又可以把 DML 触发器划分为以下两种类型。

（1）AFTER 触发器

AFTER 触发器要求只有在执行 INSERT、UPDATE 或 DELETE 语句操作之后，触发器才被激活，且只能在表上定义。该触发器可以为同一个表定义多个触发器，也可以为针对表的同一操作定义多个触发器。对于 AFTER 触发器，可以定义哪一个触发器被最先激活，哪一个被最后激活，通常使用系统存储过程 sp_settriggerorder 来完成此任务。使用 AFTER 触发器需注意以下两点事项。

① 不能在视图上定义 AFTER 触发器。

② 如果一个 INSERT、UPDATE 或 DELETE 语句违反了约束，那么 AFTER 触发器不会执行，因为对约束的检查是在 AFTER 触发器被激活之前发生的，所以 AFTER 触发器不能超越约束。

（2）INSTEAD OF 触发器

使用 INSTEAD OF 触发器可以代替通常的触发动作，INSTEAD OF 触发器执行时并不执行其所定义的 INSERT、UPDATE 或 DELETE 语句操作，而仅执行触发器本身，即 INSTEAD OF 触发器是在接收到执行请求时被激活，之后的执行操作权交给 INSTEAD OF 触发器，由它去完成 INSERT、UPDATE 或 DELETE 语句的操作。INSTEAD OF 触发器可以定义在表上，也可以定义在视图上，但对于同一个操作，只能定义一个 INSTEAD OF 触发器。使用 INSTEAD OF 触发器需注意以下 4 点事项。

① 指定执行触发器而不是执行 SQL 语句，从而替代触发语句的操作。

② 在表或视图上，每个 INSERT、UPDATE 或 DELETE 语句最多可以定义一个 INSTEAD OF 触发器。然而，可以在每个具有 INSTEAD OF 触发器的视图上定义视图。

③ INSTEAD OF 触发器不能在 WITH CHECK OPTION 的可更新视图上定义。如果向指定了 WITH CHECK OPTION 选项的可更新视图添加 INSTEAD OF 触发器，SQL Server 将产生一个错误。用户必须用 ALTER VIEW 删除该选项后才能定义 INSTEAD OF 触发器。

④ INSTEAD OF 触发器可以取代激活它的操作来执行。它在 Inserted 表和 Deleted 表刚刚建立、其他任何操作还没有发生时被执行，因为 INSTEAD OF 触发器在约束之前执行，所以它可以对约束进行一些预处理。

2. DDL 触发器

DDL 触发器是 SQL Server 2005 版以后新增的功能，是在响应数据定义语言（DDL）事件时执行的存储过程。这些语句主要是以 CREATE、ALTER 和 DROP 开关的语句。DDL 触发器一般用于执行数据库中的管理任务，如防止数据库表结构被修改等。在以下 3 种情况下可以使用 DDL 触发器。

（1）要防止对数据库架构进行某些更改。

（2）希望根据数据库中发生的操作以响应数据库架构中的更改。

（3）要记录数据库架构中的更改或事件。

仅在运行激活 DDL 触发器的 DDL 语句后，DDL 触发器才会被激活，DDL 触发器无法作为 INSTEAD OF 触发器使用。

6.3.4 触发器的创建

在 SQL Server 中创建触发器有两种方法：一种是使用对象资源管理器；一种是使用 T-SQL 语言。前一种将在 8.2.3.5 节详细介绍 SQL Server 时再讲解，这里主要介绍 T-SQL 创建触发器。

1. 创建 DML 触发器

在查询编辑器中使用 T-SQL 的 CREATE TRIGGER 语句创建触发器，其一般格式如下。

```
CREATE TRIGGER 触发器名
ON 表名|视图名
{FOR|AFTER|INSTEAD OF}{[INSERT][,][UPDATE][,][DELETE]}
AS
SQL 语句块
```

其中 {[INSERT][,][UPDATE][,][DELETE]} 是触发事件，可以是插入（INSERT）、更新（UPDATE）或删除（DELETE）事件，也可以是这几个事件的组合；{FOR|AFTER|INSTEAD OF} 指定是哪种类型的触发器，其中 FOR 和 AFTER 本质是一样的，如果在定义时仅指定 FOR 关键字，则 AFTER 是默认设置；SQL 语句块包含触发条件和动作。

下面介绍创建两种不同类型的触发器。

（1）创建 AFTER 触发器

【例 6.42】以第 4 章成绩系统的数据图 4.2 为例，创建触发器从实现 Student 表中每添加一名新同学信息时，自动查看所有学生信息。

```
USE SCXT
GO
CREATE TRIGGER tgr_insertstu
ON Student
AFTER INSERT
AS
SELECT * FROM Student
GO
```

> 与创建函数和存储过程一样，"CREATE TRIGGER" 也必须是一个批的第一行语句，因此在 USE 后要加上 GO 命令。

【例 6.43】以第 4 章成绩系统的数据图 4.2 为例，创建触发器以实现成绩表 SC 中课程号修改时，检查修改后的课程号是否存在，如果不存在则撤销所做的修改。

```
USE SCXT
GO
CREATE TRIGGER tgr_updatesc
ON SC
AFTER UPDATE
AS
IF NOT EXISTS(SELECT * FROM Course
                 WHERE Cno=(SELECT Cno FROM Inserted))
    BEGIN
        PRINT '不存在此课程'
        ROLLBACK
    END
GO
```

> ROLLBACK 表示中止事件操作，并回退到操作之前的状态，也就是撤销操作。

【例 6.44】以第 4 章成绩系统的数据图 4.2 为例，创建触发器从实现删除学生同时，一并删除其成绩信息。

```
USE SCXT
GO
    CREATE TRIGGER tgr_delstu
    ON Student
    AFTER DELETE
    AS
    DELETE FROM SC
    WHERE Sno =(SELECT Sno FROM Deleted)
```

【例 6.45】 以第 4 章成绩系统的数据图 4.2 为例，为课程表 Course 增加一个整数列 "成绩人数 Number"，创建触发器以实现每门课程的成绩人数的自动统计功能。

```
USE SCXT
GO
CREATE TRIGGER tgr_count
ON SC
AFTER INSERT,UPDATE,DELETE
AS
UPDATE Course
SET Number=Number+1
WHERE Cno=(SELECT Cno FROM Inserted)
UPDATE Course
SET Number=Number-1
WHERE Cno=(SELECT Cno FROM Deleted)
GO
```

（2）INSTEAD OF 触发器

【例 6.46】 以第 4 章成绩系统的数据图 4.2 为例，创建触发器以实现禁止删除计算机系的学生。

```
USE SCXT
GO
CREATE TRIGGER tgr_notdel
ON Student
INSTEAD OF DELETE
AS
IF (SELECT Sdept FROM Deleted)='计算机'
        PRINT '计算机系的学生不能删除'
ELSE
   DELETE FROM Student WHERE Sno=(SELECT Sno FROM Deleted)
GO
```

2. 创建 DDL 触发器

DDL 触发器只允许 AFTER 类型触发器，不允许 INSTEAD OF 类型触发器，其一般格式如下。

```
CREATE TRIGGER 触发器名
ON DATABASE
 {FOR|AFTER}{[CREATE_TABLE][,][ALTER_TABLE][,][DROP_TABLE][,]
 [CREATE_INDEX][,][ALTER_INDEX][,][DROP _INDEX]}
AS
SQL 语句块
```

【例 6.47】 以第 4 章成绩系统的数据图 4.2 为例，创建触发器以实现禁止修改和删除 SCXT 数据库中的表。

```
USE SCXT
GO
CREATE TRIGGER tgr_ddl
ON DATABASE
FOR DROP_TABLE, ALTER_TABLE
AS
PRINT '禁止修改和删除表'
ROLLBACK
GO
```

6.3.5　触发器的修改和删除

1. 修改触发器

同其他数据库对象一样，定义好触发器之后，用户也可以利用 SQL 语句中对其进行代码修改。这里主要讲用 T-SQL 的 ALTER TRIGGER 语句对 DML 触发器进行修改操作，其一般格式如下。

```
ALTER TRIGGER 触发器名
ON 表名|视图名
{FOR|AFTER|INSTEAD OF}{[INSERT][,][UPDATE][,][DELETE]}
AS
SQL 语句块
```

【例 6.48】 修改【例 6.42】的触发器 tgr_insertstu，增加对新同学的检查，检查该同学是否已存在。

```
USE SCXT
GO
ALTER TRIGGER tgr_insertstu
ON Student
AFTER INSERT
AS
IF EXISTS(SELECT * FROM Student WHERE Sno=(SELECT Sno FROM Inserted))
  BEGIN
    PRINT '该同学已存在!'
    ROLLBACK
  END
ELSE
  SELECT * FROM Student
GO
```

> "ALTER TRIGGER" 也必须是一个批的第一行语句，因此在 USE 后也要加上 GO 命令。

2. 删除触发器

当确认不需要某个触发器时，可以将其删除。T-SQL 使用 DROP TRIGGER 进行触发器的删除操作，其一般格式如下。

```
DROP TRIGGER 触发器名 1[,触发器名 2,…]
```

【例 6.49】 删除 tgr_insertstu 和 tgr_updatesc 触发器。

```
DROP TRIGGER tgr_insertstu,tgr_updatesc
```

6.3.6　触发器的优缺点

触发器的主要好处在于它们可以包含使用 T-SQL 代码的复杂处理逻辑，同时，触发器还可以支持约束的所有功能，但它在所输出的功能上并不总是最好的方法。下面介绍触发器的优点和缺点。

1. 触发器的优点

（1）实体完整性可在最低级别上通过 PRIMARY KEY 和 UNIQUE 约束进行强制；域完整性可通过 CHECK 约束进行强制；参照完整性可通过 FOREIGN KEY 约束进行强制。但当约束所支持的功能无法满足应用程序功能要求时，触发器就极为有用。

（2）CHECK 约束只能根据逻辑表达式或同一表中的另一列来验证列值。如果应用程序要求根据另一个表中的列验证列值，则必须使用触发器。

（3）约束只能通过标准的系统错误信息传递错误信息，如果应用程序要求使用自定义信息和较为复杂的错误处理，则必须使用触发器。

（4）触发器可以禁止或回滚违反引用完整性的更改，从而撤销尝试的数据修改。当更改外键且新值与主值不匹配时，触发器就能发挥作用。

（5）如果触发器表上存在约束，触发器则在 INSTEAD OF 触发器执行后，在 AFTER 触发器执行前检查这些约束。如果约束被破坏，则回滚 INSTEAD OF 触发器操作并且不执行 AFTER 触发器。

2. 触发器的缺点

虽然触发器的功能强大，可轻松可靠地实现许多复杂的功能，但由于大量使用触发器会造成数据库及应用程序的维护困难，所以应谨慎使用触发器。在数据库操作中，可以通过关系、触发器、存储过程、应用程序等来实现数据操作，同时规则、约束、缺省值也是保证数据完整性的重要保障。所以如果能用约束实现时，尽量声明约束，因为约束的执行效率比较高。反之，如果对触发器过分依赖，势必影响数据库的结构，同时会增加维护的复杂性。

本章小结

本章是对第 4 章 SQL 标准语言的扩展章节，主要讲解了 T-SQL 语言编程、存储过程、触发器的创建和使用。T-SQL 语言在 SQL 语言的基础上增加了流程控制语句、自定义函数、存储过程和触发器等，能实现比 SQL 语言更复杂的功能，这样更能满足应用程序的需求。

练习题

一、选择题

1. 修改存储过程使用的语句是（　　　）。
   A. ALTER PROCEDURE　　　　　　　B. DROP PROCEDURE
   C. INSERT PROCEDUE　　　　　　　D. DELETE PROCEDUE

2. 创建存储过程的语句是（　　）。
   A. ALTER PROCEDURE　　　　　　　B. DROP PROCEDURE
   C. CREATE PROCEDUE　　　　　　　D. INSERT PROCEDUE

3. 下面（　　　）组命令，将变量 count 值赋值为 1。
   A. DECLARE @count
      SELECT @count=1
   B. DIM count=1
   C. DECLARE count
      SELECT count=1
   D. DIM　@count
      SELECT @count=1

4. 在 SQL Server 中删除存储过程用（　　　）。

A.　ROLLBACK　　　　　　　　　B.　DROP PROC

C.　DELALLOCATE　　　　　　　　D.　DELETE PROC

5. 在 SQL Server 编程中，可使用（　　　）将多个语句捆绑。

A.｛ ｝　　　　　　　　　　　　B.　BEGIN-END

C.( )　　　　　　　　　　　　　D.　[ ]

二、填空题

1. 在 T-SQL 编程语句中，WHILE 结构可以根据条件多次重复执行一条语句或一个语句块，还可以使用＿＿＿＿和 CONTINUE 关键字在循环内部控制 WHILE 循环中语句的执行。

2. 存储过程是存放在＿＿＿＿上的预先定义并编译好的 T-SQL 语句。

3. 游标是系统为用户开设的一个＿＿＿＿，存放 SQL 语句的执行结果。

上机实训

1. 实训目的

（1）掌握 T-SQL 语言的基本语法，包括数据类型、常变量、流程控制及函数等。

（2）理解 T-SQL 中存储过程的作用，并能编写简单的存储过程。

（3）理解 T-SQL 中触发器的作用，并能编写简单的触发器。

2. 实训内容

使用第 4 章上机实训一中的相关数据表，并采用 T-SQL 语言完成下列代码的编写。

（1）声明两个变量，再使用这两个变量查询 book 表中价格小于 50，且出版社为"清华大学出版社"的图书信息。

（2）请为图书入库创建一个存储过程，并执行该存储过程。

（3）请为读者"借书""还书"操作分别编写一个触发器，并编写相应的 SQL 代码以检测是否激活触发器。

3. 实训提示

（1）定义一个变量@price=50，另一个变量@pub='清华大学出版社'。

（2）图书入库，需判断该书的书名在图书表中是否存在，如果存在，直接更新该书的库存量+1；如果不存在，才将该书的信息插入到图书表中。

（3）学生每借 1 本书，该书的库存量就应该自动减 1。同理，学生每还一本书，该书的库存量就应该自动加 1，同时还应该考虑是否逾期，如果逾期还应该计算出罚金，并自动更新"fine"字段。上述提到自动完成某件事情时，可以考虑编写成一个或多个触发器。

应 用 篇

第7章
数据库应用系统开发

数据库设计的最终目的是为了方便用户对数据进行统一查询和管理，这里的用户包括两类人员：一类是拥有扎实数据库知识的专业人员，如 DBA；一类是毫无任何数据库基础的人员，如银行职员。前者可直接操作 DBMS，轻松完成数据库的建立、查询和管理，但后者由于缺乏必要的数据库知识而无法操作 DBMS，更何况后者人员可能涉及各行各业，对数据库的要求也各不相同，所以如何根据这类用户需求设计一款具有可视化操作界面，且界面简单友好，一般用户只需经过简单培训就能理解和操作数据库的应用系统，这成为继数据库设计之后的又一任务。这种数据库应用系统也是数据库系统（DBS）的重要组成部分，位于 DBS 构成的最上层。

一个优良的数据库应用系统应该至少完成以下 3 个方面的任务，这 3 个任务的关系如图 7.1 所示。

图 7.1　数据库应用系统框架

（1）第一个任务也是最主要的任务是提供友好的供用户操作的界面。在 Windows 操作系统下，界面可能是一个个窗口，也可能是浏览器（IE）打开的一个个页面。用户可以通过界面轻松修改或查询数据库中的数据。

（2）第二个任务是对用户在界面（窗口或页面）上输入的数据及存入数据库中的数据进行必要的逻辑判断和转换，或对数据库中取出的数据进行一定的加工整理，然后显示在界面上。

（3）第三个任务是完成对数据库的访问。必须把用户在界面（窗口或页面）上输入的数据在需要保存的时候存储到数据库中，同时把用户需要查询的数据从数据库中取出，同样经过处理后显示在界面上。

实现这 3 个任务所采用的技术和方法取决于开发的数据库应用系统采用的体系结构，不同的体系结构，其技术和方法也存在较大的差异。

7.1　数据库应用系统的类型

数据库应用系统从体系结构上可以分为两个大类：一类称为客户机（Client）/服务器（Server）

结构，简称 C/S 结构；另一类为浏览器（Brower）/服务器（Server），简称 B/S 结构。两者最主要的差异在于对界面的实现方式上存在较大不同。

7.1.1　C/S 结构

在计算机领域里，无论是软件还是硬件，凡是提供服务的一方就称为服务端或服务器（Server），而接受服务的另一方则称为客户端或客户机（Client）。这样客户机和服务器就共同构成 Client/Server 体系结构，简称 C/S 结构。C/S 是软件系统体系结构，通过它可以充分利用两端硬件环境的优势，将任务合理分配到 Client 端和 Server 端来实现，降低了系统的通讯开销。目前大多数应用软件系统都是 C/S 形式的两层结构。

1. C/S 的工作模式

C/S 结构的工作模式是将计算机应用任务分解成多个子任务，由多台计算机分工完成，即采用"功能分布"原则。客户端完成数据处理、数据表示及用户接口功能，即 Client 程序将用户的要求提交给 Server 程序，再将 Server 程序返回的结果以特定的形式显示给用户；服务器端完成 DBMS（数据库管理系统）的核心功能，即接收客户程序提出的 SQL 服务请求，进行相应的处理，再将结果返回给客户程序。这种客户请求服务、服务器直接提供服务的处理方式，就是 C/S 体系结构中最简单的两层应用模式，如图 7.2（a）所示。

在上述两层结构中，数据处理程序存在于界面相关程序中，然而人们更希望把数据处理程序从界面中分离出来，使得当业务逻辑改变时不需要或尽可能少地去改变界面；而当界面改变时，不改变或尽可能少地去改变反映业务逻辑的数据处理程序。同时，这种分离还可以解决软件的重用问题及系统的异地分布问题。为了实现分离，人们采用一种称为中间件技术的应用服务器的软件平台。这样就形成了 C/S 的三层，甚至是 N 层应用模式的多层体系结构，如图 7.2（b）所示。

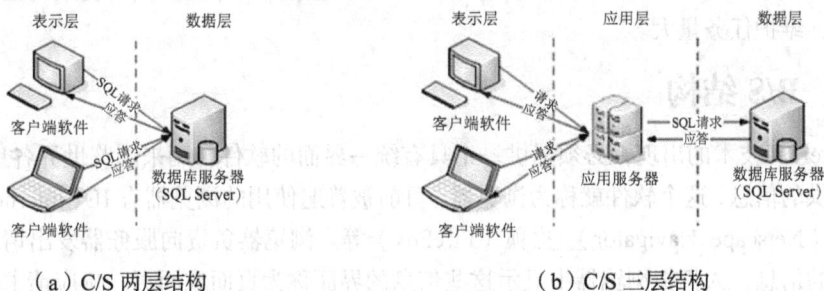

（a）C/S 两层结构　　　　　　　　　　　（b）C/S 三层结构

图 7.2　C/S 体系结构

2. C/S 的优缺点

C/S 结构的优点是能充分发挥客户端 PC 的处理能力，很多工作可以在客户端处理后再提交给服务器。对应的优点就是客户端响应速度快。具体表现在以下两点。

（1）应用服务器运行数据负荷较轻。最简单的 C/S 体系结构的数据库应用由两部分组成，即客户应用程序和数据库服务器程序。二者可分别称为前台程序与后台程序。运行数据库服务器程序的机器，也称为应用服务器。一旦服务器程序被启动，就随时等待响应客户程序发来的请求；客户应用程序运行在用户自己的电脑上，对应于数据库服务器，可称为客户电脑，当需要对数据库中的数据进行任何操作时，客户程序就自动寻找服务器程序，并向其发出请求，服务器程序根据预定的规则作出应答，送回结果。

（2）数据的储存管理功能较为透明。在数据库应用中，数据的储存管理功能，是由服务器程序和客户应用程序分别独立进行的，并且通常把那些不同的（不管是已知的还是未知的）前台应用所不能违反的规则，在服务器程序中集中实现，例如访问者的权限，编号可以重复，必须有客户才能建立定单等规则。所有这些规则，对于工作在前台程序上的最终用户，是"透明"的，他们无须过问（通常也无法干涉）背后的过程，就可以完成自己的一切工作。在客户服务器结构的应用中，前台程序不是非常"瘦小"，麻烦的事情都交给了服务器和网络。

随着互联网的飞速发展，移动办公和分布式办公越来越普及，传统 C/S 结构的缺点也日益明显，具体表现在以下 3 个方面。

（1）客户端需要安装专用的客户端软件。首先涉及安装的工作量，其次任何一台电脑出现问题，如病毒、硬件损坏，都需要进行安装或维护。特别是有很多分部或专卖店的情况，不是工作量的问题，而是路程的问题。还有，系统软件升级时，每一台客户机都需要重新安装，其维护和升级成本非常高。

（2）未能提供真正的开放环境。传统的 C/S 体系结构虽然采用的是开放模式，但这只是系统开发一级的开放性，在特定的应用中无论是 Client 端还是 Server 端都还需要特定的软件支持。由于没能提供用户真正期望的开放环境，C/S 结构的软件需要针对不同的操作系统开发不同版本的软件，加之产品的更新换代十分快，已经很难适应百台电脑以上局域网用户同时使用。而且 C/S 体系结构代价高、效率低。

（3）高昂的维护成本且投资大。首先，采用 C/S 结构，要选择适当的数据库平台来实现数据库数据的真正"统一"，使分布于两地的数据同步完全交由数据库系统去管理，但逻辑上两地的操作者要直接访问同一个数据库才能有效实现，有这样一些问题，如果需要建立"实时"的数据同步，就必须在两地间建立实时的通讯连接，保持两地的数据库服务器在线运行，网络管理工作人员既要对服务器维护管理，又要对客户端维护和管理，这需要高昂的投资和复杂的技术支持，维护成本很高，维护任务量大。

7.1.2 B/S 结构

随着 Internet 技术的出现，必须提供一个具有统一界面的软件，用来浏览世界各地的 Internet 服务器上提供的信息，这个软件就称为浏览器，目前被普遍使用的浏览器有 IE（Internet Explore）、网景领航员（Netscape Navigator）、火狐（FireFox）等。浏览器负责向服务器发出请求和显示从服务器获得的信息，人们把浏览器中显示这些信息的界面称为页面或网页，响应请求的服务器称为 Web 服务器。这样浏览器和 Web 服务器就共同构成 Brower/Server 体系结构，简称 B/S 结构。B/S 是 Web 兴起后的一种网络结构模式，这种模式统一了客户端，将系统功能实现的核心部分集中到服务器上，简化了系统的开发、维护和使用。客户机上只要安装一个浏览器，服务器安装数据库后，浏览器就可以通过 Web 服务器同数据库进行数据交互。

1. B/S 的工作模式

随着 Internet 的发展，浏览器不仅仅是浏览信息的阅读器，还已经发展成为一个功能强大的具有依据服务器提供的信息产生页面及进行页面控制的软件。其工作模式是由浏览器通过网址形式向服务器发出请求，服务器以某种标准的格式（如 HTML）返回页面信息。浏览器获得这些页面信息后对其解释并显示页面，用户在此页面上查看或输入数据，完成后把输入的数据提交给服务器，服务器根据用户提交的数据，完成与数据库中数据的交互，并把新的页面信息返回给浏览器，如此往复。B/S 体系结构如图 7.3 所示。

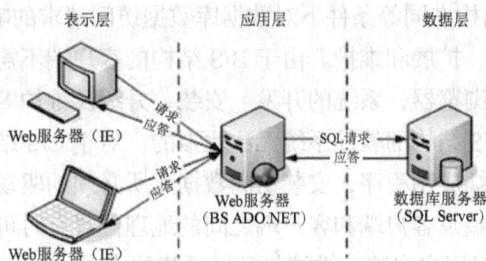

图 7.3　B/S 体系结构

2. B/S 的优缺点

B/S 结构主要利用不断成熟的 Web 浏览器技术,结合浏览器的多种脚本语言和 ActiveX 技术,用通用浏览器实现原来需要复杂专用软件才能实现的强大功能,同时节约了开发成本。B/S 最大的优点就是可以在任何地方进行操作,不用安装任何专门的软件,只要有一台能上网的电脑就能使用,客户端零安装、零维护,系统的扩展也非常容易。此外,B/S 还具有以下两个方面优点。

(1)维护和升级方式简单。相对于 C/S 软件系统,B/S 结构的产品明显体现了更为方便的特性。B/S 结构的软件只需要管理服务器即可,所有的客户端只是浏览器,根本不需要做任何维护。无论用户的规模有多大,所有的操作只需要针对服务器进行。这样客户机越来越"瘦",而服务器越来越"胖"。软件升级和维护会越来越容易,而使用起来也会越来越简单,这对用户人力、物力、时间、费用的节省是显而易见的。

(2)成本降低,选择更多。B/S 结构除可安装在 Windows 操作系统外,还可安装在 Linux 服务器上,而且安全性更高。所以对于 B/S 结构,其服务器操作系统的选择是很多的,不管选用哪种操作系统都可以让大部分用户用 Windows 作为桌面电脑操作系统,这就使最流行的免费的 Linux 操作系统快速发展起来,Linux 除了操作系统是免费的,连数据库也是免费的,这种选择非常盛行。

但由于 B/S 结构的客户端—服务器端的交互是请求—响应模式,通常需要刷新页面,这并不是客户乐意看到的。同时,B/S 的应用服务器运行数据负荷较重,一旦发生服务器"崩溃"等问题,后果将不堪设想。此外,B/S 在跨浏览器上也不尽如人意,在速度和安全性上需要花费巨大的设计成本也成为 B/S 的目前的最大问题。

7.1.3　C/S 和 B/S 的区别

如果一个应用系统或子系统由客户端的软件系统和服务端的软件系统两大部分组成,就构成 C/S 结构;如果一个应用系统或子系统只有服务器端软件系统,客户端使用的是浏览器,就构成 B/S 结构。换句话说,C/S 结构需要专门开发客户端的应用程序,所有需要使用系统的用户首先必须安装客户端的应用程序;而 B/S 结构则不需要开发客户端应用程序,只需开发服务端的应用程序,客户端只要使用浏览器就可使用系统。C/S 和 B/S 结构的主要特点和区别表现为以下 4 个方面。

(1)界面和操作的特点。B/S 结构的界面就是浏览器中显示的页面,其美观程序及操作的便捷性受制于浏览器的功能,无法满足对界面操作的某些特殊需求。比如超市或商场的收银系统几乎全部使用的是 C/S 结构,收银过程必须使用键盘,以及对操作的快捷性需求很难通过浏览器的页面实现。

(2)访问数据库的效率。B/S 结构相对于 C/S 结构,对数据库的访问,一般总是要多一个环节,在最简单的体系结构下,C/S 结构的客户端程序可直接访问数据库数据,而 B/S 结构必须通过 Web 服务器，所以 B/S 结构在同等条件下对数据库数据访问请求的响应速度要低于 C/S 结构。

（3）系统的开发、安装、扩展和维护。由于 B/S 结构的客户端不需要专门的客户端程序，只需要一般操作系统都包含的浏览器，系统的开发、安装、升级及维护等全部工作均只需要在服务器上进行，这种便利性是 C/S 结构的软件系统无法比拟的。对于 C/S 结构的软件系统，必须为每一个客户端安装和维护客户端应用程序，安装访问数据库所必须的驱动程序，以及对系统进行适当的配置，而服务器和客户端及客户端和客户端之间的地理位置有时可能相差很远，或者甚至在异地，B/S 结构可以大大减轻用户安装、维护与升级系统的成本。

（4）硬件资源的利用率。采用 B/S 结构，客户端只完成页面的显示及数据的输入等简单功能，绝大部分工作集中在服务器，所以服务器的负担很重，必须具有较高的性能，而即使客户机有很好的性能，在 B/S 结构下也无法得以利用。采用 C/S 结构时，一部分的数据处理任务可以由客户机来完成，由此可以减轻服务器的压力。

7.2　数据库应用系统开发

从 20 世纪 60 年代开始，人们就开始研究数据库应用系统开发方法和开发工具。一种好的开发方法应当能够为数据库应用系统的整个开发过程提供一套提高效率的途径和措施。到目前为止，数据库应用系统的开发方法主要有结构化生命周期法、快速原型法和面向对象方法等。这里主要介绍结构化生命周期法。

7.2.1　结构化生命周期法

结构化生命周期法是一种运用软件工程、系统工程理论、方法和工具，严格按照系统生命周期的各个阶段所规定的步骤和要求开发数据库应用系统的方法。这种方法通常划分为 5 个阶段：系统规划、系统分析、系统设计、系统实施和系统运行与维护，即瀑布模型，如图 7.4 所示。每个阶段都以前一阶段形成的文档为基础完成相应的工作。同时，在每个阶段即将完成时，要求开发人员进行审查和确认，一旦发现错误，则反馈至前面的开发阶段。结构化生命周期法的优点是采用逐步求精的结构化方法，每个阶段的任务明确，前一阶段的成果是后一阶段的依据，软件的开发工作具有顺序性和依赖性，逻辑设计和物理设计分开，有质量保证措施等。

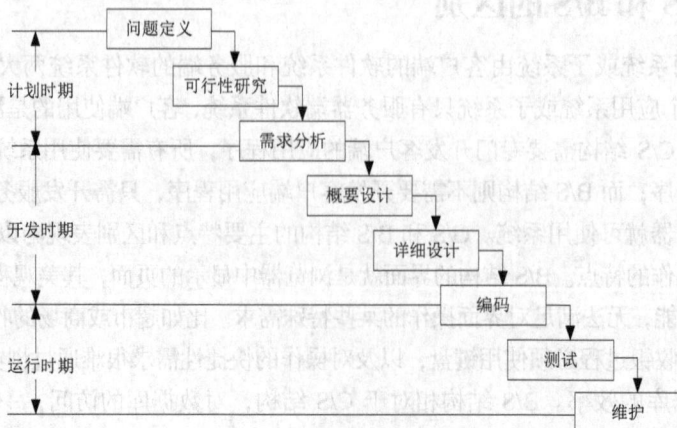

图 7.4　瀑布模型

1. 系统规划阶段

系统规划阶段的主要任务是对组织的环境、目标、现行系统的状况进行初步调查，研究建立新系统的必要性和可行性，给出拟建系统的备选方案。对这些方案进行可行性分析，写出可行性分析报告。可行性分析报告审议通过后，将新系统建设方案及实施计划编写成系统设计任务书。

2. 系统分析阶段

系统分析阶段的任务是根据系统设计任务书所确定的范围，对现行系统进行详细调查，分析用户的各种需求，确定新系统的目标和功能，收集用户的数据需求和处理需求。这个阶段的工作成果是系统分析说明书。系统分析说明书必须提交，通过评审后作为以后各个阶段的依据。

3. 系统设计阶段

系统设计阶段的任务是根据系统分析说明书中规定的功能要求，考虑实际条件，设计出一个易于实现、易于维护的系统。系统设计阶段又分为概要设计阶段和详细设计阶段。概要设计阶段也称为总体设计，即以系统分析的结果作为出发点，构造出一个具体的系统设计方案，决定系统的模块结构。详细设计是在概要设计的基础之上，确定每个模块的内部结构和算法，最终产生每个模块的程序流程图。详细设计主要包括代码设计、数据库设计、输入设计、输出设计、人机对话设计和处理过程设计等多项内容。这个阶段的工作成果体现在系统设计说明书中，它将成为系统实施阶段的工作依据。

4. 系统实施阶段

系统实施是开发数据库应用系统的最后一个阶段。系统设计说明书详细规定了系统的结构，规定了各个模块的功能、输入输出，还规定了数据库逻辑结构和物理结构，这些都是系统实施的出发点，根据它们开发可以实际运行的数据库应用系统，交付用户使用。这个阶段的任务包括程序的编写和调试、人员培训、数据文件的准备和转换、计算机等设备的购置安装和调试、系统调试与转换等。系统实施是按实施计划分阶段完成的，每个阶段应写出实施报告，系统测试也应有相应的系统测试报告。

5. 系统运行和维护阶段

系统投入运行后，可能还会出现新的问题，甚至提出新的需求，所以需要经常进行系统评价和维护，记录系统运行状况，对系统进行必要的修改，评价系统的工作质量和取得的效益。对于不能修改或难以修改的问题记录在案，定期整理成新需求建议书，为下一周期的系统规划做准备。

7.2.2　数据库设计步骤

数据库设计是数据库应用系统开发的一个重要环节，其位于上述结构化生命周期法的详细设计中，就是通过设计反映现实世界信息需求的概念数据模型，并将其转换为逻辑模型和物理模型，最终建立为现实世界服务的数据库。因此，数据库设计的基本任务就是根据用户的信息需求、处理需求和数据库的支撑环境（包括 DBMS、操作系统、硬件等），设计一个结构合理、使用方便、效率较高的数据库。

早期的数据库设计主要采用手工和经验结合的方法，设计的质量与设计人员的经验、水平有直接的关系，由于缺乏科学方法和设计工具的支持，设计质量难以保证。为此，人们经过不懈努力和探索，提出各种数据库设计方法，开发了数据库设计工具软件，由于遵循了软件工程的思想与方法，再结合数据库设计自身的特点，数据库设计的质量大大提高。目前常用的数据库设计工具主要有赛贝斯（Sybase）公司的电源设计（PowerDesigner），甲骨文（Oracle）公司的甲骨文设计（Oracle Designer）等。数据库设计的步骤也统一分为 6 个阶段：需求分析阶段、概念结构设计阶段、逻辑结构设计阶段、物理结构设计阶段、数据库实施阶段和数据库运行和维护阶段。图 7.5 展示了数据库设计各阶段的设计依据和结果。

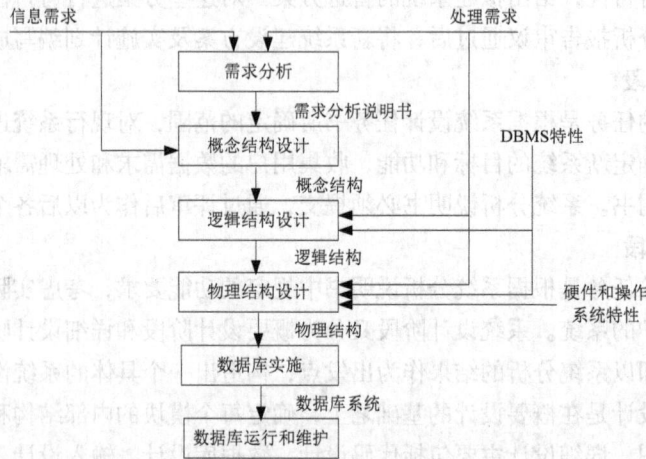

图 7.5　数据库设计步骤

1. 需求分析阶段

需求分析阶段是由系统分析员和用户双方共同收集数据库所需的信息内容和用户对处理的需求，包括信息需求、处理需求及安全性、完整性需求，并将这些内容用需求说明书的形式确定下来，作为系统开发的指南和系统验证的依据。需求分析是整个数据库设计过程最困难、最耗费时间的一步。需求分析的结果是否可以准确地反映用户的实际需求，将直接影响到后面设计的各个阶段，并影响设计结果是否合理和实用。

确定用户的最终需求其实是一件很困难的事情，这是因为一方面用户缺少计算机方面的知识，开始时无法确定计算机究竟能为自己做什么，不能做什么，因此无法一下子准确地表达自己的需求，他们提出的需求往往在不断地变化。另一方面设计人员缺少用户的专业知识，不易理解用户的真正需求，甚至误解用户的需求。此外，新的硬件、软件技术的出现也会使用户需求发生变化，因此设计人员必须与用户不断深入地进行交流，才能逐步确定用户的实际需求。具体做法可按需求获取、分析与协商、系统建模、需求规约、需求验证 5 个步骤迭代实施，如图 7.6 所示，同时还可以采用以下两种常用的需求获取方法。

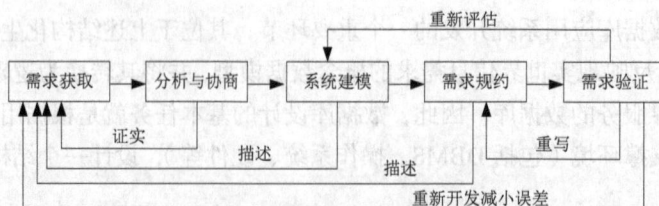

图 7.6　迭代的需求开发过程

（1）访谈与会议。为了克服沟通困难，分析人员可以以个别访谈或小组会议的形式开始与用户沟通。在访谈和会议前，分析人员可以预先准备一系列问题，通过用户对问题的回答来获取有关问题及环境的知识，逐步理解用户对目标软件的需求。

（2）观察用户工作流程。分析人员可以首先了解用户组织的部门组成情况，各部门的职能等，为分析信息流程做准备。然后分析人员应该深入用户工作环境，观察用户的实际操作过程，包括各部门输入和使用什么数据，如果加工处理这些数据，输出什么数据，输出结果的格式是什么等。

2. 概念结构设计阶段

概念结构设计阶段是将需求分析阶段得到的用户需求抽象为信息结构，生成系统的概念模型。概念结构是对现实世界的一种抽象，即对实际的人、事、物和概念进行人为的处理，抽取对象的共同特性，忽略非本质的细节，并把这些特性用各种概念精确地加以描述。概念结构独立于数据库逻辑结构，也独立于支持数据库的 DBMS，它是现实世界与机器世界的桥梁。它一方面能够充分反映现实世界，同时又易于向关系、网状、层次等各种数据模型转换。概念模型是现实世界的一个真实模型，易于理解，便于设计人员和不熟悉计算机的用户交换意见，使用户易于参与，当现实世界需求改变时，概念结构又可以容易地作出相应的调整。因此概念结构设计是整个数据库设计的关键所在，其最常用的设计工具为 E-R 模型，也称 E-R 图（有关 E-R 图的构建在本书第 1 章中已详细讲解，这里不再赘述），设计方法通常有以下 4 类。

（1）自顶向下策略。首先定义全局概念结构的框架，然后逐步细化。

（2）自底向上策略。首先定义各局部应用的概念结构，然后将它们集成起来，得到全局概念结构。该策略是最常用的，其具体的设计流程如图 7.7 所示。

（3）逐步扩张策略。首先定义最重要的核心概念结构，然后向外扩充，以滚雪球的方式逐步生成其他概念结构，直至总体概念结构。

（4）混合策略。将自顶向下和自底向上相结合，用自顶向下策略设计一个全局概念结构的框架，以它为骨架集成由自底向上策略中设计的各局部概念结构。

3. 逻辑结构设计阶段

概念设计阶段生成的 E-R 图是对系统信息结构的描述，独立于任何一种数据模型和具体 DBMS。要建立能满足用户需求的数据库，还需要将概念模型转换为某个具体的 DBMS 所支持的数据模型。因此，逻辑结构设计阶段就是将概念结构即 E-R 图转换成特定 DBMS 支持的数据模型。概念模型可以转换为层次模型、网状模型和关系模型中的任何一种具体的 DBMS 支持的数据模型（因为目前绝大多数数据库应用使用都是关系模型，所以这里只讨论概念模型向关系模型转换的方法和步骤）。逻辑结构设计流程如图 7.8 所示。

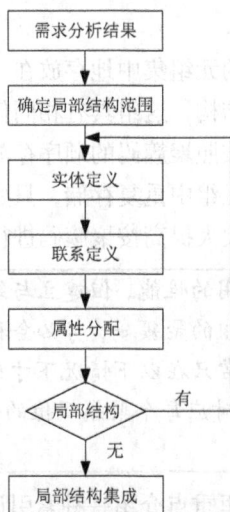

图 7.7　自底向上概念结构设计流程　　　　　图 7.8　逻辑结构设计流程

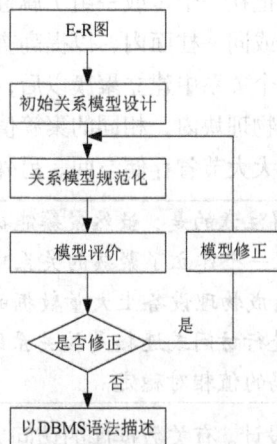

逻辑结构设计阶段的设计步骤如下。

（1）将概念模型转换为一般的关系模型。

（2）将转换得到的一般关系模型向特定的 DBMS 支持的数据模型转换。

（3）优化数据模型。为了进一步提高数据库应用系统的性能，还应该使用关系规范理论对数据模型进行优化。其步骤如下。

① 确定数据依赖。根据需求分析阶段得到的语义，写出每个关系模式内部各属性之间的数据依赖及不同关系模式属性之间的数据依赖。

② 对各个关系模式之间的数据依赖进行极小化处理，以消除冗余联系。

③ 按照数据依赖理论对关系模式进行进一步分析，考察是否存在部分函数依赖、传递函数依赖、多值函数依赖等内容，确定各关系模式分别属于第几范式。

④ 按照需求分析阶段得到的处理要求，分析各关系模式是否适合应用环境，确定是否需要对关系模式进行合并或分解。

> 在进行关系规范化时应该注意，并不是规范化程度越高的关系就越优。规范化程度越高，关系分解得就越细。如果查询涉及多个关系，则需要系统进行连接运算，这会大大影响系统的效率。所以关系模式有时应该根据需要进行必要的合并。

4. 物理结构设计阶段

数据库在物理设备上的存储结构与存取方法称为数据库的物理结构。为给定的逻辑数据模型选取一个最适合的物理结构的过程，就是数据库的物理结构设计阶段。

数据库的物理结构与计算机系统密切相关，所以在设计数据库物理模式时，要根据已有的逻辑模式，结合具体 DBMS 的特点与存储设备特性来进行设计。数据库物理结构设计可分为以下两步。

（1）确定物理结构。在目前的关系数据库管理系统中，数据库的大量物理结构都由 DBMS 自动完成，由用户参与的物理结构设计内容很少，大致包括存储记录结构设计、访问方法设计、数据存放位置设计和系统配置设计。

① 存储记录结构设计。在数据库物理结构中，数据的基本存储单元就是存储记录。有了逻辑结构，就可以设计存储记录结构，一个存储记录可以和一个或多个逻辑记录相对应。有关存储记录结构的设计方法很多，这里介绍一种聚簇设计方法。

所谓聚簇就是把在一个（或一组）属性上具有相同值的元组集中地存放在一个物理块内或若干相邻的物理块内或同一柱面内，以提高查询效率的存储结构，这组具有相同值的属性或属性组称为聚簇码。在一个关系中建立聚簇以后，关系中的元组按照聚簇码的顺序存放在一个磁盘的物理块或若干个相邻物理块内，相同的聚簇值也不必在每个元组中重复存储，只要在一组中存储一次即可，因此可以大大节省存储空间。另外，聚簇还可以大大提高按聚簇码进行查询的效率。

> 值得注意的是，虽然聚簇能提高某些特定应用的性能，但建立与维护聚簇的开销非常大。在一个建立了聚簇的关系中改变某一个元组的聚簇码，势必会移动该元组的存储位置，造成物理设备上大量数据的移动。所以通常只在以下情况下才建立聚簇：①通过聚簇码进行访问或连接是该关系的主要应用。②对应每个聚簇码值的平均元组数适中。③聚簇码的值相对稳定。

② 访问方法设计。有关数据库的访问方法有很多，这里重点介绍一种索引设计方法。在数据库中，索引可对存储记录重新进行内部链接，以改变记录的逻辑存储位置，以提高数据库访问效

率。在一个关系中可以建立多个索引，并且数据越多，索引的优越性也就越明显。对于一个确定的关系模型，通过在下列情况下才能建立索引。

    a. 以查询为主的关系可以建立尽可能多的索引。

    b. 对等值连接，但满足条件的元组较少的查询可以考虑建立索引。

    c. 如果查询可以从索引直接得到结果而不用访问关系（例如查询某个属性的 MIN、MAX、AVG、COUNT 等函数值）时应建立索引。

③ 数据存放位置设计。数据存放位置设计是确定数据库中数据的存放位置，以提高系统性能。在数据存放位置设计的过程中，应该根据应用情况将数据易变部分、稳定部分、经常存取部分和存取频率较低的部分分开存放。例如，目前许多计算机有多个磁盘，因此可以将表和索引分别存放在两个不同的磁盘上，在查询时，由于两个磁盘驱动器并行工作，因此可以提高物理读写的速度。

④ 系统配置设计。DBMS 产品一般都提供了一些系统配置变量和存储分配参数供设计人员和 DBA 对数据库进行物理优化。系统为这些变量设定了初始值，但是这些值不一定适合每一种应用环境，在物理设计阶段，要根据实际情况重新对这些变量赋值，以满足新的要求。

在系统配置中通常需要设置的变量包括同时使用数据库的用户数，同时打开的数据库对象数、内存分配参数、使用的缓冲区长度和个数、存储分配参数、数据库的大小、时间片的大小、锁的数目等，这些参数值会影响存取时间和存储空间的分配，在物理设计时要根据应用环境确定这些参数值，以使系统的性能达到最优状态。

（2）评价物理结构。数据库物理设计过程中需要对时间效率、空间效率、维护代价和各种用户要求进行权衡，其结果可以产生多种方案。数据库设计人员必须对这些方案进行细致的评价，从中选择一种较优的方案作为数据库的物理结构。

评价物理数据库的方法完全依赖于选用的 DBMS，评价重点是存取时间、存储空间和维护代价。如果评价结果是满足设计要求，则可以进入数据库实施阶段，如果不符合用户需求，则需要修改设计。

5. 数据库实施阶段

数据库的物理结构设计并评价完成后，就进入数据库的实施阶段。数据库实施是指根据逻辑设计、物理设计和结果，在计算机上建立实际的数据库结构、装入数据、进行测试和试运行的过程。数据库实施主要包括定义数据库结构、装入数据、应用程序编码与调试、数据库试运行及整理文档。

（1）定义数据库结构。建立数据库逻辑结构和物理结构后，就可以使用 DBMS 提供的数据定义语言来定义数据库结构。例如，在 SQL Server 中使用 CREATE DATABASE 语句创建数据库，CREATE TABLE 语句定义所需要的基本表等。

（2）装入数据。定义好数据库结构后，需向数据库中装入数据，这一过程又称为数据库加载（Loading），载入数据是数据库实施阶段的主要工作。

对于小型数据库应用系统，由于装入的数据量较少，可以采用人工方法来完成输入加载。其步骤如下：首先将需要装入的数据从各个部门的数据文件中筛选出来，然后根据数据库要求将数据转换成符合数据库要求的数据格式，并输入到计算机中，最后进行数据检验，检查输入的数据是否有误。

对于中大型数据库应用系统，由于装入的数据量较大，使用人工方法不但效率低，而且容易产生差错，因此通常设计一个数据输入子系统，由计算机辅助完成这一工作。中大型数据库载入数据的过程仍然是首先要筛选数据，然后由录入人员通过数据输入子系统将原始数据直接输入或批量导入到计算机中。数据输入子系统的设计和实现过程非常复杂，需要编写许多应用程序，通常在数据库物理设计的同时编制该系统，以保证数据能够及时入库。

（3）应用程序编码与调试。数据库应用程序的设计工作通常与数据库设计并行进行。当数据库逻辑结构和物理结构建立后，就可以开始编制调试数据库应用程序。在调试应用程序时，由于数据入库工作尚未完成，因此可以先使用模拟数据。

（4）数据库试运行。在应用程序编写调试完成，并有一小部分数据装入后，应该按照系统支持的各种分别试验应用程序在数据库上的操作情况，这就是数据库试运行，也称联合测试。数据库试运行阶段主要是进行功能测试和性能测试。

数据库试运行阶段使用实际数据测试系统的功能和性能指标，能够更真实地反映系统的运行结果。结果如果不符合设计目标，则需要返回数据库物理设计阶段，调整物理结构，修改参数；有时甚至需要返回数据库逻辑设计阶段，调整逻辑结构。

在数据库的试运行阶段，系统还不稳定，随时可能发生硬件或软件故障。另外，在这一阶段，操作人员对系统还不熟悉，对其规律缺乏了解，容易发生操作错误。这些故障和错误很可能破坏数据库中的数据，并可能在数据库中引起连锁反应，破坏整个数据库。因此在这一阶段必须做数据库的转储和恢复工作，尽量减少对数据库的破坏。

（5）整理文档。在程序的编码测试和试运行中，应该将发现的问题和解决方法记录下来，将它们整理存档作为资料，供以后正式运行和改进时参考。全部的调试工作完成后，应该编写应用系统的技术说明书，在正式运行时随系统一起交给用户。

6. 数据库运行和维护阶段

数据库试运行结果符合设计目标后，数据库就可以投入正式运行，进行运行和维护阶段。在数据库运行和维护阶段，对数据库的维护工作主要由 DBA 完成，主要任务包括以下内容。

（1）数据库的转储和恢复。在数据库的运行和维护阶段，DBA 要针对不同的应用要求制定不同的转储计划，定期对数据库和日志文件进行备份，以保证数据库中数据遭到破坏后能及时恢复。现在的 DBMS 都可提供数据转储与恢复的工具或命令供 DBA 使用。

（2）维护数据库的安全性与完整性。按照设计阶段提供的安全规范和故障恢复规范，DBA 要经常检查系统的安全是否受到侵犯，并根据用户的实际需要授予用户不同的操作权限。数据库在运行过程中，由于应用环境发生变化，对安全性的要求可能会发生变化，DBA 要根据实际情况及时调整相应的授权和密码，以保证数据库的安全性。

数据库的数据要能及时、准确地反映现实世界的状态，需要保持数据的一致性，满足数据的完整性约束。在数据库系统运行时，DBA 需要随时观察数据库的动态变化，并在出现错误、故障或产生死锁、对数据库的误操作等不适应情况时，采取有效的措施来维护系统完整性。同样数据库的完整性约束条件也可能会随应用环境的改变而改变，这时 DBA 也要对其进行调整，以满足用户需求。

（3）监测并改善数据库性能。在数据库运行的过程中，DBA 还要利用 DBMS 提供的监测系统性能参数的工具，经常对数据库的存储空间状况及响应时间进行分析评价，及时改正运行中发现的错误，结合用户的反应情况确定改进措施，按用户的要求对现有功能进行适当的扩充。

（4）重新组织和构造数据库。数据库建立后，除了数据本身是动态变化的，随着应用环境的变化，数据库本身也必须变化，以适应应用要求。数据库运行一段时间后，由于记录不断增加、删除和修改，势必会造成磁盘区的碎块逐渐增多，数据库的物理存储结构变坏，性能逐渐下降。

这时需要 DBA 对数据库进行重新组织，即重新安排数据的存储位置，回收垃圾，减少指针链，改进数据库的响应时间和空间利用率，以提高系统性能。

数据库的重组使数据库的物理存储结构发生变化，数据库的模式/内模式映象可以在使数据库的物理结构发生变化时，其逻辑结构不变，所以数据库重组对系统功能没有影响，只提高系统的性能。数据库重组过程需要较长时间，通常使用系统的空闲时间进行数据库重组。其中，目前大多数 DBMS 产品都提供了数据库重组和重构的实用程序，来帮助 DBA 完成重组和重构任务。

只要数据库系统在运行，就需要不断地对其进行修改、调整和维护。一旦应用变化太大，数据库重新组织也无济于事，就表明数据库应用系统的生命周期结束了，应该建立新系统，重新设计数据库，开始一个新数据库应用系统生命周期。

7.2.3 数据库设计规范

数据库设计（Database Design）是指对于一个给定的应用环境，构造最优的数据库模式，建立数据库及其应用系统，使之能够有效地存储数据，在数据库领域内，常常把使用数据库的各类系统称为数据库应用系统。通常情况下，数据库设计可以从两个方面来判断数据库是否设计得比较规范。一是看是否拥有大量的窄表，二是宽表的数量是否足够的少。若符合这两个条件，则可以说明这个数据库的规范化水平比较高。为了达到"数据库设计规范化"的要求，一般来说，需要符合以下 5 个要求。

1. 表中应该避免可为空的列

虽然表中允许空列，但是，空字段是一种比较特殊的数据类型。数据库在处理的时候，需要进行特殊的处理。当表中有比较多的空字段时，在同等条件下，数据库处理的性能会降低许多。所以在数据库表设计的时候，应该尽量避免使用空字段。若确实需要空字段则可以通过一些折中的方式来处理，让其对数据库性能的影响降低到最少。

一种方法是通过设置默认值的形式，来避免空字段的产生。例如，在一个人事管理系统中，有时身份证号码字段可能允许为空。因为在员工报到时有可能身份证没有带在身边（刚好此人记不住自己的身份证号码）。所以，身份证号码字段可以允许为空，以满足这些特殊情况的需要。但是，在数据库设计的时候，设计员需要做一些处理，例如，当用户没有输入内容时，则把这个字段的默认值设置为 0 或者为 N/A。以避免空字段的产生。

另一种方法是建立副表。例如，在一张表中，允许为空的列比较多，接近表全部列数的三分之一。而且，这些列在大部分情况下，都是可有可无的。若数据库管理员遇到这种情况，应另外建立一张副表，以保存这些列，然后通过关键字把主表跟副表关联起来。将数据存储在两个独立的表中，使主表的设计更为简单，同时也能够满足存储空值信息的需要。

2. 表不应该有重复的值或者列

如现在有一个进销存管理系统，这个系统中有一张产品基本信息表中。开发该系统时可能是一个人或多人合作完成，所以，在产品基本信息表产品开发者这个字段中，有时候可能需要填入多个开发者的名字。例如，在进销存管理系统中，还需要对客户的联系人进行管理。有时候，企业可能只知道客户一个采购员的姓名，但是在必要的情况下，企业需要对客户的采购代表、仓库人员、财务人员进行共同管理。因为在订单上，可能需要填入采购代表的名字；而在出货单上，则需要填入仓库管理人员的名字等。

为了解决前面的问题，有多种实现方式。如果设计不合理，则会导致出现重复的值或者列。

一种设计是将客户信息、联系人都放入同一张表中。为了解决多个联系人的问题，可以设置第一联系人、第一联系人电话、第二联系人、第二联系人电话等，以此类推。按此种设计方案会产生一系列的问题。例如，客户的采购员流动性比较大，在一年内换了 6 个采购员。此时，在系统中该如何管理呢？难道就建立 6 个联系人字段？这不但会导致空字段的增加，还需要频繁地更改数据库表结构。明显，这么做是不合理的。也有人说，可以直接修改采购员的名字。若按此处理会把原采购订单上采购员的名字同时改变，因为采购单上客户采购员信息在数据库中存储的不是采购员的名字，而是采购员对应的编号。在编号不改而名字改变的情况下，采购订单上显示的就是更改后的名字，这不利于时时追踪。

因此，若数据库管理员遇到这种情况，可以改变一下策略，可以把客户联系人单独设置一张表，通过客户 ID 把供应商信息表跟客户联系人信息表连接起来。即尽量将重复的值放置到一张独立的表中进行管理，然后通过视图或者其他手段把这些独立的表联系起来。

3. 表中记录应该有一个唯一的标识符

在数据库表设计的时候，数据库管理员应该养成一个好习惯，用一个 ID 号来唯一地标识行记录，而不要通过名字、编号等字段对记录进行区分。每个表都应该有一个 ID 列，任何两个记录都不可以共享同一个 ID 值。另外，这个 ID 值最好由数据库进行自动管理，而不是把这个任务交给前台应用程序，否则很容易产生 ID 值不统一的情况。

此外，在数据库设计的时候，最好还能够加入行号。例如，在销售订单管理中，ID 号是用户不能维护的，但是，用户可以维护行号。例如，在销售订单的行中，用户可以通过调整行号的大小来对订单行进行排序。通常情况下，ID 列是以 1 为单位递进的。但是，行号就要以 10 为单位累进。因此，正常情况下，行号就以 10、20、30 依次扩展下去。若此时用户需要把行号为 30 的记录调到第一行显示。此时，用户在不能更改 ID 列的情况下，可以通过更改行号来实现。例如，可以把行号改为 1，在排序时可以按行号来进行排序。如此的话，原来行号为 30 的记录的行号变为 1，就可以在第一行中显示。这是在实际应用程序设计中对 ID 列的一个有效补充，这个内容在教科书上是没有的，需要在实际应用程序设计中，才会掌握到这个技巧。

4. 数据库对象要有统一的前缀名

一个比较复杂的应用系统，其对应的数据库表往往以千计。若让数据库管理员看到对象名就了解这个数据库对象所起的作用，恐怕会比较困难。而且在数据库对象引用的时候，数据库管理员也会为不能迅速找到需要的数据库对象而头疼。

为此，在开发数据库之前，数据库管理员最好能够花一定的时间去制定一个数据库对象的前缀命名规范。例如在数据库设计时，跟前台应用程序协商，确定合理的命名规范，最常用的是根据前台应用程序的模块来定义后台数据库对象前缀名。例如跟物料管理模块相关的表可以用 M 作为前缀；而以订单管理相关的，则可以利用 C 作为前缀。具体采用什么前缀可以以用户的爱好定义。但是，需要注意的是，这个命名规范应该在数据库管理员与前台应用程序开发者之间达成共识，并且严格按照这个命名规范来定义对象名。

其次，表、视图、函数等最好也有统一的前缀。例如视图可以用 V 作为前缀，而函数则可以用 F 作为前缀。如此，数据库管理员无论是在日常管理还是对象引用的时候，都能够在最短的时间内找到自己所需要的对象。

5. 尽量只存储单一实体类型的数据

此处的实体类型是指所需要描述对象的本身。例如，一个图书管理系统，有图书基本信息、作者信息两个实体对象，若用户要把这两个实体对象信息放在同一张表中也是可以的，例如把表设计成图书名字、图书作者等。可是如此设计的话，会给后续的维护带来不少的麻烦。当后续有图书出版时，则需要为每次出版的图书增加作者信息，这无疑会增加额外的存储空间，也会增加记录的长度。假若作者的情况有所改变，例如住址发生改变，则需要去更改每本书的记录。同时，若这个作者的图书从数据库中全部删除后，这个作者的信息也就荡然无存。很明显，这不符合数据库设计规范化的需求。一种比较合理的设计是将这张表分解成三种独立的表，分别为图书基本信息表、作者基本信息表、图书与作者对应表等。如此设计后，前面遇到的所有问题就都迎刃而解了。

以上 5 条是在数据库设计时达到规范化水平的基本要求。除了这些另外还有很多细节方面的要求，如数据类型、存储过程等。并且，数据库规范往往没有技术方面的严格限制，主要依靠数据库管理员日常工作经验的累积。

7.3　数据库产品介绍

数据库设计是数据库应用系统开发的核心部分，通常由数据库设计人员在 DBMS 管理平台上完成。DBMS 是集数据库设计、查询、维护和管理于一体的应用软件系统。自关系数据库诞生以来，DBMS 产品就层出不穷，目前数据库市场上的主流产品包括 Oracle、SQL Server、MySQL、Sybase 及 DB2 等，它们各有各的特点和优势，数据库设计人员应根据应用需求，选择适合的 DBMS 产品。

7.3.1　Oracle

Oracle Database，又名 Oracle DBMS，或简称 Oracle，是美国 Oracle 公司（甲骨文公司）的一款关系数据库管理系统。它是在数据库领域一直处于领先地位的产品。可以说 Oracle 数据库系统是目前世界上较为流行的关系数据库管理系统，该系统可移植性好、使用方便、功能强，适用于各类大、中、小、微机环境。Oracle 数据库系统是一种高效率、可靠性好的、适应高吞吐量的数据库解决方案。

1．Oracle 简介

1977 年，拉里·埃里森·鲍伯矿工（Larry Ellison Bob Miner）和奥德斯（Ed Oates）成立了软件注册（Relational Software Incorporated，RSI）公司，他们使用 C 和 SQL 接口开发了 Oracle 关系数据库系统，不久，他们推出了版本 1 为一个原型。在 1979 年，他们发行了第一个 Oracle 产品。

Oracle DBMS 版本 2 开始是工作在 Digital PDP-11 机器上的，后来工作在 DESVAX 系统上。

1983 年 RSI 公司推出了版本 3，它几乎全部由 C 语言编写而成，RSI 公司也正式改名为 Oracle 公司。

1984 年 RSI 公司推出了版本 4，该版本支持 VAX 系统和 IBM VA 操作系统。

1985 年 Oracle 公司推出了版本 5，使用 SQL* NET，从此引入了客户机/服务器计算，因此成为一个新的里程碑。它也是第一个突破 640KB 限制的 MS-DOS 产品。

1989 年 Oracle 公司推出了版本 6，引入了低层锁，并有许多性能改善和功能增强。此时，Oracle 可以运行在许多平台和操作系统上。1991 年，在 DEC VAX 平台上的 Oracle DBMS 版本 6.1 中引入了 Oracle 并行服务器（Oracle Parallel Server，OPS）选项，不久并行服务器选项可运行于多种平台。

1992 年 Oracle 7 诞生，它采用了多线索服务器体系结构，能够在所有硬件体系结构上为大量用户提供可扩充性等功能。Oracle 7 在内存 CPU 和工作使用方面进行许多结构性修改。

1997 年 Oracle 公司推出 Oracle 8，它增强了对象扩展和许多新特征及管理工具。Oracle 8 是一个紧密集成的对象关系数据库管理系统方案，它没有像其他数据库产品那样只是在关系数据库和用户端应用软件之间提供一个对象服务器网关，或者在现有的数据库上附加一个采用对象技术的外壳。关系数据库和对象技术的结合，使用户不需要移植现有 Oracle 7 应用软件，便能够在 Oracle 8 上使用，极大保护了现有客户的投资。

1999 年 Oracle 公司又推出了 Oracle 8i，作为世界上第一个全面支持 Internet 的数据库，Oracle 8i 是唯一一个具有集成模式 Web 信息管理工具的数据库，也是世界第一个具有内置 Java 引擎的可扩展的企业级数据库平台。它具有在一个易于管理的服务器中同时支持数个用户的能力，可以帮助企业充分利用 Java，以满足其迅速增长的 Internet 应用需求。通过支持 Web 高级应用所需要的多种媒体数据来支持 Web 繁忙站点不断增长的负载需求，Oracle 8i 提供了在 Internet 上运行电子商务所必需的可靠性、可扩展性、安全性和易用性。

2000 年 Oracle 公司发布了 Oracle 9i，继承和改进了 Oracle 8i 的特征。

2003 年 Oracle 公司发布了 Oracle 10g。Oracle 10g 支持网格计算，即多台结点服务器利用调整网络组成一个虚拟的高性能服务器，负载在整个网格中衡，按需增删结点，避免单点故障。Oracle 10g 支持自动管理增删硬盘，根据需要自动分配和释放系统内存，可以快速纠正人为错误的闪回查询和恢复，可以恢复数据库、表甚至记录。相对 Oracle 9i 而言，Oracle 10g 存储数据的表空间可以跨平台复制，极大提高了数据仓库加载速度，容灾的数据卫士增加了逻辑备份功能，备份数据库在日常中可以运行于只读状态，充分利用了备份数据库。

2007 年 Oracle 公司发布了 Oracle 11g。Oracle 从出现发展到现在的 Oracle 11g，成为第一款为网格计算而设计的数据库。Oracle 11g 集成了 Oracle 数据库管理技术的所有优势，又融入了网络计算的各种新的性能特点。

2013 年 Oracle 公司发布了 Oracle 最新版本 Oracle 12c。Oracle 12c 命名上的"c"明确了这是一款针对云计算（Cloud）设计的数据库。Oracle 12c 增加了 500 多项新功能，其新特性主要涵盖了 6 个方面：云端数据库整合的全新多租户架构，数据自动优化，深度安全防护，面向数据库云的最大可用性，高效的数据库管理，以及简化大数据分析。这些特性可以在高速度、高可扩展、高可靠性和高安全性的数据库平台之上，为客户提供一个全新的多租户架构，用户数据库向云端迁移后可提升企业应用的质量和应用性能，还能将数百个数据库作为一个数据库进行管理，帮助企业迈向云过程中，提高整体运营的灵活性和有效性。

2. Oracle 特点

（1）支持多用户、大事务量的高性能的事务处理。引入了共享 SQL 和多线索服务器体系结构。这些技术的引入增强了 Oracle 的能力，并大大减少了 Oracle 的资源占用，使之在低档软硬件平台上用较少的资源就可以支持更多的用户，而在高档平台上则可以支持成百上千个用户。

（2）数据安全性和完整性控制。Oracle 数据库提供了基于角色分工的安全保密管理，它在数据库管理的功能、安全性、完整性检查、一致性方面都有突出表现。

（3）提供对数据库操作的接口。Oracle 提供对数据库操作的接口，遵守数据存取语言、操作系统、用户接口和网络通信协议的工业标准。

（4）支持分布式数据库和分布处理。Oracle 数据库自从 Oracle 5 起就提供了分布式处理能力，到 Oracle 7 就有比较完善的分布式数据库功能了，可以让客户通过网络比较方便地读写远端数据库里的数据，并提供对称复制的技术。

（5）具有可移植性、可兼容性和可连接性。Oracle 产品采用标准 SQL，并经过美国国家标准技术所测试，与 IBM SQL/DS、DB2、IDMS/R 等兼容。Oracle 产品可运行于很宽范围的硬件与操作系统平台上。可以安装在 70 种以上不同的大、中、小型机上，可在 VMS、DOS、Unix、Windows 等多种操作系统下工作。此外，Oracle 还能与多种通信网络相连，支持多种协议（如 TCP/IP、DECnet 等）。

（6）完整的数据管理功能。Oracle 数据管理功能完备，具有数据的大量性、数据保存的持久性、数据的共享性和数据的可靠性。

（7）完备关系的产品。Oracle 遵循四大准则：信息准则，关系型 DBMS 的所有信息都应在逻辑上用一种方法，即表中的值显式地表示；保证访问准则；视图更新准则，只要形成视图的表中数据发生变化，相应视图中的数据也同时发生变化；数据物理性和逻辑性独立准则。

（8）轻松实现数据仓库的操作。数据仓库从各种不同的数据源获取各种不同的数据，并且把这些巨大数据量的数据转换成对用户可用的数据，为企业的决策提供数据支持，这个过程常常称为 ETL，即提取、转换、装载。Oracle 9i 引进了新的"边装载、边转换"的办法来取代过时的串行处理。在 Oracle 这种新方法里，数据库参与了数据转换和装载的过程，成为 ETL 过程的一个有机组成部分。Oracle 9i 也因这种功能便利的数据仓库的操作而变得快速高效。

（9）支持大量多媒体数据，如二进制图形、声音、动画及多维数据结构等。

3. Oracle 开发工具

Oracle 产品主要包括数据库服务器、开发工具和连接产品三类，并且提供了多种开发工具，这些工具涵盖了从数据库建模、分析、设计到具体实现的各个环节，极大地方便了用户进行进一步开发。Oracle 数据库开发工具包括 Oracle 公司自己开发的工具，也有连接 Oracle 数据库的第三方工具。下面简单介绍下 Oracle 数据库常用的开发工具。

（1）Oracle SQL*Plus。它是 Oracle 提供的一个工具程序，既可以在服务器使用，也可以在客户端使用。在 Windows 下分两种，sqlplus.exe 是命令行程序，sqlplusw.exe 是窗体程序，通常用户在开始菜单中启动的是后者，两者的功能是一致的。SQL*Plus 是与 Oracle 数据库进行交互的客户端工具，借助 SQL*Plus 可以查看、修改数据库记录。在 SQL*Plus 中，可以运行 SQL*Plus 命令与 SQL 语句。

（2）Toad for Oracle。它是一款老牌的 Oracle 开发管理工具，比任何一款 Oracle 开发管理工具的功能都多，并针对使用者不同的角色有多个分支版本。版本包括：Toad DBA Suite for Oracle（一款专门为 Oracle DBA 管理 Oracle 数据库工具），Toad Development Suite for Oracle（一款专门为 Oracle 开发工具），Toad DBA Suite for Oracle–Exadata Edition（一款专门为 Oracle Exadata 一体服务器及 Oracle 数据库管理工具），Toad DBA Suite for Oracle - RAC Edition（一款专门为 Oracle 搭建集群 RAC 的 DBA 管理工具）。

（3）Oracle SQL Developer。它是 Oracle 官方出品的免费图形化开发工具，相对 SQL*Plus来说，图形化的界面便于操作，不必记忆大量的命令，输出结果美观。它的基本功能是：有结果的格式化输出、编辑器自动提示、代码优化、显示 SQL 执行计划、监控会话、编写及调试存储过程等。

（4）Oracle Workflow Builder。它是一个商务程序管理系统，支持商务程序定义、商务程序自动化及商务程序整合。该公司表示 Workflow 涉及 E-Business 套件能够建模、自动控制及根据自定义的商业惯例不断改善商务过程。

（5）Oracle XML Publisher。它属于 Oracle 融合中间件的基于 Java 的产品。它利用一系列的桌面工具（如 Adobe Acrobat 和 Microsoft Word）允许用户在 XML 数据 extracts 上创建他们自己的报表格式。XML Publisher 将这些文档转变成 XSL-FO 标准格式。

（6）Oracle Discoverer。Oracle 商业智能 Discoverer 10g 是一个查询、报告、分析及 Web 发行的工具。它能够让用户访问专用数据栈、数据仓库、在线事务处理系统和 E-Business 套件。该公司表示 Discoverer 10g 在以前的版本上增加了新的功能，包括给关系型数据及多维数据（OLAP）提供综合报告和分析界面。

（7）Oracle JDeveloper。它是一种 Java2 Enterprise Edition 开发环境，包括支持开发、调试和配置 E-Business 应用程序及 Web 服务。JDeveloper 包括一整套帮助开发人员管理资源、建模、通过调试编码、测试、压型及配置的开发环境。

（8）Developer 6i(9i and 10g)—Forms and Reports。Oracle Forms Develope 是用来建立 Internet 应用程序基于 PL/SQL 的一种环境，而 Oracle Reports Developer 是给用户通过机构访问信息的一种报告工具。这两种工具都是 Oracle Developer 套件的一部分。

7.3.2　SQL Server

SQL Serve（MicroSoft SQL Server，MSSQL）是 Microsoft 公司推出的关系型数据库管理系统，具有使用方便、伸缩性好、与相关软件集成程度高等优点，可跨越从运行 Microsoft Windows 98 的膝上型电脑到运行 Microsoft Windows 2012 的大型多处理器的服务器等多种平台使用。Microsoft SQL Server 是一个全面的数据库平台，使用集成的商业智能（BI）工具提供了企业级的数据管理。Microsoft SQL Server 数据库引擎为关系型数据和结构化数据提供了更安全可靠的存储功能，使用户可以构建和管理用于业务的高可用和高性能的数据应用程序。

1. SQL Server 简介

1988 年，微软公司与 Sybase，以及 Ashton Tate 公司合作开发了运行于 OS/2 平台的 SQL Server 的第一个 Beta 版本。

1993 年，微软公司与 Sybase 推出 SQL Server 4.2。该版本是一个桌面数据库系统，提供友好的图形界面。

1994 年，微软公司与 Sybase 在数据库开发方面的合作中止，但微软公司仍沿用 SQL Server 名称，并于 1995 年发布了 SQL Server 6.05，该版本可满足小型企业的数据库应用。

1996 年，微软公司发布了 SQL Server 6.5。

1998 年，微软公司发布了 SQL Server 7.0，该版本支持中小型企业的数据库应用，并提供 Web 应用支持。

2000 年，微软公司推出了 SQL Server 2000，该版本是微软公司的第一个企业级 DBMS，继承了 SQL Server 7.0 版本的优点，同时又比它增加了许多更先进的功能。该版本具有使用方便、可伸缩性好和相关软件集成程度高等优点。

2005 年，微软公司发布了 SQL Server 2005，该版本是一个全面的数据库平台，使用集成的商业智能工具，提供了企业级的数据管理。Microsoft SQL Server 2005 数据库引擎为关系型数据和结构化数据提供了更安全可靠的存储功能，使用户可以构建和管理用于业务的高可用和高性能的数据应用程序。

2008 年，SQL Server 2008 正式发布，该版本功能可以存储和管理许多数据类型，包括 XML、E-mail、时间/日历、文件、文档、地理等，同时提供一个丰富的服务集合来与数据进行交互作用，如搜索、查询、数据分析、报表、数据整合，以及强大的同步功能。

2012 年，微软公司正式发布 SQL Server 2012，该版本不仅延续现有数据平台的强大能力，并且全面支持云技术与平台，能够快速构建相应的解决方案，实现私有云与公有云之间数据的扩展与应用的迁移。

2014 年，微软公司发布了目前最新版本 SQL Server 2014，该版本最吸引人关注的特性就是内存在线事务处理（OLTP）引擎，项目代号为 "Hekaton"。将内存 OLTP 整合到 SQL Server 的核心数据库管理组件中，它不需要特殊的硬件或软件，就能够无缝整合现有的事务过程。一旦将表声明为内存最优化，那么内存 OLTP 引擎就将在内存中管理表和保存数据。

2. SQL Server 特点

（1）真正的客户机/服务器体系结构。SQL Server 的不同部分同时工作在不同的计算机上，彼此之间通过网络交换信息协调工作。SQL Server 运行在服务器上负责主要的数据处理工作，在客户端的计算机上程序中通过网络向服务器提交查询，并接收查询结果。

（2）支持数据复制。SQL Server 提供了完备的数据复制功能。通过使用复制功能，用户可以将数据的复制件移动到任何其他地方，并自动化同步数据，以便分布式环境下的多个数据复制件保持相同的数据值。SQL Server 的复制功能具有相当高的灵活性，这使在同一台服务器的数据库间或依赖网络互连的多台服务器同时方便地实现复制。

（3）支持分布式事务处理。SQL Server 使用分布式事务处理协调程序（Distributed Transaction Coordinator，DTC）进行分布式事务处理。

（4）支持数据仓库。SQL Server 支持一些海量数据库的操作，这些数据库包含来自于面向事务的数据库的数据。这些大型数据库用来研究趋势，这些趋势决非一般草率的检查可以发现的，而 SQL Server 所支持的数据仓库又是一个面向主题的、集成的、相对稳定的、反映历史变化的数据集合，用于支持管理决策。在支持决策方面，数据仓库采用面向分析型数据处理的方法，该方法使它不同于企业现有的操作型数据库。

（5）内建式的在线分析处理。SQL Server 的众多优点之一是将在线分析处理工具服务内建于数据库管理中，这部分服务称为微软决策支持服务，与市场上其他数据库产品所提供的服务不同，它不用再购买一个通常很昂贵的第三方应用程序，这就大大降低了花在数据库使用者（特别是数据库系统开发）上的总费用。

3. SQL Server 开发工具

（1）SQL Server Management Studio（SSMS），用于管理 SQL Server 基础架构的集成环境。Management Studio 提供用于配置、监视和管理 SQL Server 实例的工具。此外，它还提供了用于部署、监视和升级数据层组件（如应用程序使用的数据库和数据仓库）的工具，以生成查询和脚本。

（2）Toad for SQL Server。它是第三方 SQL Server 数据库管理工具。Toad for SQL Server 包含模式浏览、SQL 编辑器、存储过程编辑器、数据库复制、数据库移动、数据比较、版本控制等功能。

（3）Navicat for SQL Server。它是一套专为 Microsoft SQL Server 设计的强大数据库管理及开发工具。它可以用于 SQL Server 2000、2005、2008、2008R2、2012 及 SQL Azure，并支持大部分最新功能，包括触发器、函数及其他功能。Navicat 的功能足以符合专业开发人员的所有需求，但是对 SQL Server 的新手来说又相当容易学习。有了 Navicat 极完备的图形用户介面（GUI），用户可以简便地以安全的方法创建、组织、访问和共享资讯及进行 SQL Server 的管理。

7.3.3 MySQL

MySQL 是一个关系型数据库管理系统，由瑞典 MySQL AB 公司开发，目前属于 Oracle 旗下公司。MySQL 是最流行的关系型数据库管理系统，在 Web 应用方面 MySQL 是最好的关系数据库管理系统（Relational Database Management System，RDBMS）应用软件之一。MySQL 是一种关联数据库管理系统，关联数据库将数据保存在不同的表中，而不是将所有数据放在一个大仓库内，这样就增加了速度并提高了灵活性。MySQL 使用的 SQL 语言是用于访问数据库的最常用标准化语言。MySQL 软件采用了双授权政策，它分为社区版和商业版，由于其体积小、速度快、总体拥有成本低，尤其是开放源码这一特点，一般中小型网站的开发都选择 MySQL 作为网站数据库。由于社区版的性能卓越，其搭配 PHP 和 Apache 可组成良好的开发环境。

1. MySQL 简介

MySQL 数据库的历史可以追溯到 1979 年，那时比尔·盖茨（Bill Gates）退学没多久，微软公司也才刚刚起步，而 Larry 的 Oracle 公司也才成立不久。那时有一个天才程序员蒙蒂·维德纽斯（Monty Widenius）为一个名为 TcX 的小公司打工，并且用 BASIC 设计了一个报表工具，使其可以在 4MHz 主频和 16KB 内存的计算机上运行。没过多久，Monty 又将此工具用 C 语言进行重写并移植到 UNIX 平台。当时，这只是一个很底层的且仅面向报表的存储引擎，名叫 Unireg。

1990 年，TcX 公司的客户中开始有人要求为他的 API 提供 SQL 支持。当时有人提议直接使用商用数据库，但是 Monty 觉得商用数据库的速度难以令人满意。于是，他直接借助于 mSQL 的代码，将它集成到自己的存储引擎中。令人失望的是，效果并不太令人满意，于是，Monty 雄心大起，决心自己重写一个 SQL 支持。

1996 年，MySQL 1.0 发布，它只面向一小拨人，相当于内部发布。到了 1996 年 10 月，MySQL 3.11.1 发布（MySQL 没有 2.x 版本），最开始只提供 Solaris 下的二进制版本。一个月后，Linux 版本出现了。

1988 年，MySQL 关系型数据库发行第一个版本。它使用系统核心的多线程机制提供完全的多线程运行模式，并提供了面向 C、C++、Eiffel、Java、Perl、PHP、Python 及 TCL 等编程语言的编程接口（API），支持多种字段类型，并且提供了完整的操作符支持。

1999～2000 年，MySQL AB 公司在瑞典成立。Monty 雇了几个人与 Sleepycat 合作，开发出了 Berkeley DB 引擎，因为 BDB 支持事务处理，所以 MySQL 从此开始支持事务处理。

2000 年，MySQL 对旧的存储引擎 ISAM 进行了整理，将其命名为 MyISAM。2001 年，Heikki Tuuri 向 MySQL 提出建议，希望能集成他的存储引擎 InnoDB，这个引擎同样支持事务处理，还支持行级锁。该引擎之后被证明是最成功的 MySQL 事务存储引擎。

2003 年，MySQL 5.0 版本发布，它提供了视图、存储过程等功能。

2008 年，MySQL AB 公司被 Sun 公司以 10 亿美金收购，MySQL 数据库进入 Sun 时代。在 Sun 时代，Sun 公司对其进行了大量的推广、优化、Bug 修复等工作。

2008 年，MySQL 5.1 发布，它提供了分区、事件管理，以及基于行的复制和基于磁盘的 NDB 集群系统，同时修复了大量的 Bug。

2009 年，Oracle 公司以 74 亿美元收购 Sun 公司，自此 MySQL 数据库进入 Oracle 时代，而其第三方的存储引擎 InnoDB 早在 2005 年就被 Oracle 公司收购。

2010 年，MySQL 5.5 发布，其主要新特性包括半同步的复制，以及对 SIGNAL/RESIGNAL 的异常处理功能的支持，最重要的是 InnoDB 存储引擎终于变为当前 MySQL 的默认存储引擎。

MySQL 5.5 不是时隔两年后的一次简单的版本更新，而是加强了 MySQL 各个方面在企业级的特性。Oracle 公司同时也承诺 MySQL 5.5 和未来版本仍是采用 GPL 授权的开源产品。

现在官网可以下载的 MySQL 版本是 MySQL 5.7。Oracle 对 MySQL 版本重新进行了划分，分成了社区版和企业版，企业版是需要收费的，当然收费的就会提供更多的功能。

2. MySQL 特点

（1）多线程。多线程是 MySQL 的关键特性，MySQL 的核心程序采用完全的多线程编程。线程是轻量级的进程，它可以灵活地为用户提供服务，而不过多地占用系统资源。用多线程和 C 语言实现的 MySQL 能很容易充分利用 CPU，可以采用多 CPU 体系结构。

（2）开放性。MySQL 是自由的开放源代码产品，它所使用的语言 SQL 以 ANSI SQL2 为基础，这个数据库引擎可运行在多个平台上，包括 Windows 2000、Mac OS X、Linux、FreeBSD 和 Solaris，如果没有可用于平台的二进制文件，则可将源代码在相应的平台上进行编译。

（3）多用户支持。同时访问数据库的用户数据量不受限制。MySQL 可有效满足 50~1000 个并发用户的访问，并且在超过 600 个用户限度的情况下，MySQL 的性能没有明显下降。

（4）用户权限设置简单有效。MySQL 有一个非常灵活而且安全的权限和口令系统。当客户与 MySQL 服务器连接时，二者之间所有的口令传送被加密，而且 MySQL 支持主机认证。

（5）支持 ODBC。MySQL 支持所有的 ODBC 2.5 函数和其他许多函数，这样就可以用 Access 连接 MySQL 服务器，从而使 MySQL 的应用被大大扩展。

（6）支持大型的数据库。虽然对于用 PHP 编写的网页来说，只要能存放上百条以上的记录数据就足够了，但 MySQL 可以方便地支持存放上千万条记录的数据库。作为一个开放源代码的数据库，MySQL 可以针对不同的应用进行相应的修改。

（7）性能高效稳定。MySQL 拥有一个非常快速而且稳定的基于线程的内存分配系统，可以持续使用且不必担心其稳定性。事实上，MySQL 的稳定性足以应付一个超大规模的数据库。

（8）强大的查询功能。MySQL 支持查询的 SELECT 和 WHERE 语句的全部运算符和函数，并且可以在同一查询中混用来自不同数据库的表，从而使查询变得快捷、方便。

（9）为多种编程语言提供 API。MySQL 为多种编程语言提供了 API。这些编程语言包括 C、C++、Python、Java、Perl、PHP、Eiffel、Ruby 和 TCL 等。

3. MySQL 开发工具

（1）MySQL Workbench。该工具由 MySQL 开发，是一个跨平台的可视化数据库设计工具。它是 DBDesigner4 项目备受期待的替代者，是一个本地图形化工具，支持的操作系统包括 Windows、Linux 和 OS X，具有多个不同的版本。

（2）PHPMyAdmin。它是一个免费软件工具，由 PHP 语言编写，用于通过网络管理 MySQL 数据库。它支持大量 MySQL 数据库操作，其用户界面支持多数常用操作，如管理数据库、表、字段、关联、索引、用户、许可权限等，同时也可以直接执行 SQL 语句。

（3）Aqua Data Studio。它是一个全面的集成开发环境（IDE），适用于数据库管理员、软件开发人员和业务分析师。它提供 4 方面的主要功能：数据库查询和管理工具；一整套数据库、源代码控制和文件系统比较工具；针对 Subversion（SVN）和 CVS 的全面集成源代码控制客户端；强大的数据库建模功能，堪与最好的独立建模工具相媲美。

（4）SQLyog。它是一个 MySQL 数据库全能管理工具。其社区版为自由及开源软件，遵循 GPL 许可协议。开发者在使用 MySQL 时所需的多数功能都可以通过简单的单击鼠标完成，通过标签界面可以查看查询结果集、查询分析器（query profiler）、服务器消息、表数据、表信息和查询历史等。另外，开发者可以轻松创建视图和存储过程。

（5）MYSQL Front。该 MySQL 数据库图形化工具是一个真正的本地应用，它能提供更精细的用户界面，由于它不是使用 PHP 和 HTML 编写的，所以不会存在加载 HTML 页面延时的问题，响应非常迅速。如果供应商（Provider）允许的话，该工具能够直接与数据库联系。另外，需要在发布网站上安装很小的一段脚本。登录信息存储在用户硬盘上，因此用户无需登录到不同的 Web 界面。

（6）MyTop。这是一个基于终端界面（非图形化）的工具，可以监视 MySQL 数据库的线程和整体性能，支持 3.22.x、3.23.x 和 4.x 服务器版本。它支持多数 UNIX 操作系统（包括 Mac OS X），需安装 Perl、DBI 和 Term::ReadKey。如果安装了 Term::ANSIColor，界面可以支持以不同颜色显示。如果安装了 Time::HiRes，可以获得不错的实时查询和信息更新。该工具的 0.7 版甚至可以运行在 Windows 系统上。

（7）Sequel Pro。这个 MAC OS X 数据库管理应用让用户可以直接访问本地或远端的 MySQL 服务器，支持从常见文件导入和导出数据，其中包括 SQL、CSV 和 XML。该工具是开源项目 CocoaMySQL 的一个分支。它支持包括索引在内的所有表管理功能，支持 MySQL 视图，可以同时使用多个窗口来操作多个数据库/表。

（8）SQL Buddy。它是一个不错的轻量级 ajax 数据库管理工具，安装非常简单。所有需要用户做的就是解压其文件夹到服务器。它可以完成多数用户所需要的操作任务。另外，它的快捷键非常有用。

（9）MySQL SIDU。这是一个免费的 MySQL 客户端工具，基于浏览器，使用起来非常简单，其名称中的 SIDU 代表 Select、Insert、Delete 和 Update 操作，当然它能够完成更多的任务，支持火狐、IE、Opera、Safari 和 Chrome 等浏览器，其界面体验酷似数据库前端软件图形化界面，支持 MySQL、Postgres 和 SQLite 数据库。

（10）Navicat for MySQL。它是一个快速、可靠和通用的数据库管理工具，旨在简化数据库管理，降低管理成本，满足数据库管理员、开发人员和中小型企业的需要。Navicat 具有非常直观的图形化界面，让用户可以更安全且更简单地创建、组织、访问和共享信息。

7.3.4　Sybase

Sybase 是美国 Sybase 公司研制的一种关系型数据库管理系统，是一种典型的 UNIX 或 Windows NT 平台上客户机/服务器环境下的大型数据库系统。Sybase 提供了一套应用程序编程接口和库，可以与非 Sybase 数据源及服务器集成，允许在多个数据库之间复制数据，适于创建多层应用。系统具有完备的触发器、存储过程、规则及完整性定义，支持优化查询，具有较好的数据安全性。Sybase 通常与 Sybase SQLA nywhere 用于客户机/服务器环境，前者为服务器数据库，后者为客户机数据库。

1．Sybase 简介

1984 年，Mark B.Hiffman 和 Robert Epstern 创建了 Sybase 公司，推出了支持企业范围的"客户/服务器体系结构"的数据库。吸取了安格尔（INGRES）的研制经验，以满足联机事务处理应用的要求。

1987 年，Sybase 公司推出第一个关系数据库产品 Sybase SQL Server 1.0。当时，Sybase 认为单靠一家力量，难以把 SQLServer 做大，于是联合微软公司，共同开发。

1994 年，Sybase 公司与微软公司终止合作，各自拥有一套完全相同的 SQL Server 代码。Sybase

SQL Server 后来为了与微软的 MicroSoft SQL Server 相区分，改名为 Sybase ASE（Adaptive Server Enterprise）。

1994 年至今，Sybase 继续开发，将 Sybase SQL Server 往各个平台移植，版本也是跳跃式的变化，从 4 跳跃到 11。ASE 如今已经发展到了 15.0.2 版。现在的 Sybase 产品策略已经有了调整，在移动数据库市场上，它的 ASA（SQL Anywhere）占据绝对的地位，约为 70% 以上的市场。同时，Sybase ASE 仍然保持大型数据库厂商的地位。在电信、交通、市政、银行等领域，拥有强大的市场。此外，它的产品全是多平台支持。

Sybase ASE 又分出复制服务器（Replication Server）、Sybase IQ 等重量级产品，相当于对大型数据库市场又进行了细分。自 ASE15.0 开始，已经全面支持集群（cluster），既可以容灾（高可用），也能负载平衡（load balance），应该颇具市场前景。

2. Sybase 特点

（1）基于客户/服务器体系结构的数据库。一般的关系数据库都是基于主/从式的模型的。在主/从式的结构中，所有的应用都运行在一台机器上。用户只是通过终端发命令或简单地查看应用运行的结果。而在客户/服务器结构中，应用被分在多台机器上运行。一台机器是另一个系统的客户，或是另外一些机器的服务器。这些机器通过局域网或广域网联接起来。

（2）真正开放的数据库。由于 Sybase 采用客户/服务器结构，应用被分在多台机器上运行。更进一步地，运行在客户端的应用不必是 Sybase 公司的产品。对于一般的关系数据库，为了让其他语言编写的应用能够访问数据库，Sybase 提供了预编译。Sybase 数据库，不只是简单地提供了预编译，而且公开了应用程序接口 DB-LIB，鼓励第三方编写 DB-LIB 接口。由于开放的客户 DB-LIB 允许在不同的平台使用完全相同的调用，因而使访问 DB-LIB 的应用程序很容易从一个平台向另一个平台移植。

（3）高性能的数据库 Sybase 真正吸引人的地方还是它的高性能。体现在 3 个方面：①可编程数据库。通过提供存储过程，创建了一个可编程数据库。存储过程允许用户编写自己的数据库子例程。这些子例程是经过预编译的，因此不必为每次调用都进行编译、优化、生成查询规划，因而查询速度要快得多。②事件驱动的触发器。触发器是一种特殊的存储过程。通过触发器可以启动另一个存储过程，从而确保数据库的完整性。③多线索化。Sybase 数据库的体系结构的另一个创新之处就是多线索化。一般的数据库都依靠操作系统来管理与数据库的连接。当有多个用户连接时，系统的性能会大幅度下降。Sybase 数据库不让操作系统来管理进程，把与数据库的连接当作自己的一部分来管理。此外，Sybase 的数据库引擎还代替操作系统来管理一部分硬件资源，如端口、内存、硬盘，绕过了操作系统这一环节，提高了性能。

（4）扩充性能。数据库服务器可以实现从只有少数用户访问的数据库到成千上万用户连接的服务器集成系统。由于其数据库服务器的吞吐量和响应时间都是可以预测的，因此为用户有计划地扩充硬件设备提供了很好的支持。

（5）高可用性。具体表现在它支持每天 24 小时，每周 7 天的不间断运行。同时，数据库所具有的联机高速备份和恢复机制将用户由于系统故障而引起的损失减少到最小。

（6）互操作性。主要表现在 3 个方面。支持多种互联标准；灵活的事务语义提供，ANSI/ISO 事务模式选项，支持 ODBC 和 X/A 标准；支持多网络协议；支持分布式数据库管理；面向开发人员支持可编程的两个阶段提交。开发人员可以设置错误处理方式，而不仅局限于系统缺省方式。

（7）管理方便。一方面，Sybase 的事务日志的备份非常灵活，可按照规定的时间间隔进行备份，这样用户可以随时根据需要恢复任何一个时刻的数据库原型。另一方面，其提供的远程管理方式由于采用的是中央集中式对远程结点进行管理，因此用户可以直接集中对远程多个服务器进行性能参数的调整。

3. Sybase 开发工具

（1）Power Builder（PB）。它是 Sybase 公司研制的一种新型快速的 Sybase 数据库开发工具，是客户机/服务器结构下，基于 Windows 3.x、Windows 95 和 Windows NT 的一个集成化开发工具。它包含一个直观的图形界面和可扩展的面向对象的编程语言 Power Script，提供与当前流行的大型数据库的接口，并通过 ODBC 与单机数据库相连。

（2）Toad for Sybase。Toad for Sybase 是面向 Sybase 数据库管理和性能优化的专业解决方案。其产品分为两个不同版本：支持 Sybase ASE 的全功能免费版本，以及支持 Sybase IQ 和 SQL Anywhere 的版本。

7.3.5 DB2

DB2（IBM DB2）是美国 IBM 公司开发的一套关系型数据库管理系统，它主要的运行环境为 UNIX（包括 IBM 自家的 AIX）、Linux、IBM i、z/OS，以及 Windows 服务器版本。DB2 主要应用于大型应用系统，具有较好的可伸缩性，可支持从大型机到单用户环境，应用于所有常见的服务器操作系统平台下。DB2 提供了高层次的数据利用性、完整性、安全性、可恢复性，以及小规模到大规模应用程序的执行能力，具有与平台无关的基本功能和 SQL 命令。DB2 采用了数据分级技术，能够使大型机数据很方便地下载到 LAN 数据库服务器，使客户机/服务器用户和基于 LAN 的应用程序可以访问大型机数据，并使数据库本地化及远程连接透明化。DB2 以拥有一个非常完备的查询优化器而著称，其外部连接改善了查询性能，并支持多任务并行查询。DB2 具有很好的网络支持能力，每个子系统可以连接十几万个分布式用户，可同时激活上千个活动线程，对大型分布式应用系统尤为适用。

1. DB2 简介

1983 年，IBM 发布了 DATABASE 2（DB2）for MVS（内部代号为"Eagle"）。

1987 年，IBM 发布带有关系型数据库能力的 OS/2 V1.0 扩展版，这是 IBM 第一次把关系型数据库处理能力扩展到微机系统。这也是 DB2 for OS/2、Unix and Window 的雏形。

1992 年，第一届 IDUG 欧洲大会在瑞士日内瓦召开。这标志着 DB2 应用的全球化。

1993 年，IBM 发布了 DB2 for OS/2 V1（DB2 for OS/2，DB2/2）和 DB2 forRS/6000V1（DB2 for RS/6000，DB2/6000），这是 DB2 第一次在 INTEL 和 UNIX 平台上出现。

2001 年，IBM 以 10 亿美元收购了信息综合（Informix）的数据库业务，这次收购扩大了 IBM 的分布式数据库业务，并发布了第一个能够支持多种平台的 DB2 工具，同时提供了基于 SOAP 的 Web 服务的支持。

2002 年，IBM 发布了 Xperanto，这是一个基于标准的信息集成中间件的演示版，可以用来优化对分散数据源的存取。这个演示版本使用了 XML、Xquery、Web 服务、数据联邦（federation）和全文检索等先进技术。

2003 年，IBM 将数据管理产品统一更名为信息管理产品，旨在改变很多用户对于 DB2 家族产品只能完成单一的数据管理的印象，强调 DB2 家族在信息的处理与集成方面的能力。

2004 年，IBM DB2 在 TPC 的两项测试中屡次刷新该测试的新纪录，在计算领域的历史上树立了新的里程碑。其中在 TPC-C 的测试中，它创造了计算速度领域新的世界纪录，彻底粉碎了在该测试中每分钟三百万次交易的极限。

2005 年，经过长达 5 年的开发，IBM DB2 9 将传统的高性能、易用性与自描述、灵活的 XML 相结合，转变成为交互式、充满活力的数据服务器。

2006 年 1 月 30 日，IBM 发布了一个 DB2 免费版本 DB2Express-C。同年，IBM 发布 DB2 9，将数据库领域带入 XML 时代。IT 建设业已进入面向服务的体系结构（Service-Oriented Architecture，SOA）时代。实现 SOA，其核心难点是顺畅解决不同应用间的数据交换问题。XML 以其可扩展性、与平台无关性和层次结构等特性，成为构建 SOA 时不同应用间进行数据交换的主流语言。而如何存储和管理几何量级的 XML 数据、直接支持原生 XML 文档成为 SOA 构建效率和质量的关键。在这种情况下，IBM 推出了全面支持 Original XML 的 DB2 9，使 XML 数据的存储问题迎刃而解，开创了一个新的 XML 数据库时代。

IBM 在 2010 年发布了 z/OS 系统下的 DB2 10，此次发布的版本支持 Linux、UNIX 和 Windows 系统。2012 年，IBM 发布了 DB2 10，IBM 称 DB2 将更加快速、高效，可覆盖 90% 的数据存储需要，而 InfoSphere 比以往的版本在性能上提升了 10 倍，支持 Apache Hadoop 发布。DB2 version 10 是 IBM 四年来首个主要的更新版本。

2. DB2 特点

DB2 数据库核心又称作 DB2 公共服务器，采用多进程多线索体系结构，可以运行于多种操作系统之上，并分别根据相应平台环境做了调整和优化，以便能够达到较好的性能。

（1）支持面向对象的编程。DB2 支持复杂的数据结构，如无结构文本对象，可以对无结构文本对象进行布尔匹配、最接近匹配和任意匹配等搜索，可以建立用户数据类型和用户自定义函数。

（2）支持多媒体应用程序。DB2 支持大二分对象（blob），允许在数据库中存取二进制大对象和文本大对象。其中，二进制大对象可以用来存储多媒体对象。

（3）备份和恢复能力。重新启动中断的恢复操作，可以在数据库恢复时节省宝贵的时间，同时简化恢复工作。支持重定向恢复操作，在现有备份镜像中自动生成脚本。能够从表空间备份镜像中重新构建数据库。此项功能让 DB2 的恢复更加灵活和多样化，同时也为客户提供了更全面的恢复解决方案。

（4）查询优化。它以拥有一个非常完备的查询优化器而著称，其外部连接改善了查询性能，并支持多任务并行查询。

（5）分布式数据库访问。DB2 具有很好的网络支持能力，每个子系统都可以连接十几万个分布式用户，可同时激活上千个活动线程，对大型分布式应用系统尤为适用。

3. DB2 开发工具

（1）Toad For DB2。它是一种专业化、图形化的 DB2 开发和管理工具。它集成模式浏览、SQL 编程、开发和调试、DBA 管理、SQL 语句优化等多种功能，其功能强大、低负载、简单易用、访问速度快，是一个结构紧凑的专业化 DB2G 开发和管理环境。使用 Toad For DB2，用户可以通过一个图形化的用户界面快速访问数据库，完成复杂的 SQL 代码编辑和测试工作。

（2）DB2 Express-C。它是基于与 DB2 Universal Database™（UDB）Express Edition V8.2.2 产品一样的核心技术。Linux 和 Windows 平台（32 位和 64 位）上的 DB2 Express-C 可以从 IBM 免费下载。IBM 在 2006 年 1 月 1 日推出了 DB2 Express-C，这是 DB2 Universal Database Express Edition（DB2 Express）的一个版本。它为 C/C++、Java、.NET、PHP 等应用程序的构建和部署提供了一个稳定的数据库环境。

（3）IBM Data Studio。它是一款用于开发数据库应用程序、管理数据库及优化 SQL 查询的集成工具，不仅支持 DB2 LUW 的操作，还支持其他主流数据库（如 DB2 Z/OS、ORACLE 等）。IBM

Data Studio 基于 Eclipse，操作界面都使用 Eclipse 的标准视图，无论对于数据库管理员还是数据库开发人员，它都是一款不可多得的利器。

（4）DbVisualizer。它是一个完全基于 JDBC 的跨平台数据库管理工具，内置 SQL 语句编辑器，凡是具有 JDBC 数据库接口的数据库都可以管理，已经在 Oracle、Sybase、DB2、Informix、MySQL、InstantDB、Cloudcape、HyperSonic、Mimer SQL 上通过测试。

7.4　编程语言介绍

可视化的图形界面设计是数据库应用系统开发的另一重要任务，不同体系结构的应用系统对界面的说法不尽相同，其编程语言也不相同。对于 C/S 结构的应用系统，界面往往称为窗体或桌面，这类系统的界面设计通常指窗体设计或桌面设计，目前主流的编程语言有 Visual C++、Visual Basic、Dephi 和 PowerBuild（PB）等；而 B/S 结构的应用系统，界面实则为网页，这类系统的界面设计一般称为网页设计，常用的编程语言有 ASP、JSP 和 PHP 等。此外，还有既可以开发 C/S 应用系统，也可开发 B/S 应用系统的编程语言，如 Java 和 C#等。

7.4.1　VC++

Microsoft Visual C++（简称 Visual C++、MSVC++、VC++++或 VC++），是 Microsoft 公司推出的以 C++语言为基础的开发 Windows 环境程序，面向对象的可视化集成编程系统。它不但具有程序框架自动生成、灵活方便的类管理、代码编写和界面设计集成交互操作、可开发多种程序等优点，而且通过简单的设置就可使其生成的程序框架支持数据库接口、OLE2.0、WinSock 网络、3D 控制界面。

1. VC++简介

1992 年，VC++第一代版本 Microsoft Visual C++ 1.0 推出，集成了 MFC2.0，可同时支援 16 位处理器与 32 位处理器版。之后，陆续发布了 1.5、2.0、4.0 和 5.0 版本。

1998 年，发行 Microsoft Visual C++ 6.0，又称 VC++98，集成了 MFC6.0。发行至今一直被广泛地用于大大小小的项目开发。但是，这个版本在 Windows XP 下运行会出现问题，尤其是在调试模式的情况下（如静态变量的值并不会显示）。这个调试问题可以通过打开"Visual C++ 6.0Processor Pack"补丁来解决。该版本强调用户也必须运行 Windows 98、Windows NT4.0 或 Windows 2000。这个 C++版本对 Win7 的兼容性非常差，有大大小小的兼容性问题。微软不推荐安装在 Windows 7 上。

2002 年，MicrosoftVisual C++ .NET 2002 发行，即 Visual C++ 7.0，集成了 MFC7.0，支持链接时代码生成和调试执行时检查。这个版本还集成了 Managed Extension for C++，以及一个全新的用户界面（与 Visual Basic 和 Visual C#共用）。从这个版本开始，所有的 API 形式上都被定义成与位数无关，并且开始支持原生 64 位软件的开发。

2003 年，发行 MicrosoftVisual C++ .NET 2003，即 Visual C++ 7.1，集成了 MFC 7.1，是对 Visual C++ .NET 2002 的一次重大升级。

2005 年，MicrosoftVisual C++ 2005 发布，即 Visual C++ 8.0，集成了 MFC 8.0。这个版本引进了对 C++/CLI 语言和 OpenMP 的支持。

2007 年 11 月，Microsoft Visual C++ 2008 发布，即 Visual C++ 9.0。这个版本支持.NET 3.5。

从这个版本开始，微软放弃了对编写 Win9x 架构系统上该版本软件的支持。此版本更加稳定，VC++2008 是目前最稳定的版本。

2009 年，Microsoft Visual C++ 2010 发布，即 Visual C++ 10.0，该版本新添加了对 C++11 标准引入的几个新特性的支持。

2012 年 5 月 26 日，Microsoft Visual C++ 2012 发布，即 Visual C++ 11.0，该版本支持.net4.5 beta，并实现 go live。只能安装于 Windows 7 或者更高的 Windows 操作系统（如最新发布的 Windows 8 等）。可以开发 Windows 8 专用的 Modern UI 风格的应用程序。相比 2010，VC++2012 又添加了少量对 C++11 标准引入的新特性的支持。

2013 年 8 月，Microsoft Visual C++ 2013 发布，即 Visual C++ 12.0，该版本可以看作是 Visual C++ 11.0 的升级版。这个版本相对于 2012 添加了大量对 C++11 标准的支持。可以开发 Windows 8.1 专用的 Modern UI 风格的应用程序（不支持 Windows 8，支持 Windows 8.1）。开发环境亦内置了源代码染色的功能。最新稳定版本 Visual C++ 被整合在 Visual Studio 中，但仍可单独安装使用。

2．VC++特点

（1）执行效率高。VC++使用微软的编译器，对微软的操作系统支持得最好。VC++用 C++，保证了强大的执行效率。

（2）稳定性好。Win 平台一般都是 VC++开发的。一般是 VC++开发核心组件，其他平台开发界面。有些数据库程序，如果要求特别稳定，也是由 VC++开发的。

（3）界面简洁，占用资源少。

3．VC++开发工具

（1）Visual C++ 6.0。它是一个功能强大的可视化软件开发工具。自 1993 年 Microsoft 公司推出 Visual C++1.0 后，随着其新版本的不断问世，Visual C++ 6.0 已成为专业程序员进行软件开发的首选工具。

（2）Microsoft Visual Studio.NET。它是微软推出的一款基于.net 架构的开发工具。该架构将强大功能与新技术结合起来，用于构建在视觉上引人注目的用户体验的应用程序，实现跨技术边界的无缝通信，并且能支持各种业务流程，包括 VC++、C#、VB、F# 等多种语言。

7.4.2　Java

Java 是由 Sun Microsystems 公司推出的一种可以撰写跨平台应用程序的面向对象的程序设计语言。Java 语言具有卓越的通用性、高效性、平台移植性和安全性，广泛应用于 PC、数据中心、游戏控制台、科学超级计算机、移动电话和互联网，同时拥有全球最大的开发者专业社群。

1．Java 简介

1995 年，Java 语言诞生。

1996 年，第一个 JDK——JDK1.0 诞生。

1997 年，JDK1.1 发布。

1999 年，SUN 公司发布 Java 的 3 个版本：标准版、企业版和微型版。

2000 年，JDK1.3 发布。

2002 年，J2SE1.4 发布，自此 Java 的计算能力有了大幅提升。

2004 年，J2SE1.5 发布，成为 Java 语言发展史上的又一里程碑。

2005 年，JavaOne 大会召开，SUN 公司公开 Java SE 6。此时，Java 的各种版本已经更名，以取消其中的数字 "2"：J2EE 更名为 Java EE，J2SE 更名为 Java SE，J2ME 更名为 Java ME。

2006 年，SUN 公司发布 JRE6.0。

2009 年，Google App Engine 开始支持 Java；甲骨文公司以 74 亿美元收购 Sun，取得 Java 版权。

2011 年，甲骨文公司发布 Java 7.0 的正式版。

2014 年，甲骨文公司发布 Java 8.0 的正式版。同年，还发布了 Java 最新版本 Java 9.0。

2. Java 特点

（1）Java 语言是易学的。一方面，Java 语言的语法与 C 语言、C++语言很接近，使大多数程序员很容易学习和使用 Java。另一方面，Java 丢弃了 C++中很少使用的、很难理解的、令人迷惑的那些特性，如操作符重载、多继承、自动的强制类型转换。特别地，Java 语言不使用指针，而是引用。并提供了自动的废料收集，使程序员不必为内存管理而担忧。

（2）Java 语言是强制面向对象的。Java 语言提供类、接口和继承等原语，为了简单起见，只支持类之间的单继承，但支持接口之间的多继承，并支持类与接口之间的实现机制（关键字为 implements）。Java 语言全面支持动态绑定，而 C++语言只对虚函数使用动态绑定。总之，Java 语言是一个纯的面向对象程序设计语言。

（3）Java 语言是分布式的。Java 语言支持 Internet 应用的开发，在基本的 Java 应用编程接口中有一个网络应用编程接口（java net），它提供了用于网络应用编程的类库，包括 URL、URL Connection、Socket、Server Socket 等。Java 的 RMI（远程方法激活）机制也是开发分布式应用的重要手段。

（4）Java 语言是健壮的。Java 的强类型机制、异常处理、垃圾的自动收集等功能是 Java 程序健壮性的重要保证。对指针的丢弃是 Java 的明智选择。Java 的安全检查机制使 Java 更具健壮性。

（5）Java 语言是安全的。Java 通常被用在网络环境中，为此，Java 提供了一个安全机制以防恶意代码的攻击。除了 Java 语言具有的许多安全特性，Java 对通过网络下载的类具有一个安全防范机制（类 Class Loader），如分配不同的名字空间以防替代本地的同名类、字节代码检查，并提供安全管理机制（类 Security Manager）让 Java 应用设置安全哨兵。

（6）Java 语言是体系结构中立的。Java 程序（后缀为 java 的文件）在 Java 平台上被编译为体系结构中立的字节码格式（后缀为 class 的文件），然后可以在实现这个 Java 平台的任何系统中运行。这种途径适合于异构的网络环境和软件的分发。

（7）Java 语言是可移植的。这种可移植性来源于体系结构中立性，另外，Java 还严格规定了各个基本数据类型的长度。Java 系统本身也具有很强的可移植性，Java 编译器是用 Java 实现的，Java 的运行环境是用 ANSI C 实现的。

（8）Java 语言是解释型的。在运行时，Java 平台中的 Java 解释器对被编译的字节码进行解释执行，执行过程中需要的类在联接阶段被载入到运行环境中。

（9）Java 语言是原生支持多线程的。在 Java 语言中，线程是一种特殊的对象，它必须由 Thread 类或其子（孙）类来创建。通常有两种方法来创建线程：其一，使用型构为 Thread（Runnable）的构造子类将实现了 Runnable 接口的对象包装成线程；其二，从 Thread 类派生出子类并重写 run 方法，使用该子类创建的对象即为线程。值得注意的是，Thread 类已经实现了 Runnable 接口，因此，任何一个线程均有它的 run 方法，而 run 方法中包含了线程所要运行的代码。线程的活动由一组方法来控制。Java 语言支持多个线程的同时执行，并提供多线程之间的同步机制（关键字为 synchronized）。

（10）Java 语言是动态的。Java 语言的设计目标之一是适应动态变化的环境。Java 程序需要的类能够动态地被载入到运行环境，也可以通过网络来载入所需要的类。这也有利于软件的升级。

另外，Java 中的类有一个运行时刻的表示，能进行运行时刻的类型检查。

3. Java 开发工具

（1）Eclipse。它是 IBM 向开放源码社区捐赠的开发框架，它之所以出名，并不是因为 IBM 宣称投入开发的资金总数 4000 万美元，而是因为如此巨大的投入所带来的成果：一个成熟的、精心设计的及可扩展的体系结构。

（2）IntelliJ IDEA。它是 JetBrains 公司的产品，比老一代 Java 开发工具 Eclipse 更漂亮、更智能。Google 官方 Android 开发工具 Android Studio 就是基于 Intellij IDEA 开发的。Intellij IDEA 拥有出色的界面设计，使用 Darculah 黑色界面主题会让用户爱不释手。在智能代码助手、代码自动提示、重构、J2EE 支持、Ant、JUnit、CVS 整合、代码审查、创新的 GUI 设计等方面的功能可以说是超乎想象的。IntelliJ IDEA 分为商业版本、个人版本、社区（community）版本。其中，社区版本是免费的，但是功能性并不弱，对于学习者和个人开发者来说完全足够。

（3）NetBeans。它是一个为软件开发者提供的自由、开源的集成开发环境（IDE）。用户可以从中获得用户所需要的所有工具，用 Java、C/C++，甚至是 Ruby 来创建专业的桌面应用程序、企业应用程序、Web 和移动应用程序。此 IDE 可以在多种平台上运行，包括 Windows、Linux、Mac OS X 及 Solaris；它易于安装且非常便于使用。

（4）XPlanner。它是一个基于 Web 的 XP 团队计划和跟踪工具。XP 独特的开发概念（如迭代（iteration）、用户故事（user stories）等），XPlanner 都提供了相对应的管理工具，XPlanner 支持 XP 开发流程，并解决利用 XP 思想来开发项目所碰到的问题。XPlanner 特点包括：简单的模型规划，虚拟笔记卡（Virtual note cards），iterations、user stories 与工作记录的追踪，未完成 stories 将自动迭代，工作时间追踪，生成团队效率、个人工时报表、SOAP 界面支持。

（5）Liferay。它代表完整的 J2EE 应用，使用了 Web、EJB 及 JMS 等技术，特别是其前台界面部分使用支柱（Struts）框架技术，基于 XML 的小窗口（portlet）配置文件可以自由动态扩展，使用了 Web Services 来支持一些远程信息的获取，使 Apache Lucene 实现全文检索功能。

（6）Jetspeed。它是一个开放源代码的企业信息门户（EIP）的实现，使用的技术是 Java 和 XML。用户可以使用浏览器，支持 WAP 协议的手机或者其他的设备，访问 Jetspeed 架设的信息门户获取信息。Jetspeed 扮演信息集中器的角色，它能够把信息集中起来，并且很容易地提供给用户。

（7）JOnAS。它是一个开放源代码的 J2EE 实现，在 Object Web 协会中开发。整合 Tomcat 或 Jetty 成为它的 Web 容器，以确保符合 Servlet 2.3 和 JSP 1.2 规范。JOnAS 服务器依赖或实现的 Java API JCA、JDBC、JTA、JMS、JMX、JNDI、JAAS、JavaMail。

（8）JFox。它是开放源代码 Java EE 应用服务器（Open Source Java EE Application Server），致力于提供轻量级的 Java EE 应用服务器，从 3.0 开始，JFox 提供了一个支持模块化的 MVC 框架，以简化 EJB 及 Web 应用的开发。如果用户正在寻找一个简单、轻量、高效、完善的 Java EE 开发平台，那么 JFox 正是用户需要的。

7.4.3　C#

C#（读作 C Sharp），是微软公司发布的一种面向对象的、运行于 .NET Framework 之上的高级程序设计语言，并定于在微软职业开发者论坛（PDC）上登台亮相。C# 是微软公司研究员 Anders Hejlsberg 的最新成果。C# 看起来与 Java 惊人的相似；它包括（如单一继承、接口等）与 Java 几乎同样的语法，以及编译成中间代码再运行的过程。但是 C# 与 Java 有明显的不同，它借鉴了

（Delphi）的一个特点，即它与 COM（组件对象模型）是直接集成的，而且它是微软公司 NET Windows 网络框架的主角。

1. C#简介

1998 年，微软启动了一个全新的语言项目——COOL，这是一款专门为 CLR 设计的纯面向对象的语言，也正是本节的主角——C#的前身。

1999 年，微软完成了 COOL 语言的一个内部版本。

2000 年，微软正式将 COOL 语言更名为 C#。历经了一系列的修改，微软终于在同年 7 月发布了 C#语言的第一个预览版。

2003 年，微软推出 Visual Studio .NET 2003，同时也发布 C#的改进版本——C# 1.1。

2004 年，微软在 2004 年的 6 月份发布 Visual Studio2005 的第一个 Beta 版，同时向开发者展示 C#语言的 2.0 版本。

2005 年，微软发布 Visual Studio 2005 Beta2，这已经是具备几乎全部功能的 Visual Studio，包括的产品有 SQL Server2005、Team Foundation Server 和 Team Suite。同年 9 月，还发布了 C#3.0 预览版，该版本率先实现了 LINQ 的语言。

2010 年，微软发布 C#4.0，增加了动态语言的特性，从里面可以看到很多 Javascript、Python 等动态语言的影子。

2012 年，C# 5.0 随着 Visual Studio 2012 一起正式发布，增加了异步编程等特点。

2015 年，微软发布 Visual Studio 2015，其中包括了 C#最新版本 C#6.0，增加了自动属性初始化器等功能。

2. C#特点

C#是一种全新且简单、安全、面向对象的程序设计语言，是专门为.NET 的应用而开发的语言。它吸收了 C++、Visual Basic、Delphi、Java 等语言的优点，体现了当今最新的程序设计技术的功能和精华。C#继承了 C 语言的语法风格，同时又继承了 C++的面向对象特性。不同的是，C#的对象模型已经面向 Internet 进行了重新设计，使用的是.NET 框架的类库；C#不再提供对指针类型的支持，程序不能随便访问内存地址空间，从而使程序更加健壮；C#不再支持多重继承，避免以往类层次结构中由于多重继承带来的可怕后果。.NET 框架为 C#提供了一个强大的、易用的、逻辑结构一致的程序设计环境。同时，公共语言运行时（Common Language Runtime）为 C#程序语言提供了一个托管的运行时环境，使程序比以往更加稳定、安全。其特点如下。

（1）语言简洁。

（2）保留了 C++的强大功能。

（3）快速应用开发功能。

（4）语言的自由性。

（5）强大的 Web 服务器控件。

（6）支持跨平台。

（7）与 XML 相融合。

3. C#开发工具

（1）Microsoft Visual Studio .NET。它是微软推出的一款基于·net 架构的开发工具。该架构将强大功能与新技术结合起来，用于构建具有视觉上引人注目的用户体验的应用程序，实现跨技术边界的无缝通信，并且能支持各种业务流程，包括 VC++、C#、VB、F# 等多种语言。

（2）Sharpdevelop。它是一个用于制作 C#或者 VB.NET 的项目而设计的一个编辑器，同时，这个编辑器本身就是使用 C#开发的，而且公开了全部源代码，因此这个工具本身也是学习 C#及软件开发规范的很好材料。

（3）EasyCSharp。它是一个非常优秀的 C#程序开发工具，代码自动加亮，支持编译和调试，支持工程开发，使用简便，适合开发小型的 C#应用程序。

7.4.4　ASP

动态服务器页面（Active Server Page，ASP）。是微软公司开发的代替 CGI 脚本程序的一种应用，它可以与数据库和其他程序进行交互，是一种简单、方便的编程工具。ASP 的网页文件的格式是 asp，常用于各种动态网站中。

1．ASP 简介

1996 年，ASP1.0 诞生，它给 Web 开发界带来了福音。ASP 允许使用 VBScript 或 JavaScript 这种的简单脚本语言，编写嵌入在 HTML 网页中的代码。在进行程序设计时可以使用它的内部组件来实现一些高级功能（如 Cookie）。它的最大的贡献在于它的 ADO（ActiveX Data Object），这个组件使程序对数据库的操作十分简单，所以进行动态网页设计也变成一件轻松的事情。

1998 年，微软发布 ASP 2.0。它是 Windows NT4 Option Pack 的一部分，作为互联网信息服务（Internet Information Services，IIS）4.0 的外接式附件。它与 ASP 1.0 的主要区别在于它的外部组件是可以初始化的，这样，在 ASP 程序内部的所有组件都有了独立的内存空间，并可以进行事务处理。

2000 年，随着 Windows 2000 的成功发布，IIS 5.0 所附带的 ASP 3.0 也开始流行。与 ASP 2.0 相比，ASP 3.0 的优势在于它使用了 COM+，因而其效率会比它前面的版本要好，并且更稳定。

2001 年，ASP.NET 出现了。在刚开始开发的时候，它的名字是 ASP+，但是，为了与微软的.NET 计划相匹配，并且要表明这个 ASP 版本并不是对 ASP 3.0 的补充，微软将其命名为 ASP.NET。ASP.NET 在结构上与前面的版本大相径庭，它几乎完全是基于组件和模块化的，Web 应用程序的开发人员使用这个开发环境可以实现更加模块化的、功能更强大的应用程序。

2．ASP 特点

（1）无需编译。ASP 脚本集成于 HTML 当中，容易生成，无需编译或链接即可直接解释执行。

（2）易于生成。使用常规文本编辑器（如 Windows 下的记事本），即可进行*.asp 页面的设计。若从工作效率来考虑，不妨选用具有可视化编辑能力的 Visual InterDev。

（3）独立于浏览器。用户端只要使用可解释常规 HTML 码的浏览器，即可浏览 ASP 所设计的主页。ASP 脚本是在站点服务器端执行的，用户端的浏览器不需要支持它。因此，若不通过从服务器下载来观察*.asp 主页，在浏览器端见不到正确的页面内容。

（4）面向对象。在 ASP 脚本中可以方便地引用系统组件和 ASP 的内置组件，还能通过定制 ActiveX 服务器组件（ActiveX Server Component）来扩充功能。

（5）与任何 ActiveX scripting 语言兼容。除了可使用 VBScript 和 JavaScript 语言进行设计，还可通过 Plug-in 的方式，使用由第三方所提供的其他 scripting 语言。

（6）源程序码不会外漏。ASP 脚本在服务器上执行，传到用户浏览器的只是 ASP 执行结果所生成的常规 HTML 码，这样可保证辛辛苦苦编写出来的程序代码不会被他人盗取。

3．ASP 开发工具

（1）Microsoft Visual Studio.NET。该软件为最优秀的高度集成的可视化开发环境，它包含了开发.NET 程序中需要的几乎任何功能：编码、调试、部署、维护等。Forms 技术的应用，使得在该环境下开发 Web 应用程序就像开发 VB6.0 应用程序一样快捷方便。Visual Studio.NET 的代码编辑管理采用了 Visual Basic 6.0 的方式，这对于 Web Forms 是编程的革命，前台代码部分（HTML 布局编码和声明的控件代码）被保存为后缀名为.aspx 的 ASP.NET 页面文件，后台逻辑代码被保存为后缀名为.aspx.vb 的文件，如果使用 C＃则是保存为.aspx.cs 的文件。

（2）ASP.NET Web Matrix。该软件是完全免费的，且是最为轻量级的 ASP.NET 工具，压缩后不到 1M 的存储大小，一张软盘就可以装下。但是别小看这个小东西，它的功能在 ASP.NET 开发的功能绝对不亚于 Visual Studio.NET。它提供了几乎 ASP.NET 开发中所有的功能，包括 UI 设计、逻辑代码编辑、用户控件的开发、调试等功能。所以受到很多 ASP.NET 程序员的喜爱。

（3）EasyASP。它是一个简单方便的用来快速开发 ASP 程序的类库。EasyASP 包含完善的全参数化查询多数据库操作，高效 Json 数据生成与解析，无组件压缩解压，各种字符串及日期处理函数，功能强大动态数组处理，领先的文件系统处理，远程文件及 XML 文档处理，内存缓存和文件缓存处理，简单实用的模板引擎等丰富的功能。而为了解决调试不方便的问题，EasyASP 推出了独创的控制台调试功能，以及丰富的异常信息显示，能让开发者在开发 ASP 程序时最大程度地从错误调试的纷繁中解放出来。

（4）Adobe Dreamweaver。梦想编织者（Adobe Dreamweaver，DW）是美国 MACROMEDIA 公司开发的集网页制作和管理网站于一身的所见即所得网页编辑器，DW 是第一套针对专业网页设计师特别发展的视觉化网页开发工具，利用它可以轻易地制作出跨越平台限制和跨越浏览器限制的充满动感的网页。

7.4.5 JSP

Java 服务器页面（Java Server Pages，JSP）其根本是一个简化的 Servlet 设计，它是由 Sun Microsystems 公司倡导，许多公司参与一起建立的一种动态网页技术标准。JSP 技术有点类似 ASP 技术，它是在传统的网页标准通用标记语言的子集（HTML）文件（*.htm,*.html）中插入 Java 程序段（Scriptlet）和 JSP 标记（tag），从而形成 JSP 文件，后缀名为（*.jsp）。用 JSP 开发的 Web 应用是跨平台的，既能在 Linux 下运行，也能在其他操作系统上运行。

1. JSP 简介

1999，推出 JSP 的 1.0 版本，同年推出 JSP 的 1.2 版本。JSP 1.2 不支持 EL，但可以使用外部的 JSTL 标签以便使用 EL。

2002 年，推出 JSP 2.0 版本，它属于 J2EE 1.4 平台。其一个主要特点是它支持表达语言（expression language）。JSTL 表达式语言可以用标记格式方便地访问 JSP 的隐含对象和 JavaBeans 组件，JSTL 的核心标记提供了流程和循环控制功能。自制标记也有自定义函数的功能，因此基本上所有 scriptlet 能实现的功能都可以由 JSTL 替代。在 JSP 2.0 中，建议尽量使用 EL 而使 JSP 的格式更一致。

2. JSP 特点

（1）一次编写，到处运行。除了系统之外，代码不用做任何更改。

（2）系统的多平台支持。基本上可以在所有平台上的任意环境中开发，在任意环境中进行系统部署，在任意环境中扩展。相比 ASP 的局限性，JSP 的优势是显而易见的。

（3）强大的可伸缩性。从只有一个小的 Jar 文件就可以运行 Servlet/JSP，到由多台服务器进行集群和负载均衡，到多台 Application 进行事务处理、消息处理，从一台服务器到无数台服务器，JSP 显示了一个巨大的生命力。

（4）多样化和功能强大的开发工具支持。这一点与 ASP 很像，JSP 已经有了许多非常优秀的开发工具，而且许多都可以免费得到，并且其中许多已经可以顺利地运行于多种平台之下。

（5）支持服务器端组件。Web 应用需要强大的服务器端组件来支持，开发人员需要利用其他工具设计实现复杂功能的组件供 Web 页面调用，以增强系统性能。JSP 可以使用成熟的 Java Beans 组件来实现复杂商务功能。

3. JSP 开发工具

（1）MyEclipse。它是一个十分优秀的用于开发 Java、J2EE 的 Eclipse 插件集合，MyEclipse 的功能非常强大，支持也十分广泛，尤其是对各种开源产品的支持十分不错。MyEclipse 可以支持 JavaServlet、AJAX、JSP、JSF、Struts、Spring、Hibernate、EJB3、JDBC 数据库链接工具等多项功能。

（2）JBuilder。它是 Borland 公司开发的针对 Java 的开发工具，使用 JBuilder 可以快速、有效地开发各类 Java 应用。该软件还支持最新的 Java 技术，包括 Applets、JSP/Servlets、JavaBean 及 EJB（Enterprise JavaBeans）的应用。

7.4.6 PHP

超文本预处理器（Hypertext Preprocessor，PHP）是一种通用开源脚本语言。语法吸收了 C 语言、Java 和 Perl 的特点，利于学习、使用广泛，主要适用于 Web 开发领域。PHP 独特的语法混合了 C、Java、Perl 及 PHP 自创的语法。它可以比 CGI 或者 Perl 更快速地执行动态网页。用 PHP 做出的动态页面与其他的编程语言相比，PHP 是将程序嵌入到超文本标示语言（HTML）下的一个应用文档中去执行，执行效率比完全生成 HTML 标记的 CGI 要高许多；PHP 还可以执行编译后代码，编译可以达到加密和优化代码运行，使代码运行更快。

1. PHP 简介

1995 年，拉斯姆斯·勒多夫（Rasmus Lerdorf）发布了 PHP1.0 版本。该版本提供了访客留言本、访客计数器等简单的功能。

1997 年，任职于 Technion IIT 公司的两个以色列程序设计师：齐弗·苏拉斯基（Zeev Suraski）和安迪·古特曼斯（Andi Gutmans），重写了 PHP 的剖析器，成为 PHP 3 的基础。

1998 年，正式发布 PHP 3。Zeev Suraski 和 Andi Gutmans 在 PHP 3 发布后开始改写 PHP 的核心，这个在 1999 年发布的剖析器称为 Zend Engine，他们也在以色列的 Ramat Gan 成立了 Zend Technologies 来管理 PHP 的开发。

2000 年，以 Zend Engine 1.0 为基础的 PHP 4 正式发布。

2004 年，发布了 PHP 5，PHP 5 使用了第二代的 Zend Engine。PHP 包含了许多新特色，例如，强化的面向对象功能，引入存取数据库的延伸函数库（PHP Data Objects，PDO），以及许多效能上的增强。PHP 4 已经不会继续更新，以鼓励用户转移到 PHP 5。

2013 年，PHP 开发团队自豪地宣布推出 PHP 5.5.0。此版本包含大量的新功能和 Bug 修复。需要开发者特别注意的是，该版本不再支持 Windows XP 和 2003 系统。

2014 年，PHP 开发团队宣布 PHP 5.6.2 可用。与安全相关的错误固定在这个版本，包括修复 cve-2014-3668，cve-2014-3669 和 cve-2014-3670。所有的 PHP 5.6 鼓励用户升级到这个版本。

2. PHP 特点

（1）开放源代码。所有的 PHP 源代码事实上都可以得到。

（2）免费性。和其他技术相比，PHP 本身免费且是开源代码。

（3）快捷性。程序开发快、运行快，技术本身学习快。嵌入于 HTML 是因为 PHP 可以被嵌入于 HTML 语言，它相对于其他语言，编辑简单、实用性强，更适合初学者。

（4）跨平台性强。由于 PHP 是运行在服务器端的脚本，可以运行在 Unix、Linux、Windows、Mac OS、Android 等平台。

（5）效率高。PHP 消耗相当少的系统资源。

（6）图像处理。用 PHP 动态创建图像，PHP 图像处理时默认使用 GD2。且也可以配置为使用 image magick 进行图像处理。

（7）面向对象。在 PHP4、PHP5 中，面向对象方面都有很大的改进，PHP 完全可以用来开发大型商业程序。

3. PHP 开发工具

（1）Adobe Dreamweaver。该软件除可以编写 ASP 程序，同样也可以编写 PHP 程序。

（2）PhpStorm。它是 JetBrains 公司开发的一款轻量级且便捷的 PHP IDE，其旨在提高用户效率，可深刻理解用户的编码，补全智能代码，快速导航，以及及时检查错误。

（3）PHPEdit。它是一款 Windows 下优秀的 PHP 脚本 IDE（集成开发环境）。该软件为快速、便捷地开发 PHP 脚本提供了多种工具，其功能包括：语法关键词高亮，代码提示、浏览，集成 PHP 调试工具，帮助生成器，自定义快捷方式，150 多个脚本命令，键盘模板，报告生成器，快速标记，插件等。

（4）NetBeans。它是开源软件开发集成环境，是一个开放框架，可扩展的开发平台，可以用于 Java、C/C++、PHP 等语言的开发，它本身是一个开发平台，可以通过扩展插件来扩展功能。

（5）Zend Studio。它是 Zend Technologies 公司开发的 PHP 语言集成开发环境（IDE）。除了有强大的 PHP 开发支持外也支持 HTML、JS、CSS，但只对 PHP 语言提供调试支持。Studio 5.5 系列后，官方推出了基于 Eclipse 平台的 Zend Studio，当前最新的 11.0.1 版本也是构建于 Eclipse 平台。

7.5 数据库访问技术

现在市面上广泛使用的 DBMS 有多种，尽管这些系统都属于关系数据库，也都遵循 SQL 标准，但不同的系统有许多差异，因此，在某个 DBMS 下开发的应用系统就不能在另一个 DBMS 下运行，适应性和可移植性较差。例如，运行在 Sybase 上开发的应用系统想在 Oracle 上运行就必须进行修改移植。这种修改移植是费事的，开发人员必须清楚了解不同 DBMS 的确切区别，细心地一一进行修改、测试。此外，更加重要的是，许多应用系统需要共享多个部门的数据资源，访问不同的 DBMS。为此，人们研究和开发了多种连接不同 DBMS 的方法、技术和软件，使数据库系统"开放"，能够实现"数据库互连"。目前常用数据库连接技术有 ODBC、JDBC、OLE DB 和 ADO 等。

7.5.1 ODBC

1992 年 Microsoft 和 Sybase、Digital 共同制定了开放式数据库互接（ODBC）标准接口，以单一的 ODBC API 来存取各种不同的数据库。随后 ODBC 便获得了许多数据库厂商和 Third-Party 的支持而逐渐成为标准的数据存取技术。ODBC 以标准规范 X/OpenCall-LevelInterface（CLI）和 ISO/IEC9075-3Call-LevelInterface（SQL/CLI）为涵盖的范围，因而支持广阔的数据库。虽然 ODBC 在初期的版本中执行效率不佳，而且功能有限，因此也被人们贬低。但是，随着 Microsoft 不断改善 ODBC，使 ODBC 的执行效率不断增加，ODBC 驱动程序的功能也日渐齐全。到目前，ODBC 已经是一个稳定并且执行效率良好的数据存取引擎。不过 ODBC 仅支持关系数据库，以及传统的数据库数据类型，并且只以 C/C++语言 API（API 就是一些 C 语言的代码，是最底层的程序，在 Windows 中就是一些.dll 的文件）形式提供服务，因而无法符合日渐复杂的数据存取应用，也无法让脚本语言使用。因此 Microsoft 除了 ODBC 外，也推出了其他数据存取技术，以满足程序员不同的需要。（注：ODBC 是面向过程的语言，由 C 语言开发出来，不能兼容多种语言，所以开发的难度大，而且只支持有限的数据库公司，对于后来的 EXCEL 等根本不能支持）。

1. ODBC 概述

开放式数据库互连（Open Database Connectivity，ODBC），是微软公司开放服务结构（Windows Open Services Architecture，WOSA）中有关数据库的一个组成部分，它建立了一组规范，并提供了一组对数据库访问的标准应用程序编程接口（API）。这些 API 利用 SQL 来完成大部分任务。ODBC 本身也提供了对 SQL 语言的支持，用户可以直接将 SQL 语句送给 ODBC。ODBC 是 Microsoft 提出的数据库访问接口标准。ODBC 定义了访问数据库 API 的规范，这些 API 独立于不同厂商的 DBMS，也独立于具体的编程语言，ODBC 规范后来被 X/OPEN 和 ISO/IEC 采纳，作为 SQL 标准的一部分。

ODBC 为客户应用程序访问关系数据库提供一个统一的接口，对于不同的数据库，ODBC 提供了一套统一的 API，使应用程序可以应用提供的 API 来访问任何提供了 ODBC 驱动的数据库，ODBC 规范为应用程序提供了一套高层调用接口规范和基于动态链接的运行支持环境，ODBC 已经成为一种标准，目前所有关系数据库都提供 ODBC 驱动程序，使用 ODBC 开发的应用程序具有很好的适应性和可移植性，并且具有同时访问多种数据库系统的能力。这使 ODBC 的应用非常广泛，基本上可用于所有关系数据库中。

2. ODBC 结构

一个完整的 ODBC 是一个分层体系结构，主要由应用程序、驱动程序管理器、DBMS 驱动程序和 ODBC 数据源 4 个部分组成。ODBC 体系结构如图 7.9 所示。

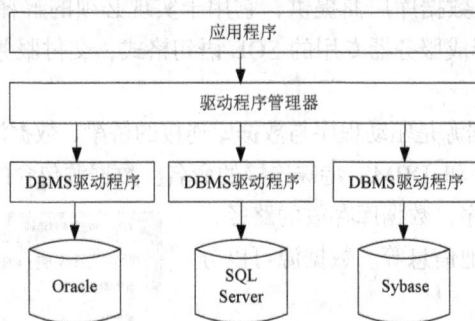

图 7.9 ODBC 体系结构

（1）应用程序（Application）。应用程序利用 ODBC 接口中的 ODBC 功能与数据库操作，完成 ODBC 外部接口的所有工作，其主要功能如下。

① 请求与指定数据源的连接。

② 发送和提交对数据源的 SQL 请求语句。

③ 定义存储 SQL 执行结果的数据区和格式。

④ 读取 SQL 语句执行结果，并报告给用户。

⑤ 对事务进行控制、提交和重新运行。

客户端的应用程序代码用于生成 SQL 命令请求服务器执行。数据库服务器就是执行 SQL 语句的数据库管理系统。在客户端和服务器端之间是通过 ODBC 进行连接和解释的。

（2）驱动程序管理器（Driver Manager）。驱动程序管理器是 ODBC 传输的引导者，是用来管理应用程序和数据库驱动程序之间进行数据访问和通信的管理程序，是 ODBC 中最重要的部件。当一个应用程序与多个数据库相连时，驱动程序管理器保证应用程序能正确地调用数据库系统的 DBMS，实现数据访问。其主要功能如下。

① 把应用程序的调用分配给数据库驱动程序。

② 根据需要，通过 Windows 的注册信息或 ODBC.INT 文件装载、卸载驱动程序。

③ 处理 ODBC 的初始化调用，并检查状态。

④ 提供 ODBC 调用参数的有效性检查。

⑤ 管理应用和数据源之间的连接。

驱动程序管理器是一个动态链接库（ODBC.DLL），当一个应用程序请求对一个数据源连接时，驱动程序管理器读取该数据源的描述，定位并以动态链接库的形式加载适当的驱动程序，管理应用程序和驱动程序的连接，为调试提供了有限的跟踪手段。

（3）DBMS 驱动程序（DBMS Driver）。应用程序不能直接访问数据库中的数据，其各种操作请求都要通过 ODBC 驱动程序管理器提交给 DBMS 驱动程序，通过驱动程序来实现对数据源的各种操作，数据库的操作结果也通过驱动程序返回给应用程序。应用程序通过调用驱动程序所支持的函数来操纵数据库。其主要功能如下。

① 建立与数据源的连接。

② 将 SQL 请求提交到数据源，并执行 SQL 语句。

③ 根据应用程序要求转换数据格式。

④ 将结果返回给应用程序。

⑤ 将错误格式转换为标准代码返回给用户应用程序。

DBMS 驱动程序通常由数据库厂商提供，它用于实现必须的解释和通信所需要的功能，将 ODBC 支持的 SQL 语法解释成服务器专用的 SQL 语句格式，交付服务器端执行，并接收返回结果和状态信息。

（4）ODBC 数据源。数据源是驱动程序与数据库连接的桥梁，数据源不是数据库系统，而是用于表达一个 ODBC 驱动程序和 DBMS 特殊连接的命名。数据源包含的主要信息有数据源的名称 DSN、描述、类型、驱动程序、数据库存放的路径、数据库文件的后缀格式及其他信息等。数据源可以分为三大类。

① 用户数据源。它是用户创建的数据源，只有创建者能使用，并且只能在所定义的机器上运行。

② 系统数据源。所有用户和 Windows NT 下以服务方式运行的应用程序均可使用。

③ 文件数据源。它是 ODBC 3.0 以上版本增加的一种数据源，可用于企业用户。

创建数据源最简单的方式是使用 ODBC 驱动程序管理器，如图 7.10 所示，在连接中，用数据源名来

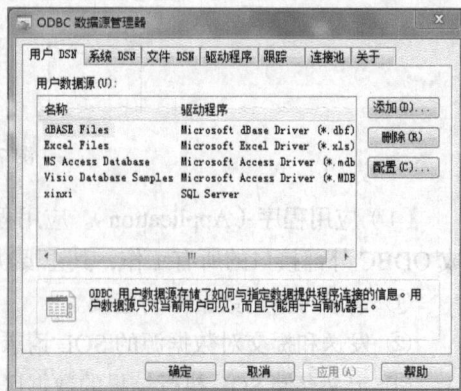

图 7.10　ODBC 数据源管理器

代表用户名、服务器名、所连接的数据库名等。可以将数据源名看作是与一个具体数据库建立的连接。有关 ODBC 数据源的具体配置过程请读者自行查阅相关资料。

3. ODBC 特点

ODBC 技术以 C/S 结构为设计基础，它使应用程序与 DBMS 之间在逻辑上可以分离，使应用程序具有数据库无关性。ODBC 定义了一个 API，每个应用程序利用相同的源代码就可以访问不同的数据库系统，存取多个数据库中的数据。与嵌入式 SQL 相比，ODBC 一个最显著的优点是用它生成的应用程序与数据库或数据库引擎无关。

ODBC 使应用程序具有良好的互用性和可移植性，并且具备同时访问多种 DBMS 的能力，从而克服了传统数据库应用程序的缺陷。一个基于 ODBC 的应用程序对数据库的操作不依赖任何 DBMS，不直接与 DBMS 打交道，所有的数据库操作由对应的 DBMS 的 ODBC 驱动程序完成。也就是说，不论是 SQL Server 还是 Oracle 数据库，均可用 ODBC API 进行访问。由此可见，ODBC 的最大优点是能以统一的方式处理所有的数据库。

7.5.2　JDBC

Java 具有安全、易用等特性，而且支持自动网上下载，本质上是一种很好的数据库应用的编程语言，但是 Java 需要一个桥梁同各种各样的数据库连接，JDBC 正是实现这种连接的关键。JDBC 扩展了 Java 的能力，例如，使用 Java 和 JDBC API 就可以公布一个 Web 页，页中带有访问远程数据库的小程序（Applet）。随着越来越多的程序开发人员使用 Java 语言，对通过 JDBC 访问数据库的需求也越来越强烈。

1. JDBC 概述

Java 数据库连接（Java Data Base Connectivity，JDBC）是一种专门针对 Java 语言访问数据库时使用的数据库互连技术，用于执行 SQL 语句的 Java API，可以为多种关系数据库提供统一访问。它由一组用 Java 语言编写的类和接口组成，它支持 ANSI SQL-92 标准，因此，通过调用这些类和接口所提供的成员方法，用户可以方便地连接各种不同的数据库，进而使用标准的 SQL 命令对数据库进行查询、插入、删除和更新等操作。

通过 JDBC，开发人员可以很方便地将 SQL 语句传送给几乎任何一种数据库。也就是说，开发人员可以不必写一个程序访问 Sybase，可以写另一个程序访问 Oracle，再写一个程序访问 SQL Server。用 JDBC 写的程序可以在任何支持 Java 可以的平台上运行，不必在不同的平台上编写不同的应用。Java 和 JDBC 的结合可以让开发人员在开发数据库应用时真正实现 Write Once、Run Everywhere。

JDBC 是一种底层 API，这意味着它将直接调用 SQL 命令。JDBC 完全胜任这个任务，而且比其他数据库互连更加容易实现。同时它也是构造高层 API 和数据库开发工具的基础。高层 API 和数据库开发工具使用户页面更加友好，使用更加方便，更易于理解。但所有这样的 API 将最终被翻译为类似 JDBC 的底层的 API。

2. JDBC 结构

用 JDBC 连接数据库实现了与平台无关的 C/S 的数据库应用程序开发。由于 JDBC 是针对与"平台无关"设计的，因此用户只要在 Java 数据库应用程序中指定使用某个数据库的 JDBC 驱动程序，就可以连接并存取指定的数据库。而且当用户要连接几个不同数据库时，只需修改程序中的 JDBC 驱动程序，无需对其他程序代码做任何改动。JDBC 的基本结构由 Java 程序、JDBC 管理器、驱动程序和数据库 4 个部分组成，如图 7.11 所示，其具体相关操作参照 8.3.4 节。

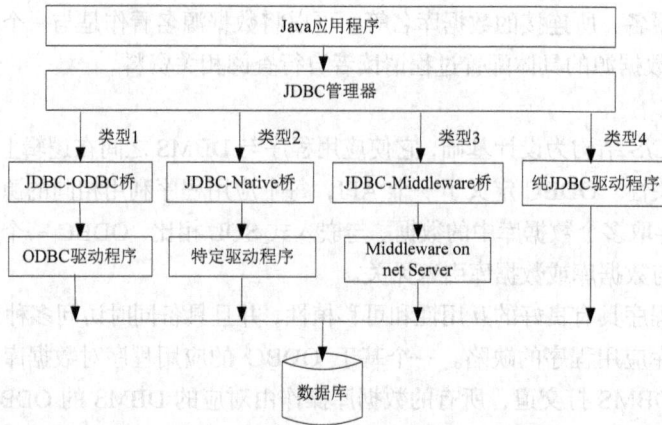

图 7.11　JDBC 结构

（1）Java 程序。Java 程序包括 Java 应用程序和小应用程序，主要功能是根据 JDBC 方法实现对数据库的访问和操作。它完成的主要任务如下。

① 请求与数据库建立连接。

② 向数据库发送 SQL 请求。

③ 为结果集定义存储应用和数据类型。

④ 查询结果。

⑤ 处理错误和控制传输。

⑥ 提交和关闭连接。

（2）JDBC 管理器。为用户提供了一个"驱动程序管理器"，它能动态地管理和维护数据库查询所需要的所有驱动程序对象，实现 Java 程序与特定驱动程序的连接，从而体现 JDBC 与"平台无关"的特点。它完成的主要任务如下。

① 为特定的数据库选择驱动程序。

② 处理 JDBC 初始化调用。

③ 为每个驱动程序提供 JDBC 功能的入口。

④ 为 JDBC 调用执行参数。

（3）驱动程序。处理 JDBC 方法，向特定数据库发送 SQL 请求，并为 Java 程序获取结果。在必要的时候，驱动程序可以翻译或优化请求，使 SQL 请求符合 DBMS 支持的语言。它完成的主要任务如下。

① 建立与数据库的连接。

② 向数据库发送请求。

③ 用户程序请求时执行翻译。

④ 将错误代码格式化成标准的 JDBC 错误代码。

JDBC 是独立于数据库系统的，而每个数据库系统都有自己的协议与客户机通信，因此，JDBC 利用数据库驱动程序来使用这些数据库引擎。JDBC 驱动程序由数据库软件商和第三方的软件商提供，因此，根据编程所使用的数据库系统不同，所需要的驱动程序也有所不同，一般可将 JDBC 驱动程序分为以下 4 种类型。

① JDBC-ODBC 桥驱动程序。应用程序通过桥，调用 ODBC 连接数据源，由于 Windows 操作系统中 ODBC 大多已支持各种类型的数据源，如 SQL Server、Oracle、Sybase 等，因此在构建

上较为方便，可直接使用 JDK 所附的驱动程序进行连接。由于经过 JDBC-ODBC 桥，服务器端需要设置系统的 ODBC，一旦服务器端有所变动时，此 ODBC 必须重新设置，在可移植上也不是十分理想，因此该类型的驱动程序一般多用于测试阶段，不太适合企业应用。

② JDBC-Native 桥驱动程序。和①一样需要经过类似桥的机制连接数据源，所不同的是该桥为原生函数库，是软件厂商针对其数据库自行开发的，此函数库（Library）由 C 或 C++所编写而成，由于软件厂商是针对其数据库特性专门量身定做的，因此在效率上优于①。

③ JDBC-Middleware 桥驱动程序。使用这类驱动程序时不需要在用户的计算机上安装任何附加软件，但是必须在安装数据库管理系统的服务器端安装中介软件，这个中介软件会负责所有存取数据库时必要的转换。

④ 纯 JDBC 驱动程序。此类型是最佳驱动程序，因为该驱动程序不需要通过任何中介机制，直接转换被 JDBC 调用，成为 DBMS 的网络协议，直接访问数据源。

（4）数据库。该数据库是指 Java 程序需要访问的数据库及其数据库管理系统。

3. JDBC 特点

MIS 管理员们都喜欢 Java 和 JDBC 的结合，因为它使信息传播变得容易和经济。企业可继续用它们安装好的数据库，能便捷地存取信息，即使这些信息是储存在不同数据库管理系统上。新程序的开发期很短，安装和版本控制将大为简化。程序员可只编写一遍应用程序或只更新一次，然后将它放到服务器上，随后任何人就都可得到最新版本的应用程序。对于商务上的销售信息服务，Java 和 JDBC 可为外部客户提供获取信息更新的更好方法。

尽管 JDBC 在 JAVA 语言层面实现了统一，但不同数据库仍有许多差异。为了更好地实现跨数据库操作，于是诞生了 Hibernate 项目，Hibernate 是对 JDBC 的再封装，实现了对数据库操作更宽泛的统一和更好的可移植性。

7.5.3　OLE DB

随着数据源日益复杂化，现今的应用程序很可能需要从不同的数据源取得数据，加以处理，再把处理过的数据输出到另外一个数据源中。更麻烦的是这些数据源可能不是传统的关系数据库，而是 Excel 文件、Email、Internet/Intranet 上的电子签名信息。Microsoft 为了让应用程序能够以统一的方式存取各种不同的数据源，在 1997 年提出了 UniversalDataAccess（UDA）架构。UDA 以 COM 技术为核心，协助程序员存取企业中各类不同的数据源。UDA 以 OLE DB（属于操作系统层次的软件）作为技术的骨架。OLE DB 定义了统一的 COM 接口作为存取各类异质数据源的标准，并且封装在一组 COM 对象之中。借由 OLE DB，程序员就可以使用一致的方式来存取各种数据。但 OLE DB 仍然是一个低层次的，利用效率不高。

1. OLE DB 概述

对象链接和嵌入式数据库（Object Linking and Embedding Database，OLE DB）又称为 OLEDB 或 OLE-DB，是微软的战略性的通向不同的数据源的低级应用程序接口。OLE DB 不仅包括微软资助的标准数据接口开放数据库连接（ODBC）的结构化查询语言（SQL）能力，还具有面向其他非 SQL 数据类型的通路。作为微软的组件对象模型(Component Object Model，COM）的一种设计，OLE DB 是一组读写数据的方法（在过去可能被称为渠道）。OLE DB 中的对象主要包括数据源对象、阶段对象、命令对象和行组对象。使用 OLE DB 的应用程序会用到的请求序列有初始化 OLE、连接到数据源、发出命令、处理结果、释放数据源对象并停止初始化 OLE。

2. OLE DB 结构

OLE DB 作为一种开放式的标准，被设计成 COM 组件，并将传统的数据库系统划分为多个逻辑组件，这些组件之间相对独立又相互通信。这种 COM 组件模型主要由 3 个部分组合而成，其中各个部分都被冠以不同的名称，如图 7.12 所示。

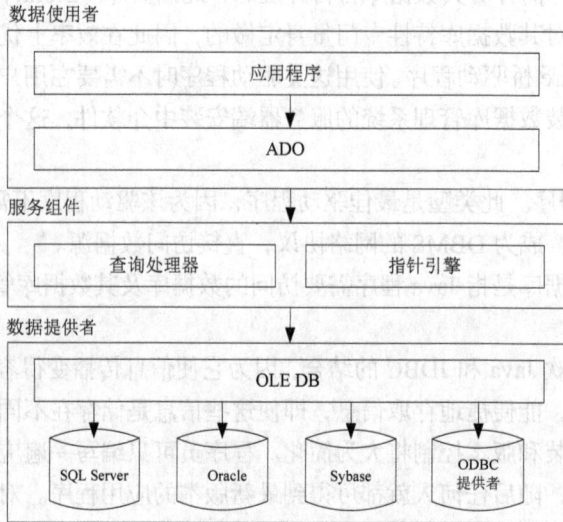

图 7.12　OLE DB 结构

（1）服务组件（Service Components）。它可以执行数据提供者及数据使用者之间数据传递的工作，数据使用者要向数据提供者要求数据时，是透过 OLE DB 服务组件的查询处理器执行查询的工作，而查询到的结果则由指针引擎来管理。

（2）数据使用者（Data Consumers）。凡是使用 OLE DB 提供数据的程序或组件，都是 OLE DB 的数据使用者。换句话说，凡是使用 ADO 的应用程序或网页都是 OLE DB 的数据使用者。

（3）数据提供者（Data Providers）。它是指提供数据存储的软件组件，小到普通的文本文件、大到主机上的复杂数据库，或者电子邮件存储，都是数据提供者。有的文档把这些软件组件的开发商也称为数据提供者。凡是透过 OLE DB 将数据提供出来的，就是数据提供者。例如，SQL Server 数据库中的数据表，或是附文件名为 mdb 的 Access 数据库档案等。

3. OLE DB 特点

通用性是 OLE DB 的主要特点，通过 COM 接口访问数据的 ActiveX 接口，足以提供一种访问数据的统一手段，而不管存储数据所使用的方法如何。OLE DB 还允许开发人员继续利用基础数据库技术的优点，而不必为了利用这些优点把数据移出来。此外，OLE DB 另一特点就是为用户提供一种统一的方法来访问所有不同种类的数据源。OLE DB 可以在不同的数据源中进行转换，利用 OLE DB 客户端的开发人员在进行数据访问时只需把精力集中在很少的一些细节上，而不必花时间弄懂大量不同数据库的访问协议。

7.5.4　ADO

虽然 OLE DB 允许程序员存取各类数据，是一个非常良好的架构，但是由于 OLE DB 太底层化，而且在使用上非常复杂，需要程序员拥有高超的技巧，因此只有少数的程序员才有办法使用 OLE DB。这让 OLE DB 无法广为流行。为了解决这个问题，并且让 VB 和脚本语言也能够借由

OLE DB 存取各种数据源，Microsoft 同样以 COM 技术封装 OLE DB 为 ADO 对象（这一步很重要，实现了多种程序可以互相协调，并且可以开发的语言也变得丰富），简化了程序员数据存取的工作。由于 ADO 成功地封装了 OLE DB 大部分的功能，并且大量简化了数据存取工作，因此 ADO 也逐渐被越来越多的程序员接受。

1. ADO 概述

动态数据对象（ActiveX Data Objects，ADO）是微软公司的一个用于存取数据源的 COM 组件。它提供了编程语言和统一数据访问方式 OLE DB 的中间层。允许开发人员编写访问数据的代码而不用关心数据库是如何实现的，只用关心数据库的连接。访问数据库的时候，关于 SQL 的知识不是必要的，但是特定数据库支持的 SQL 命令仍可以通过 ADO 中的命令对象来执行。

像 Microsoft 的其他系统接口一样，ADO 是面向对象的。它是 Microsoft 全局数据访问（UDA）的一部分，Microsoft 认为与其自己创建一个数据，不如利用 UDA 访问已有的数据库。为达到这一目的，Microsoft 和其他数据库公司在它们的数据库和 Microsoft 的 OLE 数据库之间提供了一个"桥"程序，OLE 数据库已经在使用 ADO 技术。ADO 的一个特征是支持网页中的数据相关的 ActiveX 控件和有效的客户端缓冲。作为 ActiveX 的一部分，ADO 也是 Microsoft 的组件对象模式（COM）的一部分，它面向组件的框架用以将程序组装在一起。

2. ADO 结构

ADO 是对当前微软支持的数据库进行操作的最有效和最简单直接的方法，它是一种功能强大的数据访问编程模式，从而使大部分数据源可编程的属性得以直接扩展到用户的活动服务器（Active Server）页面上。可以使用 ADO 去编写紧凑简明的脚本以便连接到 ODBC 兼容的数据库和 OLE DB 兼容的数据源，这样 ASP 程序员就可以访问任何与 ODBC 兼容的数据库，包括 MS SQL SERVER、Access、Oracle 等。

通俗地讲，OLE DB 和 ODBC 都是最底层的东西，而 ADO 对象给用户提供了一个"可视化"，以及应用层直接交互的组件，用户不用过多地关注 OLE DB 的内部机制，只需要了解 ADO 通过 OLE DB 创建数据源的几种方法即可，就可以通过 ADO 轻松地获取数据源。可以说 ADO 是应用程序和数据底层的一个中间层，ADO 对象通过 OLE DB 间接取得数据库中的数据。

ADO 结构包括两个核心组件：DataSet 和.NET Framework 数据提供程序，如图 7.13 所示。

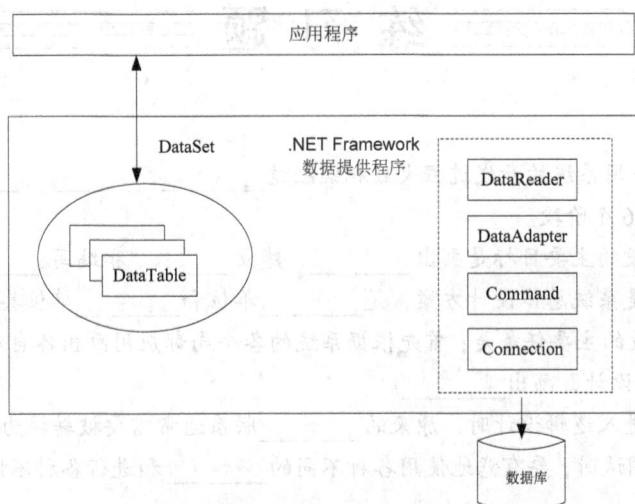

图 7.13 ADO 结构

（1）DataSet。它是 ADO 的断开式结构的核心组件，为了实现独立于任何数据源的数据访问，可将其视为从数据库检索出的数据在内存中的缓存。它包括一个或多个 DataTable 对象的集合，这些对象由数据行、数据列、主键、外键、约束和有关 DataTable 对象中数据的关系信息组成。

（2）.NET Framework 数据提供程序。它是为了实现数据操作和对数据的访问。它提供的核心元素是 Connection、Command、DataReader、DataAdapter 对象。其中，Connection 对象提供与数据库的连接；Command 对象能够访问用于返回数据，修改数据，运行存储过程，以及发送或检索参数信息的数据库命令；DataReader 对象从数据源中提供高性能的数据流，DataAdapter 对象提供连接 DataSet 对象和数据源的桥梁，通过 Command 对象在数据源中执行 SQL 命令，以便将数据加载到 DataSet 中，并使对 DataSet 中的数据更改与数据源保持一致。

3. ADO 特点

ADO 最重要的特点是易于使用。ADO 是高层数据库访问技术，相对于 ODBC 来说，具有面向对象的特点。同时，在 ADO 对象结构中，对象与对象之间的层次结构不是非常明显，这会给编写数据库程序带来更多的便利。例如，在应用程序中如果要使用记录集对象，不一定要先建立连接、会话对象，如果需要就可以直接构造记录集对象。ADO 可以访问多种数据源，和 OLE DB 一样，ADO 使应用程序具有很好的通用性和灵活性。同时，ADO 访问数据源效率高，并且方便 Web 应用。ADO 还可以以 ActiveX 控件的形式出现，这就大大方便了 Web 应用程序的编制。此外，ADO 的技术编程接口丰富，支持 Visual C++、ASP、VBScript、JavaScript 等编辑器。

本章小结

本章介绍了数据库应用系统开发的两大体系结构 C/S 和 B/S，并详细介绍了其开发流程，其中对数据库的设计进行了重点讲解。同时，还介绍市面上流行的数据库产品，如 Oracle、SQL Server、MySQL、Sybase、DB2 等，以及流行的界面编程语言，如 VC++、Java、C#、PHP 等。最后简单介绍了界面与数据库的常见的连接技术，如 ODBC、JDBC、OLE DB 和 ADO 等。

练 习 题

填空题

1. 一个数据库应用系统的开发过程大致相继经过_____、_____、_____、_____、_____和_____ 6 个阶段。

2. 需求分析阶段的主要目标是画出_____、建立_____和编写_____。

3. 需求说明书是系统总体设计方案，是_____单位和_____单位共同协商达成的文档。

4. 概念设计阶段的主要任务是：首先根据系统的各个局部应用画出各自对应的_____，然后再进行综合和整体设计，画出_____。

5. 由概念设计进入逻辑设计时，原来的_____联系通常需要被转换为对应的_____。

6. 在进行系统调试时，要有意地使用各种不同的_____和进行各种不同的_____，去测试系统中的所有方面。

7. 在旅店管理中，_____只派生出一个视图，该视图被称为_____。

上机实训

1. 实训目的

（1）理解数据库应用系统开发流程。

（2）掌握数据库设计步骤。

2. 实训内容

（1）根据数据库应用系统开发的瀑布模型，简要写出图书管理系统各个阶段的分析报告。

（2）根据数据库的设计步骤，详细设计数据库的每个阶段，并结合前几章的上机实训，用 Viso 画出各阶段的相应模型。

3. 实训提示

（1）可以描述图书管理系统的项目背景，也就是需求分析，即为什么要开发图书管理系统这个项目，开发该项目的必要性是什么，如何可以有效解决传统人工管理图书既耗时又耗力，还经常出错等弊端，从而提高管理效率等。

（2）数据库的需求分析，主要是指从用户的需求中提取出需要用计算机存储的信息，如图书管理系统中图书信息、读者信息、借阅信息等。

第8章

C/S 开发——学生成绩管理系统
（SQL Server+Java）

为了将前面学到的数据库理论知识应用于实践，本书选用了同一个系统——学生成绩管理系统，但采用了两种完全不同的开发模式 C/S 和 B/S 进行实践案例讲解，不仅可以让读者全面熟悉数据库应用系统的整个开发模式，而且还可以让读者从中详细学习到两种较流行的 DBMS 产品——SQL Server 和 MySQL。具体安排为第 8 章采用 SQL Server+Java 的搭配实现一个简易 C/S 的学生成绩管理系统，第 9 章采用 PHP+MySQL 的搭配实现一个简易 B/S 的在线成绩管理系统。读者不但可以把前面各章的主要内容集中总结和训练，并以此举一反三，而且还可以在从未学习过前面内容的情况下从这里直接介入，也能快速掌握数据库理论知识。

8.1 需求分析

学生成绩管理系统是为了更好地管理学生考试成绩而开发的数据管理软件，对于一个学校是不可缺少的重要部分。学生通过该系统查阅与自己相关的信息、修改自己的基本信息、修改密码。教师（管理员）通过该系统维护学生基本信息、管理学生成绩等。该系统至少需要完成以下内容：学生基本信息管理、学生成绩管理等。每个内容均需要提供添加、删除、修改和查询的功能。

8.1.1 功能结构图

学生成绩管理系统需要满足两个方面的需求：教师（管理员）使用系统对全部数据进行维护操作；学生作为查询者对数据实体进行查询操作。用户通过登录功能进行角色判断。系统分角色登录，包括学生、教师，并且各类用户的权限不一样。主要功能模块如下。

个人信息：主要用于学生查看个人信息及修改个人密码。

基本信息管理：管理员对学生的基本信息进行增加、删除、修改等操作。

课程管理：管理员可以添加、删除、修改、查看课程信息。

学生成绩管理：管理员可以添加、删除、修改、查看学生成绩。

为了使读者更清楚地了解系统的结构，图 8.1 展示了学生成绩管理功能结构图。

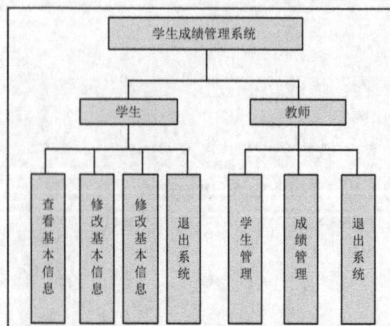

图 8.1 学生成绩管理功能结构图

8.1.2　数据流图

数据流程图（Data Flow Diagram）是结构化系统分析方法中使用的工具，它以图形的方式描绘数据在系统中流动和处理的过程，由于它只反映系统必须完成的逻辑功能，所以它是一种功能模型。数据流图的主要元素是：数据流、数据源（终点）、对数据的加工（处理）和数据存储。数据流图既可以表达数据在系统内部的逻辑流向及存储，也可以表达系统的逻辑功能和数据的逻辑变换，也可以表达现行人工系统的数据流程和逻辑处理功能，还可以表达自动化系统的数据流程和逻辑处理功能。数据流图有两种典型结构：一种是变换型结构，它描述的工作可以表示为输入、主处理和输出，呈线性状态；另一种是事务型结构，这种数据流图呈束状，即一束数据流平行流入或流出，可能同时有几个事物要求处理。数据流图如图 8.2 所示。

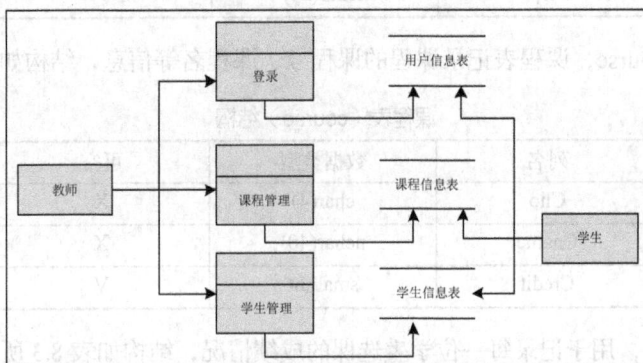

图 8.2　数据流图

8.1.3　E–R 图

学生成绩管理系统中涉及学生、课程、选课、用户等重要实体。

学生实体：学号、姓名、性别、系别。学生实体图如图 8.3 所示。

课程实体：课程号、课程名、学分。课程实体图如图 8.4 所示。

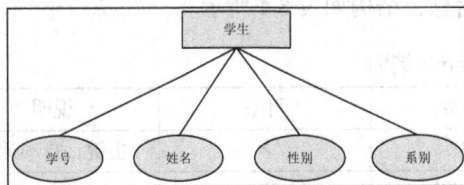

图 8.3　学生实体图

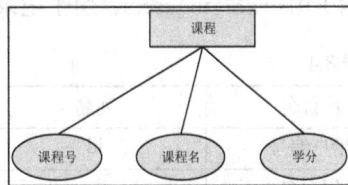

图 8.4　课程实体图

用户实体：用户编号、用户名、密码、角色（0 为学生，1 为教师/管理员）。用户实体图如图 8.5 所示。

选课实体：学生选课得到的实体，包括学号、课程号、成绩。选课实体图如图 8.6 所示。

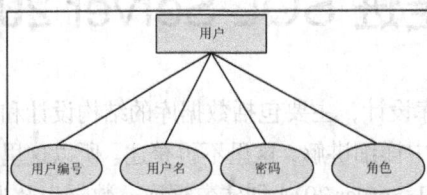

图 8.5　用户实体

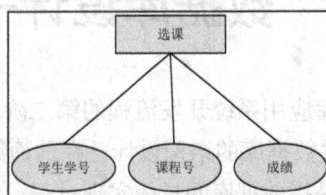

图 8.6　选课实体

8.1.4 数据表

本项目涉及4个数据表：学生表、课程表、选课表、用户表。它们的结构分别如下。

（1）学生表：student，用于记录学生的学号、姓名等信息，结构如表 8.1 所示。

表 8.1 　　　　　　　　　　　学生表（student）结构

项目名	列名	数据类型	可空	说明
学号	Sno	char(9)	X	主键
姓名	Sname	nchar(20)	V	值唯一
性别	Ssex	nchar(2)	V	男或女
系别	Sdept	nchar(20)	V	默认为"计算机系"

（2）课程表：course，课程表记录课程的课程号、课程名等信息，结构如表 8.2 所示。

表 8.2 　　　　　　　　　　　课程表（course）结构

项目名	列名	数据类型	可空	说明
课程号	Cno	char(4)	X	主键
课程名	Cname	nchar(40)	X	
学分	Credit	smallint	V	

（3）选课表：sc，用于记录每一位学生选课的成绩情况，结构如表 8.3 所示。

表 8.3 　　　　　　　　　　　选课表（sc）结构

项目名	列名	数据类型	可空	说明
学号	Sno	char(9)	X	主键，外键
课程号	Cno	char(4)	X	主键，外键
成绩	Grade	float	V	0<=Grade<=100

（4）用户表：tb_users，用于记录用户登记的信息，结构如表 8.4 所示。

表 8.4 　　　　　　　　　　　用户表（tb_users）结构

项目名	列名	数据类型	可空	说明
用户编号	id	char(9)	X	主键，自动递增
用户名	username	varchar(20)	X	
密码	password	float	X	
角色标识	flag	tinyint	X	0 为学生，1 为教师

8.2　数据库设计——走进 SQL Server 2014

数据库应用系统开发流程的第二阶段是数据库设计，主要包括数据库的结构设计和数据库的实现，有关数据库的结构设计已在前面第 1～3 章中详细讲解，这里不再赘述。所以这里的数据库设计主要是指数据库的具体实现过程，即通过 SQL Server 2014 创建数据库、数据表及视图等。

8.2.1　SQL Server 2014 新特性

Microsoft SQL Server 2014（sql2014）作为微软公司数据平台走向云端的重要基石，2014 版本有着相当重要的意义。微软在一篇官方博文中表示："SQL Server 2014 带来了突破性的性能和全新的 in-memory 增强技术，以帮助客户加速业务和向全新的应用环境进行切换"。

此外，SQL Server 2014 还启用了全新的混合云解决方案，可以充分获得来自云计算的种种益处，如云备份和灾难恢复。通过与 Excel 和 Power Bi for Office 365 的集成，SQL Server 2014 提供了业内领先的商业智能功能，以帮助企业更快地做出决策。同时，微软还发布了帮助 SQL Server 2014 备份到 Microsoft Azure 的工具——SQL Server Backup to Microsoft Azure Tool。

SQL Server 2014 数据库引擎有以下 15 项新功能。

1. 内存优化表

内存中 OLTP 是一种内存优化的数据库引擎，它集成到 SQL Server 引擎中。

SQL Server 2014 对内存 OLTP 进行了更好的改进，可大幅度提高 OLTP 数据库应用程序性能。

2. Windows Azure 中的 SQL Server 数据文件

将 SQL Server 数据文件直接存储在 Windows Azure Blob 存储服务中是 SQL Server 2014 新增的一项功能。通过此功能，可以在本地或 Windows Azure 虚拟机上运行的 SQL Server 中创建数据库，而将数据存储在 Windows Azure Blob 存储中的专用存储位置。此新增功能使用分离和附加操作，简化了计算机之间的数据库移动。

3. SQL Server 数据库托管

使用将 SQL Server 数据库部署到 Windows Azure 虚拟机向导，可将数据库从 SQL Server 实例托管到 Windows Azure 虚拟机中。

4. 备份和还原增强功能

SQL Server 2014 包含针对 SQL Server 备份和还原的以下增强功能。

（1）SQL Server 备份到 URL

SQL Server 备份到 URL 功能是在 SQL Server 2012 SP1 CU2 中引入的，只有 Transact-SQL、PowerShell 和 SMO 支持这一功能。

在 SQL Server 2014 中，可以使用 SQL Server Management Studio 的维护计划向导，将 URL 作为一个目标选项，加上 SQL 凭据就可以备份到 Windows Azure Blob 存储服务中。

（2）SQL Server 托管备份到 Windows Azure

SQL Server 托管备份到 Windows Azure 是基于 SQL Server 备份到 URL 这一功能构建的服务，SQL Server 提供这种服务来管理和安排数据库和日志的备份。在 SQL Server 2014 中，只支持备份到 Windows Azure 存储。SQL Server 托管备份到 Windows Azure 可在数据库和实例级别同时进行配置，从而既能实现在数据库级别的精细控制，又能实现实例级别的自动化。SQL Server 托管备份到 Windows Azure 既可在本地运行的 SQL Server 实例上配置，也可在 Windows Azure 虚拟机上运行的 SQL Server 实例上配置。建议对在 Windows Azure 虚拟机上运行的 SQL Server 实例使用此服务。

（3）备份加密

可以选择在备份过程中对备份文件进行加密。目前支持的加密算法包括 AES 128、AES 192、AES 256 和 Triple DES。要在备份过程中执行加密，必须使用证书或非对称密钥。

5. 针对基数估计的新设计

称作基数估计器的基数估计逻辑已在 SQL Server 2014 中重新设计，以便改进查询计划的质量，从而改进查询性能。新的基数估计器纳入新型 OLTP 和数据仓库工作负荷中，表现出优异的假设和算法。

6. 延迟持续性

SQL Server 2014 将部分或所有事务指定为延迟持久事务，从而能够缩短延迟。延迟持久事务在事务日志记录写入磁盘之前将控制权归还给客户端。持续性可在数据库级别、提交级别或原子块级别进行控制。

7. AlwaysOn 增强功能

SQL Server 2014 针对 AlwaysOn 故障转移群集实例和 AlwaysOn 可用性组的以下增强功能。

（1）"添加 Azure 副本向导"简化了用于 AlwaysOn 可用性组的混合解决方案创建。

（2）辅助副本的最大数目从 4 增加到 8。

（3）断开与主副本的连接时，或者在缺少群集仲裁期间，可读辅助副本保持可用于读取工作负荷。

（4）故障转移群集实例（FCI）可使用群集共享卷（CSV）作为群集共享磁盘。

（5）提供一个新的系统函数 sys.fn_hadr_is_primary_replica 和一个新的 DMV sys.dm_io_cluster_valid_path_names。

（6）DMV 已得到增强，返回 FCI 信息：sys.dm_hadr_cluster、sys.dm_hadr_cluster_members 和 sys.dm_hadr_cluster_networks。

8. 分区切换和索引生成

SQL SERVER 2014 可以重新生成已分区表的单独分区。

9. 管理联机操作的锁优先级

ONLINE = ON 选项包含 WAIT_AT_LOW_PRIORITY 选项，该选项允许用户指定重新生成过程对于所需锁应等待多长时间。WAIT_AT_LOW_PRIORITY 选项还允许用户配置与该重新生成语句相关的阻止过程的终止。在 sys.dm_tran_locks (Transact-SQL) 和 sys.dm_os_wait_stats (Transact-SQL) 中提供了与新的锁状态类型有关的故障排除信息。

10. 列存储索引

这些新功能可供列存储索引使用。

（1）聚集列存储索引

使用聚集列存储索引可提高用于执行大容量加载和只读查询的数据仓库工作负荷的数据压缩和查询性能。由于聚集列存储索引是可更新的，因此工作负荷可执行许多插入、更新和删除操作。

（2）SHOWPLAN

SHOWPLAN 显示有关列存储索引的信息。EstimatedExecutionMode 和 ActualExecutionMode 属性具有两个可能值：Batch 或 Row。Storage 属性具有两个可能值：RowStore 和 ColumnStore。

（3）存档的数据压缩

ALTER INDEX…REBUILD 提供新的 COLUMNSTORE_ARCHIVE 数据压缩选项，可进一步压缩列存储索引的指定分区。它可用于存档，或者用于要求更小数据存储，并且可以付出更多时间来进行存储和检索的其他情形。

11. 缓冲池扩展

缓冲池扩展提供了固态硬盘（SSD）的无缝集成，以作为数据库引擎缓冲池的非易失性随机存取内存（NvRAM）扩展，从而显著提高 I/O 吞吐量。

12. 增量统计信息

CREATE STATISTICS 和相关统计信息语句允许通过使用 INCREMENTAL 选项创建按分区的统计信息。

13. 物理 IO 控制的资源调控器增强功能

通过资源调控器，用户可以指定针对传入应用程序请求可在资源池内使用的 CPU、物理 IO 和内存的使用量的限制。在 SQL Server 2014 中，用户可以使用新的 MIN_IOPS_PER_VOLUME 和 MAX_IOPS_PER_VOLUME 设置，控制某一给定资源池向用户线程发出的物理 IO 数。

ALTER RESOURCE GOVENOR 的 MAX_OUTSTANDING_IO_PER_VOLUME 设置可设置每个磁盘卷的最大待定 I/O 操作数（IOPS）。根据某一磁盘卷的 IO 特性可以使用此设置调整 IO 资源控制，并且可用于在 SQL Server 实例边界限制发出的 IO 数目。

14. Online Index Operation 事件类

针对联机索引操作事件类的进度报告具有两个新数据列，即 PartitionId 和 PartitionNumber。

15. 数据库兼容性级别

数据库兼容性级别在 SQL Server 2014 中无效。

8.2.2　SQL Server 2014 安装与配置

1. 软件环境准备

（1）准备操作系统

SQL Server 2014 版支持的操作系统有 Windows Server 2008、Windows Server 2008 R2、Windows Server 2012、Windows Server 2012 R2。标准版还支持 Windows 7、Windows 8、Windows 8.1 操作系统。

详尽的安装需求，请参考官网《安装 SQLServer 2014 的硬件和软件要求》http://msdn.microsoft.com/zh-cn/library/ms143506(v=sql.120).aspx。

（2）安装 .Net Framework 3.5 sp1

如果本机没有 .Net FrameWork 3.5 sp1，在安装过程中系统会报错——"需要 Microsoft .NET Framework 3.5 Service Pack 1"，如图 8.7 所示。如果操作系统是 Windows Server 2008 R2 或 Windows Server 2012 或 Windows Server 2012 R2，可以直接进入"服务器管理器"添加"功能"，如图 8.8 所示。

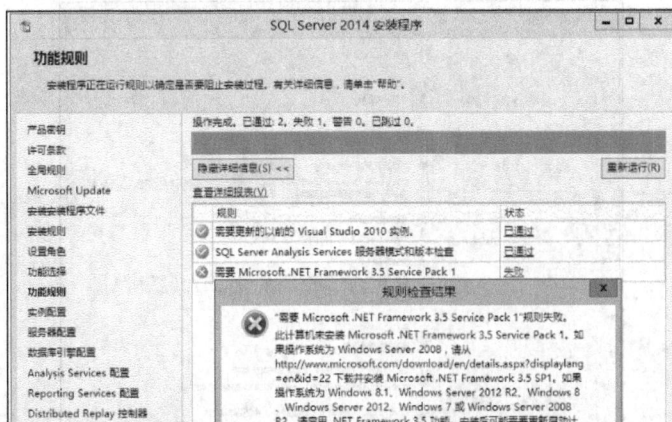

图 8.7　缺.Net FrameWork 3.5 sp1 报错图

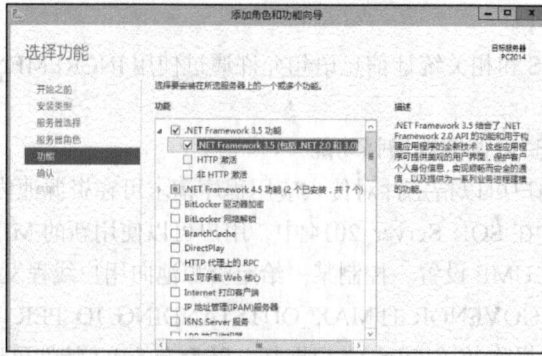

图 8.8　添加.Net FrameWork 3.5 sp1

本书采用 Window 7 自带的 ".Net FrameWork 3.5 sp1"，在"打开或关闭 Windows 功能，窗口中添加，如图 8.9 所示。

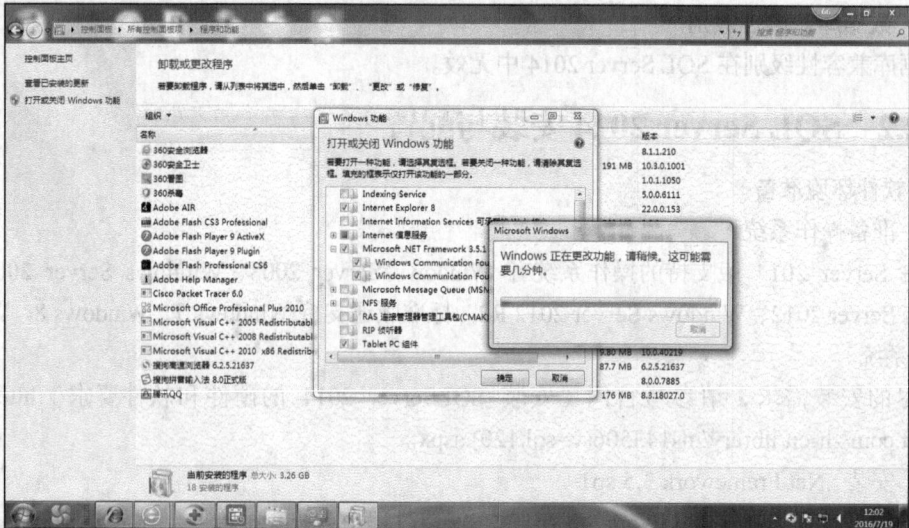

图 8.9　Window 7 中添加 ".Net FrameWork 3.5 sp1" 功能

2. 安装 SQL Server 2014

双击安装包中的 setup.exe 文件，打开"SQL Server 安装中心"对话框，如图 8.10 所示。

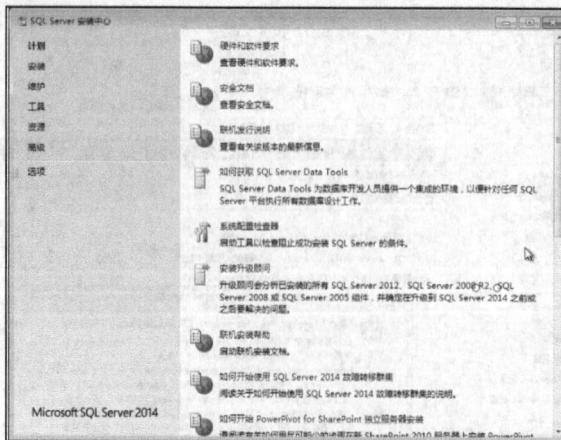

图 8.10　"SQL Server 安装中心"对话框

单击"安装"链接，显示安装选项，如图 8.11 所示。

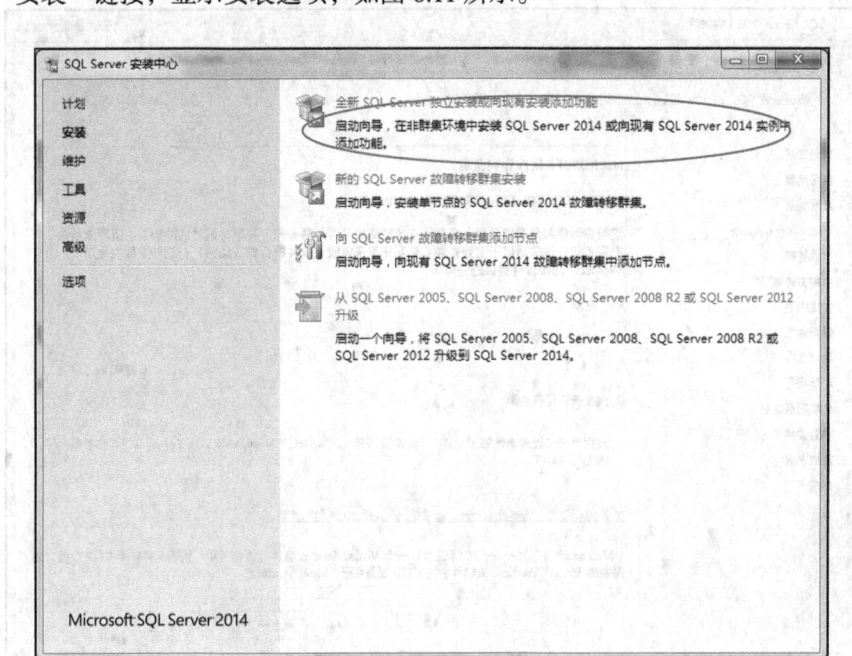

图 8.11　安装 SQL Server 2014 选项

单击"全新 SQL Server 独立安装或向现有安装添加功能"选项，弹出"产品密钥"对话框。输入密钥，如图 8.12 所示。

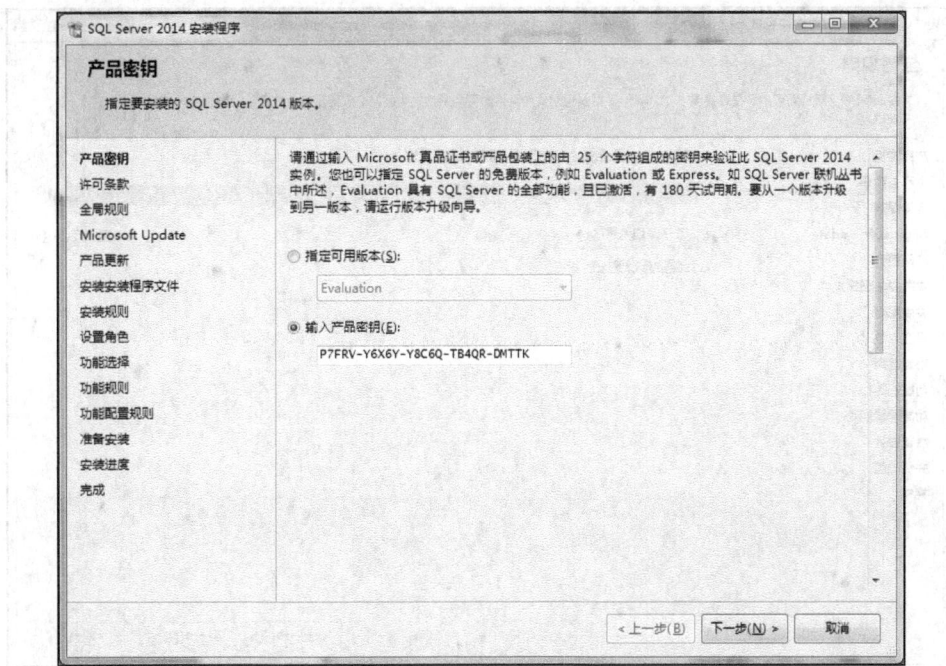

图 8.12　"产品密钥"对话框

单击"下一步"按钮，弹出"许可条款"窗口，如图 8.13 所示。

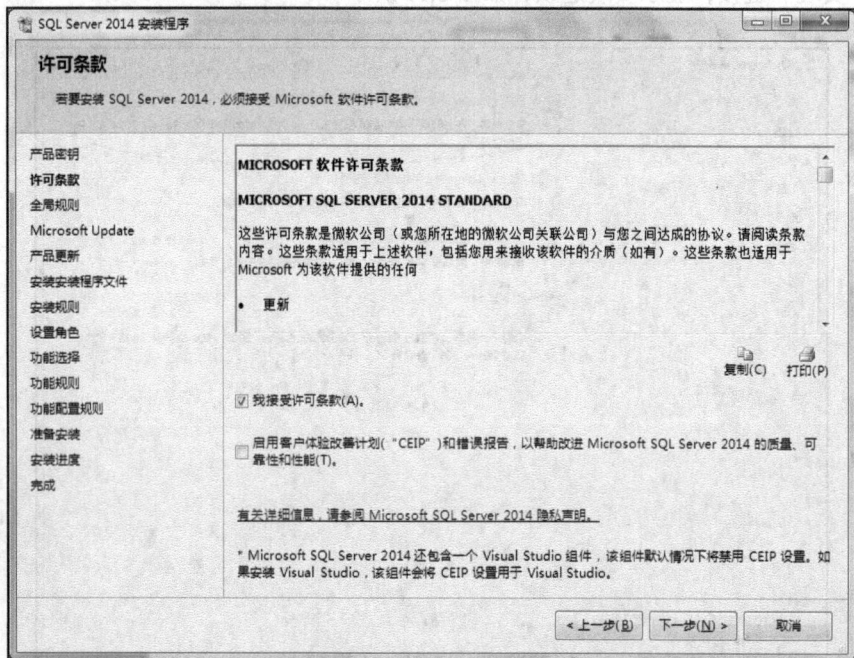

图 8.13 "许可条款"窗口

勾选"我接受许可条款"复选框。单击"下一步"按钮，弹出"全局规则"窗口，如图 8.14 所示。

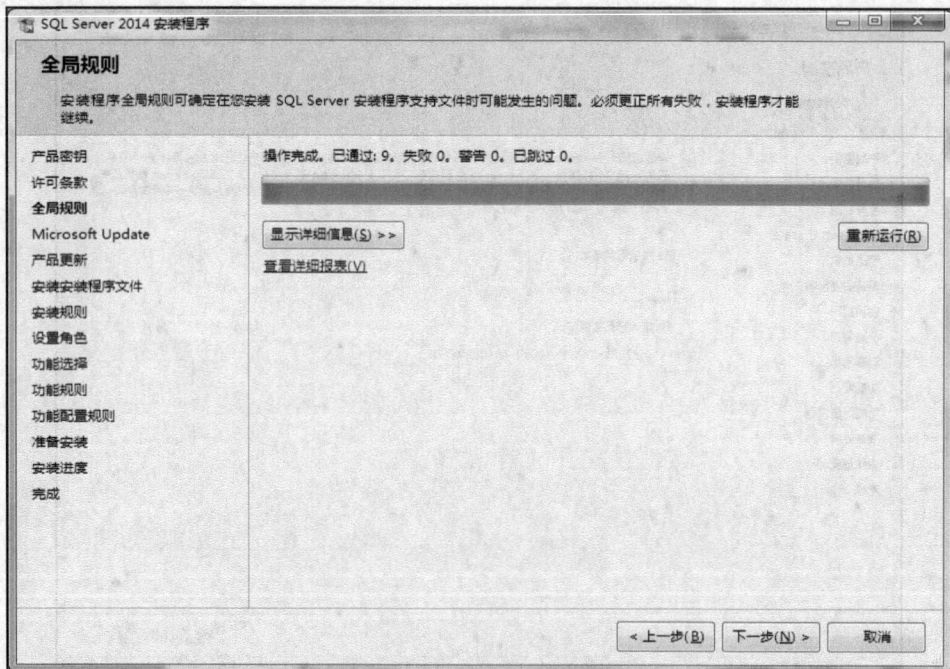

图 8.14 "全局规则"窗口

单击"下一步"，弹出"Microsoft Update"窗口，如图 8.15 所示。

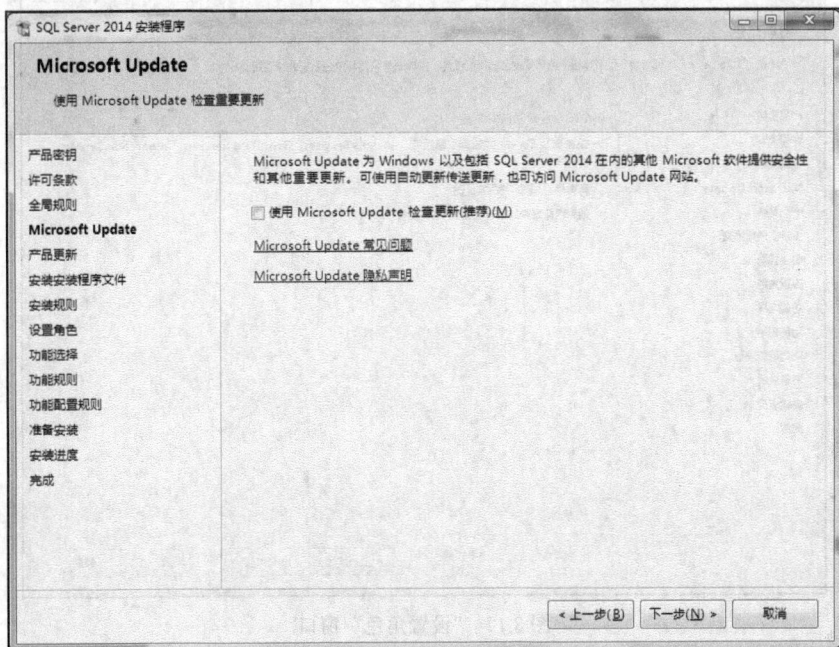

图 8.15　"Microsoft Update"窗口

不勾选"包括 SQL Server 产品更新"选项。单击"下一步"按钮，弹出"安装规则"窗口，如图 8.16 所示。

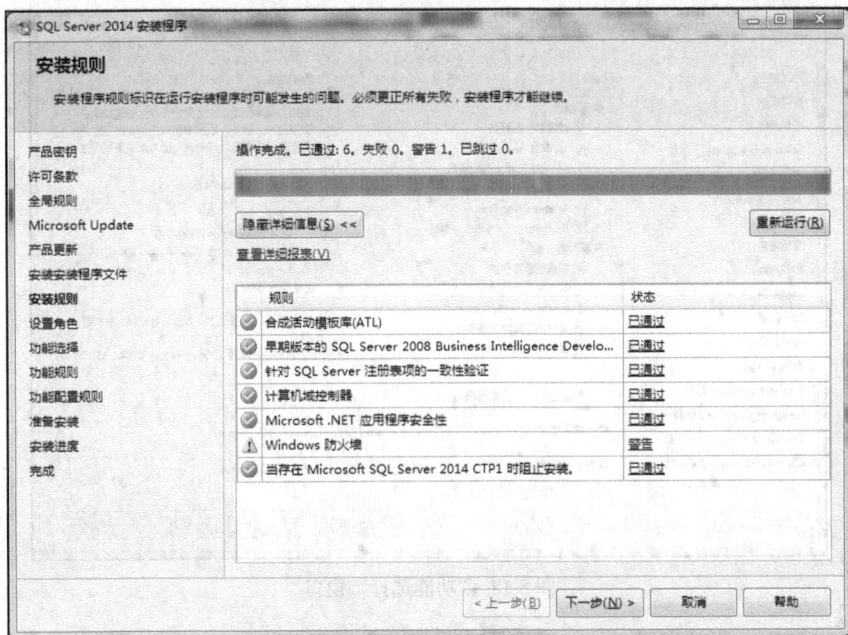

图 8.16　"安装规则"窗口

只要没有出现错误提示信息，直接单击"下一步"按钮，弹出"设置角色"窗口，如图 8.17 所示。

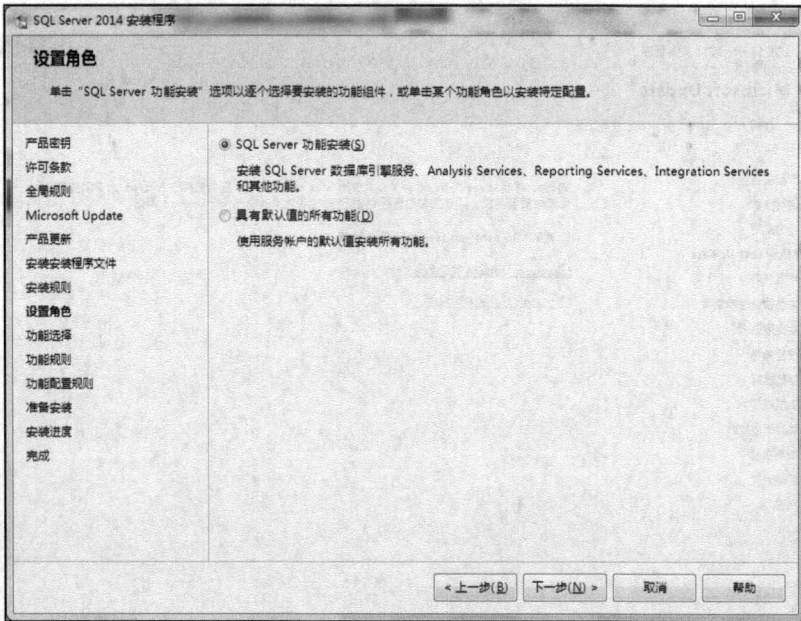

图 8.17 "设置角色"窗口

勾选"SQL Server 功能安装"选项，单击"下一步"按钮，弹出"功能选择"窗口，主要有实例功能、连接功能、客户端功能等，勾选必要的选项、设置目录，如图 8.18 所示。

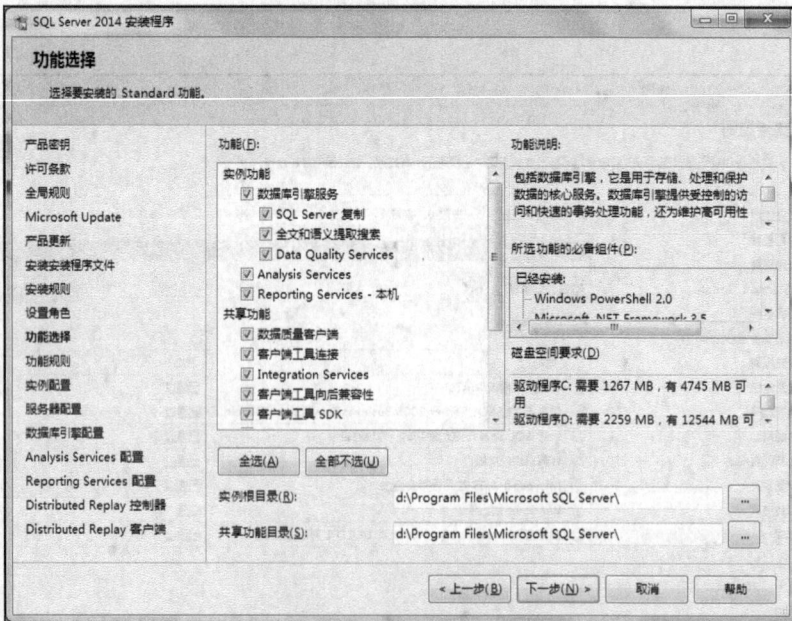

图 8.18 "功能选择"窗口

单击"下一步"按钮，弹出"实例配置"窗口，如图 8.19 所示。

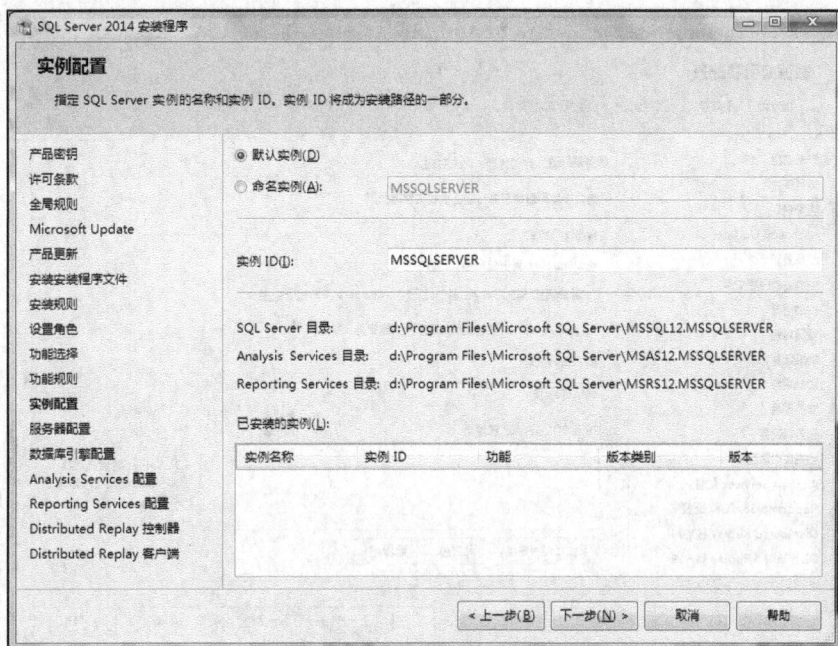

图 8.19　"实例配置"窗口

选择默认实例，每台 Windows Server 上最多只能安装一个默认实例。安装程序会根据实例 ID 创建对应的文件夹。单击"下一步"按钮，弹出"服务器配置"对话框，如图 8.20 所示。

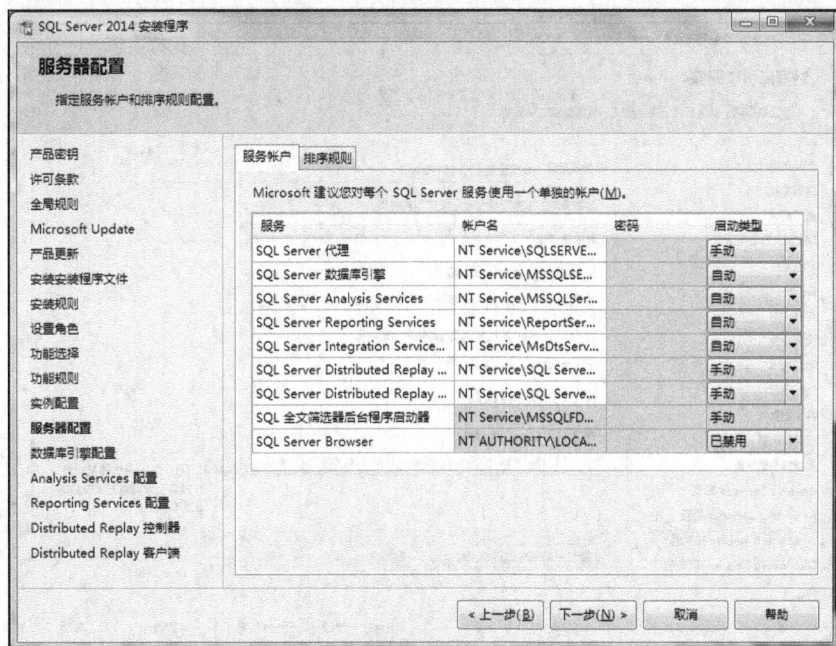

图 8.20　"服务器配置"对话框

这里使用默认的账户配置信息。单击"下一步"按钮，弹出"数据库引擎配置"窗口，如图 8.21 所示。

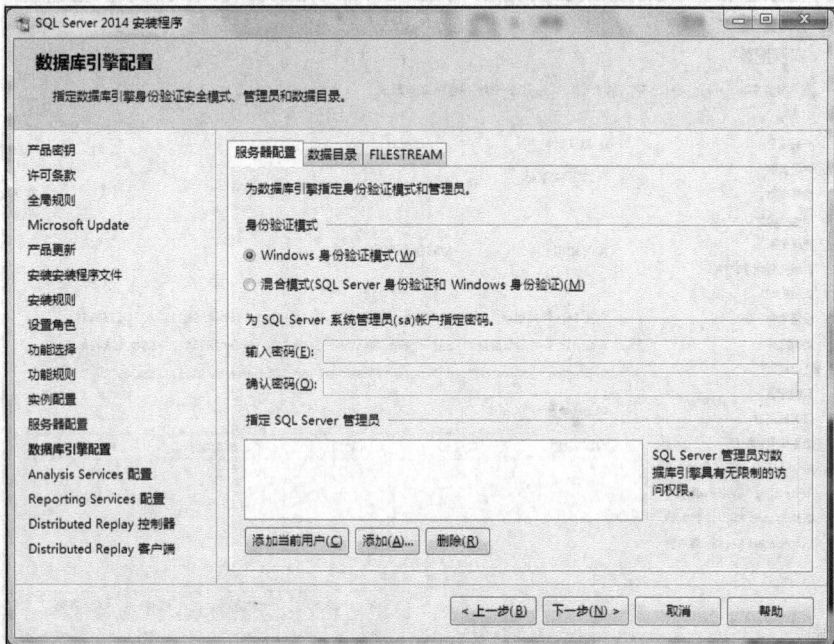

图 8.21　"数据库引擎配置"窗口

单击"添加当前用户"按钮。建议选择"混合模式"选项，在下面的文本框中输入 sa 账户的密码，如图 8.22 所示。

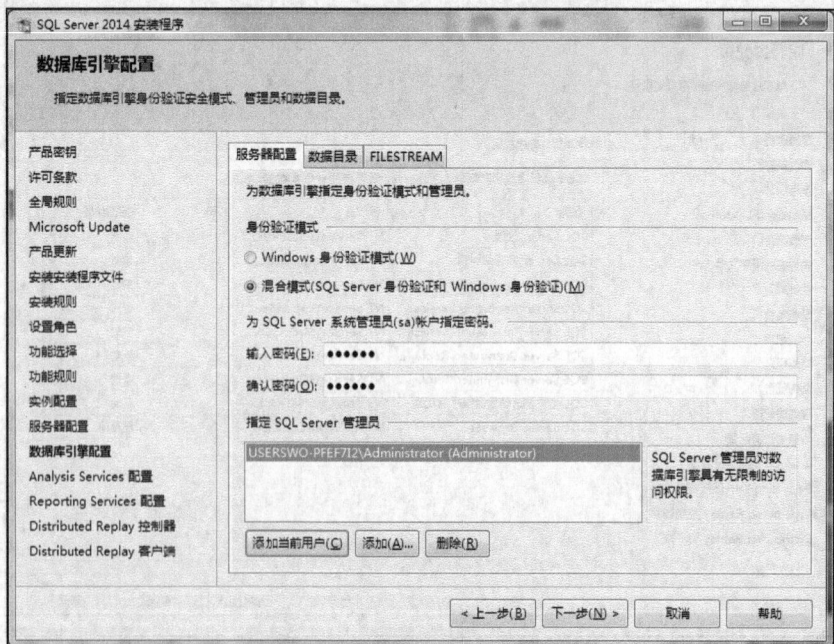

图 8.22　数据库引擎配置效果图

按默认配置，单击"添加当前用户"按钮，若未勾选此功能，则无需后面四步。

单击"下一步"按钮，弹出"Analysis Services 配置"窗口，如图 8.23 所示。

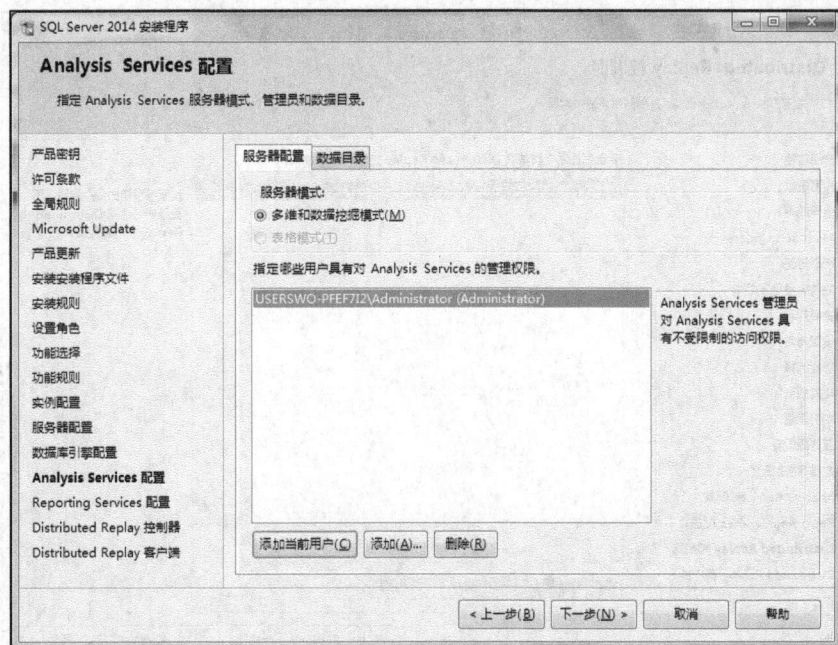

图 8.23 "Analysis Services 配置"窗口

单击"添加当前用户"按钮，单击"下一步"按钮，弹出"Reporting Services 配置"窗口，如图 8.24 所示。

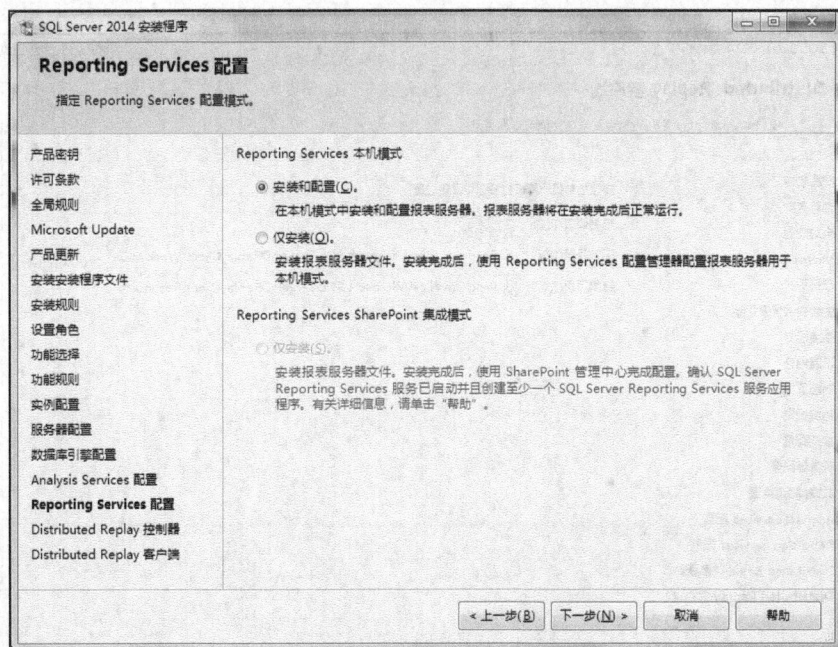

图 8.24 "Reporting Services 配置"窗口

勾选"安装与配置"选项，单击"下一步"按钮，弹出"Distributed Replay 控制器"窗口，如图 8.25 所示。

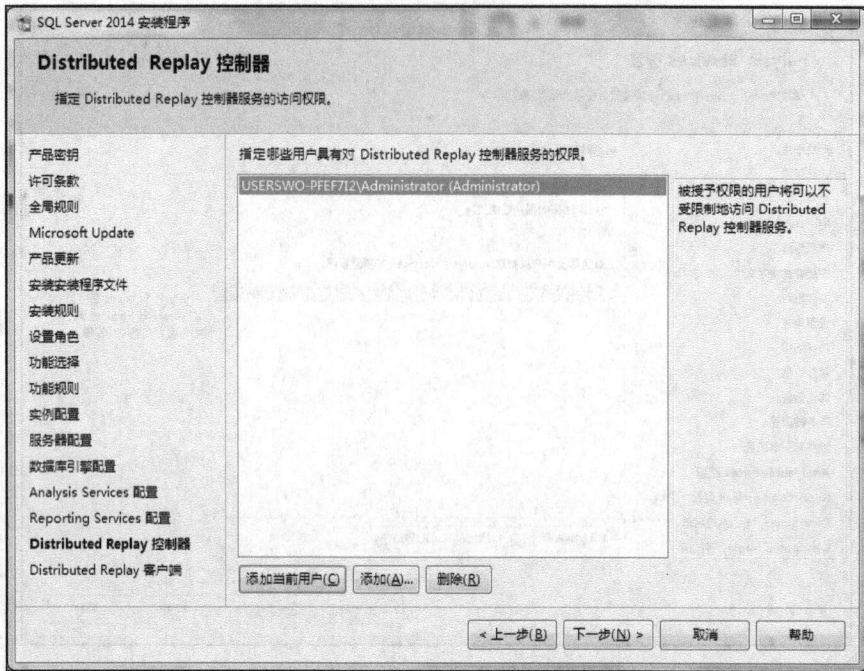

图 8.25 "Distributed Replay 控制器"窗口

单击"添加当前用户"按钮，单击"下一步"按钮，弹出"Distributed Replay 客户端"，在控制器名称文本框中输入"localhost"，如图 8.26 所示。

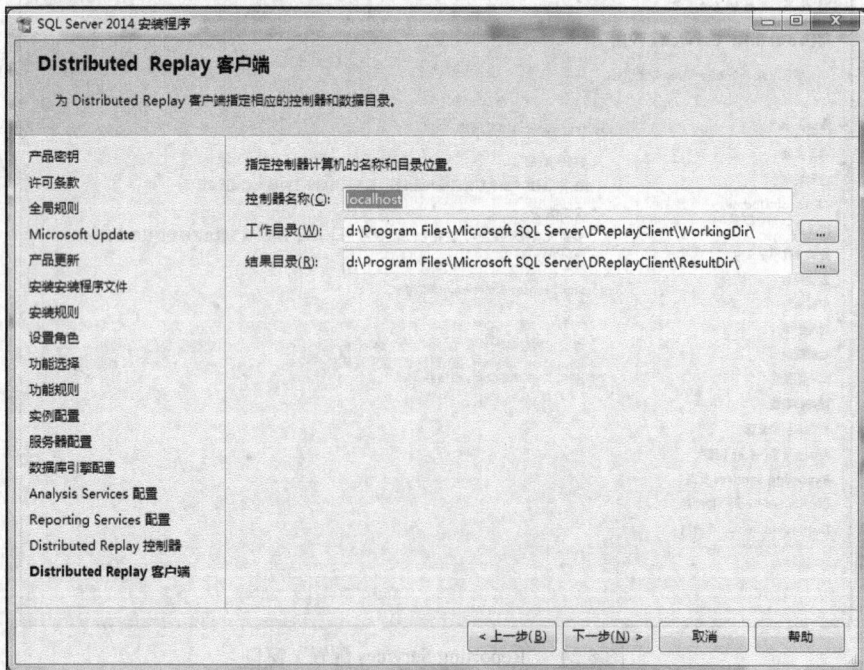

图 8.26 "Distributed Replay 客户端"窗口

单击"下一步"按钮，弹出"准备安装"窗口，如图 8.27 所示。

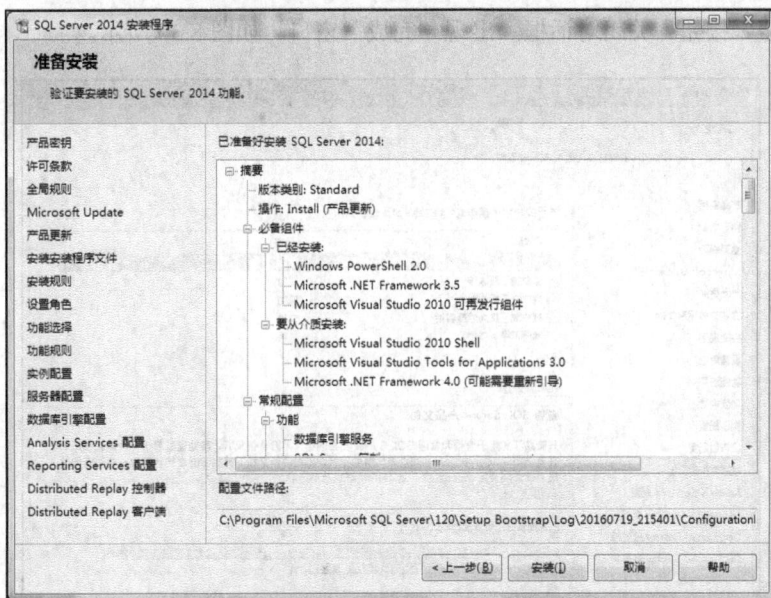

图 8.27 "准备安装"窗口

单击"安装"按钮，弹出"安装进度"窗口，如图 8.28 所示。

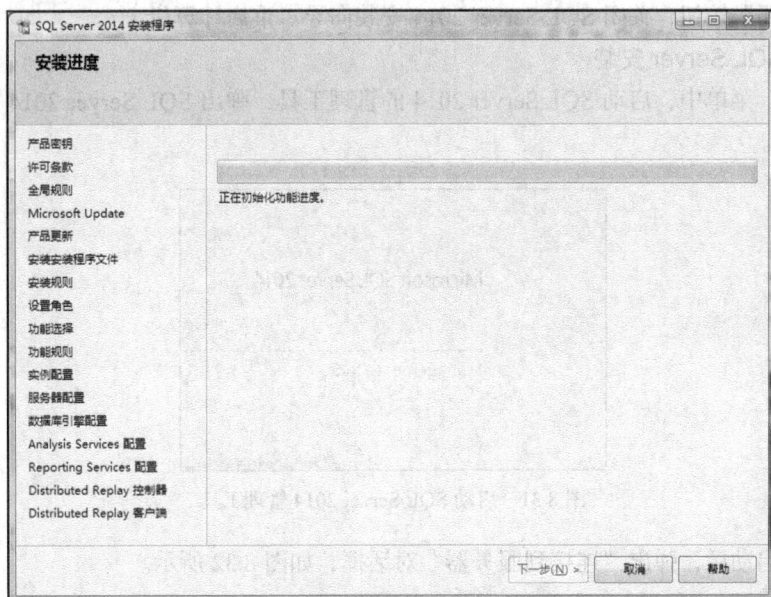

图 8.28 "安装进度"窗口

安装过程可能要持续几十分钟，安装完成后，会弹出"需要重新启动计算机"对话框，如图 8.29 所示。

图 8.29 "需要重新启动计算机"对话框

单击"确定"按钮，关闭对话框。出现"完成"窗口，如图 8.30 所示。

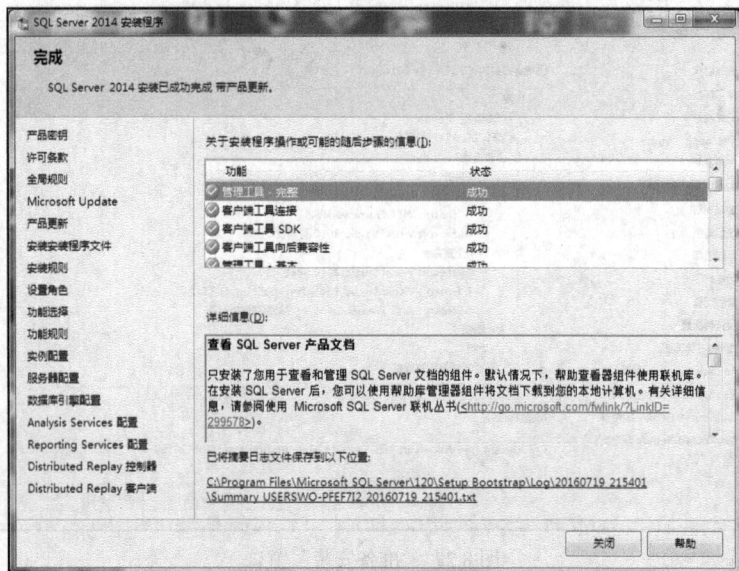

图 8.30　SQL Server 安装完成

单击"关闭"按钮，关闭 SQL Server 2014 安装向导。重启计算机。

3．检测 SQL Server 安装

在"开始"菜单中，启动 SQL Server 2014 的管理工具，弹出 SQL Server 2014 加载对话框，如图 8.31 所示。

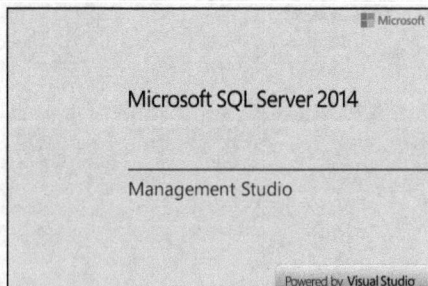

图 8.31　启动 SQL Server 2014 管理工具

管理工具启动后，弹出"连接到服务器"对话框，如图 8.32 所示。

图 8.32　"连接到服务器"对话框

单击"连接"按钮，进入管理界面，如图 8.33 所示。

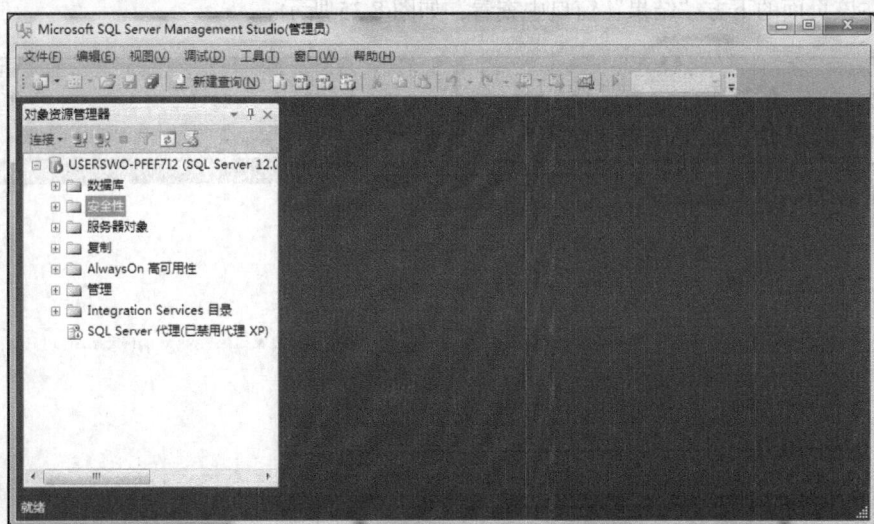

图 8.33　SQL Server 2014 管理界面

当看到 SQL Server 2014 的各个功能选项窗口，说明 SQL Server 2014 安装成功。

8.2.3　SQL Server 2014 数据库操作

使用 SQL Server 2014 进行数据库操作，具体包括对数据库、表、视图等结构的创建、删除和修改，以及对表数据的插入、删除、修改和查询等。在 SQL Server 中常见的操作方法有两种。

（1）使用 SQL 语句直接操作，该方法适合数据库的所有操作（包括第 4 章的所有代码），具体做法如下。

首先打开 SQL Server Management Studio，然后单击工具栏的 ，打开查询空白页面，即可进行 SQL 代码编写，如图 8.34 所示。

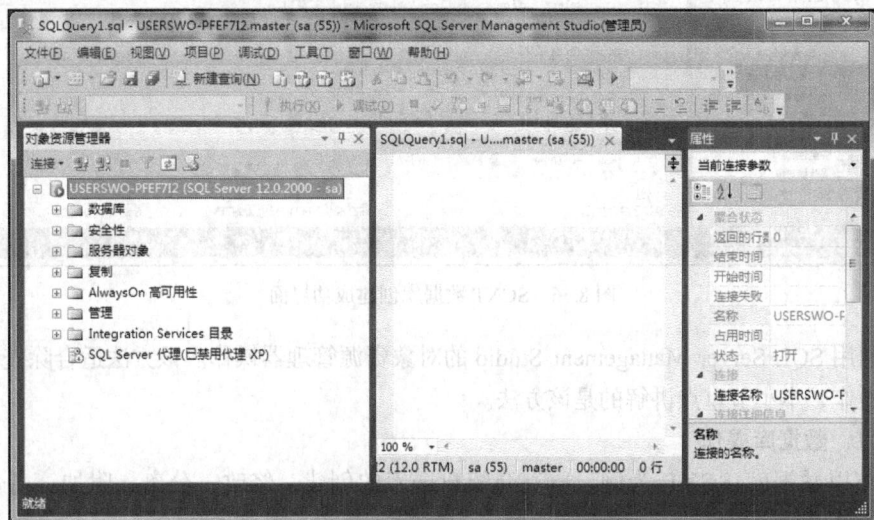

图 8.34　新建查询页面

编写创建 SCXT 数据库代码后选中该代码，然后单击工具栏"执行"按钮执行该 SQL 代码，其结果可在该页面的下方"结果"窗口中查看，如图 8.35 所示。

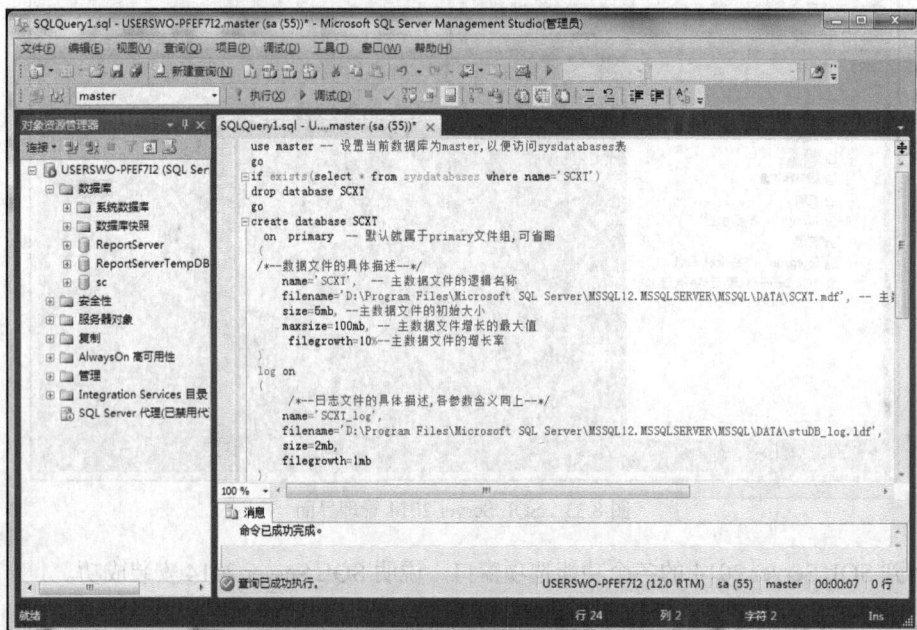

图 8.35　执行查询页面

右击选中左窗体中的"数据库"中的刷新，可以看到新建好的数据库 SCXT，如图 8.36 所示。

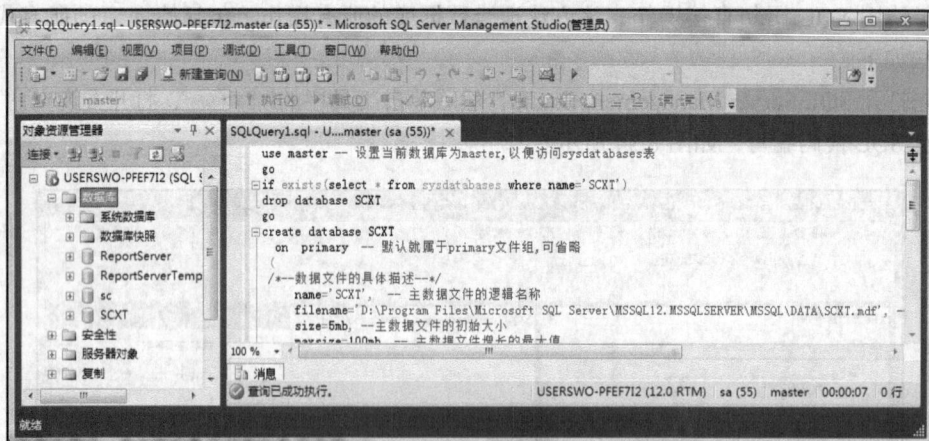

图 8.36　SCXT 数据库创建成功界面

（2）利用 SQL Server Management Studio 的对象资源管理器操作。该方法适合除查询外的其他数据库操作，本小节重点讲解的是该方法。

8.2.3.1　数据库操作

本小节以数据库 SCXT 为例，重点介绍数据库的创建、修改、分离、附加、备份及还原操作。

1. 创建数据库

在 SQL Server Management Studio 窗口左侧的"对象资源管理器"窗格中右击"数据库"节

点，在弹出的快捷菜单中选择"新建数据库"命令，如图 8.37 所示。

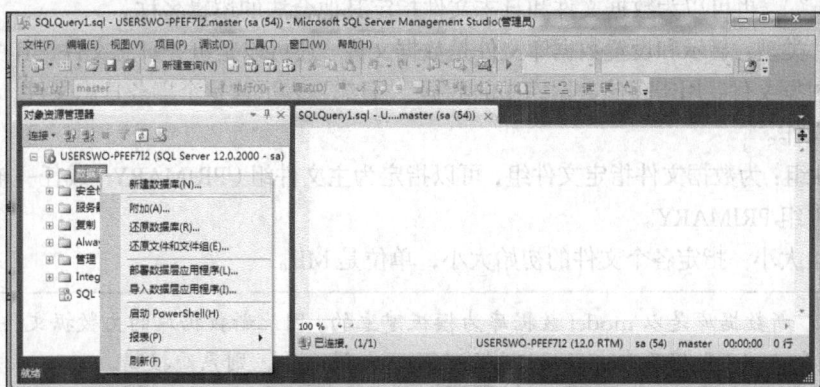

图 8.37　"新建数据库"命令选择界面

选中"新建数据库"命令时，弹出"新建数据库"窗口，该窗口左侧有 3 个选择页：常规、选项和文件组，默认为"常规"选择页。在窗口右侧列出了"常规"选择页中数据库的创建参数，如数据库名称、所有者、文件初始大小、自动增长值和保存路径等。在窗口中进行一系列设置，效果如图 8.38 所示。

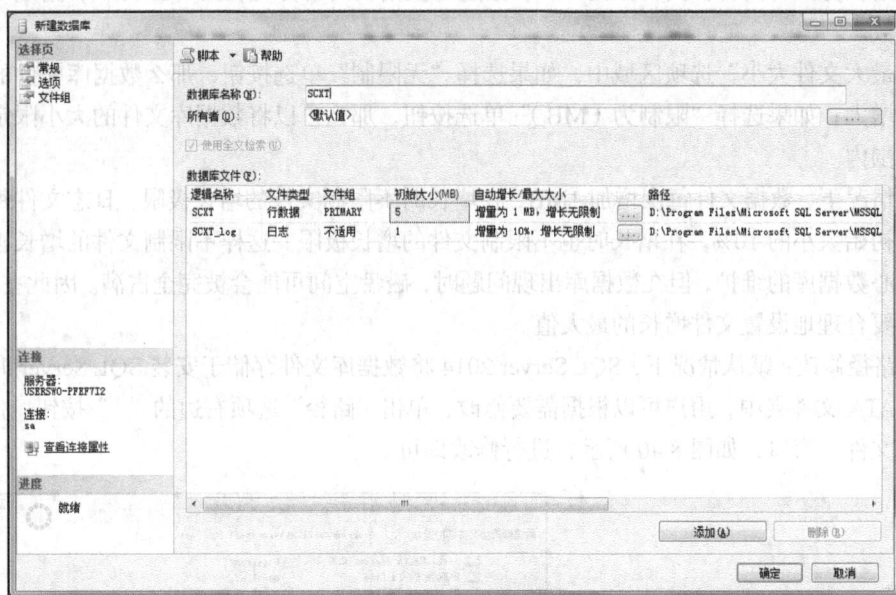

图 8.38　新建数据库窗口

设置数据库名：在"数据库名称"文本框中输入要创建的数据库名称"SCXT"。

设置数据库所有者：可以是任何具有创建数据库权限的账户，对数据库有完全操作权限。在"所有者"文本框中可以输入数据库的所有者，也可以单击"..."按钮，打开"选择数据库所有者"对话框，选择数据库的所有者。"<默认值>"表示当前登录到 SQL Server 上的账户。

设置数据库文件的属性，包括以下内容。

（1）逻辑名称：数据库文件的逻辑名称，即引用文件时使用的文件名称。在"数据库名称"文本框中输入要创建的数据库名称 SCXT 时，系统会以"SCXT"作为前缀，创建主数据文件 SCXT

和事务日志文件 SCXT_log（默认情况下，数据文件的逻辑文件和数据库同名，日志文件的逻辑名称加 "_log"），也可以为数据文件和日志文件指定其他合法的逻辑名称。

（2）文件类型：显示和设置数据库文件是数据文件，还可以是事务日志文件，其中 "行数据"表示这是个数据文件，用于存储数据库中的数据，"日志"表示这是个事务日志文件，用于记录用户对数据的操作。

（3）文件组：为数据文件指定文件组，可以指定为主文件组（PRIMARY）或任一辅助文件组，默认为主文件组 PRIMARY。

（4）初始大小：指定各个文件的初始大小，单位是 MB。

> 新数据库是以 model 数据库为模板建立的，因此新数据库的主数据文件的大小应不小于 model 数据库中主数据文件的大小，如果小于，则系统报错。

默认情况下主数据文件的初始大小至少为 5MB，事务日志文件的初始大小至少为 1MB。

（5）自动增长/最大文件大小：设置数据文件和事务日志文件是否自动增长，单击 "…" 按钮，打开 "更改 SCXT 的自动增长设置" 对话框，如图 8.39 所示。

"启用自动增长" 复选框可以设置数据库文件是否允许自动增长，如果不允许，则取消选中该复选框；如果允许，选中该复选框，还可设置自动增长的方式和文件的最大容量是否受限。

自动增长方式有两种：按百分比（P），指定每次增长的百分比；按 MB（M），指定每次增长的兆字节数。

在 "最大文件大小" 选项区域中，如果选择 "无限制" 单选按钮，那么数据库文件的容量可以无限地增大；如果选择 "限制为（MB）" 单选按钮，那么可以将数据库文件的大小限定在某一特定的范围内。

默认情况下，数据文件每次增加 1MB，在增长时不限制文件的增长极限；日志文件每次增加的大小为初始大小的 10%，在增长时也不限制文件的增长极限。这样不限制文件的增长极限，可以不必担心数据库的维护，但在数据库出现问题时，磁盘空间可能会被完全占满。因此在应用时，要根据需要合理地设置文件增长的最大值。

（6）路径修改：默认情况下，SQL Server 2014 将数据库文件存储于安装 SQL Server 时所生成的目录 DATA 文件夹中，用户可以根据需要修改，单击 "路径" 选项右边的 "…" 按钮，弹出 "定位数据库文件" 窗口，如图 8.40 所示，进行修改即可。

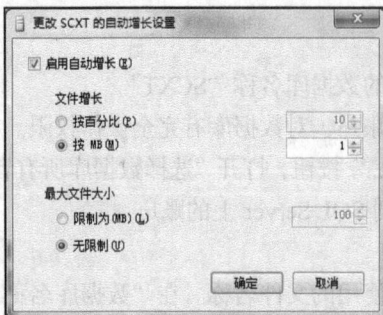

图 8.39 "更改 SCXT 的自动增长设置" 对话框　　　图 8.40 "定位数据库文件" 窗口

数据文件应该尽量不保存在系统盘上，要与日志文件保存在不同的磁盘区域。

文件名：数据文件和事务日志文件的物理文件名，默认时与数据库同名，主数据文件名加上扩展名.mdf，日志文件名加上"_log"和扩展名.ldf。

单击"常规"选择页下方的"添加"按钮，还可为该数据库增加数据文件和事务日志文件。单击"删除"按钮，可将选定的数据文件或日志文件删除。

单击"确定"按钮，系统开始创建数据库。SQL Server 2014 在执行创建过程中对数据库进行检验，如果存在一个同名的数据库，则创建失败，并提示错误信息；创建成功后，回到 Microsoft SQL Server Management Studio 窗口，刷新"对象资源管理器"窗格中的"数据库"节点的内容，再展开"数据库"节点，就会显示新创建的数据库 SCXT。

2. 修改数据库

将数据库 SCXT 的主文件初始大小 5MB 改为 10MB。

在 SQL Server Management Studio 窗口左侧的"对象资源管理器"窗格中，右击"SCXT"节点选择"属性"命令，弹出"数据库属性—SCXT"窗口，单击该窗口左侧的"文件"选择页，在右侧 SCXT 主数据的"初始大小"框中输入 10MB 或上下滚动增加至 10MB，设置如图 8.41 所示。

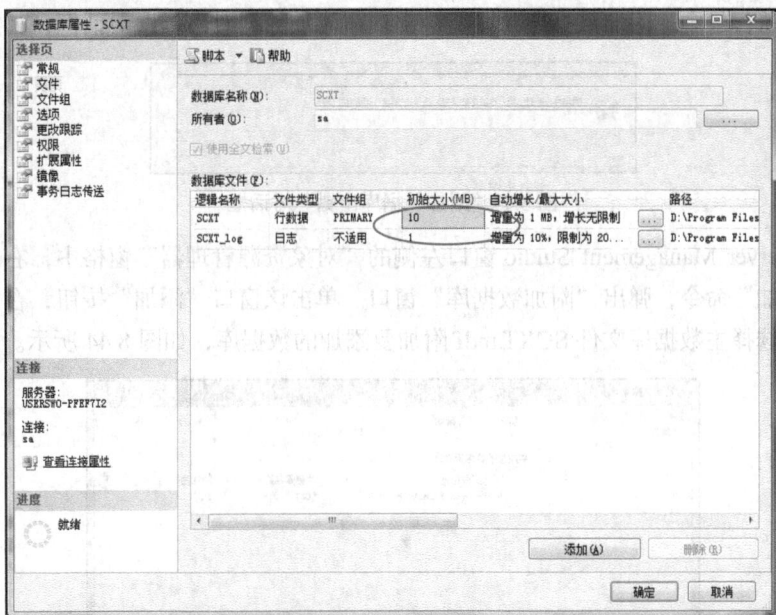

图 8.41　修改 SCXT 主数据文件初始大小为 10MB

单击"确定"按钮，完成数据库的修改。

3. 分离数据库

数据库系统开发完成，需要分离数据库，以备使用。下面以分离 SCXT 数据库为例。

在 SQL Server Management Studio 窗口左侧的"对象资源管理器"窗格中，右击"SCXT"节点选择"任务"命令中的"分离"子命令，弹出"分离数据库"窗口，如图 8.42 所示。

在"分离数据库"窗口中，单击"确定"按钮，完成 SCXT 数据库分离。分离后的数据库放置在安装 SQL Server 时所生成的目录 DATA 目录下。

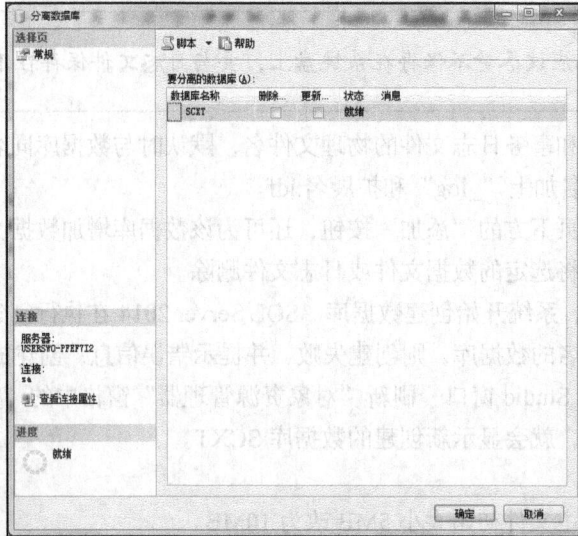

图 8.42　分离数据库

4. 附加数据库

将 SCXT.mdf、SCXT_log.ldf 拷贝到安装 SQL Server 时所生成的目录 DATA 文件夹中，如果不放置在此默认目录中，附加数据库时可能会出现"附加数据时出错"对话框，如图 8.43 所示。

图 8.43　"附加数据库出错"对话框

在 SQL Server Management Studio 窗口左侧的"对象资源管理器"窗格中，右击"数据库"节点选择"附加"命令，弹出"附加数据库"窗口。单击该窗口"添加"按钮，在"定位数据库文件"窗口中选择主数据库文件 SCXT.mdf 附加要添加的数据库，如图 8.44 所示。

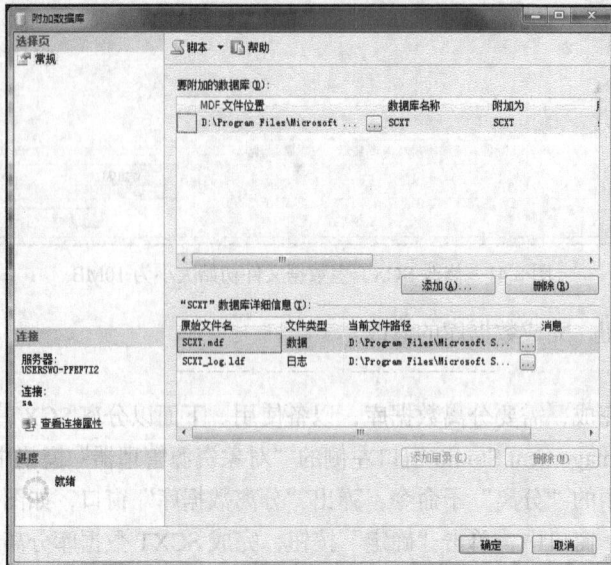

图 8.44　"附加的数据库"窗口

单击"确定"按钮，完成 SCXT 数据库的附加。在 SQL Server Management Studio 窗口左侧的"对象资源管理器"窗格中会看见刚刚附加的 SCXT。

5．备份数据库

（1）开启 Sql Server 代理服务

开始→所有程序→SQL Server 2014→配置工具→SQL Server 2014 配置管理器，出现"Sql Server Configuration Manager"窗口，单击左侧"SQL Server 服务"，选中右侧"SQL Server 代理(MSSQLSERVER)"，右击选择"启动"命令启动代理服务，启动成功，如图 8.45 所示。

图 8.45　SQL Server 代理启动成功界面

（2）备份 SCXT 数据库

在 SQL Server Management Studio 窗口左侧的"对象资源管理器"窗格中，单击"管理"节点"维护计划"，右击"维护计划"选择"维护计划向导"命令，弹出"维护计划向导"窗口，如图 8.46 所示。

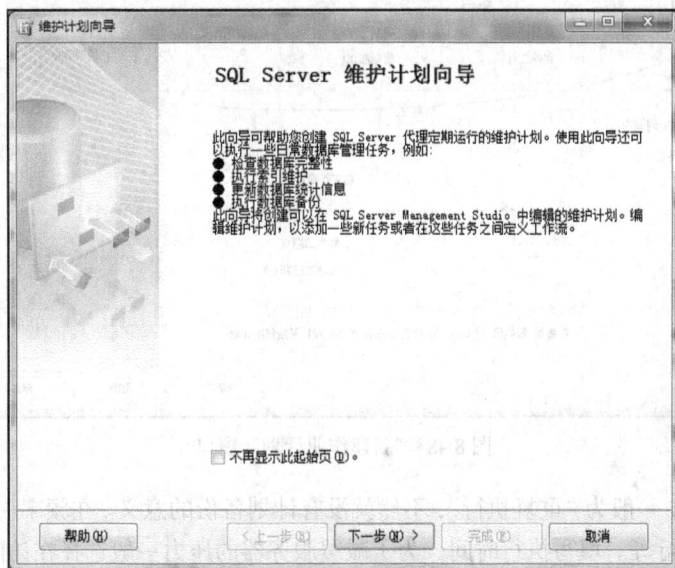

图 8.46　"维护计划向导"窗口

单击"下一步"按钮，在名称的输入框内填写计划名称（一般为 xx 数据备份，自己明白意思就行），说明可填写也可不填写。选择"整个计划统筹安排或无计划"选项，如图 8.47 所示。单击"更改"进入"新建作业计划"窗口，如图 8.48 所示。

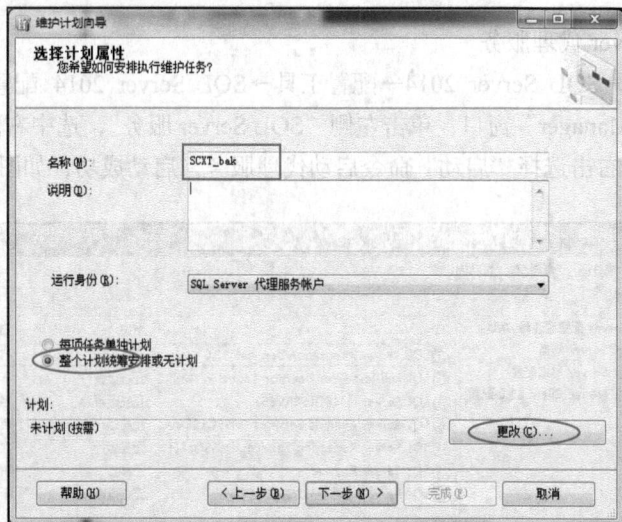

图 8.47 "选择计划属性"窗口

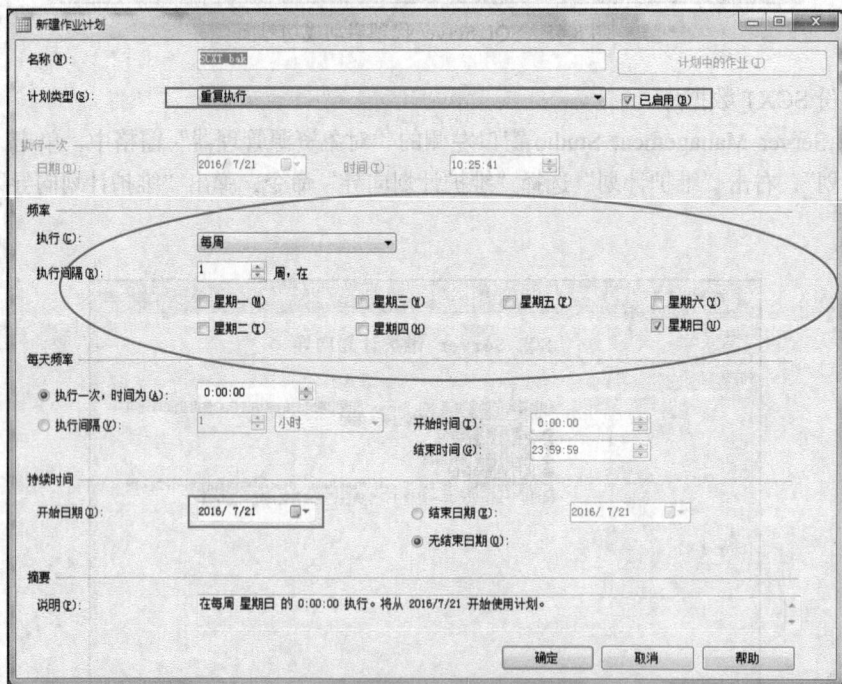

图 8.48 "新建作业计划"窗口

选择计划类型，一般为"重复执行"，不然就没有计划备份的意义。在频率一栏填写执行频率，每天执行或每周执行等。填写执行时间，为了减缓服务器的压力一般选择在访问量少的情况下备份（如凌晨）。频率时间填写好之后单击"确定"按钮。

单击"下一步"按钮，进入"选择维护任务"窗口，一般选择完整备份，如果需要考虑数据备份占用较大硬盘空间，需要定期删除以前的备份文件，则需要勾选"'清除维护'任务"，如图 8.49 所示。

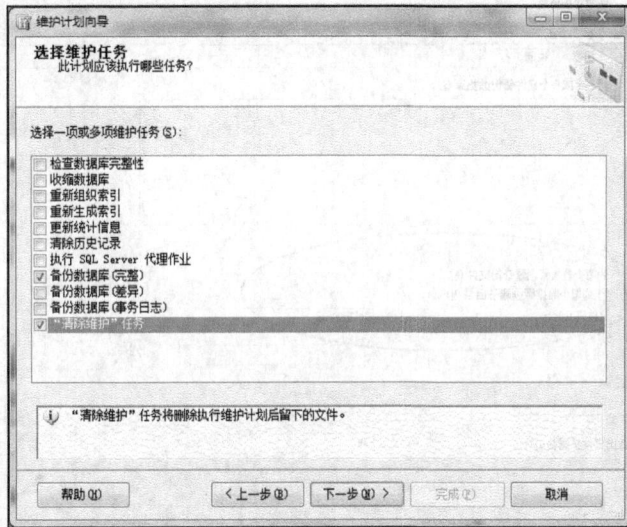

图 8.49 "选择维护计划"窗口

单击"下一步"按钮，进行维护任务顺序选择，采用系统默认的设置。继续单击"下一步"按钮，弹出"定义'备份数据库（完整）'任务"窗口，在常规选项卡中，单击"选择一项或多项"选项按钮，勾选需要备份的数据库"SCXT"，如图 8.50 所示。

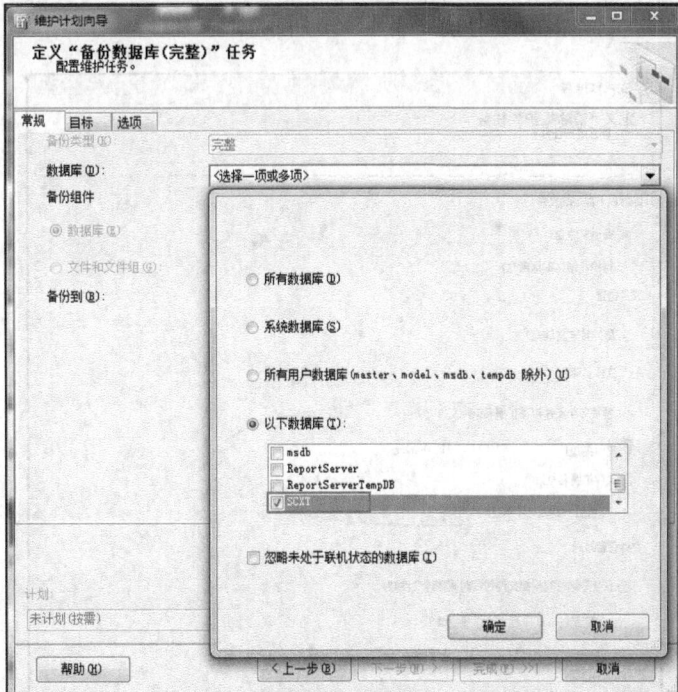

图 8.50 选择需备份数据库"SCXT"

将选项卡切换到"目标"，选择备份文件存放的路径，并且勾选"为每个数据库创建子目录"（便于备份文件的管理，也可以不勾选）。填写备份文件扩展名，一般为（bak），设置如图 8.51 所示。

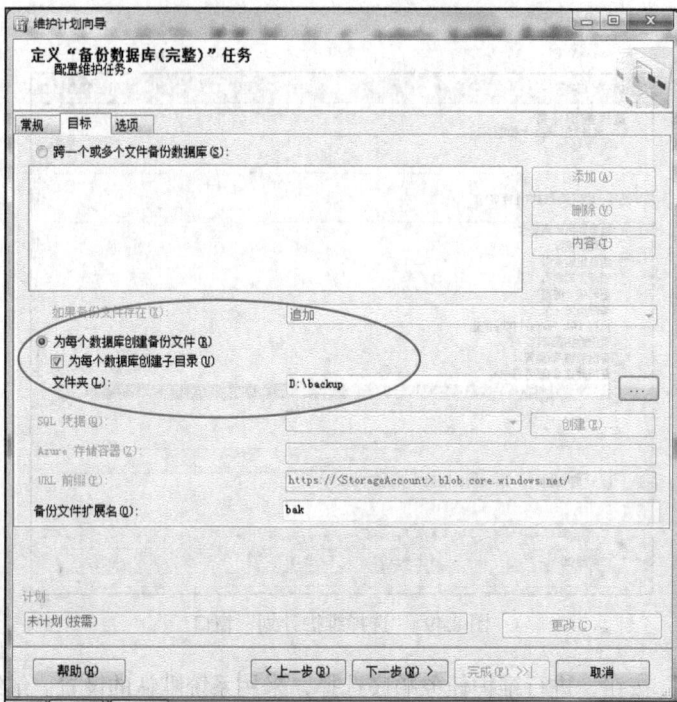

图 8.51　指定备份数据库 SCXT 路径

单击"下一步"按钮，填写需要删除的备份文件路径及扩展名等，并且勾选"包含一级子文件夹"选项，选择备份文件保留的时间，如图 8.52 所示。

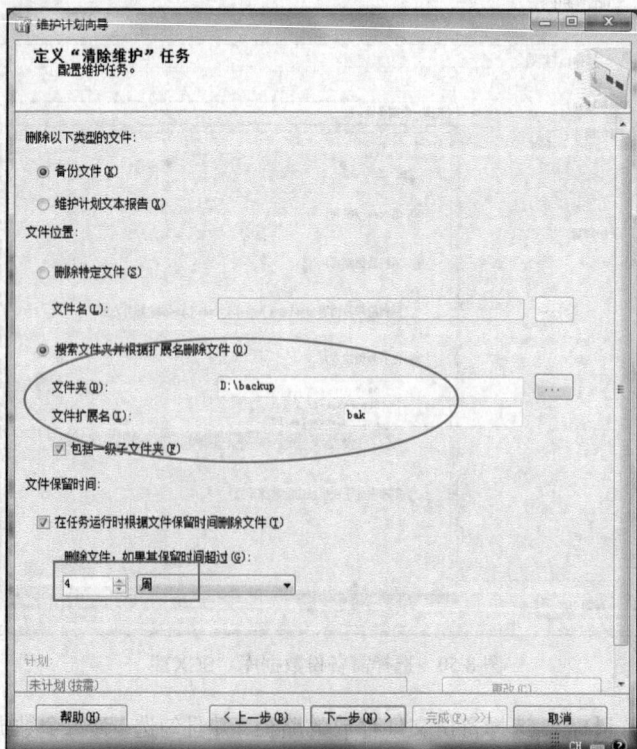

图 8.52　定义"清除维护任务"路径及时间

单击"下一步"按钮，设置"将报告写入文本文件"的路径，如图 8.53 所示。

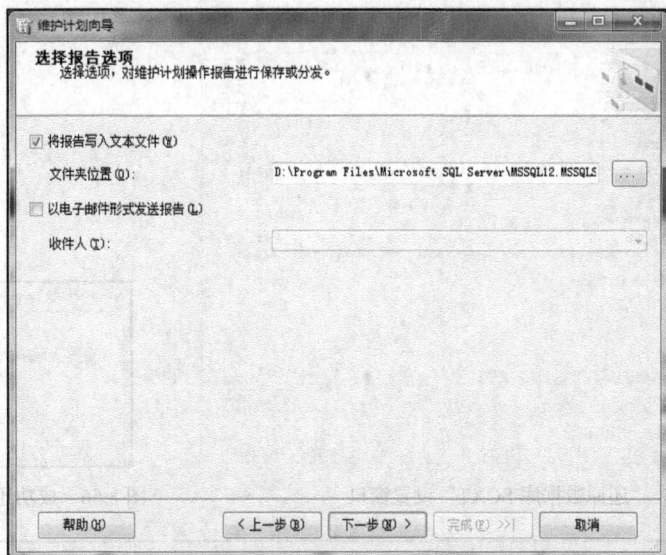

图 8.53　设置"将报告写入文本文件"的路径

单击"下一步"按钮，直至出现备份成功界面，如图 8.54 所示。

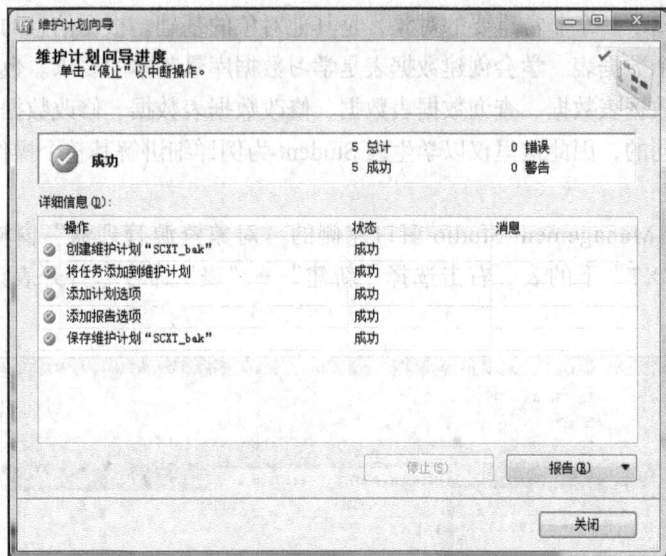

图 8.54　SCXT 数据库备份成功界面

6. 还原数据库

在 SQL Server Management Studio 窗口左侧的"对象资源管理器"窗格中，右击"SCXT"节点选择"还原"→"数据库"命令，在"还原数据库-SCXT"窗口中勾选"设备"选项，单击"设备"最右边的 ，选择已备份的数据库文件，如图 8.55 所示。

单击"确定"按钮，还原成功会弹出图 8.56 所示的对话框。

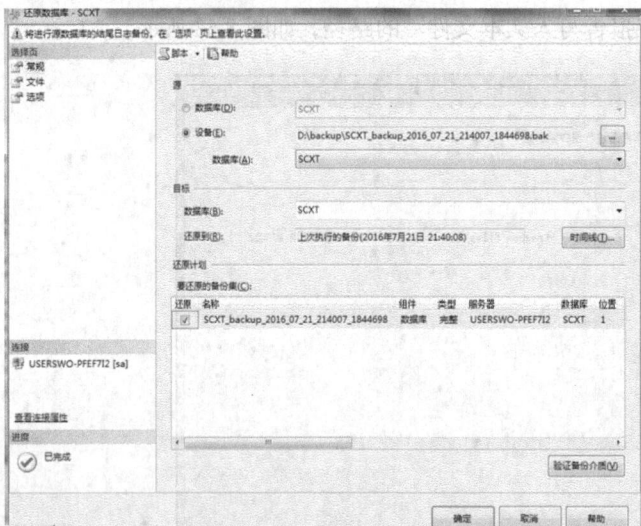

图 8.55 "还原数据库 SCXT"设置窗口 　　　　　图 8.56 成功还原 SCXT 数据库

在进行还原数据库操作前，需先停止该数据库的使用，否则系统报错。

8.2.3.2　数据表操作

数据表是数据库中一个非常重要的对象，是其他对象的基础。根据信息的分类情况，一个数据库中可能包含多个数据表。学会创建数据表是学习数据库最基本的要求。数据表的操作主要有创建数据表、添加数据表数据、查询数据表数据、修改数据表数据、修改数据表结构等。由于数据表的操作都是相同的，因此这里仅以学生表 Student 为例详细讲解其整个操作过程。

1. 创建数据表

在 SQL Server Management Studio 窗口左侧的"对象资源管理器"窗格中，展开"数据库"节点选择"SCXT"下的表，右击选择"新建"→"表"命令，打开表设计器，如图 8.57所示。

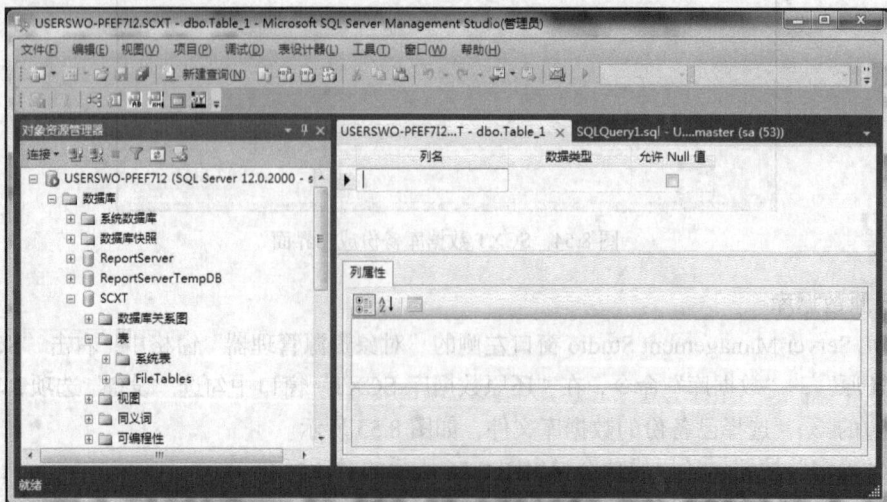

图 8.57　表设计器

在表设计器中依次设置 Student 表每个属性的字段名、数据类型等基本信息。以学号 Sno 字段为例，首先在列名中输入 Sno，数据类型框中输入 varchar（10）或选择默认 varchar（50），并在下方的"列属性"面板中调整长度值为 10，勾掉"允许 Null 值"的小勾，如图 8.58 所示。

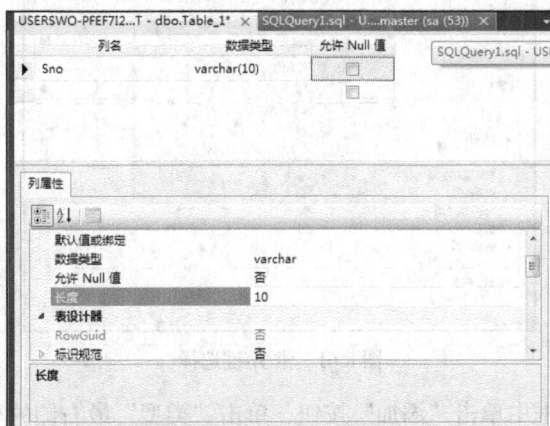

图 8.58　Sno 属性列设置示意图

其余属性列 Sname、Ssex、Sage、Sdept 操作与 Sno 相同，如图 8.59 所示。

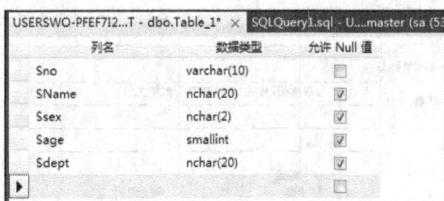

图 8.59　Student 表基本信息

设置 Sno 为主键，右击 Sno 行选择"设置主键"命令，如图 8.60 所示。

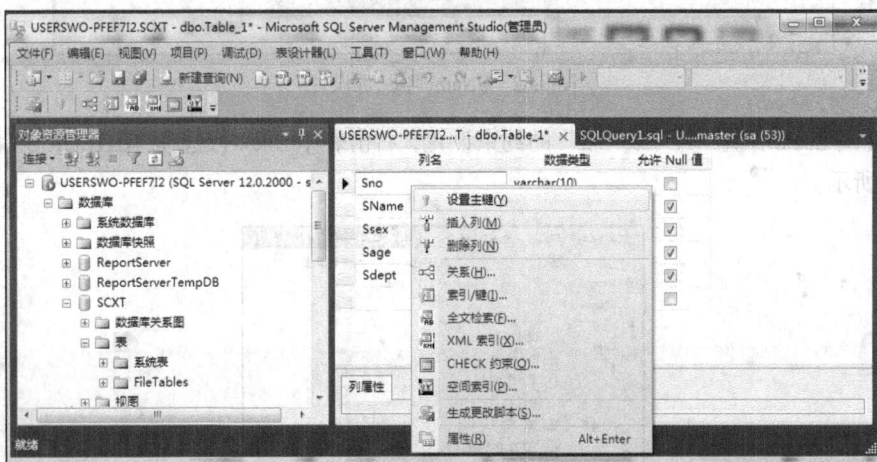

图 8.60　设置 Sno 主键

设置 CHECK 约束也叫检查约束，用于定义列中可接受的数据值或格式。

（1）姓名 SName 唯一性设置：右击表中 SName 行选择"索引/键"选项，如图 8.61 所示。

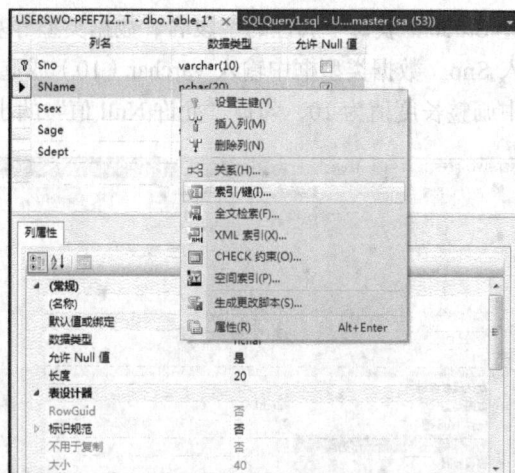

图 8.61　索引/键选择

在"索引/键"对话框中单击"添加"按钮，单击"类型"最右侧的小按钮选择"唯一键"。将"列"选项"索引列"对话框中"列名"设置为 SName，如图 8.62 所示。

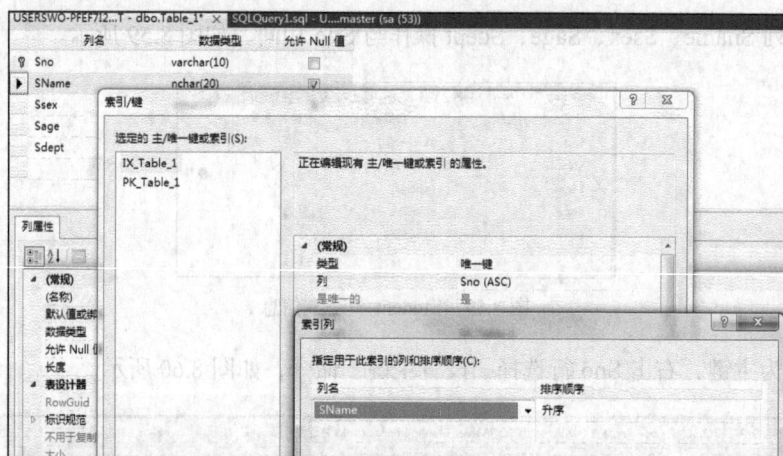

图 8.62　SName 唯一性设置

（2）性别 Ssex 取值"男"或"女"的约束设置，右击表中 Ssex 行选择"CHECK 约束"选项，如图 8.63 所示。

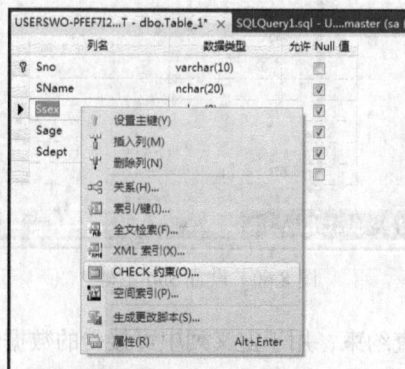

图 8.63　选择"CHECK 约束"

在 "CHECK 约束" 对话框中单击 "添加" 按钮，单击 "表达式" 最右侧的小按钮，可以在弹出的 "CHECK 约束表达式" 对话框中输入表达式：Ssex='男' or Ssex='女'，添加性别约束，如图 8.64 所示。

（3）年龄 Sage 取值为 0～100 的约束设计与 Ssex 相似，对话框中输入表达式：Sage>=1 and Sage<=100。

（4）系别 Sdept 默认值 "计算机系" 设置。在 Sdept 属性列面板的 "默认值或绑定" 文本框中输入：'计算机系'，如图 8.65 所示。

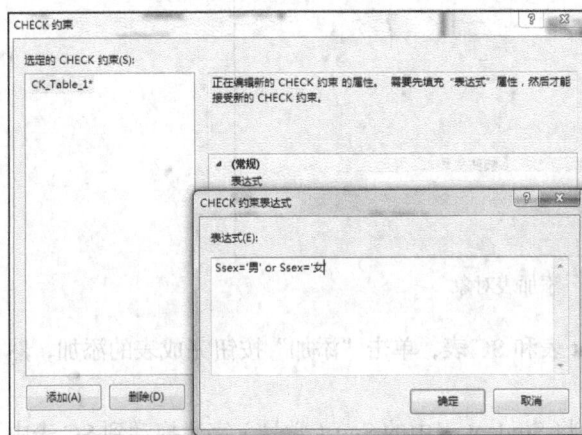

図 8.64　Ssex 检查约束设置

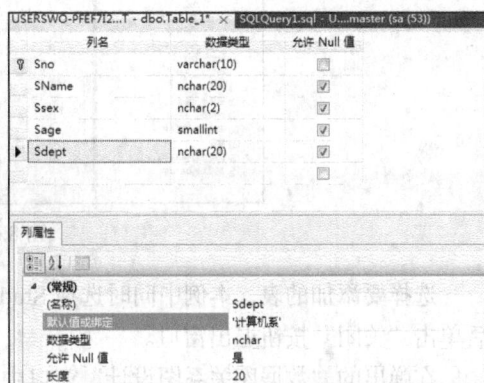

図 8.65　Sdept 默认 "计算机系" 设置

设置完成后，单击保存 🔲 按钮，在弹出的 "选择名称" 框中输入表名：Student，这样数据表 Student 就建立好了。

也可以直接在查询管理页面直接输入 SQL 代码，执行 SQL 代码以完成 Student 表的创建，在 "对象资源管理器" 中刷新 "表" 即可看见新建的 dbo.Student 表。其中 dbo 是 SQL 为表加上的默认前缀，如图 8.66 所示。

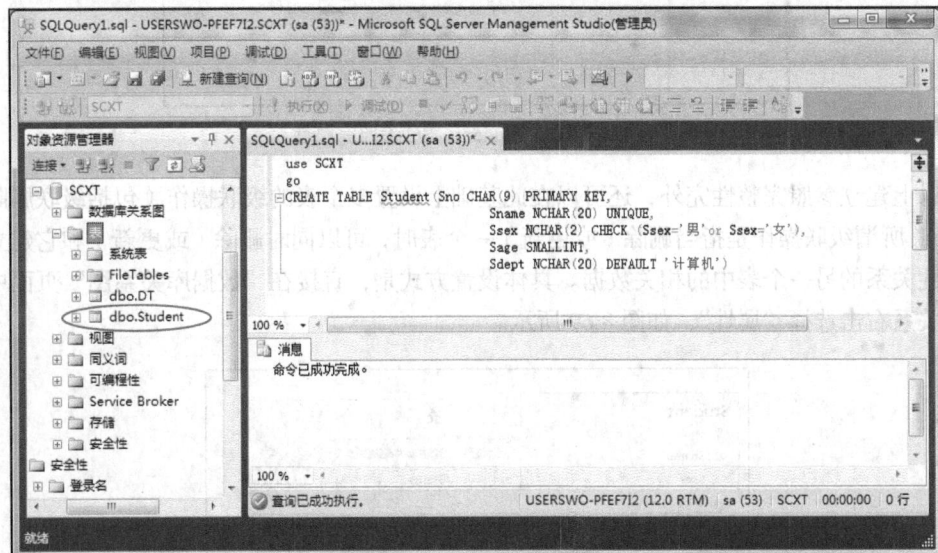

図 8.66　SQL 语句创建 student 表

2. 设置表之间参照关系

学生表 Student、选课表 SC 通过学号 Sno 形成参照关系。下面设置 Student 与 SC 之间关系。

在"对象资源管理器"中展开"数据库→SCXT",右击"数据库关系图",在弹出的菜单中选择"数据库关系图",在弹出对话框中单击"是",打开"添加表"对话框,如图 8.67 所示。

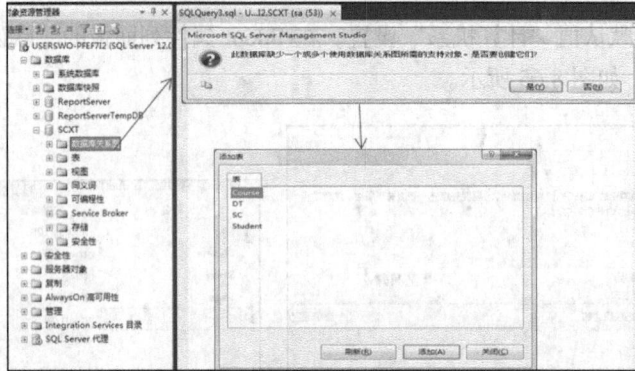

图 8.67 添加表对象

选择要添加的表,本例中同时选择 Student 表和 SC 表,单击"添加"按钮完成表的添加,然后单击"关闭"按钮退出窗口。

在弹出的"数据库关系图设计"窗口中,将 Student 表中的 Sno(学号)字段拖动到 SC 表中的 Sno(学号)字段。在弹出的"表和列"对话框中输入关系名、设置主键表和列名,如图 8.68 所示,单击"确定"按钮。

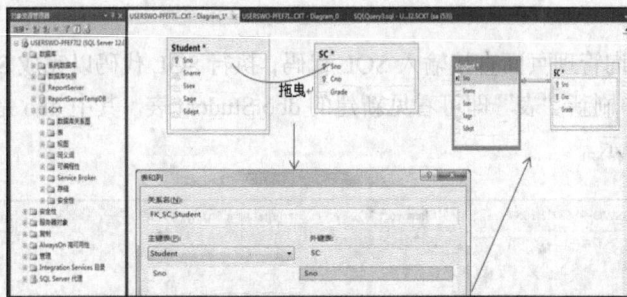

图 8.68 设置 Student、SC 参照完整性

除以上建立参照完整性完外,还可以在此基础上设置多个表的级联操作(包括级联删除和级联更新)。所谓级联操作是指当删除(或更新)一个表时,可以同时删除(或更新)和它建立了参照完整性关系的另一个表中的相关数据。具体设置方式是,直接在"数据库关系图"页面中选中表之间关系右击选择"属性",如图 8.69 所示。

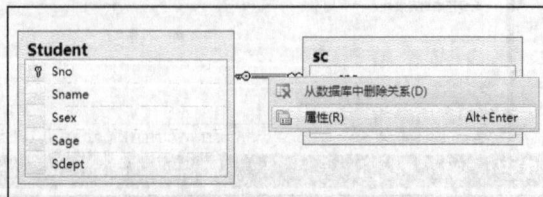

图 8.69 表关系的属性

在弹出的页面中单击"INSERT 和 UPDATE 规范"前的箭头，将"更新操作"的"不执行任何操作"更改为"级联"；将"删除操作"的"不执行任何操作"更改为"级联"，如图 8.70 所示。

如果要删除表之间的参照关系，直接在"数据库关系图"页面中选中表之间关系，右击选择"从数据库中删除关系"，如图 8.71 所示。

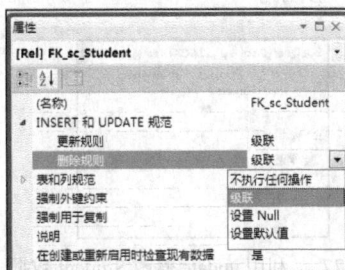

图 8.70　级联设置

图 8.71　删除表关系

3. 添加数据表数据

数据表创建后，可向表中添加数据。在"对象资源管理器"中选中要添加数据的 Student 表，右击选择"编辑前 200 行"，添加数据如图 8.72 所示。

也可以直接在查询管理页面直接输入 SQL 代码：insert into Student values('1005','王一','男',20,'计算机')，执行 SQL 代码完成 Student 表数据添加，如图 8.73 所示。

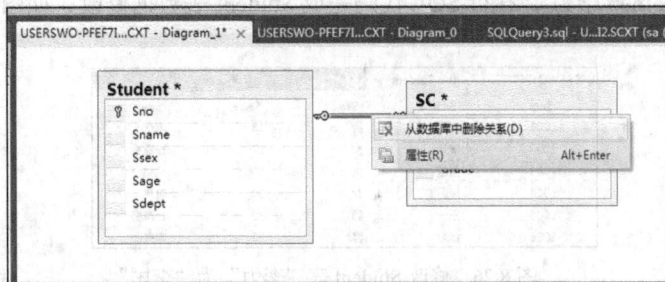

图 8.72　添加 Student 表数据

图 8.73　insert into 添加 Student 表数据

4. 查看数据表数据

在"对象资源管理器"中选中要查看数据 Student 表，右击选择"编辑前 200 行"，如图 8.74 所示。

也可以直接在查询管理页面直接输入 SQL 代码：select * from Student，执行 SQL 代码完成 Student 表数据添加，如图 8.75 所示。

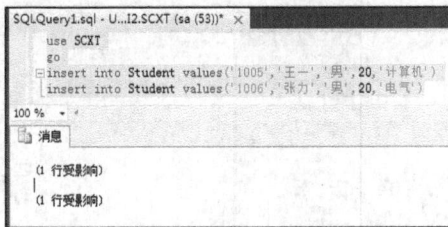

图 8.74　查看 Student 表数据

图 8.75　select 查询 Student 表数据

5. 修改数据表数据

在"对象资源管理器"中选中要修改数据的 Student 表，右击选择"编辑前 200 行"，修改数据"李力"为"李国"，如图 8.76 所示。

也可以直接在查询管理页面直接输入 SQL 代码：update Student set Sname='李国' where Sname='李力'，执行 SQL 代码完成 Student 表数据修改，如图 8.77 所示。

图 8.76 修改 Student 表"李力"为"李国"

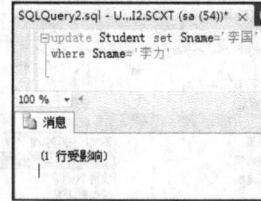

图 8.77 利用 update 修改 Student 数据

6. 修改数据表结构

实际应用中，原始表的结构不能满足要求时，可以修改数据表的结构。在修改数据表时，需先勾掉"阻止保存要求重新创建表的更改"选项。在管理器中，单击"工具"菜单选择"选项"命令，在"选项"对话框"设计器"界面中取消勾选"阻止保存要求重新创建表的更改"，如图 8.78 所示。

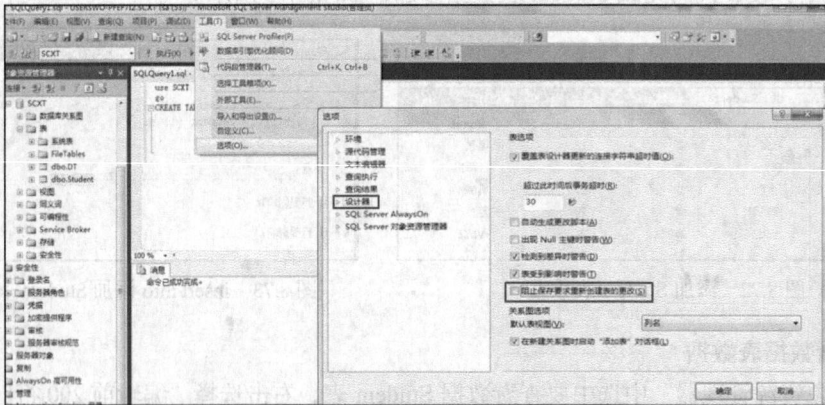

图 8.78 去掉"阻止保存要求重新创建表的更改"项

在"对象资源管理器"中选择要修改的数据表 Student，右击选择"设计"命令，打开表设计器，重新设置表的相关信息，如图 8.79 所示。

图 8.79 修改 Student 表

8.2.3.3　数据视图操作

视图是一张虚表，来源于已存在的数据表或其他视图。允许用户通过视图访问数据，而不授予用户直接访问视图基础表的权限，避免用户直接操作原始表。以学生表 Student 为例创建仅显示学号、姓名、系的视图 View_Student。

在"对象资源管理器"中展开目录"数据库→SCXT→视图"，右击选择"新建视图"命令，在"添加表"对话框中"添加"Student，重新设置表的相关信息，如图 8.80 所示。

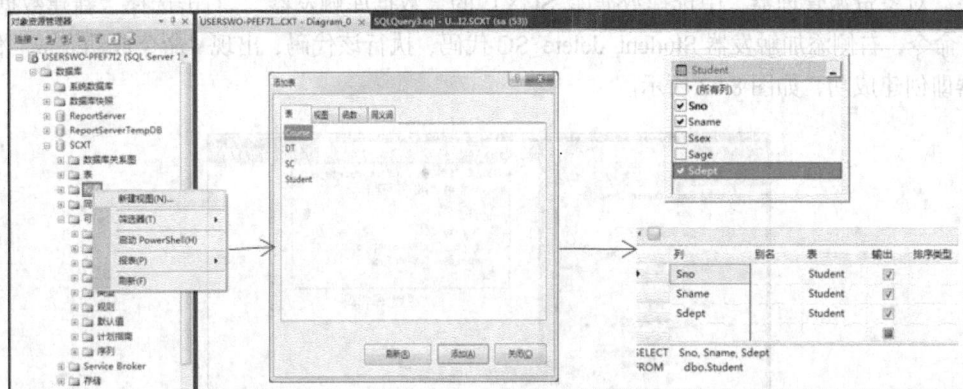

图 8.80　Student 视图

8.2.3.4　存储过程操作

存储过程（Stored Procedure）是一组为了完成特定功能的 SQL 语句集，经编译后存储在数据库中。用户通过指定存储过程的名字并给出参数（如果该存储过程带有参数）来执行它。存储过程是数据库中的一个重要对象，任何一个设计良好的数据库应用程序都应该用到存储过程。

例如创建一个查询 Student 的存储过程 Query_Student_PROC，实现查询 Student 表信息。

在"对象资源管理器"中选择数据库 SCXT 的"可编程性"→"存储过程"，右击选择"新建"→"存储过程"命令，右侧添加存储过程 Query_Student_PROC 代码，执行该代码，出现"命令成功完成"，存储过程创建成功。如图 8.81 所示。

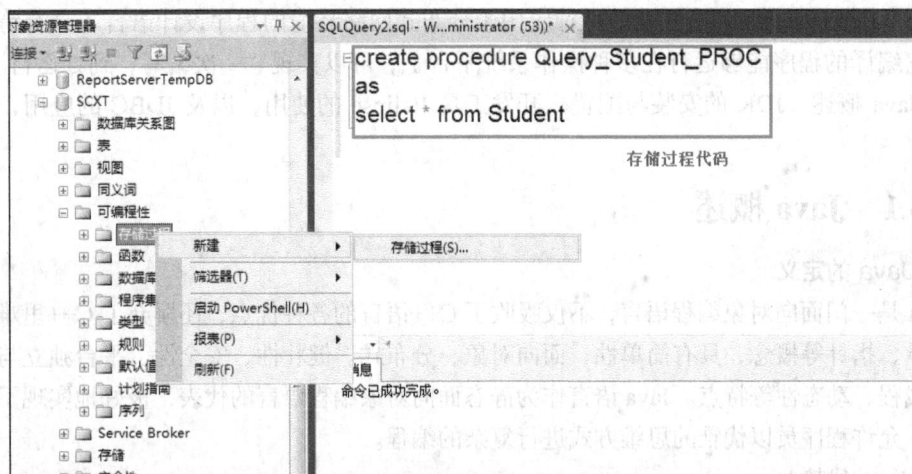

图 8.81　创建存储过程 Query_Student_PROC

8.2.3.5 触发器操作

触发器（trigger）是个特殊的存储过程，它的执行不是由程序调用，也不是手工启动，而是由个别事件来触发，当对一个表进行操作（insert、delete、update）时，就会激活触发器执行。触发器经常用于加强数据的完整性约束和业务规则等。

编写一个触发器 Student_delete_SC，实现在学生表 Student 中删除一条记录的同时在选课表中删除对应学生的选课信息。

在"对象资源管理器"中选择数据库 SCXT 的"数据库触发器"，右击选择"新建数据库触发器"命令，右侧添加触发器 Student_delete_SC 代码，执行该代码，出现"命令成功完成"信息，触发器即创建成功，如图 8.82 所示。

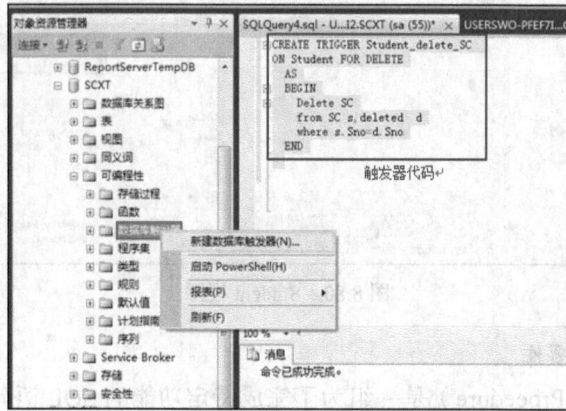

图 8.82　创建 Student_delete_SC 触发器

8.3　界面设计——走进 Java

数据库应用系统开发流程的第三阶段是界面设计，本章主要介绍的是 C/S 系统开发，所以这里的界面设计主要是指窗体界面设计，其界面编程语言选用的是当前较流行的 Java 语言。Java 是由 Sun Microsystems 公司开发的一种应用于分布式网络环境的程序设计语言，具有跨平台的特性，它编译的程序能够运行在多种操作系统平台上，可以实现"一次编写，到处运行"。本节将介绍 Java 概述、JDK 的安装与配置、开发工具 Eclipse 的使用，以及 JDBC 的应用，为开发做准备。

8.3.1　Java 概述

1. Java 的定义

Java 是一门面向对象编程语言，不仅吸收了 C++语言的各种优点，还摒弃了 C++里难以理解的多继承、指针等概念，具有简单性、面向对象、分布式、健壮性、安全性、平台独立与可移植性、多线程、动态性等特点。Java 语言作为静态面向对象编程语言的代表，极好地实现了面向对象理论，允许程序员以优雅的思维方式进行复杂的编程。

2. Java 优势

Java 语言具有以下 5 种优势。

（1）跨平台性

所谓的跨平台性，是指软件可以不受计算机硬件和操作系统的约束而在任意计算机环境下正常运行。这是软件发展的趋势和编程人员追求的目标。Java 语言中，Java 自带的虚拟机（JVM）很好地实现了跨平台性。Java 源程序代码经过编译后生成二进制的字节码与平台无关，但是是可被 Java 虚拟机识别的一种机器码指令。Java 虚拟机提供了一个字节码到底层硬件平台及操作系统的屏障，从而使 Java 语言具备跨平台性。

（2）面向对象

面向对象是指以对象为基本粒度，其下包含属性和方法。对象的说明用属性表达，并且通过使用方法来操作这个对象。面向对象技术使应用程序的开发变得简单易用，节省代码。Java 是一种面向对象的语言，也继承了面向对象的诸多好处，如代码扩展、代码复用等。

（3）安全性

安全性可以分为 4 个层面，即语言级安全性、编译时安全性、运行时安全性、可执行代码安全性。语言级安全性指 Java 的数据结构是完整的对象，这些封装过的数据类型具有安全性。编译时安全性指编译时要进行 Java 语言和语义的检查，保证每个变量对应一个相应的值，编译后生成 Java 类。运行时安全性指运行时 Java 类需要类加载器载入，并经由字节码校验器校验之后才可以运行。可执行代码安全性是指 Java 类在网络上使用时，对它的权限进行了设置，保证了被访问用户的安全性。

（4）多线程

多线程在操作系统中已得到最成功的应用。多线程是指允许一个应用程序同时存在两个或两个以上的线程，用于支持事务并发和多任务处理。Java 除了内置的多线程技术，还定义了一些类、方法等来建立和管理用户定义的多线程。

（5）简单易用

Java 源代码的书写不拘于特定的环境，可以用记事本、文本编辑器等编辑软件来实现，然后将源文件进行编译，编译通过后可直接运行，通过调试则可得到想要的结果。

3. Java 工作原理

Java 的工作原理由以下 4 个方面组成。

（1）Java 编程语言。

（2）Java 类文件格式。

（3）Java 虚拟机。

（4）Java 应用程序接口。

Java 工作原理如图 8.83 所示。

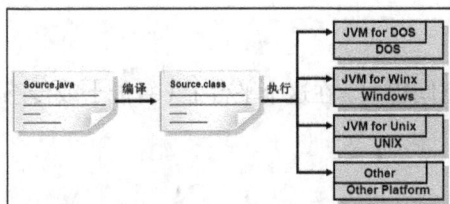

图 8.83　Java 工作原理

当编辑并运行一个 Java 程序时，需要同时涉及这 4 个方面。使用文字编辑软件（如记事本、写字板、UltraEdit 等）或集成开发环境（Eclipse、MyEclipse 等）编写 Java 源文件（.java），编译生成后缀为".class"的文件，该文件以字节码（bytecode）的方式进行编码，然后再通过运行与操作系统平台环境相对应的 Java 虚拟机来运行 class 文件，执行编译产生的字节码，调用 class 文件中实现的方法来满足程序的 Java API 调用。

4．Java 版本

目前，Java 已经成为开发和部署企业应用程序的首选语言，它有 3 个独立的版本，代表 3 个不同的应用领域。

JavaSE：称为 Java 的标准版，是整个 Java 的基础和核心，也是 JavaEE 和 JavaME 技术的基础，主要用于开发桌面应用程序。

JavaME：称为 Java 的微缩版，主要应用于嵌入式开发，如手机程序的开发。

JavaEE：称为 Java 的企业版，它提供了企业级应用开发的完整解决方案，如开发网站，还有企业的一些应用系统，是 Java 技术应用最广泛的领域。

3 个版本以 JavaSE 类库 JDK 为基础又各有不同侧重开发方向，以适应该语言对各个领域编程的需要，如图 8.84 所示。

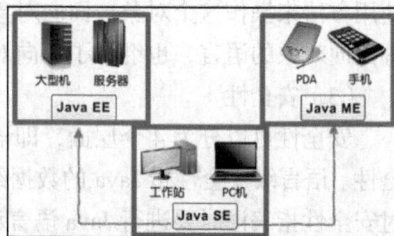

图 8.84 JavaSE、JavaME、JavaEE 关系

5．应用领域

Java 应用领域广泛，主要有以下 7 个方面。

（1）Android 应用

许多 Android 应用都是 Java 程序员开发者开发的。虽然 Android 运用了不同的 JVM 及不同的封装方式，但是代码还是用 Java 语言编写的。相当一部分手机都支持 Java 游戏，这就使很多非编程人员都认识了 Java。

（2）在金融业应用的服务器程序

Java 在金融服务业的应用非常广泛，很多第三方交易系统、银行、金融机构都选择用 Java 开发，因为相对而言，Java 较安全。大型跨国投资银行用 Java 来编写前台和后台的电子交易系统、结算和确认系统、数据处理项目及其他项目。大多数情况下，Java 被用在服务器端开发，但多数没有任何前端，它们通常是从一个服务器（上一级）接收数据，处理后发向另一个处理系统（下一级处理）。

（3）网站

Java 在电子商务领域及网站开发领域占据一席之地。开发人员可以运用许多不同的框架来创建 Web 项目、SpringMVC、Struts2.0 及 Frameworks。即使是简单的 Servlet，Jsp 和以 Struts 为基础的网站在政府项目中也经常被用到，如医疗救护、保险、教育、国防及其他不同部门网站都是以 Java 为基础来开发的。

（4）嵌入式领域

Java 在嵌入式领域发展空间很大。在这个平台上（智能卡或传感器上）只需 130KB 就能够使用 Java 技术。

（5）大数据技术

Hadoop 及其他大数据处理技术很多都用 Java，如 Apache 基于 Java 的 HBase 和 Accumulo 及 ElasticSearchas。

（6）高频交易的空间

Java 平台改进了很多，不但有与时俱进的 JIT 编译器，还提供 C++水平的性能。正是由于这个原因，Java 在编写高性能系统上也非常受欢迎。哪怕是一个没有经验的 C++ 程序员，如果对其代码的安全性、便携性和可维护性上不做太多要求，他也能"快速"写出一个应用程序。

（7）科学应用

Java 在科学应用中是很好的选择，包括自然语言处理。最主要的原因是与 C++ 或者其他语言相比，Java 具有安全性、便携性、可维护性，以及比其他高级语言的并发性更好。

8.3.2　JDK 安装与配置

学习一门语言之前，首先需要把相应的开发环境搭建好。要编译和执行 Java 程序，Java 开发包（Java SE Development Kit，JDK）是必需的，最新的 JDK 是 1.8。下面介绍 JDK1.8 具体安装和配置环境变量的方法。

1. JDK 下载及安装

由于 Sun Microsystems 公司已经被 Oracle 收购，因此，JDK 可以在 Oracle 公司的官网（http://www.oracle.com/index.html）下载 JDK1.8（32 位或 64 位）。本书使用的 JDK1.8 是 32 位的。

双击下载后的 "jdk-8u92-windows-i586.exe"（一般默认安装在 C 盘比较好，不容易出问题），单击"下一步" → "下一步"安装，安装好后找到安装文件夹下文件，如图 8.85 所示。

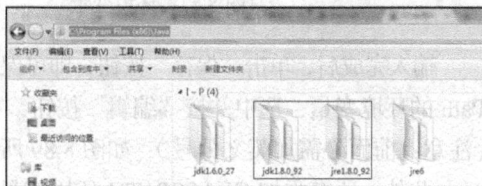

图 8.85　JDK 1.8 安装文件夹

2. 环境变量配置

首先，找到 JDK 的安装目录，例如本书的安装目录在 C:\Program Files（x86）\Java\jdk1.8.0_92，如图 8.86 所示。

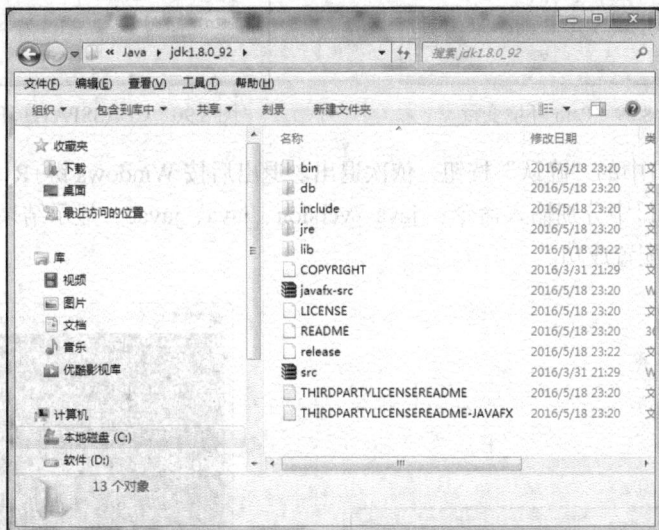

图 8.86　JDK 1.8 安装目录

然后，回到桌面，单击"计算机" → "单击鼠标右键" → "属性"，选择左边的高级系统设置，如图 8.87 所示。

接着，单击"添加"按钮，添加一个名为 JAVA_HOME 的环境变量，对应环境变量值为 JDK 的安装路径，例如本书的环境变量值为 C:\Program Files\Java\jdk1.8.0_92，如图 8.88 所示。

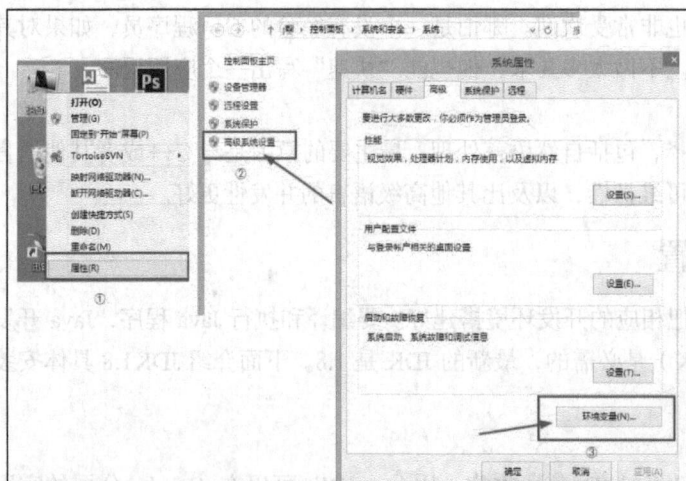

图 8.87　环境变量

图 8.88　新建 JAVA_HOME

输入完成后，单击"保存"按钮，即可保存 JAVA_HOME 环境变量。然后，找到系统变量中名为 Path 的环境变量，选中并按"编辑"按钮，在 Path 环境变量的末尾添加值：;%JAVA_HOME%\bin（注意：前面必需加英文分号），如图 8.89 所示。

此外，还需添加 CLASSPATH 环境变量。方法与 JAVA_HOME 环境变量相同，只是变量值改为：.;%JAVA_HOME%\lib\dt.jar;%JAVA_HOME%\lib\tools.jar;（注意：前面必要加上一个点号和一个分号，其中点号表示当前路径），如图 8.90 所示。

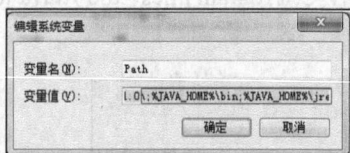

图 8.89　Path 环境变量

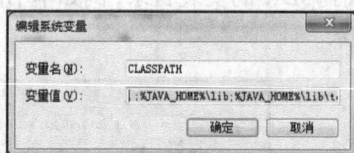

图 8.90　CLASSPATH 环境变量

最后，单击窗口中的"确认"按钮，依次退出。退出后按 Windows 键+R，输入"CMD"，运行 DOS 窗口，在窗口中分别输入命令：java –version、java、javac，显示结果如图 8.91～图 8.93 所示，则表示 JDK 配置成功。

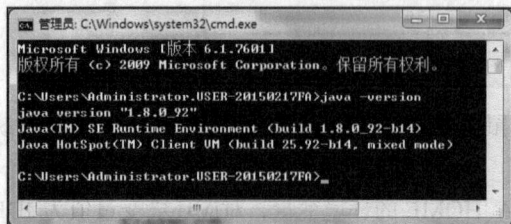

图 8.91　java–version 验证结果

图 8.92　java 验证结果

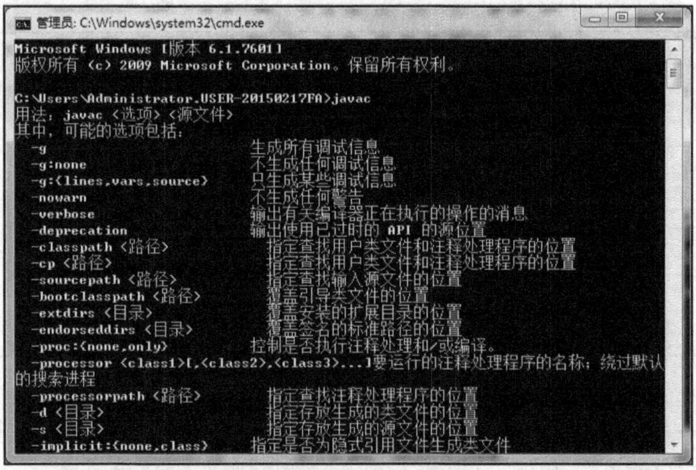

图 8.93　javac 验证结果

8.3.3　开发工具 Eclise 的使用

Eclipse 是编写 Java 程序的一个可视化软件，其功能非常强大，深受广大 Java 编程者喜爱。其中关于 Eclipse 的安装非常简单，在配置好其环境后，按提示安装即可，这里就不再一一介绍。对于初学者，可能更困难的是如何使用 Eclipse。下面以显示"Hello，Welcome to Java!"为例，详细介绍如何在 Eclipse 4.5 中编写一个 Java 类，其主要步骤如下。

打开 Eclipse 软件，如图 8.94 所示。

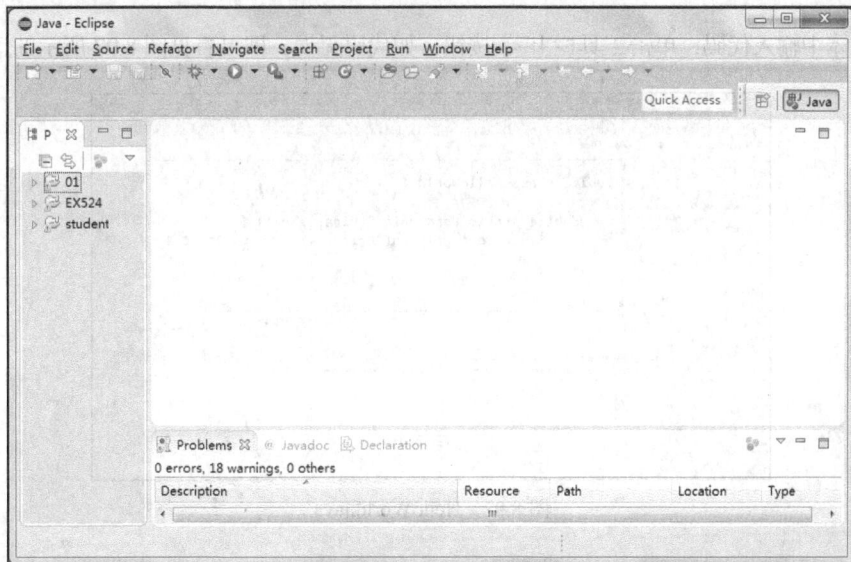

图 8.94　Eclipse 启动页面

单击"file"→"new"→"java project"，即可新建 Java 项目。为这个项目命名为 618，单击"finish"按钮即可完成，如图 8.95 所示。

在左边的面板上展开 618 项目，右击"src"选择"new"→"class"选项，即新建类名。输入类名：HelloWorld，单击"finsh"按钮，如图 8.96 所示。

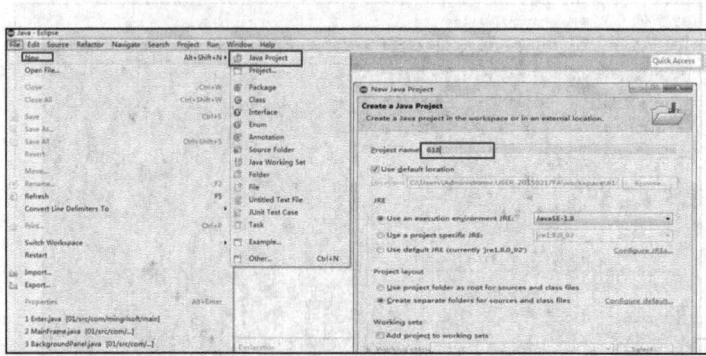

图 8.95　新建 Java 项目

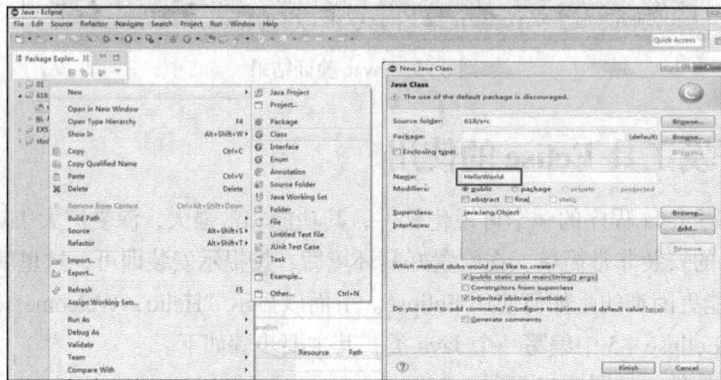

图 8.96　新建 HelloWorld 类

在主窗体中输入代码，单击工具栏上 ▶ 按钮，如代码无误，即可看见图 8.97 所示的运行结果。

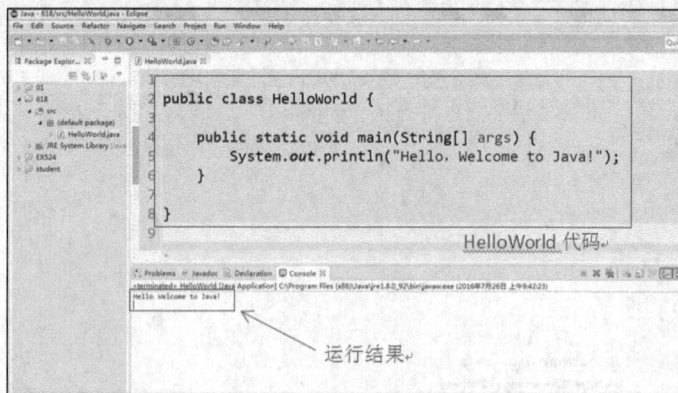

图 8.97　HelloWorld.java

8.3.4　JDBC 的应用

数据库和窗体界面设计完成后，还需一道关键步骤，即它们之间的连接。由于本章选用的是 Java 语言，数据库连接自然选用其专用的 JDBC 连接技术。JDBC（Java Datebase Connectivity）是一个独立于特定数据库管理系统、通用的 SQL 数据库存取和操作的公共接口。它是 Java 语言访问数据库的一种标准。JDBC 常用（重要）类/接口如下。

Java.sql.Driver 接口是所有 JDBC 驱动程序需要实现的接口。这个接口是提供给数据库厂商使用的，不同数据库厂商提供不用的实现。在程序中不需要直接去访问实现 Driver 接口的类，而是由驱动程序管理器类（Java.sql.DriverManager）去调用这些 Driver 实现。

DriverManager 类，用来创建连接，它本身就是一个创建 Connection 的工厂，设计时使用的就是 Factory 模式，给各数据库厂商提供接口，各数据库厂商需要实现具体的接口。

Connection 接口，根据提供的不同驱动产生不同的连接。

Statement 接口，用来发送 SQL 语句。

Resultset 接口，用来接收查询语句返回的查询结果。

JDBC 应用的一般步骤如下。

（1）注册加载一个驱动。

（2）创建数据库连接（Connection）。

（3）创建 statement，发送 SQL 语句。

（4）执行 SQL 语句。

（5）处理 SQL 结果。

（6）关闭 statement 和 connection。

下面依次介绍每一步骤的详细使用。

8.3.4.1　加载与注册驱动

加载 JDBC 驱动需调用 Class 类的静态方法 forName()，向其传递要加载的 JDBC 驱动的类名。驱动程序加载不成功时，会产生 ClassNotFoundException 异常。其一般格式如下。

Class.forName(driver);

如：

注册 SQLServer 数据库驱动器：Class.forName("com.microsoft.sqlserver.jdbc.SQLServerDriver");

注册 MySQL 数据库驱动器：Class.forName("com.mysql.jdbc.Driver");

注册 Oracle 数据库驱动器：Class.forName("oracle.jdbc.driver.OracleDriver");

8.3.4.2　建立连接

可以调用 DriverManager 类的 getConnection(……)方法建立到数据库的连接，连接不成功时会产生 SQLException 异常。其一般格式如下。

Connection conn = DriverManager.getConnection(URL,uid,pwd);

JDBC URL 用于标识一个被注册的驱动程序，驱动程序管理器通过这个 URL 选择正确的驱动程序，从而建立到数据库的连接。JDBC URL 的标准由三部分组成，各部分间用冒号 ":" 分隔。其一般格式如下。

协议:<子协议>:<子名称>

说明：

协议：JDBC URL 中的协议总是 jdbc。

子协议：子协议用于标识一个数据库驱动程序。

子名称：子名称是一种标识数据库的方法。子名称可以依不同的子协议而变化，用子名称的目的是为了定位数据库提供足够的信息。

如：

SQLServer 的 JDBC URL：jdbc:sqlserver://localhost:1433;DatabaseName=student

Mysql 的 JDBC URL：jdbc:mysql://localhost:3306/mydbname

Oracle 的 JDBC URL：jdbc:oracle:thin: @localhost :1521:mydbname

8.3.4.3 访问数据库

数据库连接被用于向数据库服务器发送命令和 SQL 语句，在连接建立后，需要对数据库进行访问，执行 SQL 语句。操作不成功时会产生 SQLException 异常。

在 java.sql 包中有 3 个接口分别定义了对数据库的调用的不同方式：Statement、Prepated Statement、CallableStatement。

1. 用 Statement 来执行 SQL 语句

Statement 对象用于执行静态的 SQL 语句，并且返回执行结果。通过调用 Connection 对象的 createStatement 方法创建该对象。

```
Statement sm = conn.createStatement();
sm.executeQuery(sql);              // 执行数据查询语句（select）
sm.executeUpdate(sql);             // 执行数据更新语句（delete、update、insert、drop 等）
```

2. 用 PreparedStatement 来执行 SQL 语句

PreparedStatement 接口是 Statement 的子接口，它表示一条预编译过的 SQL 语句。可以通过调用 Connection 对象的 preparedStatement() 方法获取 PreparedStatement 对象。

```
String sql = "INSERT INTO user (id,name) VALUES (?,?)";     //定义 SQL 插入操作
PreparedStatement ps = conn.prepareStatement(sql);
ps.setInt(1, 1);                                            //参数设置
ps.setString(2, "admin");
ResultSet rs = ps.executeQuery();                           //查询
int c = ps.executeUpdate();                                 //更新
```

PreparedStatement 对象所代表的 SQL 语句中的参数用问号"?"来表示，调用 PreparedStatement 对象的 setXXX() 方法来设置这些参数。setXXX() 方法有两个参数，第一个参数是要设置的 SQL 语句中的参数的索引（从 1 开始），第二个是设置的 SQL 语句中的参数值。

PreparedStatement 与 Statement 比较如下。

（1）使用 PreparedStatement，代码的可读性和可维护性比 Statement 高。

（2）PreparedStatement 能最大可能地提高性能。

DBServer 会对预编译语句提供性能优化。因为预编译语句有可能被重复调用，所以语句在被 DBServer 的编译器编译后的执行代码被缓存下来，那么下次调用时只要是相同的预编译语句就不需要编译，只要将参数直接传入编译过的语句执行代码中就会得到执行。

在 Statement 语句中，即使是相同操作，但因为数据内容不一样，所以整个语句本身不能匹配，没有缓存语句的意义。事实上是没有数据库会对普通语句编译后的执行代码缓存，这样每执行一次都要对传入的语句编译一次。

（3）PreparedStatement 能保证安全性，但 Statement 有 SQL 注入等安全问题。

3. 使用 CallableStatement 来执行 SQL 语句

当不直接使用 SQL 语句，而是调用数据库中的存储过程时，要用到 CallableStatement。CallabelStatement 从 PreparedStatement 中继承。

例如：

```
String sql = "{call insert_users(?,?)}";
CallableStatement st = conn.prepareCall(sql);               // 调用存储过程
```

```
st.setInt(1, 1);
st.setString(2, "admin");
st.execute();    // 在 CallableStatement 对象中执行 SQL 语句，可以是任何种类的 SQL 语句。
```

8.3.4.4　处理执行结果

查询语句，返回记录集 ResultSet。更新语句，返回数字，表示该更新影响的记录数。

ResultSet 对象以逻辑表格的形式封装了执行数据库操作的结果集，ResultSet 接口由数据库厂商实现。其常用方法如下。

（1）next()：将游标往后移动一行，如果成功返回 true；否则返回 false。ResultSet 对象维护了一个指向当前数据行的游标，初始的时候，游标在第一行之前，可以通过 ResultSet 对象的 next() 方法移动到下一行。

（2）getXxx(String name)：返回当前游标下某个字段的值。如：getInt("id")或 getSting("name")。

例如：将查询结果集中的 ID、用户名、密码送入 user 对象中保存。

```
ResultSet rest = statement.executeQuery();
while(rest.next()){
    user.setId(rest.getInt("ID"));
    user.setUserName(rest.getString("username"));
    user.setPassWord(rest.getString("password"));
    }
```

8.3.4.5　释放数据库连接

使用 close()方法，关闭连接。一般是在 finally 里面进行释放资源。

例如：rs.close();

　　　conn.close();

8.4　系统实现

8.4.1　系统预览

学生成绩管理由多个窗体组成，其中包括系统不可缺少的登录窗体、项目主窗体、功能模块的子窗体等。下面列出 3 个典型的窗体，其他窗体请参见本书配套资源。学生成绩管理系统登录窗体如图 8.98 所示，该窗口用于实现学生和教师的登录。

学生主窗体如图 8.99 所示，该窗口用于实现学生查看自己的基本信息、修改基本信息、修改密码、查看自己的成绩等。

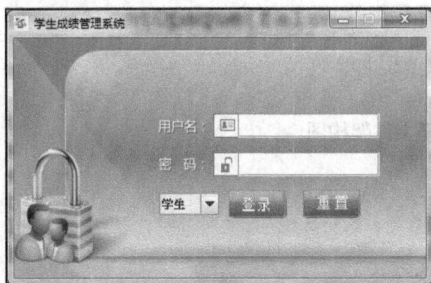

图 8.98　学生成绩管理系统登录窗体

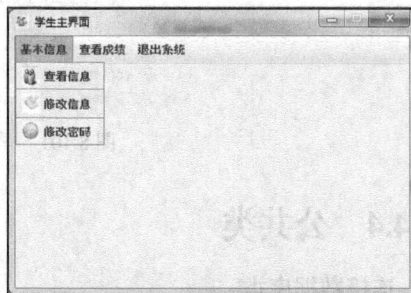

图 8.99　学生主窗体

教师主窗体如图 8.100 所示，该窗口用户教师对学生基本信息和成绩进行添加、删除、修改及查询。

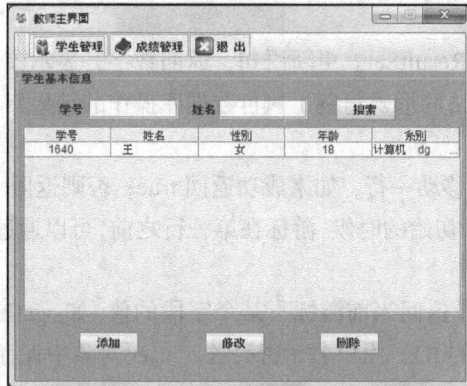

图 8.100　教师主窗体

8.4.2　开发环境

在学生成绩管理系统中，使用的软件开发环境如下。

　　操作系统：Windows 7

　　数据库管理系统：SQL Server 2014

　　开发工具包：JDK 1.6

　　开发工具：Eclipse

特殊说明：

　　字符集：utf-8

　　SQL 驱动包：sqljdbc.jar

8.4.3　文件组织结构

学生成绩管理系统使用根目录文件夹"618"，其中包括的文件架构如图 8.101 所示。

图 8.101　学生成绩管理文件架构图

8.4.4　公共类

1. 连接数据库类

任何系统的设计都离不开数据库，每一步数据库操作都需要与数据库建立连接。为了增加代码的重用性，可以将连接数据库的相关代码保存在一个类中，以便随时调用。创建 GetConnection，在该构造方法中加载数据库驱动，代码如下。

```
private Connection con;                              //定义数据库连接类对象
private String user="sa";                            //连接数据库用户名
private String password="123456";                    //连接数据库密码
private String className="com.microsoft.sqlserver.jdbc.SQLServerDriver";
                                                     //数据库驱动
private String url="jdbc:sqlserver://localhost:1433;DatabaseName=student";
                                                     //连接数据库的 URL
public GetConnection(){
    try{
        Class.forName(className);
        }catch(ClassNotFoundException e){
            System.out.println("加载数据库驱动失败！");
            e.printStackTrace();
        }
}
```

在该类中定义获取数据库连接方法 getCon()，该方法返回值为 Connection 对象，具体代码如下。

```
public Connection getCon(){
  try {
      con=DriverManager.getConnection(url,user,password);      //获取数据库连接
  } catch (SQLException e) {
      System.out.println("创建数据库连接失败！");
      con=null;
      e.printStackTrace();
  }
  return con;                                                   //返回数据库连接对象
}
```

在该类中定义关闭数据库连接方法 closed()，具体代码如下。

```
public void closed(){
    try{
        if(con!=null){
            con.close();
        }
    }catch(SQLException e){
        System.out.println("关闭数据库连接失败！");
        e.printStackTrace();
    }
```

2. Session 类

由于本系统的学生主窗体要根据登录的用户名来进行相关操作，如显示学生基本信息、查看成绩等，而当前登录的用户对象是在登录窗体中查询出来的，为了实现窗体间的通信，可以创建保存用户会话的 Session 类，该类中包含 User 对象的属性，并含有该属性的 setXX()与 getXX()方法。代码如下。

```
public class Session {
  private static User user;                           //User 对象属性
  public static User getUser() {
      return user;
```

```
    }
    public static void setUser( User user) {
        Session.user = user;
    }
}
```

8.4.5　登录模块设计与实现

1．登录模块概述

运行程序，首先进入系统登录窗体。为了使窗体中的各个组件摆放得更加随意美观，本书采用了绝对布局方式，并在窗体中添加了背景图案。

2．实现带背景的窗体

由于本系统仅在登录窗体附加了背景图片，采用将图片加载到 JLabel 对象上，将 JLabel 对象添加到 JFrame 的 LayeredPane 上，再把 ContentPane 设置为透明实现。关键代码段如下。

```
background = new ImageIcon(getClass().getResource("bg.png"));
label = new JLabel(background);
label.setBounds(0, 0, background.getIconWidth(), background.getIconHeight());
// 把内容窗格转化为 JPanel，否则不能用方法 setOpaque()来使内容窗格透明
JPanel imagePanel = (JPanel)this.getContentPane();
imagePanel.setOpaque(false);
// 把背景图片添加到分层窗格的最底层作为背景
getLayeredPane().add(label, new Integer(Integer.MIN_VALUE));
```

3．登录模块实现过程

登录窗体设计十分简单，由一个用户名文本框、一个密码文本框、一个下拉列表、两个按钮组成。登录窗体设计如图 8.102 所示。

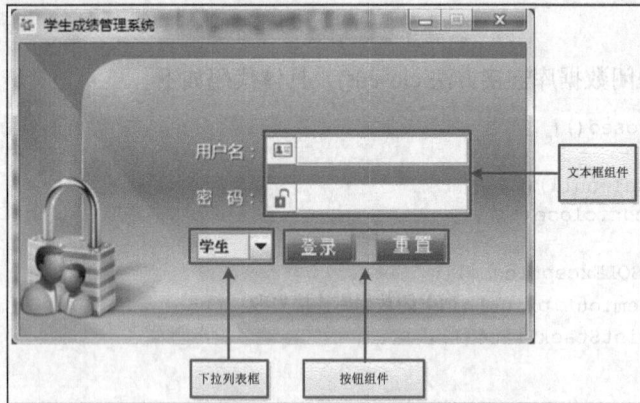

图 8.102　登录窗体设计图

说明：读者可在配套资源中查看\618\src\com\student\main\Enter.java。

下面为大家详细介绍登录模块的实现过程。

（1）实现用户登录操作的数据表是 tb_users，首先创建与数据表对应的 JavaBean 类 User，该类中的属性与数据表中的字段一一对应，并包含了属性的 setXX()与 getXX()方法。具体代码如下。

```
public class User {
    private int id;              //定义映射主键的属性
    private String userName;     //定义映射用户名的属性
```

```
        private String passWord;  //定义映射密码的属性
        private int flag;
        public int getId() {
            return id;
        }
        public void setId(int id) {
            this.id = id;
        }
        ......
    }
```

（2）定义类 UserDao，在该类中实现按用户名与密码查询用户方法 getUser()，该方法的返回值为 User 对象；按 id 查询用户方法 selectUserByID（），该方法返回值为 User 对象；修改用户密码方法 updateUser（），该方法返回类型为 void。具体代码如下。

```
public class UserDao {
GetConnection connection = new GetConnection();
Connection conn = null;
                                                  //编写按用户名密码查询用户方法
public User getUser(String userName,String passWord,int flag){
  User user = new User();                          //创建 JavaBean 对象
  conn = connection.getCon();                      //获取数据库连接
  try {
      String sql = "select * from tb_users where userName = ? and passWord = ? and flag=?";
                                                  //定义查询预处理语句
      PreparedStatement statement = conn.prepareStatement(sql);
                                                  //实例化 Prepared Statement 对象
      statement.setString(1, userName);            //设置预处理语句参数
      statement.setString(2, passWord);
      statement.setInt(3, flag);
      ResultSet rest = statement.executeQuery();   //执行预处理语句
      while(rest.next()){
          user.setId(rest.getInt(1));              //应用查询结果设置对象属性
          user.setUserName(rest.getString(2));
          user.setPassWord(rest.getString(3));

      }
    } catch (SQLException e) {
       e.printStackTrace();
    }
    return user;                                   //返回查询结果
}

                                                  //按 id 查询用户方法
public User selectUserByID(int id) {
  User user = new User();
  conn = connection.getCon();
  try {
      Statement statement = conn.createStatement();
      String sql = "select * from tb_users where id ="+id;
      ResultSet rest = statement.executeQuery(sql);
      while (rest.next()) {
          user.setId(rest.getInt(1));
```

```
                 user.setUserName(rest.getString(2));
                 user.setPassWord(rest.getString(3));
             }
      } catch (SQLException e) {
           e.printStackTrace();
      }
      return user;
   }
                                                              //修改密码方法
   public void updateUser(User user) {
      conn = connection.getCon();
      try {
         String sql = "update tb_users set password = ? where id ="+user.getId();
         PreparedStatement statement = conn.prepareStatement(sql);

         statement.setString(1, user.getPassWord());

         statement.executeUpdate();
      } catch (SQLException e) {
         e.printStackTrace();
      }
   }
}
```

（3）在登录按钮的单击事件中，调用判断用户是否合法的方法 getUser()。如果用户未输入用户名、密码，则给出提示；如果用户输入的用户名与密码合法，将转至系统主窗体；如果用户输入了错误的用户名和密码，则给出相应的提示。关键代码如下。

```
public void actionPerformed(ActionEvent e)
   {
      User user;
      UserDao userDao;
      if(e.getSource()==denglu)
      {
       userDao = new UserDao();
      //验证用户名、密码都没有输入的情况
      if((usertext.getText()).equals("")&&password.getText().equals(""))
          {
          JOptionPane.showMessageDialog(getParent(), "请填写用户名和密码! ",
                 "信息提示框", JOptionPane.INFORMATION_MESSAGE);
          return ;
           }
      //验证没有输入密码的情况
      if(!(usertext.getText()).equals("")&&password.getText().equals(""))
           {
          JOptionPane.showMessageDialog(getParent(), "请填写密码! ",
                 "信息提示框", JOptionPane.INFORMATION_MESSAGE);
          return ;
           }
          ……
      String choice=comboBox.getSelectedItem().toString();
                                             //选中的是学生还是教师
      if(choice.equals("学生"))
      {
          user = userDao.getUser(usertext.getText(),password.getText(),0);
```

```
            if(user.getId()>0){
             Session.setUser(user);
             JOptionPane.showMessageDialog(getParent(),"登录成功! ",
                      "信息提示框", JOptionPane.INFORMATION_MESSAGE);
             new StudentMainFrame();                     //跳转至学生主窗体
             Enter.this.dispose();                       //销毁当前窗口
           }
           else{
             JOptionPane.showMessageDialog(getParent(), "登录失败! ",
                      "信息提示框", JOptionPane.INFORMATION_MESSAGE);
             usertext.setText("");
             password.setText("");
            }
          }
          ……
       }
```

（4）为了方便操作，每一窗口均居中显示、固定窗口大小，具体代码如下。

```
     int windowWidth = this.getWidth();                 //获得窗口宽
     int windowHeight = this.getHeight();               //获得窗口高
     Toolkit kit = Toolkit.getDefaultToolkit();         //定义工具包
     Dimension screenSize = kit.getScreenSize();        //获取屏幕的尺寸
     int screenWidth = screenSize.width;                //获取屏幕的宽
     int screenHeight = screenSize.height;              //获取屏幕的高
     this.setLocation(screenWidth/2-windowWidth/2, screenHeight/2-windowHeight/2);
                                                        //设置窗口居中显示
     setResizable(false);                               //固定窗口，不改变大小
```

8.4.6　学生主窗体设计与实现

1．学生主窗体概述

学生登录系统后，即可进入学生主窗体。学生主窗体中以菜单形式显示各功能，每个菜单完成一个或多个子功能模块。学生主窗体运行结果如图 8.103 所示。

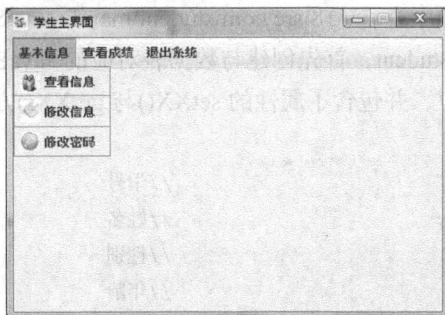

图 8.103　学生主窗体运行结果

2．菜单栏控件

在窗体中添加菜单栏可以增加窗体的灵活性，在菜单项中添加图形可以提升窗体的美观。实现菜单关键在于菜单栏、菜单、菜单条的正确添加，下面介绍菜单的实现。

（1）菜单栏 JMenuBar

一个窗体只有一个菜单栏，使用时，先实例化一个菜单栏，再将其添加到窗口中，下面语句为实例化一个菜单栏对象。

```
JMenuBar  menu=new JMenuBar();            //实例化菜单栏
Add(menu);                                //菜单栏加入窗体中
```

（2）菜单 JMenu 及菜单项 JMenuItem

一个菜单栏可以允许放多个菜单，每一个菜单都可以有多个菜单项，使用时需要先实例化菜单对象、菜单项对象，再把菜单项对象添加到菜单中，把菜单对象添加到菜单栏中。具体代码如下。

```
JMenu info_stu=new JMenu("基本信息");       //实例化菜单
JMenuItem  serch_stu=new JMenuItem("查看信息",new ImageIcon(this.getClass().getResource
("/com/student/images/stumanger.png")));
                                          //实例化图片、文字菜单项
Info_stu.add(serch_stu);                  //菜单项添加至菜单中
```

3. 学生主窗体实现

学生主窗体由菜单项触发另外的窗体来实现查看学生基本信息、修改学生基本信息、修改学生密码、查看学生成绩等。修改学生信息效果如图 8.104 所示。

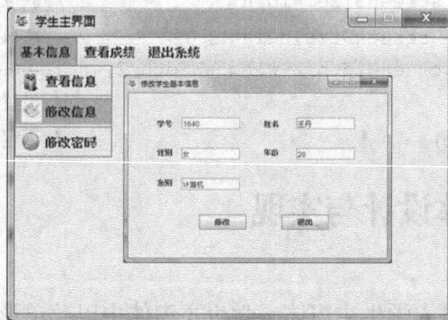

图 8.104　修改学生信息效果图

说明：读者可在配套资源中查看\618\src\com\student\mainFrame\StudentMainFrame.java。

（1）实现学生数据表是 Student，首先创建与数据表对应的 JavaBean 类 Student，该类中的属性与数据表中的字段一一对应，并包含了属性的 setXX()与 getXX()方法。关键代码如下。

```
public class Student {
  private String Sno;                      //学号
  private String Sname;                    //姓名
  private String Ssex;                     //性别
  private Byte Sage;                       //年龄
  private String Sdept;                    //系别
public String getSno() {
  return Sno;
}
public void setSno(String sno) {
  Sno = sno;
}
```

```
......
    }
  }
```

（2）定义类 StudentDao，该类实现学生信息的添加、删除、修改及查询。添加学生信息方法 insertStudent()；查询全部学生信息方法 selectStudent()，该方法的返回值为 List 对象；按学号 Sno 查询学生方法 selectStudentBySno()，该方法返回值为 Student 对象；按学号姓名 Sname 查询学生方法 selectStudentBySname()，该方法返回值为 List 对象；按学号 Sno、姓名 Sname 查询学生方法 selectStudentBySnoSname()，该方法返回类型为 Student 对象；修改学生信息方法 updateStudent()；删除学生方法 deleteStudent()，具体如下。

```java
public class StudentDao {
    GetConnection connection = new GetConnection();
    Connection conn = null;
    //添加学生信息方法
    public void insertStudent(Student student) {
        conn = connection.getCon();
        try {
            PreparedStatement statement = conn
                    .prepareStatement("insert into student values(?,?,?,?,?) ");
            statement.setString(1, student.getSno());
            statement.setString(2, student.getSname());
            statement.setString(3, student.getSsex());
            statement.setByte(4, student.getSage());
            statement.setString(5, student.getSdept());

            statement.executeUpdate();
        } catch (SQLException e) {
            e.printStackTrace();
        }
    }
    // 定义查询学生表中全部数据方法
    public List selectStudent() {
        List list = new ArrayList<Student>();
        conn = connection.getCon();
        try {
            Statement statement = conn.createStatement();
            ResultSet rest = statement.executeQuery("select * from student");
            while (rest.next()) {
                Student student = new Student();
                student.setSno(rest.getString(1));
                student.setSname(rest.getString(2));
                student.setSsex(rest.getString(3));
                student.setSage(Byte.parseByte(rest.getString(4)));
                student.setSdept(rest.getString(5));

                list.add(student);
            }
        } catch (SQLException e) {
            e.printStackTrace();
        }
        return list;
    }
```

```
// 编写按学号查询学生方法
public Student selectStudentBySno(String Sno) {
    Student student = new Student();
    conn = connection.getCon();
    try {
        Statement statement = conn.createStatement();
        String sql = "select * from student where Sno = '" + Sno+ "'";
        ResultSet rest = statement.executeQuery(sql);
        while (rest.next()) {
            student.setSno(rest.getString(1));
            student.setSname(rest.getString(2));
            student.setSsex(rest.getString(3));
            student.setSage(Byte.parseByte(rest.getString(4)));
            student.setSdept(rest.getString(5));

        }
    } catch (SQLException e) {
        e.printStackTrace();
    }
    return student;
}

// 定义按姓名查询学生方法
public List selectStudentBySname(String Sname) {

    conn = connection.getCon();
    List list = new ArrayList<Student>();
    try {
        Statement statement = conn.createStatement();
        String sql = "select * from student where Sname = '" + Sname +"'";
        ResultSet rest = statement.executeQuery(sql);
        while (rest.next()) {
            Student student = new Student();
            student.setSno(rest.getString(1));
            student.setSname(rest.getString(2));
            student.setSsex(rest.getString(3));
            student.setSage(Byte.parseByte(rest.getString(4)));
            student.setSdept(rest.getString(5));

            list.add(student);
        }
    } catch (SQLException e) {
        e.printStackTrace();
    }
    return list;
}

// 定义按学生学号和姓名查询学生方法
public Student selectStudentBySnoSname(String Sno, String Sname) {
    Student student = new Student();
    conn = connection.getCon();
    try {
        Statement statement = conn.createStatement();
        String sql = "select * from student where Sno = '" + Sno+ "' and Sname
= '" + Sname+ "'";
```

```
            ResultSet rest = statement.executeQuery(sql);
            while (rest.next()) {
                student.setSno(rest.getString(1));
                student.setSname(rest.getString(2));
                student.setSsex(rest.getString(3));
                student.setSage(Byte.parseByte(rest.getString(4)));
                student.setSdept(rest.getString(5));

            }
        } catch (SQLException e) {
            e.printStackTrace();
        }
        return student;
    }

// 定义修改学生信息方法
public void updateStudent(Student student) {
    conn = connection.getCon();

    try {
        String sql="update student set Sname=?,Ssex=?,Sage=?,Sdept=? where Sno =?";
        PreparedStatement statement = conn.prepareStatement(sql);
        statement.setString(1, student.getSname());
        statement.setString(2, student.getSsex());
        statement.setByte(3, student.getSage());
        statement.setString(4, student.getSdept());
        statement.setString(5, student.getSno());

        statement.executeUpdate();
    } catch (SQLException e) {
        e.printStackTrace();
    }
}

// 定义删除学生信息方法
public void deleteStudent(String Sno){
    conn = connection.getCon();
    String sql = "delete from student where Sno = '" + Sno+ "'";
    try {
        Statement statement = conn.createStatement();
        statement.executeUpdate(sql);
    } catch (SQLException e) {
        e.printStackTrace();
    }
}
}
```

（3）修改学生信息窗体类 Update_stu，该窗体界面与查看学生信息界面类似，主要由文本框来显示登录学生的基本信息，实现时用 Session.getUser().getUserName() 来获取登录学生的学号，再利用 StudentDao 类的 selectStudentBySno() 方法得到学生的基本信息，依次送入文本框中显示，单击"修改"按钮时，依次获取除学号的所有数据进行修改。完整代码参见查看\618\src\com\student\arch\Update_stu.java，关键代码如下。

```
public class Update_stu extends JFrame{
```

```
        ......
    Student student=new Student();
    StudentDao stuDao=new StudentDao();
      public Update_stu()
      {
            super("修改学生基本信息");
            init();
            ......
      }
      public void init()
      {
        ......
        //按学号查询获得学生信息
        student=stuDao.selectStudentBySno(Session.getUser().getUserName());
        snoLabel = new JLabel("学号");
        snoLabel.setBounds(49, 43, 72, 15);
        add(snoLabel);

        snoText = new JTextField(student.getSno());
        snoText.setBounds(90, 40, 100, 20);
        add(snoText);
        snoText.setColumns(10);
        ......
        updatestu.addActionListener(new ActionListener(){
            public void actionPerformed(ActionEvent e){
                student.setSname(snameText.getText());
                student.setSsex(sexText.getText());
                student.setSage(Byte.parseByte(ageText.getText()));
                student.setSdept(deptText.getText());
                stuDao.updateStudent(student);
                JOptionPane.showMessageDialog(getParent(), "学生信息修改成功！",
                        "信息提示框", JOptionPane.INFORMATION_MESSAGE);
            }
        });
        ......
      }
    }
```

（4）查看学生成绩类(SerchScoreFrame)，该窗体界面利用表格显示该登录学生所选课程的成绩，并可以按课程号查询自己的成绩。为了表格操作更灵活，单独写了一个 studentTableModel 类来实现表格的原型定义。

studentTableModel 类代码具体如下。

```
public class studentTableModel extends DefaultTableModel {
    Class[] types = new Class[] { java.lang.Object.class, java.lang.String.class,
java.lang.String.class, java.lang.String.class, java.lang.String.class};
    boolean[] canEdit = new boolean[] {false, false, false,false,false};
    //表格表头
    public studentTableModel() {
        super(new Object[][] {}, new String[] {"学号","姓名","性别","年龄","系别"});
    }
    public Class getColumnClass(int columnIndex) {
        return types[columnIndex];
    }
```

```
//表格列可拖动
public boolean isCellEditable(int rowIndex, int columnIndex) {
    return canEdit[columnIndex];
  }
}
```

SerchScoreFrame.java 类完整代码见 \618\src\com\student\arch\SerchScoreFrame.java，关键代码如下。

```
public void init()
{
    ……
    JButton findButton = new JButton("搜索");
    findButton.addActionListener(new ActionListener() {
     public void actionPerformed(ActionEvent e) {
        model.setRowCount(0);
        String cno = cnoTextField.getText();
        if(cno.equals("")){
        JOptionPane.showMessageDialog(getParent(), "请填写查询条件！","信息提示框",
JOptionPane.INFORMATION_MESSAGE);
            return;
        }
        else
        {
            //将按课程号查询出来的数据显示在表格中
            Score score= scoreDao.selectScoreBySnoCno(user.getUserName(),cno);
            model.addRow(new Object[] {
                    score.getSno(),
                    score.getCno(),
                    score.getGrade()});
        }
     }
    });
……
JScrollPane scrollPane_2 = new JScrollPane();
scrollPane_2.setBounds(10, 60, 280, 140);
add(scrollPane_2);

table = new JTable(model);
DefaultTableCellRenderer tcr = new DefaultTableCellRenderer();//设置表格内容居中
tcr.setHorizontalAlignment(SwingConstants.CENTER);
tcr.setVerticalAlignment(JLabel.CENTER);
table.setDefaultRenderer(Object.class, tcr);
repaint();
//显示所有成绩数据至表格中
List list =scoreDao.selectScoreBySno(user.getUserName());
model.setRowCount(0);
for (int i = 0; i < list.size(); i++) {
    Score score = (Score)list.get(i);
    model.addRow(new Object[] {
            score.getSno(),
            score.getCno(),
            score.getGrade()});
}
  scrollPane_2.setViewportView(table);
```

```
}
}
```

8.4.7 教师主窗体设计与实现

1. 教师主窗体概述

教师登录系统后，即可进入教师主窗体。教师主窗体以快速工具栏形式显示各功能按钮，单击学生管理按钮时导入学生管理面板，单击成绩管理按钮时导入成绩管理面板。教师主窗体效果如图 8.105 所示。

2. 快速工具栏

在教师主窗体中添加快速工具栏，工具栏上显示"学生管理""成绩管理""退出"，代码参见 \618\src\com\student\mainFame\TeachMainFrame.java，关键代码如下。

```
public void init()
{
    ......
    //工具栏
    menu=new JToolBar();
    //带图形、文字的学生管理按钮
    student_manger_img=new
ImageIcon(this.getClass().getResource("/com/student/images/stumanger.png"));
    student_manger=new JButton("学生管理",student_manger_img);
    ......
    //将按钮添加到工具栏中
    menu.add(student_manger);
    ......
}
```

3. 学生管理实现过程

教师主窗体工具栏上单击"学生管理"按钮时导入学生管理面板至当前窗体中，在该面板上可以进行学生数据的添加、删除、修改及查询。学生管理效果如图 8.106 所示。

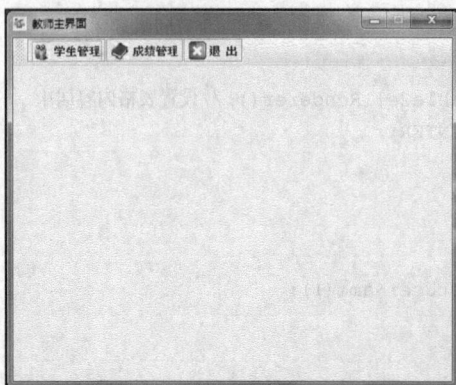

图 8.105　教师主窗体效果图

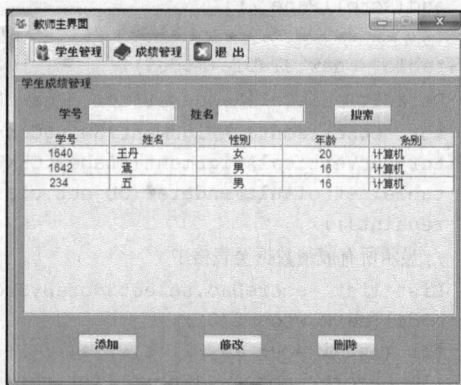

图 8.106　学生管理效果图

（1）学生管理面板由文本框、表格、按钮组成，默认情况下是把学生数据显示在表格中，代码详见 \618\src\com\student\Panel\StudentPanel.java，关键代码如下。

```
public JPanel getMessage()
```

```
{
    message = new JPanel();
    //面板添加一个"学生成绩管理"标题
    message.setBorder(createTitledBorder(null, "学生成绩管理",
            TitledBorder.DEFAULT_JUSTIFICATION, TitledBorder.TOP, new Font(
                    "sansserif", Font.BOLD, 12), new Color(59, 59, 59)));
    message.setLayout(null);
    JLabel snoLabel = new JLabel("学号");
    snoTextField = new JTextField();
    ......
    JScrollPane scrollPane_2 = new JScrollPane();
    scrollPane_2.setBounds(10, 60, 480, 200);
    message.add(scrollPane_2);
    List list =stuDao.selectStudent();
    model.setRowCount(0);
    for (int i = 0; i < list.size(); i++) {
        Student student = (Student)list.get(i);
        model.addRow(new Object[] { student.getSno(),
            student.getSname(),
            student.getSsex(),
            student.getSage(),
            student.getSdept() });
    }
    scrollPane_2.setViewportView(table);
    return message;
}
```

将学生管理面板添加至教师主窗体的源代码如下。

```
if(e.getSource()==student_manger) {
    TeacherMainFrame.this.dispose();
    TeacherMainFrame tframe=new TeacherMainFrame();
    StudentPanel jp=new StudentPanel();
    tframe.getContentPane().add(jp.getMessage());
}
```

（2）在学生管理面板的"搜索"按钮的单击事件中，实现判断用户是否填写信息，根据用户填写信息分别进行搜索，关键代码如下。

```
JButton findButton = new JButton("搜索");
findButton.addActionListener(new ActionListener() {
    public void actionPerformed(ActionEvent e) {
        model.setRowCount(0);
        Sno = snoTextField.getText();
        name = nameTextField.getText();
        if((Sno.equals("")) && (name.equals(""))){
            JOptionPane.showMessageDialog(getParent(), "请填写查询条件! ",
                            "信息提示框", JOptionPane.INFORMATION_MESSAGE);
            return;
        }
        //按学号查询
        if((!Sno.equals(""))&&(name.equals(""))){
            Student student= stuDao.selectStudentBySno(Sno);
        //数据在表格中显示
```

```
                    model.addRow(new Object[] { student.getSno(),student.getSname(),
                student.getSsex(),student.getSage(),student.getSdept()});
                    }
     ......
});
```

（3）在学生管理面板的"添加"按钮的单击事件中，弹出添加学生信息窗体，该窗体运行结果如图 8.107 所示。

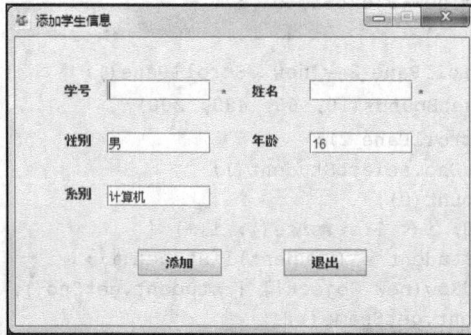

图 8.107　添加学生信息窗体

```
 JButton insertButton = new JButton("添加");
insertButton.addActionListener(new ActionListener() {
    public void actionPerformed(ActionEvent e) {
        InsertStudentFrame insertstudent = new InsertStudentFrame();
        insertstudent.setVisible(true);
        }
});
insertButton.setBounds(71, 280, 65, 23);
message.add(insertButton);
```

（4）在学生管理面板的"修改"按钮的单击事件中，根据用户选中行的数据，弹出一个修改学生信息窗体，该窗体默认显示已选中的数据。代码如下。

```
JButton updateButton = new JButton("修改");
    updateButton.addActionListener(new ActionListener() {
        public void actionPerformed(ActionEvent e) {
        int row = table.getSelectedRow();

        if (row < 0) {
        JOptionPane.showMessageDialog(getParent(), "请选择要修改的数据！",
                            "信息提示框", JOptionPane.INFORMATION_MESSAGE);
            return;
            }
            else {
                File file = new File("file.txt");
                try{
                    //将字符串学号存入 file.txt 文件中
                    String sno =model.getValueAt(row, 0).toString();
                    file.createNewFile();
                    FileWriter out = new FileWriter(file);
                    out.write(sno);
                    out.flush();
```

```
                    out.close();
                    UpdateStudentFrame updatestudent = new UpdateStudentFrame();
                    updatestudent.setVisible(true);
                } catch (Exception ee) {
                        ee.printStackTrace();
                    }
                }
            }
    });
```

（5）在修改学生数据窗体中，除学号外都可以重新输入学生数据，单击该窗体上的"修改"
按钮完成数据修改，单击"退出"按钮即可退出该窗体，详细代码见\618\src\com\student\arch\
Update_stu.java，关键代码如下。

```
public void init()
    {
        ......
        String sno=null;
        //将 file.txt 文件中已存的学号取出
        try{
        File file = new File("file.txt");
        file.createNewFile();
        FileReader in = new FileReader(file);
        BufferedReader fin=new BufferedReader(in);
        sno=fin.readLine();
        fin.close();
        in.close();
        }catch(IOException e)
        {
            e.printStackTrace();
        }
        //按学号显示学生信息
        student=stuDao.selectStudentBySno(sno);

        snoLabel = new JLabel("学号");
        snoLabel.setBounds(49, 43, 72, 15);
        add(snoLabel);
        snoText = new JTextField(student.getSno());
        ......
        updatestu=new JButton("修改");
        updatestu.setBounds(120, 200, 80, 25);
        add(updatestu);
        updatestu.addActionListener(new ActionListener(){
            public void actionPerformed(ActionEvent e){
        //获取数据
                student.setSname(snameText.getText());
                student.setSsex(sexText.getText());
                student.setSage(Byte.parseByte(ageText.getText()));
                student.setSdept(deptText.getText());
                stuDao.updateStudent(student);
                JOptionPane.showMessageDialog(getParent(), "学生信息修改成功! ",
                        "信息提示框", JOptionPane.INFORMATION_MESSAGE);
            }
```

```
    });
    //退出修改学生界面
    tuichu=new JButton("退出");
    tuichu.addActionListener(new ActionListener(){
    public void actionPerformed(ActionEvent e){
            UpdateStudentFrame.this.dispose();
        }
    });
    }
    }
```

（6）在学生管理面板的"删除"按钮的单击事件中，根据用户选中的行删除的数据代码如下。

```
    JButton deleteButton = new JButton("删除");
    deleteButton.addActionListener(new ActionListener() {
        public void actionPerformed(ActionEvent e) {
            int row = table.getSelectedRow();
            String sno = model.getValueAt(row, 0).toString();
            if (sno.equals("")) {
                JOptionPane.showMessageDialog(getParent(), "没有选择要删除的数据！",
                        "信息提示框", JOptionPane.INFORMATION_MESSAGE);
                return;
            } else {
                stuDao.deleteStudent(sno);
                JOptionPane.showMessageDialog(getParent(), "删除学生成功！",
                        "信息提示框", JOptionPane.INFORMATION_MESSAGE);
            }
        }
    });
```

4. 成绩管理实现过程

在教师主窗体中单击"成绩管理"可导入学生成绩管理面板，在该面板上可以根据指定条件查询成绩，也可以添加、删除、修改学生成绩。成绩管理效果如图 8.108 所示。

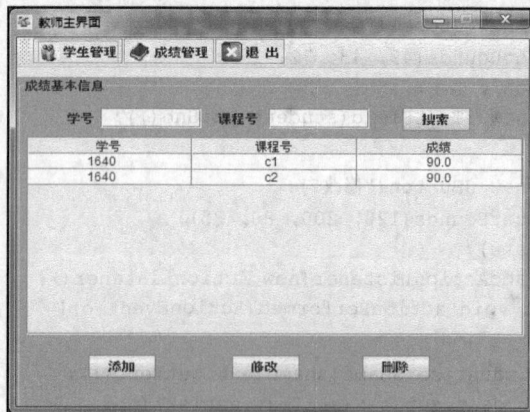

图 8.108　成绩管理效果图

成绩管理模块实现与学生管理类似，不再累述，详细代码见 \618\src\com\student\Panel\ScorePanel.java。

本章小结

本章主要介绍了 SQL Server 的安装与配置，利用 SQL Server Management Studio 管理工具对数据库进行创建、修改、分离、附加、备份及还原操作，对数据表进行添加、查看、修改等操作。同时还用 SQL 语句对数据库或数据表进行简单操作。本章还简要介绍 JDBC 数据库应用一般方法；简要概述学生成绩管理系统的设计与实现过程。

上机实训

1. 实训目的

（1）掌握 SQL Server Management Studio 操作数据库、数据表。

（2）掌握在 SQL Server 数据库管理系统中建立数据库、表及约束。

（3）掌握 JDBC 一般开发流程。

（4）熟悉 Java 桌面编程的方法。

2. 实训内容

利用 SQL Server+Java 设计并实现一个图书管理系统。

3. 实训提示

（1）图书管理系统的功能结构图如图 8.109 所示（仅做参考）。

（2）图书管理系统登录窗体如图 8.110 所示（仅做参考），其余窗体由读者自行设计。

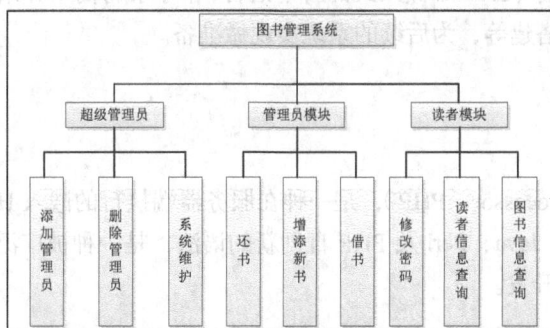

图 8.109　图书管理系统功能结构图

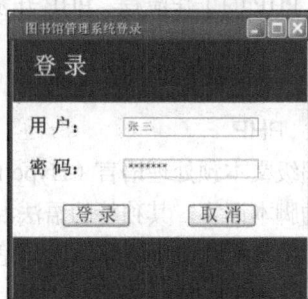

图 8.110　图书管理系统登录窗体

第 9 章

B/S 开发——在线成绩管理系统
（MySQL+PHP）

　　前面已经详细讲解了 C/S 版的学生成绩管理系统的整个实现过程，接下来将全程介绍该系统的另一种版本——B/S 版的在线成绩管理系统的开发，即通过 Web 浏览器来完成成绩管理的一系列相关操作。由于这两章针对的是同一个系统，只是不同形式、不同版本而已，所以有关系统的需求分析部分是完全相同的，这里就不再赘述。MySQL+PHP 是目前 B/S 开发中最常见、也是最流行的搭配模式，本章将重点讲解 MySQL 如何开发后台数据库，以及 PHP 如何开发前台 Web 页面等。

9.1　PHP 环境搭建

　　PHP 是一种服务器端、跨平台、面向对象、HTML 嵌入式的脚本语言，本小节将简单介绍 PHP 语言、PHP 的工作流程、PHP 开发环境的搭建等，为后续的系统实现做准备。

9.1.1　PHP 概述

1. PHP

超级文本预处理语言（Hypertext Preprocessor，PHP），是一种在服务器端执行的嵌入 HTML 文档的脚本语言。其独特的语法混合了 C、Java、Perl 及 PHP 自创新的语法，是一种被广泛应用的开源的多用途脚本语言，尤其适合 Web 开发。

2. PHP 优势

PHP 起源于自由软件，即开放源代码软件，使用 PHP 进行 Web 应用程序的开发具有以下优势。

（1）安全性高

PHP 是开源软件，每个人都可以看到所有 PHP 的源代码，程序代码与 Apache 编译在一起的方式也可以让它具有灵活的安全设定。PHP 具有公认的安全性能。

（2）跨平台特性

PHP 几乎支持所有的操作系统平台（如 Win32 或 Unix、Linux、Macintosh、FreeBSD、OS2 等），并且支持 Apache、IIS 等多种 Web 服务器，并以此广为流行。

（3）支持广泛的数据库

可操纵多种主流与非主流的数据库，如 MySQL、Access、SQL Server、Oracle、DB2 等，其

中 PHP 与 MySQL 是目前最佳的组合，它们的组合可以跨平台运行。

（4）易学性

PHP 嵌入在 HTML 语言中，以脚本语言为主，内置丰富函数，语法简单、书写容易，方便学习掌握。

（5）执行速度快

占用系统资源少，代码执行速度快。

（6）免费

在流行的企业应用 LAMP 平台中，Linux、Apache、MySQL、PHP 都是免费软件，这种开源免费的框架结构可以为网站经营者节省很大一笔开支。

（7）模板化

实现程序逻辑与用户界面分离。支持面向对象和过程两种开发风格，并可向下兼容。内嵌 Zend 加速引擎，性能稳定快速。

（8）应用广泛

PHP 技术在 Web 开发的各个方面应用得非常广泛，目前全球 5000 万互联网网站中，有 60% 以上使用 PHP 技术，如百度、雅虎（Yahoo）、Google、YouTube、Digg 等著名网站。PHP 也是企业用来构建服务导向型、创造和混合 Web 于一体的新一代的综合性商业所使用的语言，已成为开源商业应用发展的方向。

3．PHP 版本

Rasmus Lerdorf 在 1995 年发布了 PHP 1.0 版本。从那时起它就飞速发展，并在原始发行版上经过无数改进和完善。现在官方发布最新版本是 PHP 7.0.2（2016 年 01 月 06 日）。目前国内仍采用 PHP 5 的开发居多。

（1）PHP 5

2004 年 7 月，PHP5 正式版本的发布，标志着一个全新的 PHP 时代的到来。它的核心是第二代 Zend 引擎，并引入了对全新的 PECL 模块的支持。PHP 5 的最大特点是引入了面向对象的全部机制，并且保留了向下的兼容性。程序员不必再编写缺乏功能性的类，并且能够以多种方法实现类的保护。另外，在对象的集成等方面也不再存在问题。PHP 5 引进了类型提示和异常处理机制，能更有效地处理和避免错误的发生。PHP 5 还绑定了新的 MySQLi 扩展模块，它提供了一些更加有效的方法和实用工具用于处理数据库操作。这些方法大都以面向对象的方式实现，同时也极大地提高了基于数据库的 Web 项目的执行速度。另外，PHP5 中还改进了创建动态图片的功能，能够支持多种图片格式（如 PNG、GIF、TTIF、JPGE 等）。PHP5 内置了对 GD2 库的支持，因此安装 GD2 库（主要指 UNIX 系统中）也不再是件难事，这使处理图像变得十分简单和高效。本书采用的是 PHP 5 版本。

（2）PHP 7

PHP 7 使用新版的 ZendEngine 引擎，带来如下一些新的特性。

① 创建一个具体的核心语言。删除所有库方法，并保持在对象集中的核心方法。用户应该能够编写无需任何外部库或扩展 PHP 7，对基本输入/输出、字符串处理和数学来说是一个很好的完整的语言。库以外的任何应用通过批准扩展。

② 一切都当作一个对象。以 Ruby、Smalltalk 和 Java 为对象，并把一切都当作对象。整数是对象，字符串也是对象。

③ 一致的命名方法和类。由于 PHP 的最大的问题之一就是要不断检查，（needle,haystack）

或（haystack, needle），或 some_function()，或 function_some()，或 someFunction()，需要制定一个一致的格式。

9.1.2 PHP 程序工作流程

1.PHP 的工作流程

一个完整的 PHP 系统由以下 5 个部分构成。

（1）操作系统：网站运行服务器所使用的操作系统。PHP 不要求操作系统的特定性，其跨平台的特性允许 PHP 运行在任何操作系统上，如 Linux、Windows 等。

（2）服务器：搭建 PHP 运行环境时所选择的服务器。PHP 支持多种服务器软件，包括 Apache、IIS 等。

（3）PHP 包：实现对 PHP 文件的解析和编译。

（4）数据库系统：实现系统中数据的存储。PHP 支持多种数据库系统。如 MySQL、Access、SQL Server、DB2 等。

（5）浏览器：浏览网页。由于 PHP 在发送到浏览器时已经被解析器编译成其他代码，所以 PHP 对浏览器没有任何限制。

PHP 的工作原理如图 9.1 所示。

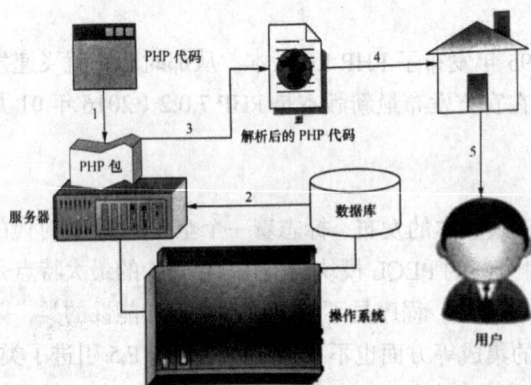

图 9.1 PHP 的工作原理

图 9.1 较完整地展示了用户通过浏览器访问 PHP 网站系统的全过程，从图中可以更加清楚地理清它们之间的关系：①PHP 的代码传递给 PHP 包，请求 PHP 包进行解析并编译。②服务器根据 PHP 代码的请求读取数据库。③服务器与 PHP 包共同根据数据库中的数据或其他运行变量，将 PHP 代码解析成普通的 HTML 代码。④解析后的代码发送给浏览器，浏览器对代码进行分析，获取可视化内容。⑤用户通过访问浏览器浏览网站内容。

2. PHP 服务器

（1）PHP 预处理器

PHP 预处理器的功能是解释 PHP 代码，它主要将 PHP 程序代码解释为文本信息，而且这些文本信息中也可以包含 HTML 代码。

（2）Web 服务器

Web 服务器主要是解析 HTTP，当 Web 浏览器向 Web 服务器发送一个 HTTP 请求时，PHP 预处理器会对该请求应用的程序进行解释并执行，然后 Web 服务器会向浏览器返回一个 HTTP 响应。该响应通常是一个 HTML 页面，以便让用户可以浏览。常见的 Web 服务器有开源的 Apache 服务器、IIS 服务器、Tomcat 服务器。本书使用 WampServer 2.5 集成开发环境的 Apache 服务器。由于 Apache 服务器具有高效、稳定、安全、免费等特点，已成为目前最为流行的 Web 服务器。

（3）数据库服务器

数据库服务器是主要用于提供数据查询和数据管理服务的软件，常见的数据库服务器有 MySQL、Oracle、SQL Server 等。本书使用 WampServer 2.5 集成开发环境的 MySQL 数据库服务器。由于 MySQL 具有功能性强、使用简捷、管理方便、运行速度快、版本升级快、安全性高等优点，而且完全免费，因此许多中小型网站都选择 MySQL 作为数据库服务器。

9.1.3　PHP 开发环境构建

对于初学者来说，Apache、PHP 及 MySQL 的安装和配置较为复杂，这时可选择 WAMP（Windows +Apache+MySQL+PHP）集成安装环境快速安装配置 PHP 服务器。所谓集成安装环境就是将 Apache、PHP、MySQL 等服务器软件整合在一起，免去了单独安装配置服务器带来的麻烦，实现 PHP 开发环境的快速搭建。目前比较常用的集成安装环境是 WampServer 和 AppServ，它们都集成了 Apache 服务器、PHP 预处理器及 MySQL 服务器。本书以 32 位的 WampServer 2.5 为例介绍 PHP 服务器的安装与配置。

1. 安装前准备

从 PHP 官方网站上下载安装程序，地址为 http://www.wampserver.com/en/downlond.php。

2. WampServer 的安装

安装操作步骤如下。

（1）双击 WampServer2.5exe，打开 WampServer 的启动页面，如图 9.2 所示。

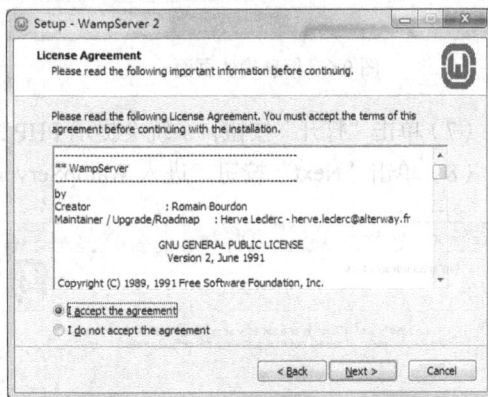

（2）单击 "Next" 按钮，打开 WampServer 安装协议页面，如图 9.3 所示。

图 9.2　WampServer 启动页面　　　　图 9.3　WampServer 安装协议页面

（3）单击 "I accept the agreement" 单选按钮，然后单击 "Next" 按钮，打开图 9.4 所示的 WampServer 安装路径选择页面。设置 WampServer 安装路径（默认为 c:\wamp），本书 WampServer 安装路径设置为 d:\wamp。

（4）单击 "Next" 按钮，打开图 9.5 所示的创建快捷方式选项页面。在该页面中可以选择快速启动栏和在桌面上创建快捷方式。

（5）单击 "Next" 按钮，出现信息确认页面，如图 9.6 所示。

（6）单击"Install"按钮开始安装，安装即将结束时会提示选择默认浏览器。如果不确定使用什么浏览器，单击"打开"按钮，此时选择的是默认的 IE 浏览器，如图 9.7 所示。

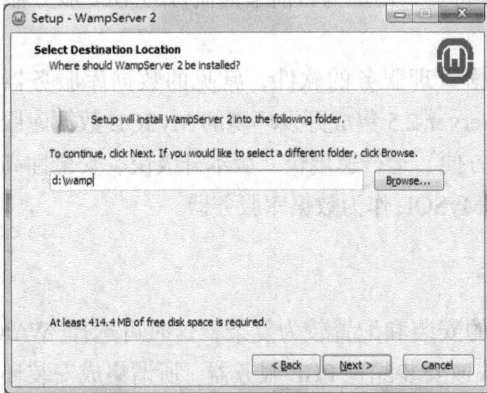

图 9.4　WampServer 安装路径选择页面

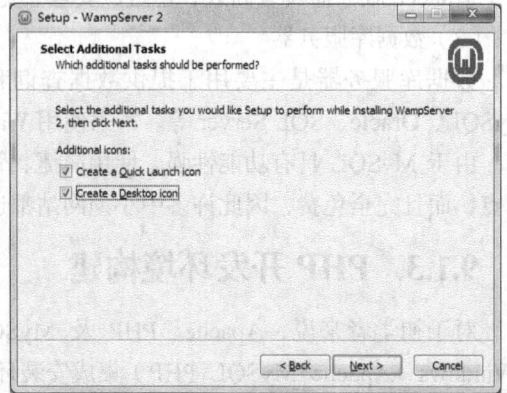

图 9.5　创建快捷方式选项页面

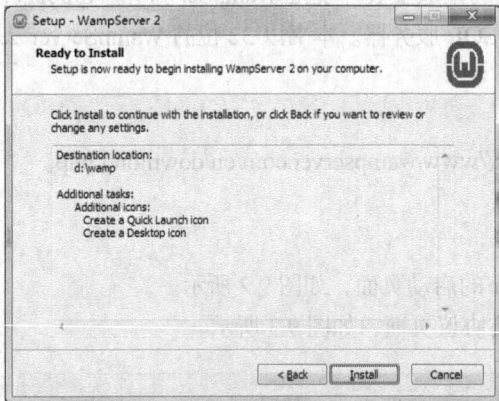

图 9.6　信息确认页面

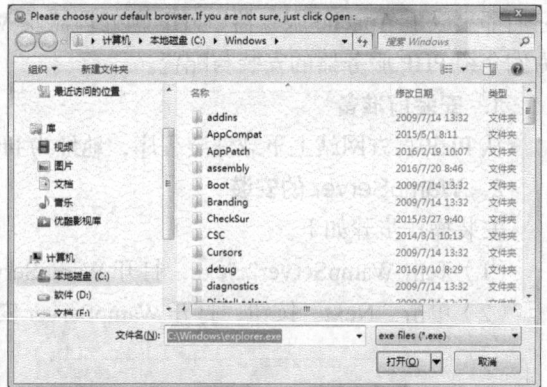

图 9.7　选择默认的浏览器

（7）单击"打开"按钮，系统会提示 PHP 邮件参数信息，保留默认内容即可，如图 9.8 所示。

（8）单击"Next"按钮，进入 WampServer 安装完成界面，如图 9.9 所示。

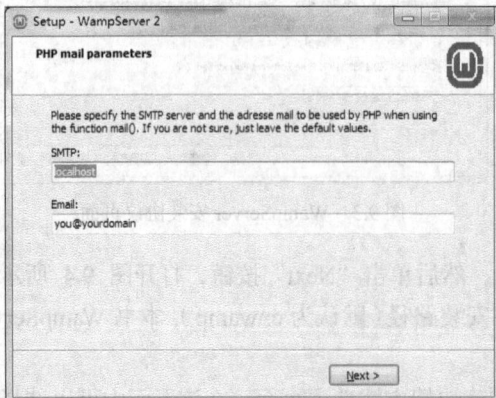

图 9.8　PHP 邮件参数界面

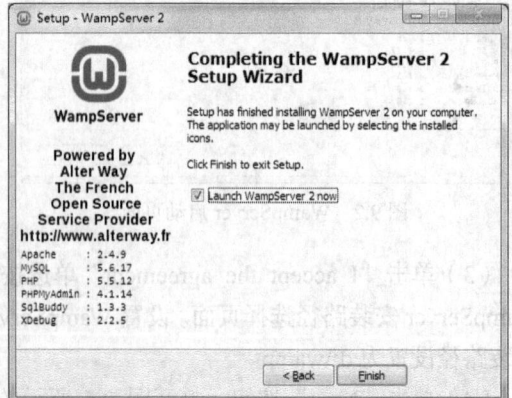

图 9.9　WampServer 安装完成页面

（9）选中"Launch WampServer 2 now"复选框，单击"Finsh"按钮完成所有安装，系统会自动启动 WampServer 所有服务，并且在任务栏的系统托盘中增加了 █ 图标。如果图标是桔黄色，可能是 Apache 服务器默认端口 80 被占用。

（10）打开 IE 浏览器，在 IE 地址栏中输入"http://localhost"或者"http://127.0.0.1"，然后按"Enter"键，如果运行结果出现图 9.10 所示的 WampServer 启动成功页面，则说明 WampServer 安装成功。

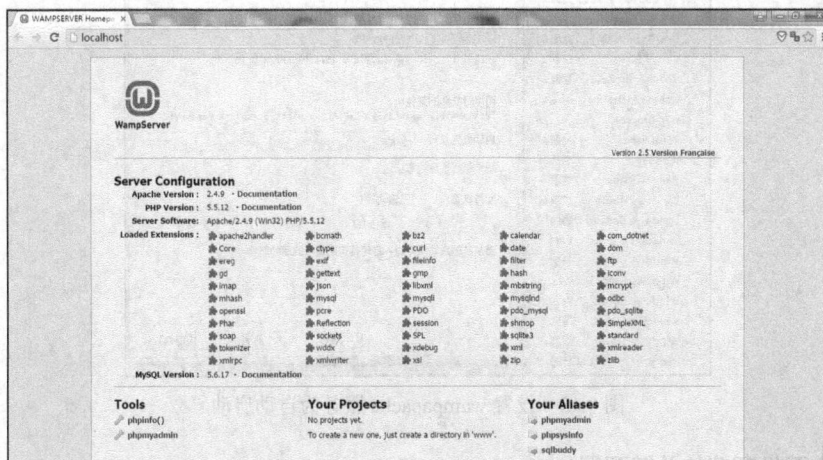

图 9.10　WampServer 启动成功界面

3. PHP 服务器的启动与停止

PHP 服务器主要包括 Apache 服务器和 MySQL 服务器。下面介绍两种常用的方法。

（1）手动启动和停止 PHP 服务器

启动 WampServer，单击任务栏托盘中的 WampServer 图标 █，弹出图 9.11 所示的 WampServer 管理界面。

此时可以单独对 Apache 服务和 MySQL 服务进行启动、停止操作。以管理 Apache 为例，当鼠标指针指向"Service"→"Apache"选项时，会弹出图 9.12 所示的界面，在该界面中可以选择 Start（启动）、Stop（停止）或 Restart（重新启动）Apache 服务。

图 9.11　WampServer 管理界面

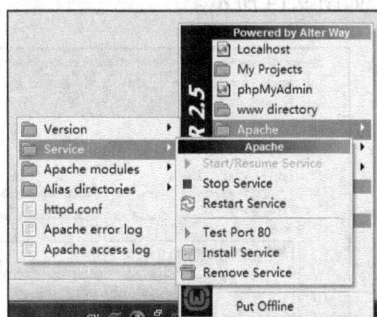

图 9.12　管理 Apache 服务

在"Quick Admin"选项中单击"Start All Serverices"或"ReStart All Serverices"均可重新启动 Apache 和 MySQL 服务。单击"Stop All Serverices"选项，可停止 Apache 和 MySQL 服务。

（2）通过操作系统自动启动 PHP 服务

在"控制面板"中，单击"管理工具"下的"服务"选项，可查看系统所有服务。

在"服务"窗口中找到 wampapache 和 wampmysqld 服务，分别对应表示的是 Apache 服务和

MySQL 服务。双击某种服务，将"启动类型"设置为"自动"，然后单击"确定"按钮，即可设置该服务为自动启动，如图 9.13 所示。

图 9.13　设置 wampapache 服务为自动启动

4．PHP 开发环境的关键配置

（1）修改 Apache 服务端口

Apache 服务端口默认 80，如果要修改其端口号，可以通过如下步骤完成。

① 单击任务栏托盘中的 WampServer 图标，选择"Apache/httpd.conf"选项，打开 httpd.conf 配置文件，查找"Linsten 0.0.0.0:80"，将 80 修改为其他端口（如 8088），保存 httpd.conf 配置文件。

② 重启 Apache 服务，使配置生效，此后访问时需要在地址栏中输入"http://localhost:8088"。

（2）设置网站起始页面

Apache 服务器允许用户自定义网站的起始页及其优先级，方法如下。

打开 X:\wamp\bin\apache\apache2.4.9\conf\httpd.conf 配置文件（X 为你的盘符，建议最好用 Edit with Notepad++打开），查找关键字"DirectoryIndex"，在 DirectoryIndex 的后面即是网站的起始页及优先级，如图 9.14 所示。

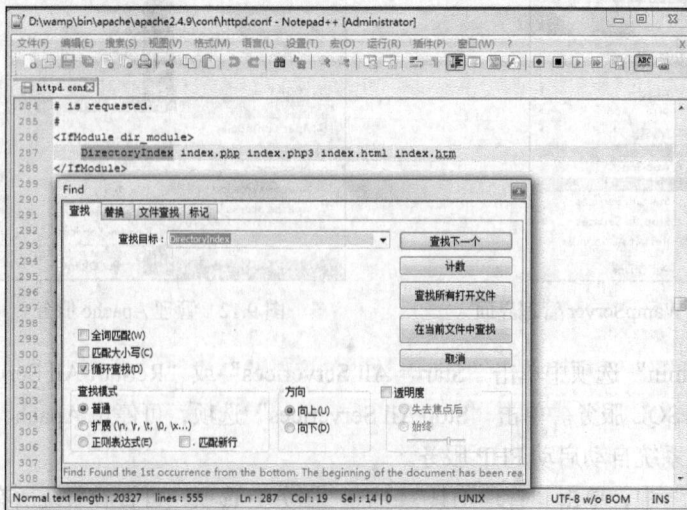

图 9.14　设置网站起始页

由图 9.14 可知，WampServer 安装完成后，默认的网站起始页及优先级为 index.php、index.php3、index.html、index.htm。Apache 的默认显示页为 index.php，因此在浏览器地址栏中输入 http://localhost 时，Apache 会首先查找访问服务器主目录下的 index.php 文件。如果文件不存在，则依次查找访问 index.php3、index.html、index.htm 文件。

（3）设置 Apache 服务器主目录

WampServer 安装完成后，默认情况下，浏览器访问的是 D:\wamp\www\目录下的文件，www 目录被称为 Apache 服务器的主目录。例如，当在地址栏中输入:http://localhost/student/index.php 时，访问的就是 www 目录下的目录 student 中的 index.php。此时，用户可以自定义 Apache 服务器的主目录，方法如下。

① 打开 httpd.conf 配置文件，查找关键字 "DocumentRoot"，如图 9.15 所示。

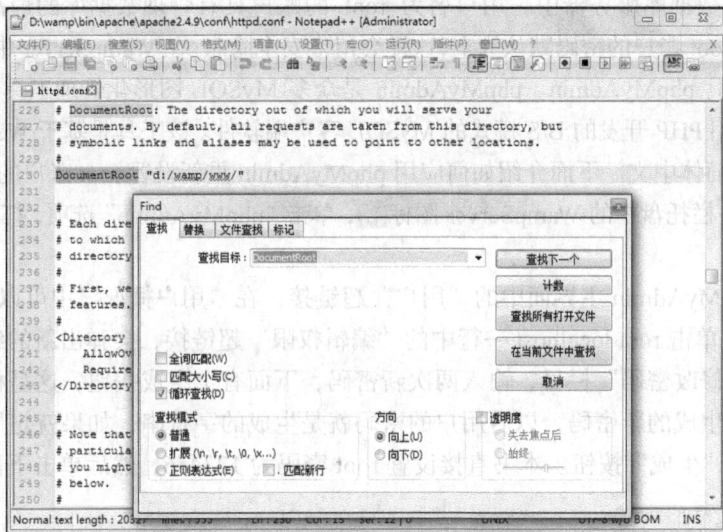

图 9.15　查找 Apache 服务器主目录

② 修改 httpd.conf 配置文件，设置目录 "D:/wamp/www/student" 为 Apache 服务器的主目录，如图 9.16 所示。

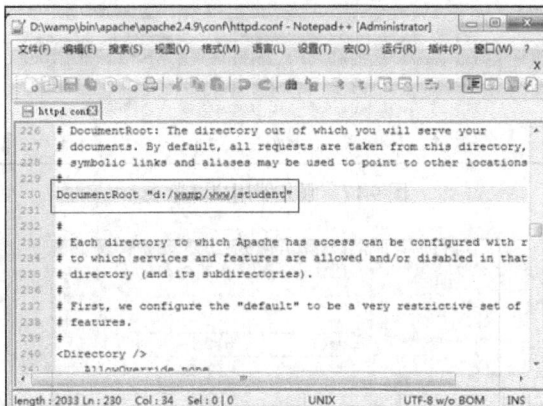

图 9.16　设置 Apache 服务器主目录

重新启动 Apache 服务器，使新的配置生效。此时在浏览器地址栏中输入 http://localhost/

index.php 时，访问的就是 Apache 服务器主目录 "D:/wamp/www/student" 下的 index.php。

（4）其他常用设置

php.ini 文件是 PHP 启动时自动读取的配置文件，该文件所在目录为 "D:\wamp\bin\php\php5.5.12"。下面介绍 3 个常用的配置。

① register_globals：通常情况下此变量设置为 off，这样可以对通过表单进行的脚本攻击提供更为安全的防范措施。

② short_open_tag：当该值设置为 on 时，表示可以使用短标记 "<?" 和 "?>" 作为 PHP 的开始标记和结束标记。

③ display_errors：当该值设置为 on 时，表示打开错误提示，在调试程序时经常使用。

（5）为 MySQL 服务器 root 账户设置密码

在 MySQL 数据库服务器中，用户名为 root 的账户具有管理数据库的最高权限。在安装 WampServer 后，root 账户的密码默认为空，这样会留下安全隐患。在 WampServer 中集成了 MySQL 数据库的管理工具 phpMyAdmin。phpMyAdmin 是众多 MySQL 图形化管理工具中应用最广泛的一种，是一款使用 PHP 开发的 B/S 模式的 MySQL 客户端软件。该工具是基于 Web 跨平台的管理程序，并且支持简体中文。下面介绍如何应用 phpMyAdmin 重新设置 root 账户的密码。

① 单击任务栏托盘中的 WampServer 图标█，单击 "phpMyAdmin" 选项，打开 phpMyAdmin 主界面。

② 单击 phpMyAdmin 主界面中的 "用户" 超链接，在 "用户概况" 中可以看到 root 账户，如图 9.17 所示。单击 root localhost 一行中的 "编辑权限" 超链接，会弹出新的编辑页面，在编辑页面中找到 "修改密码" 栏目，输入两次新密码，下面有个生成按钮，这是根据用户当前设置的密码加密后生成的新密码，以后用户的密码就是生成的字符串，如果就想用自己设置的密码，就不要单击 "生成" 按钮。本书直接设置 root 密码为 123456，然后单击下面的 "执行" 按钮，如图 9.18 所示。

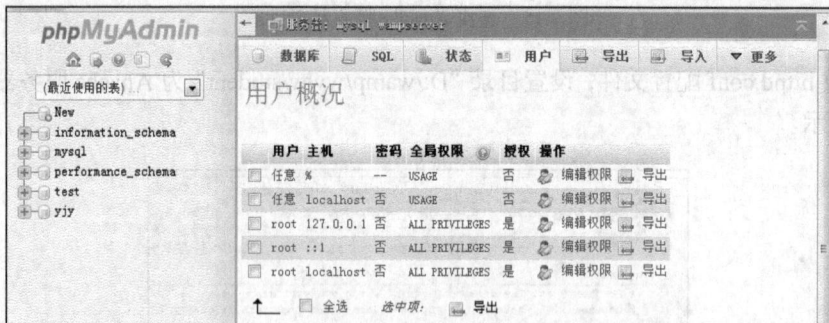

图 9.17　服务器用户一览表

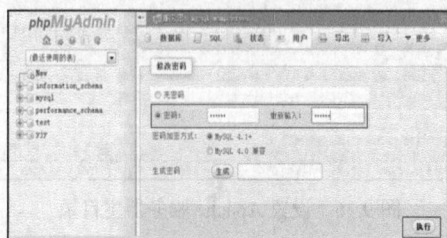

图 9.18　修改 root 账户密码界面

　　MySQL 服务器 root 账户密码修改完成后，应用 phpMyAdmin 登录 MySQL 服务器仍然使用的是用户名 root、密码为空的账户信息，这样会导致数据库登陆失败。这时需要重新修改 phpMyAdmin 配置文件中的数据库连接字符串。重新设置密码后，应用 phpMyAdmin 才能成功登录 MySQL 服务器。

　　③ 在 "D:\wamp\apps\phpmyadmin4.1.14" 目录中查找 config.inc.php 文件，用 Edit with Notepad++打开，查找图 9.19 所示的代码部分，将 root 账户的密码修改为 123456，保存文件后，就可以继续使用 phpMyAdmin 登录 MySQL 服务器。

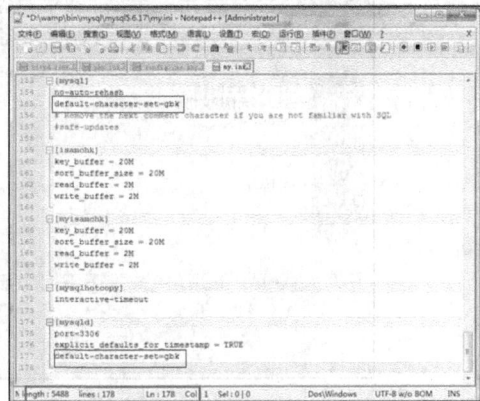

　　（6）设置 MySQL 数据库字符集

　　MySQL 数据库服务器支持很多字集，默认使用的是 latin1 字符集。为了防止出现中文乱码问题，需要将 latin1 字符集修改为 gbk 或 gbk2312 等中文字符集。以将 MySQL 字符集设置为 gbk 为例，方法如下。

　　① 在 "D:\wamp\bin\mysql\mysql5.6.17" 目录中查找 MySQL 配置文件 my.ini，并用 "Edit with Notepad++" 打开。

　　② 在配置文件中的 "[mysql]" 选项组后添加参数设置 "default-character-set=gbk"，在 "[mysqld]" 选项组后添加参数设置 "default-character-set=gbk"，即图 9.20 所示的代码部分。

　　③ 保存 my.ini 配置文件，重新启动 MySQL 服务器，这样就把 MySQL 服务器的默认字符集设置为 gbk 简体中文字符集。

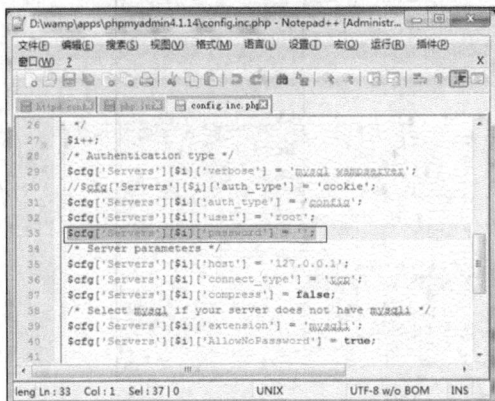

图 9.19　设置 phpMyAdmin 中 root 账户密码　　　图 9.20　设置 MySQL 数据库字符集

5. PHP 代码编辑工具——Dreamweaver CS6

　　PHP 的开发工具很多，每种开发工具都有其各自的优势。在编写程序时，一款好的编辑工具会使程序员的编写过程更加轻、有效和快捷，达到事半功倍的效果。本书选用 Dreamweaver CS6 作为 PHP 的编辑工具。

　　Dreamweaver CS6 是一款专业的网站开发编辑器，它将可视布局工具、应用程序开发功能和代码编辑支持组合在一起，其功能强大，使各个层次的开发人员和设计人员都能够快速创建出吸引人的、标准的网站和应用程序。它采用了多种先进的技术，能够快速高效地创建极具表现力和动感效果的网页，使页面创作过程非常简单。Dreamweaver CS6 既适合初学者制作简单的页面，又适合网站设计师、网站程序员开发各类大型应用程序，极大地方便了程序员对网站的开发与维护。

　　下面以页面输出"欢迎进入 PHP 的世界！"信息为例，介绍 Dreamweaver CS6 工具的基本使用。

　　（1）启动 Dreamweaver CS6，选择"文件"→"新建"菜单命令，打开"新建文档"对话框，选择"页面类型"→"PHP"选项，如图 9.21 所示。

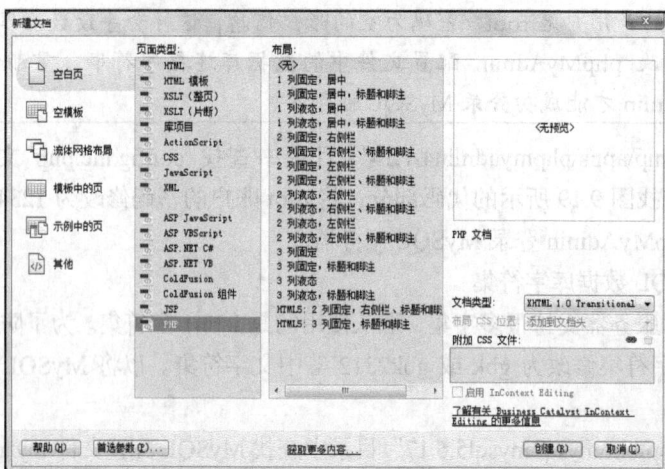

图 9.21　新建一个 PHP 项目

（2）单击"创建"按钮，即可创建一个 PHP 文件，如图 9.22 所示。

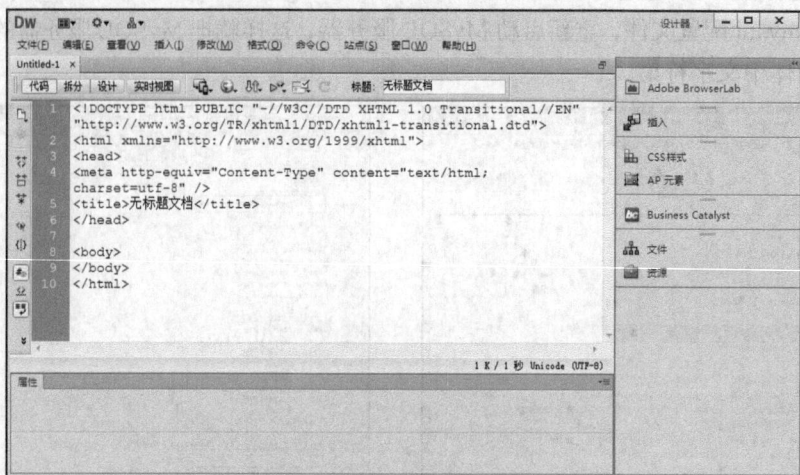

图 9.22　新的 PHP 项目文件

（3）在新创建的 PHP 文件中，首先定义文件的标题，在<title>标记中将标题设置为"第一个 PHP 程序"；然后在<body>标记中编写 PHP 代码，如图 9.23 所示。

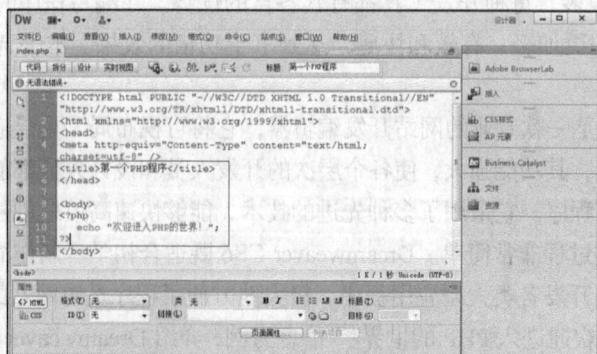

图 9.23　在 Dreamweaver CS6 中编写 PHP 代码

PHP 代码分析如下。

"<?php" 和 "?>" 是 PHP 的标记对象。在这对标记中的所有代码都被当作 PHP 代码来处理。

echo 是 PHP 中的输出语句，与 ASP 的 response.write、JSP 中的 out.print 含义相同，用于输出字符串或者变量值。每行代码都以分号 ";" 结尾。

（4）保存 index.php 到 d:\wamp\www\studentphp\ 文件夹下。

（5）打开 IE 浏览器，在地址栏中输入：http://localhost/studentphp/index.php，按 "Enter" 键后即可看到图 9.24 所示的结果。

图 9.24　输出欢迎信息

9.2　MySQL 数据库

数据库作为程序中数据的主要载体，在整个项目中扮演着重要的角色。PHP 自身可以与大多数数据库进行连接，但 MySQL 数据库是开源界所公认的与 PHP 结合最好的数据库，它具有安全、跨平台、体积小和高效等特点。本节内容将对 MySQL 数据库的基础知识进行较为系统的讲解，为 9.3 节做准备。

9.2.1　MySQL 简介

PHP 在开发 Web 站点或一些管理系统时，需要对大量的数据进行保存。PHP 与 MySQL 的结合使用被称为 "黄金搭档"，在 PHP 数据库开发中被广泛地应用。

1. 什么是 MySQL

MySQL 是 MySQL 数据库简称，是一款由瑞典 MySQL AB 公司开发并且广泛应用于小型企业开放源代码的关系型数据库管理系统，它是基于 Linux 操作系统开发出来的。因 MySQL 体积小、速度快、总体拥有成本低而备受中小企业的热捧。

2. MySQL 特点

MySQL 具有以下特点。

（1）可移植性。MySQL 使用 C 和 C++编写，并使用了多种编译器进行测试，保证源代码的可移植性。

（2）支持跨平台。MySQL 支持 AIX、FreeBSD、HP-UX、Linux、Mac OS、NovellNetware、OpenBSD、OS/2 Wrap、Solaris、Windows 等多种操作系统。

（3）支持各种开发语言。MySQL 为多种流行编程语言提供了 API，包括 C、C++、Python、Java、Perl、PHP、Eiffel、Ruby 和 Tcl 等。

（4）强大的查询功能。MySQL 支持查询的 SELECT 和 WHERE 语句的全部运算符和函数，并且可以在同一查询中混用来自不同数据库的表，从而使查询变得快捷、方便。

（5）支持大型的数据库。虽然对于用 PHP 编写的网页来说，只要能够存放上百条以上的记录数据就足够了，但 MySQL 可以方便地支持上千万条记录的数据库。作为一个开放源代码的数据库，MySQL 可以针对不同的应用进行相应的修改。

（6）支持多线程。MySQL 的核心程序采用完全的多线程编程。线程是轻量级的进程，它可以灵活地为用户提供服务，而不需要过多的系统资源。MySQL 拥有一个非常快速而且稳定的基于线程的内存分配系统，可以持续使用而不必担心其稳定性。

（7）提供供 TCP/IP、ODBC 和 JDBC 等多种数据库连接途径。

（8）MySQL 是可以定制的，采用了 GPL 协议，用户可以通过修改源码来开发自己的 MySQL 系统。

3. MySQL 5 支持的特性

MySQL 5 已经是一个非常成熟的企业级应用的数据库管理系统，在许多大型的开源项目中被广泛应用。MySQL 5 支持如下许多基本和高级特性。

（1）支持各种数据类型。

（2）支持事务处理、主键外键、行级锁定。

（3）支持子查询。

（4）支持表别名、字段别名。

（5）支持跨库多表连接查询。

（6）支持存储过程、视图和触发器等。

9.2.2　启动与关闭 MySQL 服务器

通常情况下，不要暂停或停止 MySQL 服务器，否则数据库将无法使用。

1. 启动 MySQL 服务器

启动 MySQL 服务器已在 9.1.3 节进行了详细介绍，这里不再赘述。

2. 连接断开 MySQL 服务器

连接 MySQL 服务器既可以通过 phpMyAdmin 工具，也可以通过 MySQL console 命令窗口连接。

（1）利用 phpMyAdmin 工具连接

phpMyAdmin 是一个以 PHP 为基础，以 Web-Base 方式架构在网站主机上的 MySQL 的数据库管理工具，使管理者通过 Web 接口管理 MySQL 数据库。其中一个更大的优势在于，由于 phpMyaAdmin 与其他 PHP 程序一样在网页服务器上执行，但是用户可以在任何地方使用这些程序产生的 HTML 页面，也就是在远端管理 MySQL 数据库，方便地建立、修改、删除数据库及资料表，用户也可借用 phpMyAdmin 建立常用的 PHP 语法，以方便编写网页时所需 SQL 语句的正确性。

使用 phpMyAdmin 连接 MySQL 服务器具体步骤如下。

单击任务栏托盘的 WampServer 图标，选择 "phpMyAdmin" 选项，连接成功后如图 9.25 所示。

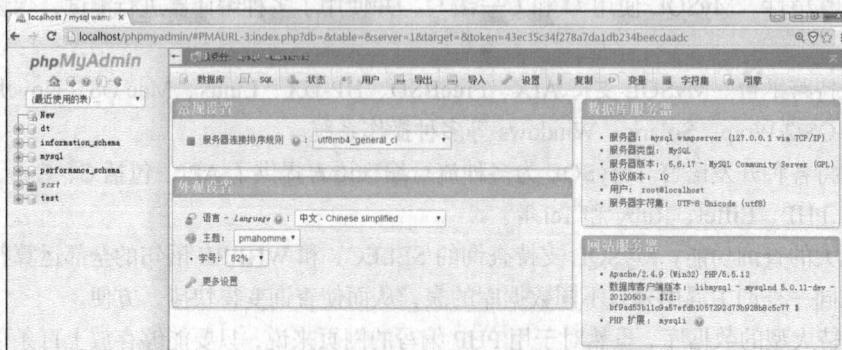

图 9.25　phpMyAdmin 中成功连接 MySQL 服务器

（2）利用 MySQL console 命令窗口连接

① 连接 MySQL 服务器。MySQL 服务器启动后，需要连接服务器。MySQL 提供了 MySQL console 命令窗口，客户端实现了与 MySQL 服务器之间的交互。单击任务栏托盘中的 WampServer 图标 ，选择 "MySQL" 选项，单击 "MySQL console" 按钮，打开 MySQL 命令窗口，如图 9.26 所示。

输入 MySQL 服务器 root 账户的密码，并且按 "Enter" 键（密码如果为空，直接按 "Enter" 键）。密码如果正确，将出现图 9.27 所示的提示界面，表明通过 MySQL 命令窗口成功连接 MySQL 服务器。

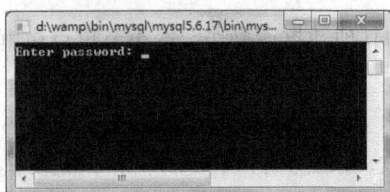

图 9.26　MySQL 命令窗口　　　　　　　图 9.27　成功连接 MySQL 服务器

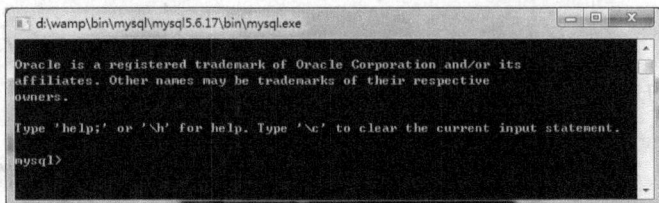

② 断开 MySQL 连接。在图 9.27 的 MySQL 提示符下输入 "exit" 或者 "quit" 命令并按 "Enter" 键，即可断开 MySQL 连接。

9.2.3　MySQL 数据库操作

对于那些以 MySQL 为工作的人来说，phpMyAdmin 是必备的工具。phpMyAdmin 可以使管理 MySQL 数据库的任务更轻松、更有效率，它允许用户从任何地方管理这些可用的数据库。用 phpMyAdmin，用户可以创建、编辑、备份、导入、导出、删除数据库及管理数据库表等。常见的操作方法有两种。

（1）使用 SQL 语句直接操作，该方法适合于数据库的所有操作（包括第 4 章的所有代码），具体做法如下。

首先在 IE 地址栏输入：http://localhost/phpMyAdmin（可能会输入用户名和密码），进入 phpMyAdmin，选中左侧的 test 数据库，单击右侧 SQL 选项，打开 "在数据库 test 运行 SQL 查询" 页面，在页面中编辑创建学生表的 SQL 语句，如图 9.28 所示。

在图 9.28 中单击 "执行" 按钮，如果代码无错误，test 数据库中会看到 student 数据表。如图 9.29 所示。

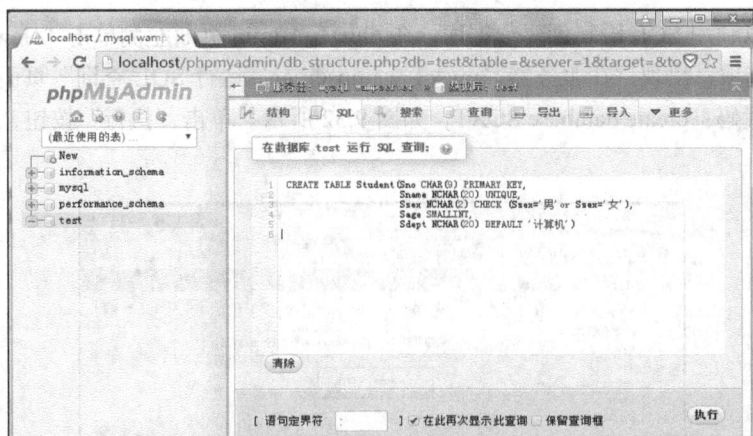

图 9.28　"在数据库 test 运行 SQL 查询" 页面

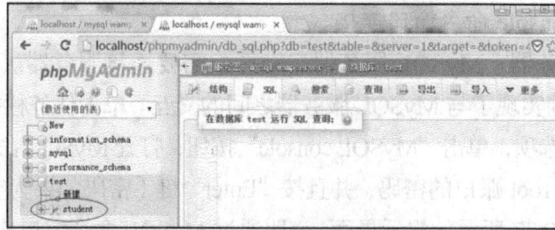

图 9.29　student 表成功创建

（2）利用 phpMyAdmin 图形界面，该方法适合除查询外的其他数据库操作，本小节重点讲解的是该方法。

9.2.3.1　数据库操作

本小节以数据库 SCXT 为例，重点介绍数据库的创建、修改、导出、导入、复制、删除数据库。

1.　创建数据库

在 phpMyAdmin 页面左侧单击"New"节点，右侧出现"新建数据库"及系统中已有的数据库页面，如图 9.30 所示。

在"新建数据库"下方文本框中，输入数据名 SCXT，排序规则选择"utf8_general_ci"，单击"创建"按钮，到此数据库创建成功，如图 9.31 所示。SCXT 数据库创建成功后，MySQL 管理系统会自动在"D:\wamp\bin\mysql\mysql5.6.17\data"目录下创建 SCXT 数据库文件夹及相关文件，实现对该数据库的文件管理。

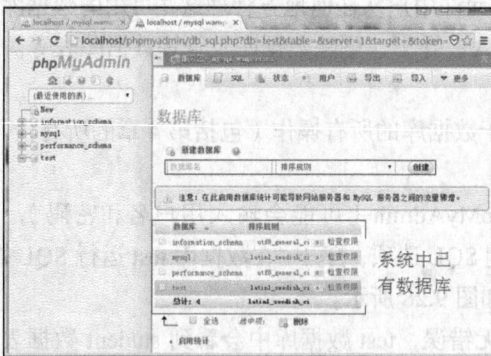

图 9.30　新建数据库页

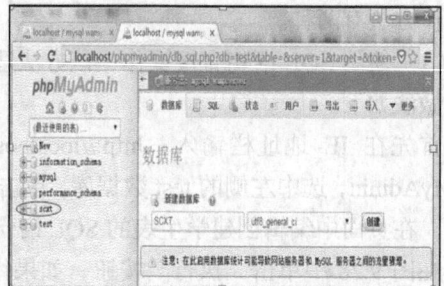

图 9.31　SCXT 数据库创建成功

用户也可以利用 SQL 语句创建数据库。在 phpMyAdmin 页面左侧单击"New"节点，右侧单击"SQL"选项，出现"在服务器'mysql wampserver'运行 SQL 查询"页面，在页面中编辑创建数据库代码：create database SCXT，如图 9.32 所示。单击"执行"按钮，创建 SCXT 数据库成功。

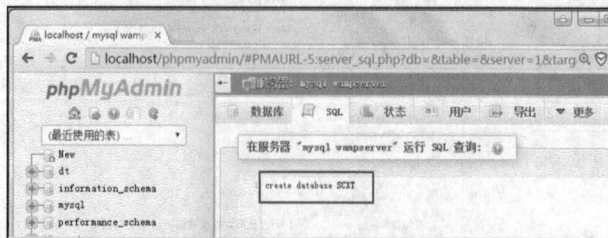

图 9.32　SQL 创建数据库 SCXT

2. 修改数据库名称

假设将数据库名称 SCXT 改为 SC，操作步骤如下。

在 phpMyAdmin 主界面中，在左侧数据库列表中选中要修改名称的数据库 SCXT，如图 9.33 所示。

选择数据库以后，单击右侧"操作"按钮，即可进入"操作"页面，在"Rename database to:"文本框中输入修改后的数据库名称：SC，如图 9.34 所示。单击"执行"按钮，弹出图 9.35 所示的提示。单击"确定"按钮后，在左侧会看到更名后的 SC 数据库，至此修改数据库名成功。

如果右侧没有"操作"按钮，则可以在"更多"下拉列表中找到"操作"按钮。

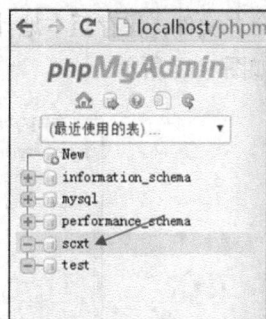

图 9.33　选中 SCXT 数据库

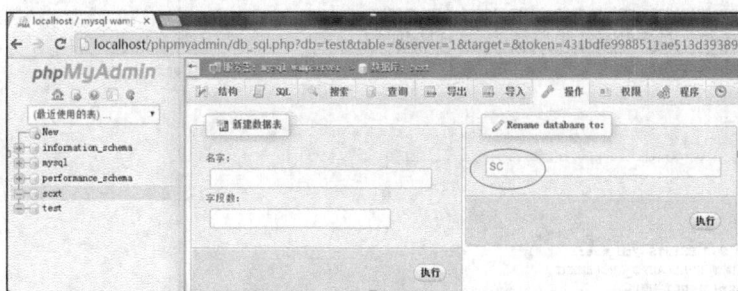

图 9.34　修改数据库名页面

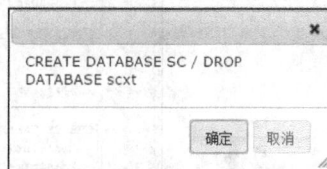

图 9.35　SCXT 更名 SC 提示

3. 导出数据库

phpMyAdmin 的导入和导出数据库的能力使它更容易从问题中恢复，在不同服务器间迁移数据库也很容易。phpMyAdmin 导出过程允许用户导出的格式有：SQL、CVS、Microsoft Excel CVS 格式、JSON、PDF、OpenDocument 电子表格等，默认为 SQL 格式。

> 在 phpMyAdmin 中，没有表的数据库是不允许导出的，否则系统会报错。

在 phpMyAdmin 主界面中，在左侧数据库列表中单击要导出的数据库 SCXT，单击右侧的"导出"选项，如图 9.36 所示。

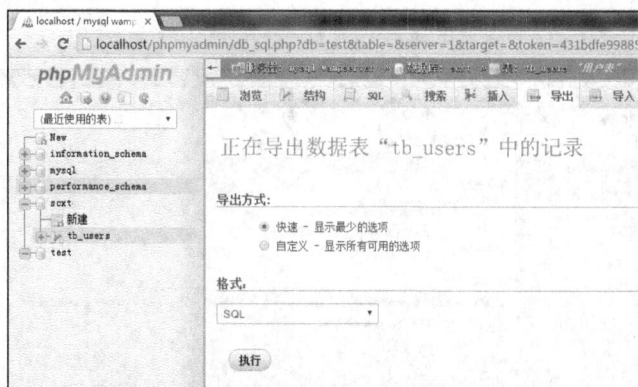

图 9.36　导出 SCXT 数据库

在图 9.36 中，勾选"快速-显示最少的选项"，格式选择"SQL"，单击"执行"按钮，以"scxt.sql"命名文件，保存至本地计算机的"下载"文件夹中。可用"记事本"（建议用 Notepad++）打开，如图 9.37 所示。

图 9.37　scxt.sql 部分内容

4. 导入数据库

在还原（导入）数据库之前，首先需要在数据库的存储目录中创建一个空的数据库文件夹。如果存在该文件夹，则无需创建。如果该文件夹不存在，还原数据库时会出现错误提示。

假设将本机下载目录中的"scxt.sql"导入数据库 SCXT 中，操作如下。

在 phpMyAdmin 主界面中，在左侧数据库列表中选中数据库 SCXT，单击右侧的"导入"选项，如图 9.38 所示。

单击"浏览"按钮，选择要导入的数据文件"scxt.sql"，单击"执行"按钮，导入成功后如图 9.39 所示。

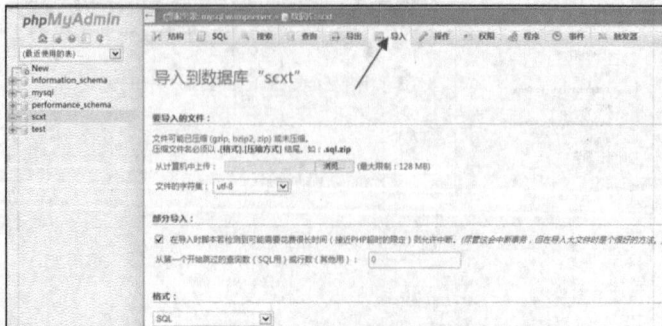

图 9.38　数据库"导入"页面

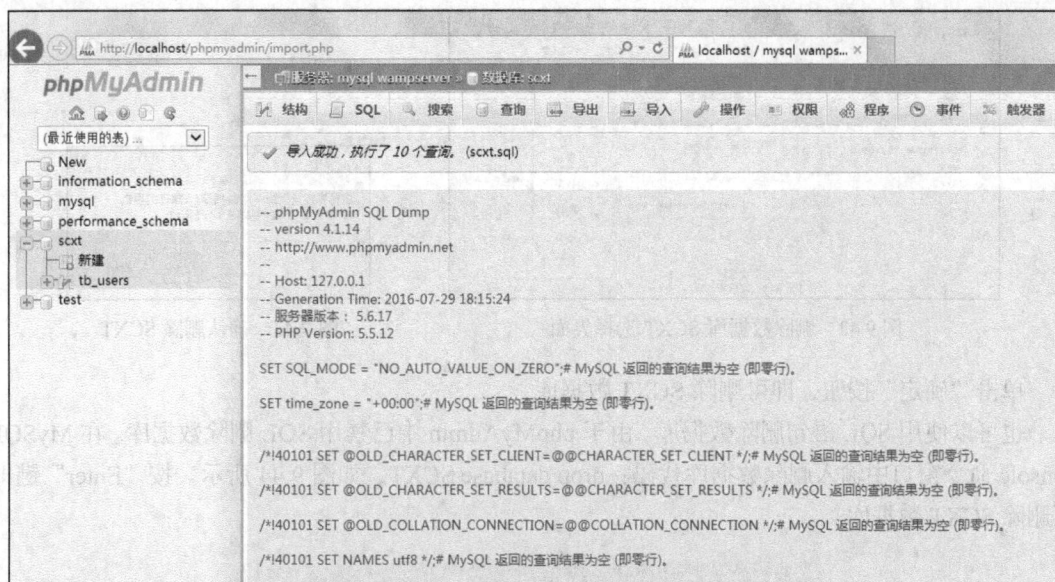

图 9.39　数据库 SCXT 导入成功

5. 复制数据库

在备份数据库时一般的操作方式是先把数据库导出并备份到本地，然后在服务器上测试。一旦出现问题，再把数据库重新由本地导入服务器。如果数据库容量比较大（接近 G）或更大时，按常规的导出、导入的方法来实现备份数据库比较困难。可采用在 phpMyAdmin 管理界面中进行"复制数据库"的操作。一旦数据库出现问题，只需将数据库配置文件稍做修改，就可直接连接到备份数据库。具体操作如下。

在 phpMyAdmin 主界面中，在左侧数据库列表中选中要删除的数据库 SCXT，单击右侧的"操作"选项，在"操作"页面中单击"Copy database to:"选项，在文本框中输入复制数据库的名称：scxt_copy，保留默认选项，如图 9.40 所示。

单击图 9.40 中的"执行"按钮，复制数据库成功会出现图 9.41 所示的提示。

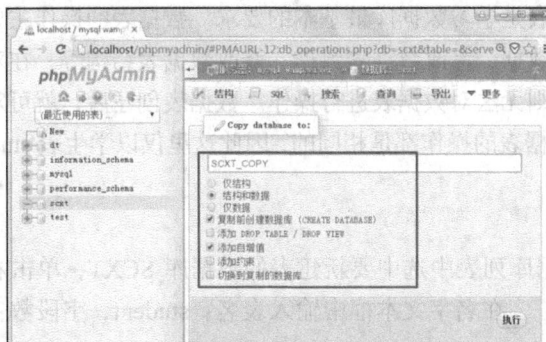

图 9.40　复制 SCXT 数据库

图 9.41　复制 SCXT 数据库成功提示

6. 删除数据库

在 phpMyAdmin 主界面中，在左侧数据库列表中选中要删除的数据库 SCXT，单击右侧的"操作"选项，找到页面中的"删除数据"，如图 9.42 所示。单击"删除数据库（DROP）"选项，出现图 9.43 所示对话框。

图 9.42　删除数据库 SCXT 选择界面　　　　图 9.43　确认删除 SCXT

单击"确定"按钮，即可删除 SCXT 数据库。

也可以使用 SQL 语句删除数据库。由于 phpMyAdmin 中已禁用 SQL 删除数据库。在 MySQL console 命令窗口中输入删除数据库代码：drop database SCXT，如图 9.44 所示。按"Enter"键即可删除 SCXT 数据库。

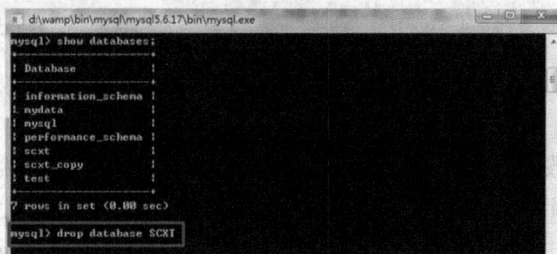

图 9.44　SQL 语句删除数据库 SCXT

对于删除数据库的操作应该谨慎使用。一旦执行这项操作，数据库的所有结构和数据都会被删除，没有恢复的可能，除非数据库有备份。

9.2.3.2　数据表操作

数据表是数据库中一个非常重要的对象，是其他对象的基础。根据信息的分类情况，一个数据库中可能包含多个数据表。学会创建数据表是学习数据库最基本的要求。数据表的操作主要有创建数据表、添加数据表数据、查询数据表数据、修改数据表数据、修改数据表结构等。在对数据表进行操作前，首先必须选择数据库，否则无法对数据表进行操作。数据表创建后，就可对其进行添加、修改、删除、查询等操作。由于数据表的操作都是相同的，因此这里仅以学生表 student 为例详细讲解其整个操作过程。

1.　创建数据表

在 phpMyAdmin 主界面中，在左侧数据库列表中选中要新建表的数据库 SCXT，单击右侧的"操作"选项，页面中找到"新建数据表"，在名字文本框中输入表名：student，字段数：5，如图 9.45 所示。

单击"执行"按钮，出现图 9.46 所示的设置每一字段页面。以设置表 student 的 sno 字段为例，在"名字"文本框中输入：sno；"类型"下拉列表中选择：CHAR；"长度/值"文本框输入：9；"索引"下拉列表中选择：PRIMARY，这样 sno 字段就设置好了。其余字段按表 8.1 依次设置即可。将所有字段设置完成后，单击"执行"→"保存"按扭，student 表创建成功，如图 9.46 所示。

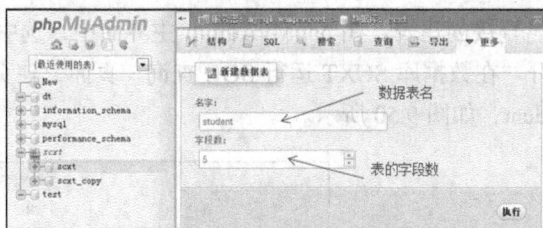

图 9.45　创建 student 数据表

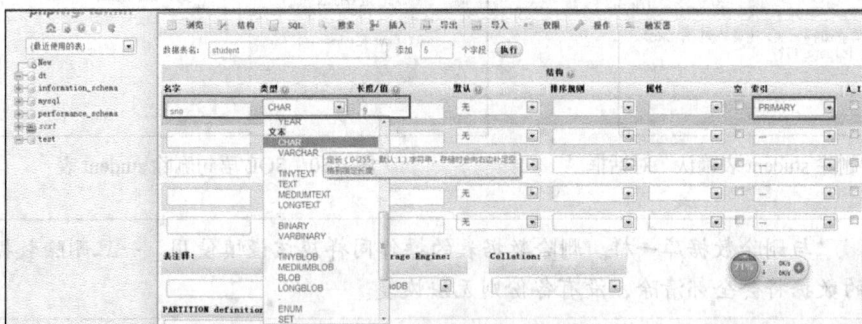

图 9.46　student 数据表字段设置

也可以使用 SQL 语名直接创建表。在 phpMyAdmin 主界面中，选中左侧的 SCXT 数据库，单击右侧 SQL 选项，打开"在数据库 SCXT 运行 SQL 查询"页面，在页面中编辑创建学生表的 SQL 语句，如图 9.47 所示。

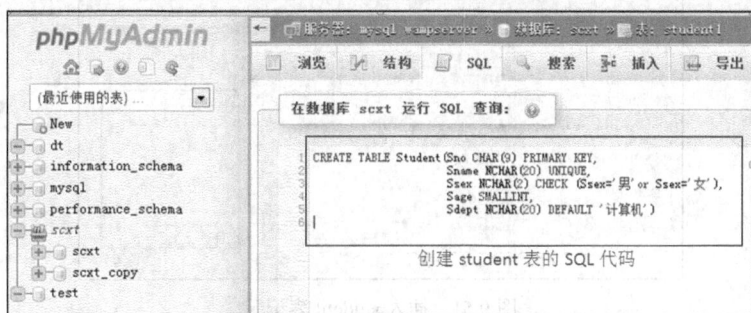

图 9.47　SQL 代码创建 student 表

2．删除数据表

在 phpMyAdmin 主界面左侧数据库列表中，选中数据库 SCXT。勾选右侧的"student"选项，如图 9.48 所示。单击"删除"选项，弹出图 9.49 所示的"删除 student 表确认"对话框，单击"确定"按钮，即可成功删除 student 表。

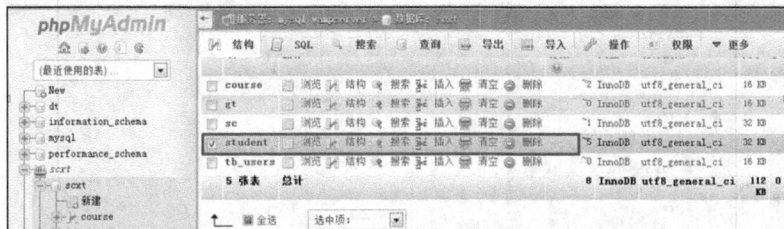

图 9.48　勾选 student 表

也可以使用 SQL 语名直接创建表。在 phpMyAdmin 主界面中，选中左侧的 SCXT 数据库，单击右侧 SQL 选项，打开"在数据库 SCXT 运行 SQL 查询"页面，在页面中编辑删除学生表的 SQL 语句：drop table student，如图 9.50 所示。

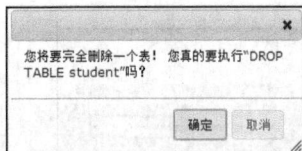

图 9.49 "删除 student 表确认"对话框

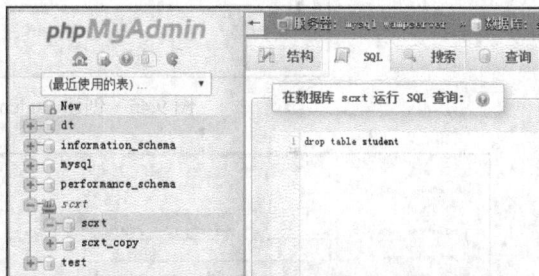

图 9.50 SQL 语句删除 student 表

与删除数据库一样，删除数据表的操作同样应该谨慎使用。一旦删除数据表，表中的数据将会全部清除，没有备份则无法恢复。

3. 添加数据表数据

数据表创建后，可向表中添加数据。在 phpMyAdmin 主界面左侧数据库列表中，选中数据库 SCXT。勾选右侧的"student"选项。单击"插入"选项，在"插入"数据页面中编辑字段属性值，如图 9.51 所示。单击"执行"按钮，即可完成一条记录的添加。

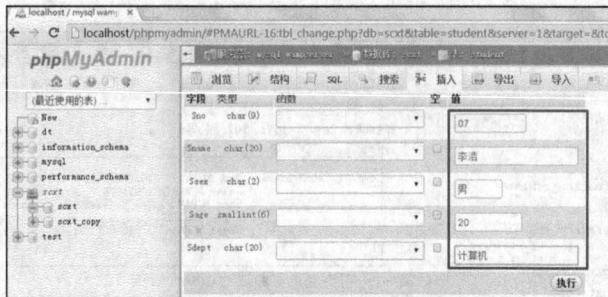

图 9.51 插入 student 表记录

也可以在"SQL 查询"页面输入 SQL 代码：INSERT INTO student values('08','周强','男','19','微电')，如图 9.52 所示。单击"执行"按钮完成一条记录添加。

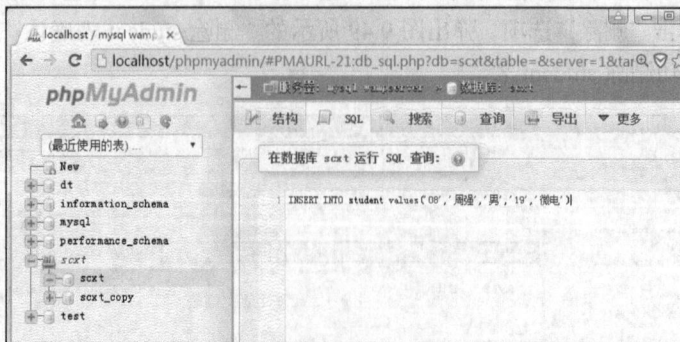

图 9.52 SQL 语句插入 student 表记录

4. 查看数据表数据

在 phpMyAdmin 主界面左侧数据库列表中，选中数据库 SCXT。勾选右侧的"student"选项。单击"浏览"选项，出现浏览 student 表数据界面，如图 9.53 所示。

也可以在"SQL 查询"页面输入 SQL 代码：select* from student，如图 9.54 所示。单击"执行"按钮完成 student 表数据查看。

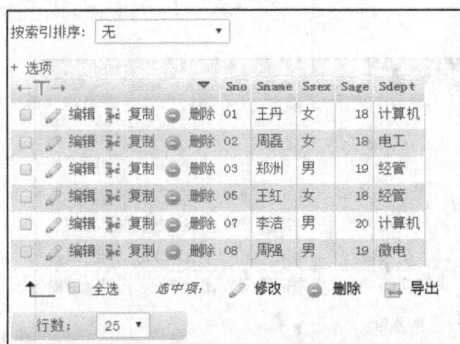

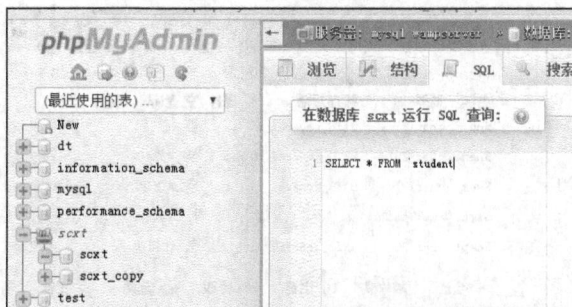

图 9.53 浏览 student 表   图 9.54 SQL 查看 student 表数据

5. 修改数据表数据

将 student 表中李浩所在系由"计算机"修改为"微电"，操作如下。

在 phpMyAdmin 主界面左侧数据库列表中，选中数据库 SCXT。勾选右侧的"student"选项。单击"浏览"选项，出现浏览 student 表数据页面。选中"李浩"行，单击"编辑"选项，在图 9.55 所示的页面将"计算机"改为"微电"。

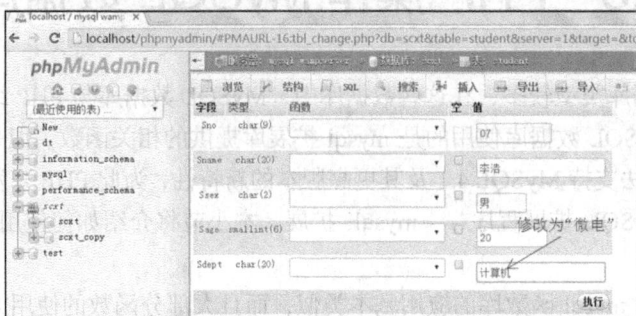

图 9.55 李浩所在系修改为"微电"

或者在"SQL 查询"页面编辑 SQL 代码：update student set sdept='微电' where sno='07'，如图 9.56 所示。

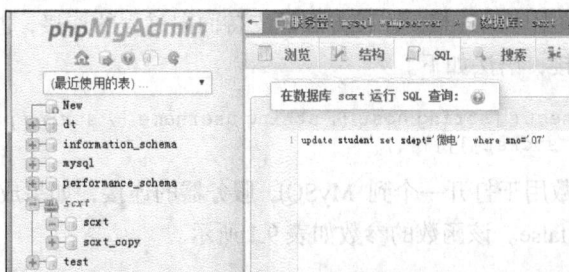

图 9.56 SQL 语句修改数据

6. 删除数据表数据

在浏览 student 表页面，选中要删除的数据，单击"删除"选项即可完成数据的删除。

7. 修改数据表结构

如果已有数据表不能满足实际要求时，可修改其结构。在 phpMyAdmin 主界面左侧数据库列表中，选中数据库 SCXT。勾选右侧的"student"选项。单击"结构"选项，出现图 9.57 所示。

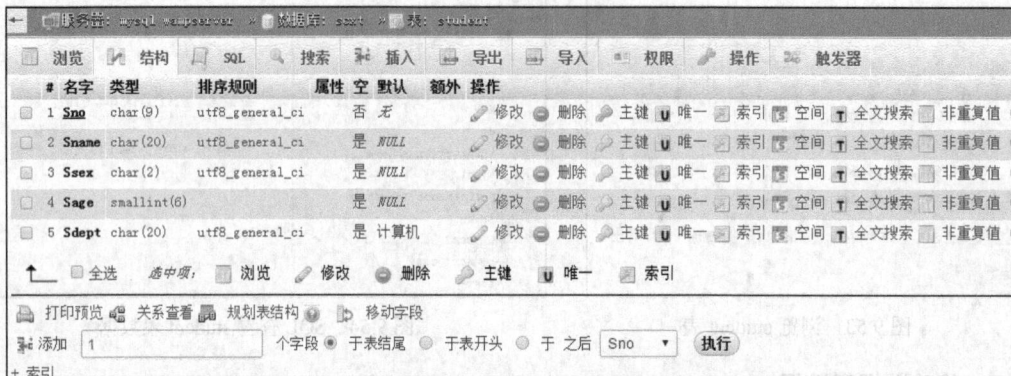

图 9.57　修改 student 表结构

根据实际情况，修改 student 已有字段或添加、删除字段，操作和前面相同，不再此赘述。

9.3　PHP 操作 MySQL 数据库

PHP 支持的数据库类型较多，在这些数据库中，MySQL 数据库与 PHP 结合得最好。很长时间来，PHP 操作 MySQL 数据库使用的是 mysql 扩展库提供的相关函数。但是，随着 MySQL 的发展，mysql 扩展无法支持 MySQL 4.1 及其更高版本的新特性，为此 PHP 开发人员建立了一种全新支持 PHP5 的 MySQL 扩展程序——mysqli 扩展。本小节将介绍如何使用 mysqli 扩展来操作 MySQL 数据库。

mysqli 函数库和 mysql 函数库的应用基本类似，而且大部分函数的使用方法都一样，唯一的区别是 mysqli 函数库中的函数名称都以 mysqli 开始。

1. 连接 MySQL 服务器

PHP 与 MySQL 数据库交互时，首先要建立 MySQL 数据库的连接，然后进行 SQL 操作（查询、添加、修改、删除），最后断开 MySQL 连接，释放资源。mysqli 扩展提供了 mysqli_connect() 函数，实现与 MySQL 数据库的连接。连接方式既支持面向过程的连接，也支持面向对象的连接。本书采用面向过程的连接，语法如下。

```
mysqli mysqli_connect( [string host [, string username [, string passwd [, string dbname
[, int port [, string socket]]]]]] )
```

mysqli_connect()函数用于打开一个到 MySQL 服务器的连接，如果成功，返回一个 MySQL 连接标识，失败则返回 false。该函数的参数如表 9.1 所示。

表 9.1　　　　　　　　　　　mysqli_connect()函数参数说明

参数	说明
host	MySQL 服务器地址，本地用 localhost 或 127.0.0.1
username	用户名，默认值是服务器进程所有者的用户名
password	密码，默认值是空密码
dbname	连接的数据库名称
port	MySQL 服务器使用的端口号
socket	Unix 域 socket

【例 9.1】 MySQL 数据库服务器地址为 localhost，用户名为 root，密码为 123456，则代码如下。

```
$host="localhost";                                    //MySQL 服务器地址
$userName="root";                                     //用户名
$password="123456";                                   //密码
$connID=mysqli_connect($host,$userName,$password);   //建立与 MySQL 数据库的连接
```

> 为了屏蔽因数据库连接失败而显示的不友好的错误信息，可以在 mysqli_connect()
> 函数前面加 "@"。

2. 选择 MySQL 数据库

应用 mysqli_connect()函数可以创建与 MySQL 服务器的连接，同时还可指定要选择的数据库名称。

【例 9.2】 MySQL 数据库服务器地址为 localhost，用户名为 root，密码为 123456，在连接 MySQL 服务器的同时选择名称为 SCXT 的数据库，代码如下。

```
$host="localhost";                                              //MySQL 服务器地址
$userName="root";                                               //用户名
$password="123456";                                             //密码
$database="SCXT";                                               //数据库名
$connID=mysqli_connect($host,$userName,$password,$database);
                                                                //建立与 MySQL 数据库的连接
```

也可以使用 mysqli 扩展中的 mysqli_select_db()函数，来选择 MySQL 数据库。语法如下。

```
bool mysqli_select_db(mysqli link,string dbname);
```

其中：

（1）link：必选参数，应用 mysqli_connect ()函数成功连接 MySQL 数据库服务器后返回的连接标识。

（2）dbname：必选参数，用户指定要选择的数据库名称。

【例 9.3】 连接代码可用以下代码替换。

```
$connID=mysqli_connect($host,$userName,$password);
mysqli_select_db($connID, $database);
```

> 在实际项目开发过程中，将 MySQL 服务器的连接和数据库的选择存储于一个单独
> 文件中，需要时通过 include 语句包含这个文件即可。这样既利于程序的维护，也避免
> 了代码的冗余。在本章后面的实例中，将 MySQL 服务器的连接和数据库的选择存储在
> 根目录下的 conn 文件夹下，文件名为 conn.php。

3. 执行 SQL 语句

要对数据库的表进行操作，通常使用 mysqli_query()函数来执行 SQL 语句。语法如下。

```
Mixed mysqli_query(mysqli link,string query[,int resultmodel])
```

其中：

（1）link：必选参数，应用 mysqli_ connect ()函数成功连接 MySQL 数据库服务器后返回的连接标识。

（2）query：必选参数，所要执行的查询语句。

（3）resultmodel：可选参数，其取值有 MYSQLI_USE_RESULT 和 MYSQLI_STORE_RESULT。其中 MYSQLI_STORE_RESULT 为该函数的默认值。如果返回大量数据，可用 MYSQLI_USE_RESULT。但应用该值时，以后的查询调用可能返回一个 commands out of sync 错误信息，解决方法是应用 mysqli_free_result()函数释放内存。

如果 SQL 语句是查询指令 select，成功则返回查询结果集，否则返回 false；如果 SQL 语句是 insert、delete、uddate 等操作指令，成功则返回 true，否则返回 false。

【例 9.4】 以 student 数据表为例，通过 mysqli_query()函数执行简单的 SQL 语句。

① 执行一个查询所有学生的语句，代码如下。

```
$result=mysqli_query($conn, "select * from student");
```

② 执行一个添加学生记录的语句，代码如下。

```
$result=mysqli_query($conn, "insert into student values('02','张燕','女','18',
'计算机系')";
```

③ 执行一个修改学生记录的语句，代码如下。

```
$result=mysqli_query($conn, "update student set sname='王娟' where sno='07') ";
```

④ 执行一个删除学生记录的语句，代码如下。

```
$result=mysqli_query($conn, "delete from student where sno='01')";
```

mysqli_query()函数不仅可以执行如 select、update、delete 等 SQL 指令，还可以选择数据库和设置数据库的编码格式。选择数据库的功能与 mysqli_query()函数据是相同的，代码如下。

```
mysqli_query($conn,"use SCXT");                    //选择数据库 SCXT
```

设置数据库的编码格式的代码如下。

```
Mysqli_query($conn,"set names utf8");              //设置数据库编码 utf8
```

4. 将结果集返回数组中

使用 mysqli_query()函数执行 select 语句，如果成功，将返回查询结果集。下面介绍一个对查询结果集进行操作的函数：mysqli_fetch_array()。它将结果集返回数组中，语法如下。

```
array mysqli_fetch_array(resource result[,int result_type])
```

其中：

result：资源类型的参数，要传入的是由 mysqli_query()函数返回的数据指针。

result_type：可选项，设置结果集数组的表述方式。有以下 3 种取值。

① MYSQLI_ASSOC：返回一个关联数组。数组下标由表的字段名组成。

② MYSQLI_NUM：返回一个索引数组。数组下标由数字组成。

③ MYSQLI_BOTH：返回一个同时包含关联和数字索引的数组。

result_type 默认值是 MYSQLI_BOTH。

值得注意的是，本函数返回的字段名区分大小写，初学者容易忽略。

利用 PHP 操作 MySQL 数据库的方法，可以实现 MySQL 服务器的连接、选择数据库、执行查询语句，并且可以将查询结果集中的数据返回数组中。下面编写一个实例，通过 PHP 操作 MySQL 数据库，读取数据库中存储的数据。

【例 9.5】 利用 mysqli_fetch_array() 函数读取 SCXT 数据库中 student 数据表的数据。假设 MySQL 服务器连接已实现。代码如下。

```php
<?php
include_once("conn/conn.php");                          //包含连接数据库文件
$result=mysqli_query($conn, "select * from student");   //执行查询语句
While ($myrow= mysqli_fetch_array($result)) {           //循环输出结果至表格的单元格中
?>
<tr>
  <td align="center"><span class="STYLE2"><?php echo $myrow[0];?></span></td>//输出学号
  <td align="center"><span class="STYLE2"><?php echo $myrow[1];?></span></td>
  <td align="center"><span class="STYLE2"><?php echo $myrow[2];?></span></td>
  <td align="center"><span class="STYLE2"><?php echo $myrow['sage'];?></span></td>
  <td align="center"><span class="STYLE2"><?php echo $myrow['sdept'];?></span></td>
</tr>
<?php
}
?>
```

值得注意的是，在本实例中，输出 mysqli_fetch_array() 函数返回数组中的数据时，既用了数字索引，也使用了关联索引。

获取查询结果集中的数据，除了前面介绍的 mysqli_fetch_array() 函数外，还可以利用 mysqli_fetch_object() 函数、mysqli_fetch_row() 函数、mysqli_fetch_assoc() 函数等实现。

（1）mysqli_fetch_object() 函数

该函数的语法如下。

```
mixed mysqli_fetch_array(resource result)
```

与 mysqli_fetch_array() 函数类似，唯一差别是 mysqli-fetch-object() 函数返回的是一个对象而不是数组，即该函数只能通过字段名访问数组。访问结果集中行的元素语法形式如下。

```
$row->col_name
```

【例 9.6】 利用 mysqli_fetch_object() 函数读取 SCXT 数据库中 student 数据表的数据，只需将【例 9.5】的代码做如下替换。

```
mysqli_fetch_array($result)替换为: mysqli_fetch_object($result)
$myrow[0]替换为: $myrow->sno
$myrow[1]替换为: $myrow->sname
$myrow[2]替换为: $myrow->ssex
$myrow['sage']替换为: $myrow->sage
$myrow['sdept']替换为: $myrow->sdept
```

（2）mysqli_fetch_row() 函数

该函数的语法如下。

```
mixed mysqli_fetch_row(resource result)
```

该函数返回根据取得的行生成的数组，如果没有更多行，则返回 null。该函数只能使用数字索引来读取数组中的数据，数组下标从 0 开始，即以$row[0]的形式访问第一个元素（只有一个元素时也是如此）以$row[1]的形式访问第二个元素，依此类推。该函数主要用于从结果集中取得一行作为枚举数组。

【例 9.7】 利用 mysqli_fetch_row()函数读取 SCXT 数据库中 student 数据表的数据，将【例 9.4】代码做如下替换。

> mysqli_fetch_array($result)替换为：mysqli_fetch_row($result)
> $myrow['sage']替换为：$myrow[3]
> $myrow['sdept']替换为：$myrow[4]

（3）mysqli_fetch_assoc()函数

该函数的语法如下。

```
mixed mysqli_fetch_assoc(resource result)
```

该函数返回根据取得的行生成的数组，如果没有更多行，则返回 null。该数组的下标为数据表中字段的名称。

【例 9.8】 利用 mysqli_fetch_assoc()函数读取 SCXT 数据库中 student 数据表的数据，仅需对【例 9.4】代码做如下替换。

> mysqli_fetch_array($result)替换为：mysqli_fetch_assoc($result)
> $myrow[0]替换为：$myrow['sno']
> $myrow[1]替换为：$myrow['sname']
> $myrow[2]替换为：$myrow['ssex']

5. 释放内存

数据库操作完成后，需要关闭结果集，以释放系统资源。这一任务由 mysqli_free_result()函数完成。释放内存的语法如下。

```
void mysqli_free_result(resource result)
```

mysqli_free_result()函数将释放所有与结果标识符 result 关联的内存。该函数仅需要在考虑返回很大的结果集时会占用多少内存的情况下调用。在脚本结束后，所有关联的内存都会被自动释放。

6. 关闭连接

完成数据库的操作后，需要及时断开与数据库的连接并释放内存，否则会浪费大量的内存空间，在访问量较大的 Web 项目中很可能导致服务器崩溃。在 MySQL 函数库中，使用 mysqli_close()函数断开与 MySQL 服务器的连接。该函数的语法如下。

```
bool mysqli_close(mysqli link)
```

其中：

Link 为 mysqli_connect()函数成功连接 MySQL 数据库服务器后返回的连接标识。如果成功，返回 true；失败则返回 false。

【例 9.9】 利用 mysqli_fetch_array()函数读取 SCXT 数据库中 student 数据表的数据，然后使

用 mysqli_free_result()函数释放内存，并使用 mysqli_clost()函数断开与 MySQL 数据库的连接。

```php
<?php
include_once("conn/conn.php");                          //包含连接数据库文件
$result=mysqli_query($conn, "select * from student");   //执行查询语句
While ($myrow= mysqli_fetch_array($result)) {           //循环输出结果至表格的单元格中
?>
<tr>
  <td align="center"><span class="STYLE2"><?php echo $myrow[0];?></span></td> //输出学号
  <td align="center"><span class="STYLE2"><?php echo $myrow[1];?></span></td>
  <td align="center"><span class="STYLE2"><?php echo $myrow[2];?></span></td>
  <td align="center"><span class="STYLE2"><?php echo $myrow['sage'];?></span></td>
  <td align="center"><span class="STYLE2"><?php echo $myrow['sdept'];?></span></td>
</tr>
<?php
}
mysqli_free_result($result);                            //释放内存
mysqli_close($conn);                                    //断开与数据库的连接
?>
```

> PHP 中与数据库的连接是非持久连接，系统会自动回收，一般不用设置关闭。但如果一次性返回的结果集比较大，或网站访问量比较多，则最好使用 mysqli_close()函数手动进行释放。

9.4　系统实现

9.4.1　系统浏览

学生成绩管理系统由多个程序页面组成。下面仅列出 5 个典型页面进行讲解，其他页面参见配套资源中的源程序。

学生成绩管理系统登录页面如图 9.58 所示，该页面用于实现学生、教师不同身份的登录。

图 9.58　学生成绩管理系统登录页面

学生主页面如图 9.59 所示,该页面用于实现学生基本信息的查看、成绩的查询、修改密码、基本信息的修改等。查看成绩页面如图 9.60 所示,该页面用于显示该学生全部已选课程的成绩。

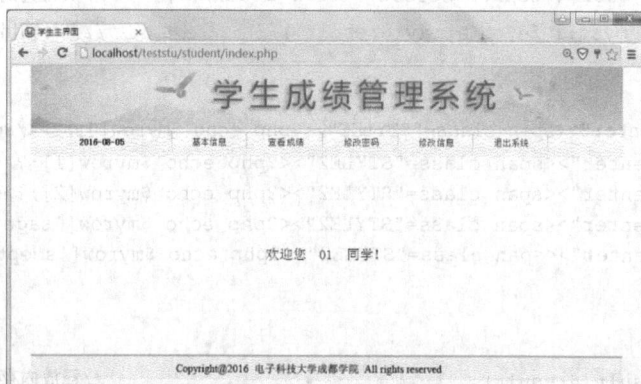

图 9.59　学生主页面

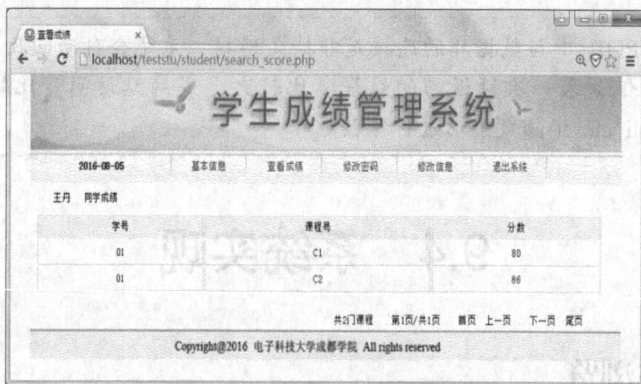

图 9.60　查看成绩页面

教师/管理员主页面如图 9.61 所示,该页面用于实现学生信息、课程信息、选课信息的添加、删除、修改、查看等功能。课程管理页面如图 9.62 所示,该页面用于实现课程信息的添加、删除、查看、修改等功能。

图 9.61　教师/管理员主页面

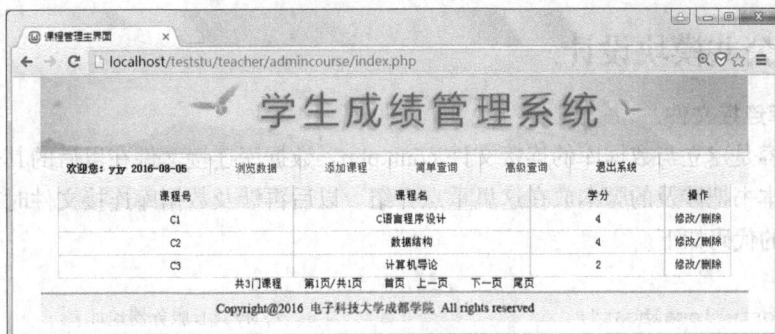

图 9.62　课程管理页面

9.4.2　开发环境

在开发学生成绩管理系统时，该项目使用的软件环境如下。

1．服务器端

操作系统：Win7 旗舰版

PHP 服务器：WampServer 2.5 (Apache 2.4.9 + PHP5.5.12 + MySQL 5.6.17)

MySQL 图形化管理软件：phpMyAdmin-4.1.14

开发工具：Dreamweaver CS6

浏览器：Google Chrome/IE 6.0 及以上版本

分辨率：最佳效果 1024*768

2．客户端

浏览器：Google Chrome/IE 6.0 及以上版本

分辨率：最佳效果 1024*768

9.4.3　文件夹组织结构

在进行网站开发前，首先要规划网站的架构。也就是说，建立多个文件夹，对各个功能模块进行划分，实现统一管理，这样做易于网站的开发、管理和维护。本案例的站点管理规划如图 9.63 所示。

图 9.63　文件夹组织结构

9.4.4 公共模块设计

1. 数据库连接文件

第一项内容是建立与数据库的连接文件 conn.php。数据库连接文件在以后的其他动态页中均有涉及，所以本书把涉及的脚本放在这里重点介绍。以后再涉及数据库连接文件时就不再赘述。conn.php 文件的代码如下。

```php
<?php
    $host="localhost";                          //MySQL 服务器地址
    $userName="root";                           //用户名
    $password="";                               //密码
    $database="SCXT";                           //数据库名
$conn = mysqli_connect($host, $userName, $password,$database) or
die("连接数据库服务器失败! ".mysqli_error());        //连接 MySQL 服务器
    mysqli_query($conn,"set names utf8");        //设置数据库编码格式 utf8
?>
```

如果某个页面中需要进行数据库的操作，在页面中直接包含该文件即可。代码如下。

```php
<?php
include("conn/conn.php");
?>
```

或者

```php
<?php
include_once("conn/conn.php");
?>
```

两者的作用都是包含文件，include_once 与 include 的差别在于：如果包含的文件已经存在就不再包含。

2. CSS 样式表文件

层叠样式表（Cascading Style Sheets，CSS）是一种简单、灵活、易学的工具，可使任何浏览器都听从指令，知道该如何显示元素及其内容。掌握 CSS 样式表不仅能更好、更快地完成网页设计，还能使页面具有动态效果，有助于统一网站的整体风格。

在页面中使用 CSS 的方法如下。

① 把 CSS 文档放到<head></head>标记中，代码如下。

```html
<head>
   <style type="text/css">……</style>
</head>
```

② 把 CSS 样式表写在 HTML 行内，代码如下。

```html
<p style="font-size:14px;color:red">蓝色 14 号文字</p>
```

这种采用<style="">的格式把样式写在 HTML 中的任意行内，比较方便灵活，但大量修改会十分麻烦。

③ 把编辑好的 CSS 文件保存成扩展名为"CSS"的外部文件，然后在<head>标记中调用该文件，调用方法的代码如下。

```html
<head>
 <link rel="stylesheet" type="text/css" href=".css 文件的相对路径"/>
</head>
```

这种方式能使多个页面同时使用相同的样式，从而能够减少大量的冗余代码。

学生成绩管理系统用<link>将扩展名为".css"的外部文件嵌入网页中。CSS 文件夹下的.CSS 文件功能说明如下。

login.css：登录页面的 CSS 样式。

mystyle.css：除登录页面的其他页面的 CSS 样式。

9.4.5　登录页面的设计与实现

以教师和学生不同身份登录，分别进入各自的功能选择界面，如图 9.64 所示。

图 9.64　学生成绩管理系统登录界面

该页面利用 DIV+CSS 布局，页面居于屏幕正中，页面上放置用户名文本框、密码文本框，用于接收合法用户登录的名称和密码，下拉列表用于选择登录用户的身份。用 SESSION 存放登录用户的用户名、密码、角色，方便与其他网页关联。需要详细代码参见源代码：student\index.php 和 index_ok.php。关键代码如下。

（1）用户名、密码输入验证函数

采用 Javascript 脚本代码判断文本框中是否有信息输入，如果为空，则给出相应的提示。代码如下。

```
<script type="text/javascript">
  function checkform(form){                 //检测表单内容是否为空
    if(form.user.value==""){
      alert("请输入用户名");
      form.user.focus();
      return false;
    }
    if(form.pwd.value==""){
      alert("请输入密码");
      form.pwd.focus();
      return false;
    }
  }
</script>
```

（2）用户合法性检测及跳转

此功能代码位于源代码 student\index_ok.php 中，主要检测从页面已获取的用户名、密码、角色与数据表 tb_users 中信息是否匹配。如果相同，则是合法用户，根据用户类型跳转至相应页面。代码如下。

```php
<?php
    session_start();                                        //开启 SESSION
header("content-type:text/html;charset=utf-8");             //设置编码格式
    include("conn/conn.php");                               //包含数据库连接文件
    $name=$_POST['user'];                                   //获取表单中的用户名
    $pwd=$_POST['pwd'];
    $choice=$_POST['choice'];
    $sql=mysqli_query($conn,"select * from tb_users where username='".$name."'
and password='".$pwd."' and flag='".$choice."'");           //执行 sql 语句
    if(mysqli_num_rows($sql)>0){                            //判断数据库中是否有记录
    $_SESSION['name']=$name;                                //为 SESSION 变量赋值
    $_SESSION['time']=time();                               //为 SESSION 变量赋值
    $_SESSION['flag']=$choice;

                                                            //保存角色标识，0 代表学生、1
                                                                代表教师

    if($choice==1)
     echo "<script>alert('登录成功！');location='teacher/index.php';</script>";
                                                            //提示登录成功,跳转到教师主界面
    if ($choice==0)
     echo "<script>alert('登录成功！');location='student/index.php';</script>";
                                                            //提示登录成功,跳转到学生主界面
    }else{
    echo "<script>alert('用户名或密码错误！');location='index.php';</script>";
                                                            //提示用户名或密码错误
    }
?>
```

9.4.6　管理员主模块设计与实现

管理员模块主页面如图 9.65 所示。该模块用于完成学生信息、课程信息、选课信息的添加、删除、修改、查看操作，还可以修改管理员自己的密码。

管理员模块页面采用上、中、下三栏结构布局，页面具有简练、个性鲜明等特点，从而体现了学生成绩管理系统的特色和个性化，管理员模块示意图如图 9.66 所示。

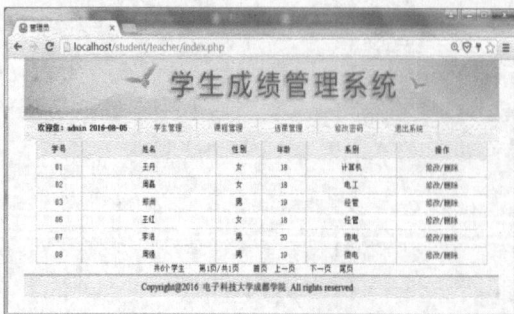

图 9.65　管理员模块主页面

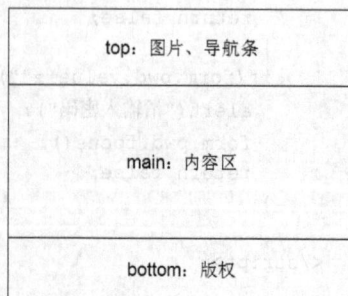

图 9.66　管理员模块示意图

因为涉及数据的动态显示，采用 Table+CSS 布局页面，详细代码见：student\teacher\index.php，关键代码如下。

1. 导航条代码

此部分主要利用表格显示超链接，单击每一个超链接转入相应的功能界面实现其功能。代码如下。

```html
    <table width="100%" height="38" border="0" cellpadding="0" cellspacing="0"
background="images/link.jpg">
      <tr>
          <td width="193" align="center" valign="middle">
          <b><?php session_start();echo '欢迎您：'.$_SESSION['name']." ";echodate
("Y-m -d")." ";?></b></td>
          <td width="101" align="center" valign="middle"><a href="adminstu/index.
php">学生管理</a></td>
          <td width="102" align="center" valign="middle"><ahref="admincourse/ index.
php">课程管理</a></td>
          <td width="101" align="center" valign="middle"><a href="adminSC/index.
php">选课管理</a></td>
          <td width="101" align="center" valign="middle"><ahref="adminself/update_
password.php">修改密码</a></td>
          <td width="100" align= "center" valign="middle"><a href="#">退出系统</a></td>
          <td width="100" align="center" valign="middle"><a href="#"> </a></td>
      </tr>
    </table>
```

2. 内容区代码

该区主要完成数据的显示及分页功能的实现，代码如下。

```php
<?php
include_once("../conn/conn.php");                              //连接数据库文件
?>
<table width="95%" border="0" cellpadding="0" cellspacing="0">
  <tr>
    <td height="25" width="10%" class="top" align="center">学号</td> //显示表格表头
    <td width="30%" class="top" align="center" >姓名</td>
    <td width="10%" class="top" align="center">性别</td>
    <td width="10%" class="top" align="center">年龄</td>
    <td width="20%" class="top" align="center">系别</td>
    <td width="20%" class="top" align="center">操作</td>
  </tr>
<?php
    $pagesize = 10;                                           //每页显示10条记录数
    $sqlstr = "select * from student order by sno";           //定义查询语句
    $total = mysqli_query($conn,$sqlstr);                     //执行查询语句
    $totalNum = mysqli_num_rows($total);                      //总记录数
    $pagecount = ceil($totalNum/$pagesize);                   //总页数
    (!isset($_GET['page']))?($page = 1):$page = $_GET['page']; //当前显示页数
    ($page <= $pagecount)?$page:($page = $pagecount);
                                  //当前页大于总页数时把当前页定义为总页数
    $f_pageNum = $pagesize * ($page - 1);                     //当前页的第一条记录
```

```
$sqlstr1 = $sqlstr." limit ".$f_pageNum.",".$pagesize;  //定义SQL语句,通过limit
关键字控制查询范围和数量
        $result = mysqli_query($conn,$sqlstr1);                    //执行查询语句
        while ($rows = mysqli_fetch_row($result)){
            echo "<tr>";
            for($i = 0; $i < count($rows); $i++){
                echo "<td height='25' align='center' class='m_td'>".$rows[$i]."</td>";
            }
            echo "<td class='m_td' align='center'>
        <a href=update.php?action=update&sno=".$rows[0].">修改</a>
        /<a href=delete.php?action=del&sno=".$rows[0]."onclick='returndel();'>删除</a></td>";
            echo "</tr>";
        }
        ?>
        </table>
    </td>
    </tr>
</table>
 <?php  echo "共".$totalNum."个学生  ";
    echo "第".$page."页/共".$pagecount."页  ";
    if($page!=1){                          //如果当前页不是1则输出有链接的首页和上一页
        echo "<a href='?page=1'>首页</a> ";
         echo "<a href='?page=".($page-1)."'>上一页</a>  ";
    }else{                                 //否则输出没有链接的首页和上一页
        echo "首页 上一页  ";
    }
    if($page!=$pagecount){                 //如果当前页不是最后一页则输出有链接的下一页和尾页
        echo "<a href='?page=".($page+1)."'>下一页</a> ";
         echo "<a href='?page=".$pagecount."'>尾页</a>  ";
    }else{                                 //否则输出没有链接的下一页和尾页
        echo "下一页 尾页  ";
    }
 ?>
```

3. 页脚代码

此部分代码显示一张图片,图片中有版权信息。代码如下。

```
<table width="798" border="0" cellpadding="0" cellspacing="0">
    <tr>
     <td height="41" background="images/bottom.jpg"> </td>      //版权信息
    </tr>
</table>
```

9.4.6.1 学生管理子模块设计与实现

在"管理员模块"主页面中,单击导航栏中的"学生管理"选项,进入学生管理主页面,如图9.67所示。该模块主要包含学生信息的浏览、修改、删除、添加和查询5个子功能模块。每一个子模块的设计风格与"管理员模块"主页面相同,差别主要在于main区内容的显示不同。下面逐一介绍实现过程。

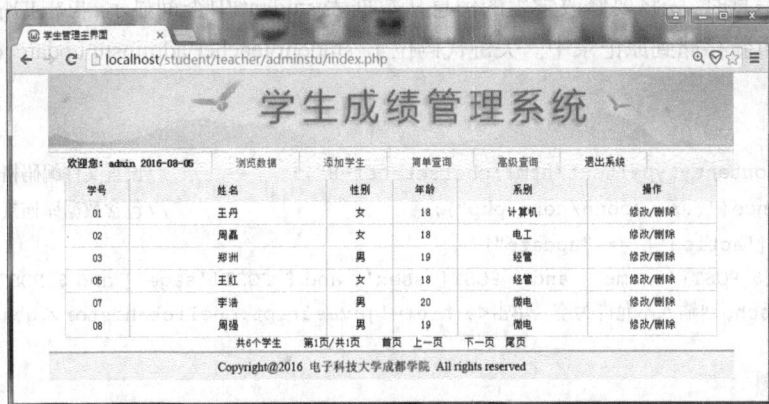

图 9.67　学生管理主页面

1.　浏览学生信息

该页面主要用于分页显示 student 表中的所有学生，每页显示 10 条，选中任意一条学生信息单击其后的"修改/删除"按钮，可以修改或删除该学生信息。详细代码见：student\teacher\adminstu\select.php。

将数据表中读取到的学生信息，以循环实现学生数据动态地显示在表格中，代码如下。

```php
while ($rows = mysqli_fetch_row($result)){
    echo "<tr>";
    for($i = 0; $i < count($rows); $i++){
        echo "<td height='25' align='center' class='m_td'>".$rows[$i]."</td>";
    }
    echo "<td class='m_td' align='center'>
    <a href=update.php?action=update&sno=".$rows[0].">修改</a>/
    <a href=delete.php?action=del&sno=".$rows[0]." onclick='return del();'>删除</a></td>";
    echo "</tr>";
```

（2）修改学生信息

单击图 9.66 中"01"号学生右边的"修改"按钮，出现图 9.68 所示的修改学生信息页面。假设修改年龄为 20，修改完成后，单击"修改"按钮，弹出"修改成功"对话框，单击对话框的"确定"按钮，会跳转到"浏览数据"页面，会看见"01"号同学的年龄已改为 20，如图 9.69 所示。详细代码见：student\teacher\adminstu\update.php 及 update_ok.php。

图 9.68　修改学生信息页面

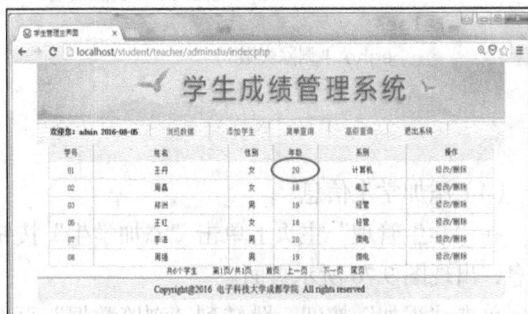

图 9.69　年龄修改为 20 浏览页面

293

修改学生信息时，先将要修改学生的信息从数据表 student 中查询显示，再根据情况进行修改，修改完成后又重新存储到原记录中。关键代码位于 student\teacher\adminstu\update_ok.php 中，代码如下。

```php
<?php
header("Content-type:text/html;charset=utf-8");              //设置文件编码格式
include_once("../../conn/conn.php");                        //包含数据库连接文件
if($_POST['action'] == "update"){
    if(!($_POST['sname'] and $_POST['ssex'] and $_POST['sage'] and $_POST['sdept'])){
        echo "输入不允许为空。单击<a href='javascript:onclick=history.go(-1)'>这里</a>
返回";
    }else{
        $sqlstr = "update student set sname = '".$_POST['sname']."', ssex =
'".$_POST['ssex']."', sage= '".$_POST['sage']."', sdept = '".$_POST['sdept']."' where sno
= ".$_POST['sno'];                                         //定义更新语句
        $result = mysqli_query($conn,$sqlstr);             //执行更新语句
        if($result){
          // echo "修改成功,单击<a href='index.php'>这里</a>查看";
            echo "<script>alert('修改成功');location='index.php';</script>";
        }else{
            echo "修改失败.<br>$sqlstr";
        }
    }
}
?>
```

（3）删除学生信息

单击图 9.66 中 "01" 号学生右边的 "删除" 按钮，出现 "删除成功" 对话框。单击对话框的 "确定" 按钮，会自动跳转到 "浏览数据" 页面显示学生信息，会看见 "01" 号学生信息已被删除。详细代码见：student\teacher\adminstu\delete.php。关键代码如下。

```php
<?php
header ( "Content-type: text/html; charset=utf-8" );       //设置文件编码格式
include_once("../../conn/conn.php");                        //连接数据库
if ($_GET['action'] == "del"){                             //判断是否执行删除
    $sqlstr1 = "delete from student where sno = ".$_GET['sno'];    //定义删除语句
    $result = mysqli_query($conn,$sqlstr1);                //执行删除操作
    if ($result){
        echo "<script>alert('删除成功');location='index.php';</script>";
    }else{
        echo "删除失败";
    }
}
?>
```

（4）添加学生信息

在 "学生管理" 主页上单击 "添加学生" 按钮，出现 "添加学生" 页面，在页面中输入学生信息，出现图 9.70 所示页面。

单击 "添加" 按钮，跳转到 "浏览数据" 页面，可看到添加学生信息已出现在显示数据中，如图 9.71 所示。详细代码见：student\teacher\adminstu\insert.php 及 insert_ok.php。

图 9.70　添加学生信息界面

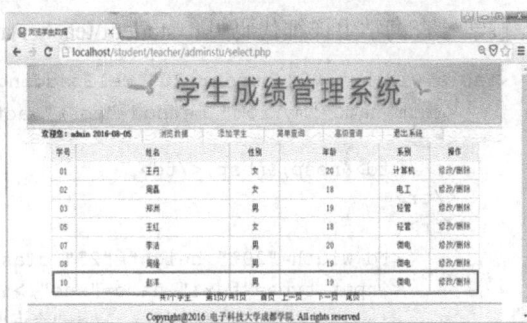

图 9.71　查看已添加学生信息

（5）查询学生信息

单击 "简单查询" 按钮，可以按学生的学号查询学生的基本情况，如图 9.72 所示。单击"高级查询"按钮，可以实现按学号或姓名查询学生，如图 9.73 所示。

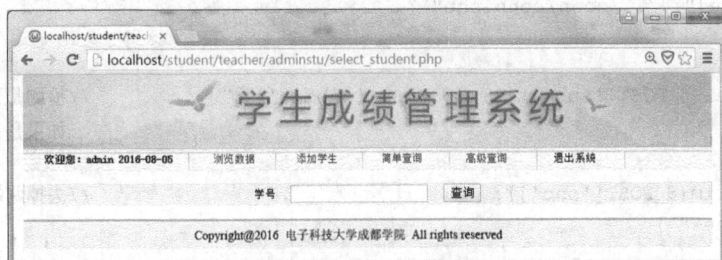

图 9.72　按学号查询页面

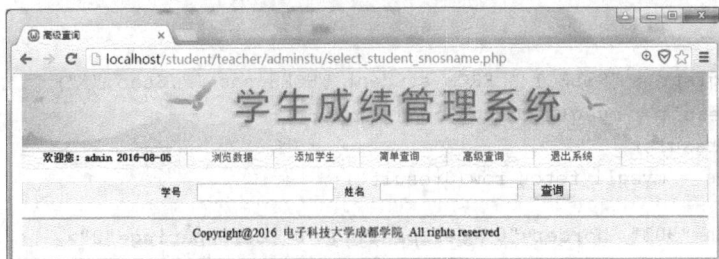

图 9.73　学号、姓名查询页面

实现时，先判断是否单击了"查询"按钮。如果是，则获取文本框中的内容，查询数据表 student 并在其下方显示查询结果。

在图 9.72 中输入：10，单击 "查询" 按钮，如图 9.74 所示。

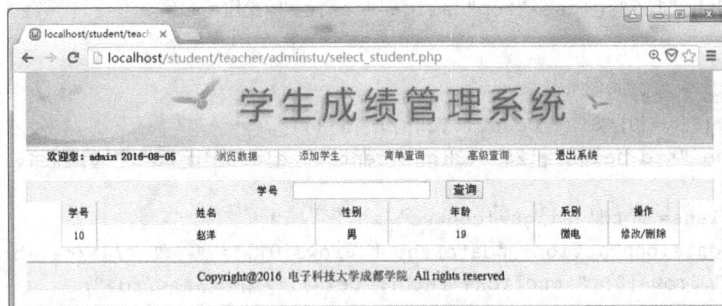

图 9.74　10 号学生 "查询" 结果

按学号查询学生详细代码见：student\teacher\adminstu\select_student.php，关键代码如下。

```php
<table width="799" border="0" cellpadding="0" cellspacing="0">
    <form name="myFrom" method="post" action="select_student.php" >
    <tr>
        <td>  </td>
    </tr>
    <tr>
        <td width="20%" height="25" class="top" align="center">学号 
        <input type="text" name="sno"/> 
        <input type="submit" value="查询" name="submit" />
        </td>
    </tr>
    </form>
    <tr>
    <td align="center" valign="middle">
<?php
include_once("../../conn/conn.php");
?>
<?php
    if(isset($_POST['submit'])&&$_POST['submit']!="")          //检测是否单击了查询按钮，
                                                               //如果是，则开始查询工作

    {
    $sno=trim($_POST['sno']);                                  //去掉两端多余的空格
    if($sno=="")
    {
        echo  "<script>alert('输入查询学号');</script>";
     }
    else
    {
        $sqlstr = "SELECT * FROM student WHERE sno='".$sno."'"; //定义查询语句
        $result = mysqli_query($conn,$sqlstr);                 //执行查询操作
    if ($result){
while ($rows = mysqli_fetch_row($result)){
    ?>
<table width="90%"  border="0" cellpadding="0" cellspacing="0">
  <tr>
    <td width="5%" height="25" class="top" align="center">学号</td>
    <td width="30%" class="top" align="center">姓名</td>
    <td width="10%" class="top" align="center">性别</td>
    <td width="20%" class="top" align="center">年龄</td>
    <td width="10%" class="top" align="center">系别</td>
    <td width="10%" class="top" align="center">操作</td>
  </tr>
    <?php
        echo "<tr>";
        for($i = 0; $i < count($rows); $i++){
        echo "<td height='25' align='center' class='m_td'>".$rows[$i]."</td>";
        }
    echo "<td class='m_td' align='center' >
    <a  href=update.php?action=update&sno=".$rows[0]."> 修 改 </a>/<a  href=delete.php?
action=del&sno=".$rows[0]." onclick='return del();'>删除</a></td>";
        echo "</tr>";
        }
```

```
          }
          else
          {
              echo "<script>alert('未查询到相关信息！');</script>";
          }
      }
   }
?>
```

按学号查询学生详细代码见：student\teacher\adminstu\select_student_snosname.php。

9.4.6.2　课程管理、选课管理子模块设计与实现

课程管理模块和选课管理模块的设计与学生管理模块是一致的，在此就不赘述。分别参看：student\teacher\admincourse、student\teacher\adminSC 下的文件即可。

9.4.6.3　修改密码子模块设计与实现

单击"修改密码"进入管理员修改自身密码页面，如图 9.75 所示。

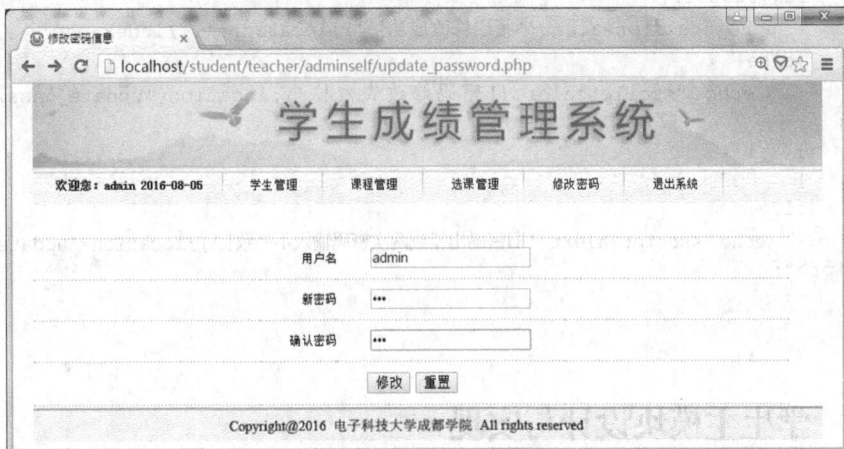

图 9.75　管理员修改自身密码

修改密码操作前，先从 tb_users 表中获取管理员的用户名，并将其显示在"用户名"文本框中，获取新输入的密码和确认密码，如果两次输入的密码相同，则进行密码的修改，否则提示"两次密码输入不相同"。详细代码见：student\teacher\adminself\update_password.php 和 update_password_ok.php。关键代码如下。

（1）获取管理员信息代码

```
<?php
    include_once("../../conn/conn.php");                        //包含数据库连接文件
    $name=$_SESSION['name'];
    $sqlstr = "select * from tb_users where username='".$name."'";//定义查询语句
    $result = mysqli_query($conn,$sqlstr);                      //执行查询语句
    $rows = mysqli_fetch_row($result);                         //将查询结果返回为数组
    ?>
```

（2）文本框中显示管理员用户名代码

```
<td align="right" valign="middle" class="c_td">用户名</td>
<td align="center" valign="middle" class="c_td"><input type="text" name="sname"
value="<?php echo $rows[1] ?>"></td>
```

（3）修改密码代码

```php
<?php
header("Content-type:text/html;charset=utf-8");                     //设置文件编码格式
include_once("../../conn/conn.php");                                //包含数据库连接文件
session_start();
if($_POST['action'] == "update"){
    if(!( $_POST['psd1'] and $_POST['psd2'])){
        echo "<script>alert(' 输 入 不 能 为 空！ ');location='update_password.php';
</script>";
    }else{
        if($_POST['psd1']== $_POST['psd2']){
        $sqlstr="updatetb_userssetpassword='".$_POST['psd1']."'whereusername='".
$_SESSION['name']."'";                                              //定义更新语句
        $result = mysqli_query($conn,$sqlstr);                      //执行更新语句
        if($result){
           echo "<script>alert('密码修改成功！ ');location='../index.php';</script>";
        }else{
            echo "<script>alert('密码修改失败！ ');location='update_password.php';
</script>";
        }
        }
        else
            echo "<script>alert('旧密码出错或两次密码输入不一致! ');location='update_password.
php';</script>";
    }
    }
?>
```

9.4.7　学生主模块设计与实现

01 学生登录成功页面如图 9.76 所示。该模块主要包括显示学生数据、修改学生数据、查询已选修课程成绩、修改学生密码 4 个子功能模块。设计与管理员模块类似，详见源代码：student\student 目录中的文件。

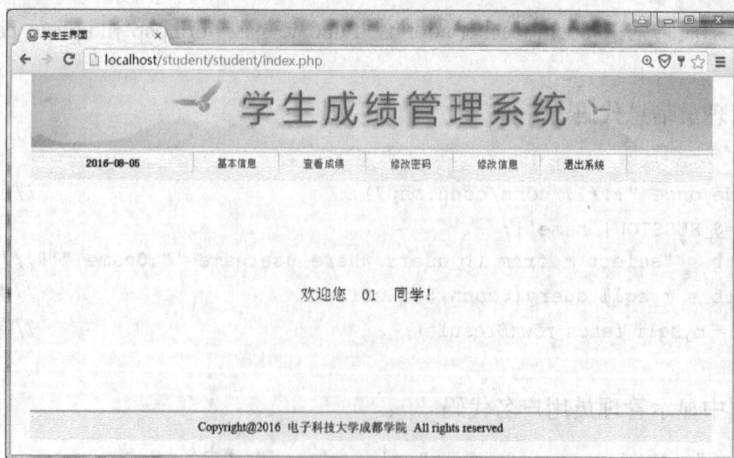

图 9.76　01 学生登录成功页面

本章小结

　　本章主要介绍了 PHP 开发环境配置，MySQL 数据库的基本操作，如何使用 PHP 操作 MySQL 数据库的方法，以及 B/S 的学生成绩管理系统的实现。通过本章的学习，读者能够掌握 PHP 开发环境的使用，MySQL 数据库的使用，掌握 PHP 操作 MySQL 数据库的一般流程，掌握 mysqli 扩展库中常用函数的使用方法，并能够具备独立完成基本数据库程序的开发。

上机实训

1．实训目的
（1）掌握 PHP 开发环境的使用。
（2）MySQL 数据库的使用。
（3）掌握 PHP 操作 MySQL 数据库的一般流程。
（4）掌握 mysqli 扩展库中常用函数的使用方法。
（5）掌握系统开发一般流程。
2．实训内容
设计一个简易 B/S 结构的图书管理系统，包含的功能请见第 8 章实训内容。
3．实训提示
图书管理系统登录界面如图 9.77 所示（仅供参与），其他页面读者自行设计。

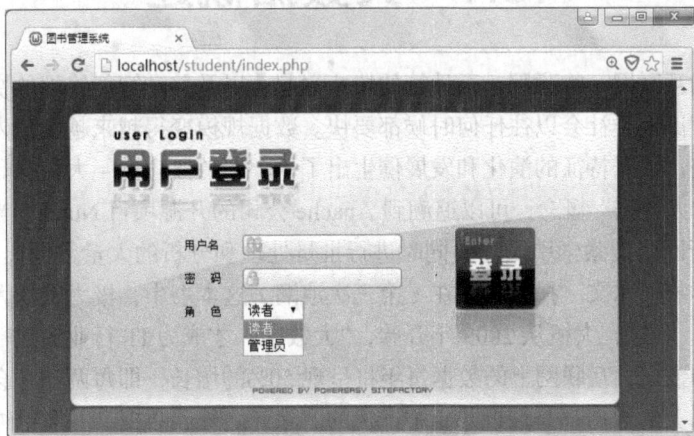

图 9.77　图书管理系统登录界面

提 高 篇

第**10**章

大数据

2011 年 5 月，全球知名咨询公司麦肯锡（Mckinsey and Company）发布了《大数据：创新、竞争和生产力的下一个前沿领域》的报告，标志着大数据时代的到来。2012 年世界经济论坛发布了《大数据：大影响》的报告，从金融服务、健康、教育、农业、医疗等多个领域阐述了大数据给世界经济社会发展带来的机会。传统的结构化查询语言（SQL）和关系型数据库（RDBMS）在面对大数据时，已经显得力不从心，刺激性价比更高的数据计算、存储技术和工具不断涌现。本章简要介绍大数据的定义、大数据处理数据的流程及核心技术 Hadoop、应用领域，以及当前热点问题和未来的发展趋势。

10.1　大数据概述

互联网、移动互联网、物联网、云计算的快速兴起，以及移动智能终端的快速发展，造成当前数据增长的速度比人类社会以往任何时候都要快。数据规模变得越来越大，内容越来越复杂，更新速度越来越快，数据特征的演化和发展催生出了一个新的概念——大数据。

最早引用的"大数据"概念，可以追溯到 Apache 公司的开源项目 Nutch。当时，人们把大数据描述为用来更新网络搜索索引及需要同时进行批量处理和分析的大量数据集。其实早在 1980 年，著名的未来学家阿尔文·托夫勒便在《第三次浪潮》这本书中，极力赞扬大数据为"第三次浪潮的华彩乐章"。不过，大概从 2009 年开始，"大数据"才成为 IT 行业的流行词汇。根据美国互联网数据中心的数据，互联网上的数据每年将呈现 50%的增长，即每两年将会翻一番。而实际上，世界上 90%以上的数据都是最近几年才产生的。除此之外，数据又并非单纯指人们在互联网上发布的信息，全世界的工业设备、交通工具、生活电器、移动终端上有无数数码传感器，随时测量和传递有关位置、运动、震动、温度、湿度，乃至空气中化学物质的变化情况，也会产生海量的数据信息。

10.1.1　大数据定义

何谓大数据，目前业界还没有公认的说法。就其定义而言，大数据是一个较为抽象的概念，至今尚无确切、统一的定义，各方对"大数据"给出了 10 余种不同的定义，比较典型的有以下

4 种。

研究机构 Gartner 认为：大数据是指需要借助新的处理模式才能拥有更强的决策力、洞察发现力和流程优化能力的，具有海量、多样化和高增长率等特点的信息资产。

麦肯锡的定义为：大数据是指在一定时间内无法用传统数据库软件工具采集、存储、管理和分析其内容的数据集合。

维基百科的定义是：大数据指的是需要处理的资料量规模巨大，无法在合理时间内，通过当前主流的软件工具撷取、管理、处理并整理的资料，它成为帮助企业经营决策的资讯。

IDC 对大数据的定义为：大数据一般会涉及两种或两种以上的数据形式。它要收集超过 100TB 的数据，并且是高速、实时的数据流，或者是从小数据开始，但数据量每年会增长 60%以上。

Gartner 给出的是一个比较宏观的定义，首先对数据进行了描述，并在此基础上加入了处理此类型数据的一些特征，用这些特征来描述大数据；而维基百科中的定义缺乏精确性，常用软件工具的范畴难以界定；麦肯锡和 IDC 又只强调数据本身的量、种类和增长速度，属于狭义定义。从大数据的概念看，对大数据的概念界定各有各的看法。"大数据"这一提法具有明显的时代相对性，今天的大数据在未来可能就不一定是大数据，从业界普遍水平看是大数据，但对一些领先者来说或许已经习以为常了。

狭义的大数据，主要是指大数据的相关关键技术及其在各个领域中的应用，是指从各种各样类型的数据中，快速获得有价值的信息的能力。一方面，狭义的大数据反映的是数据规模非常大，大到无法在一定时间内用一般性的常规软件工具对其内容进行抓取、管理和处理的数据集合；另一方面，狭义的大数据主要是指海量数据的获取、存储、管理、计算分析、挖掘与应用的全新技术体系。

广义上讲，大数据包括大数据技术、大数据工程、大数据科学和大数据应用等大数据相关的领域。即除了狭义的大数据，还包括大数据工程和大数据科学。大数据工程，是指大数据的规划建设运营管理的系统工程；大数据科学，主要关注大数据网络发展和运营过程中发现和验证大数据的规律及其与自然和社会活动之间的关系。对大数据进行广义分类是为了适应信息经济时代发展需要而产生的科学技术发展的趋势。

10.1.2　大数据的特征

IBM 公司认为大数据具有 3V 特点，即规模性(Volume)、多样性(Variety)和实时性(Velocity)，但是这没有体现出大数据的巨大价值。以 IDC 为代表的业界则认为大数据具备 4V 特点，即在 3V 的基础上增加价值性（ Value ），表示大数据虽然价值总量高但其价值密度低。目前，大家公认的是大数据有 4 个基本特征：数据规模大、数据种类多、处理速度快及数据价值密度低，即所谓的 4V 特性，如图 10.1 所示。

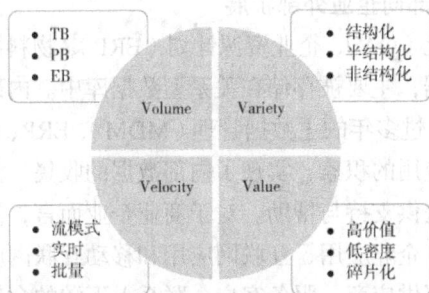

- TB
- PB
- EB

Volume　Variety

- 结构化
- 半结构化
- 非结构化

Velocity　Value

- 流模式
- 实时
- 批量

- 高价值
- 低密度
- 碎片化

图 10.1　大数据的 4V 特征

1. 数据规模大（Volume）

数据量大是大数据的基本属性，随着互联网技术的广泛应用，互联网的用户急剧增多，数据的获取、分享变得相当容易。在以前，也许只有少量的机构会付出大量的人力、财力成本，通过调查、取样的方法获取数据，而现在，普通用户也可以通过网络非常方便地获取数据。此外，用户的分享、单击、浏览都可以快速产生大量数据，大数据已从 TB 级别跃升到 PB 级别。当然，随着技术的进步，这个数值还会不断变化。也许 5 年后，只有 EB 级别的数据量才能够称得上是大数据。

2. 数据种类多（Variety）

除了传统的销售、库存等数据，现在企业所采集和分析的数据还包括网站日志数据、呼叫中心通话记录、推特（Twitter）和脸书（Facebook）等社交媒体中的文本数据，智能手机中内置的 GPS（全球定位系统）所产生的位置信息、时刻生成的传感器数据等。数据类型不仅包括传统的关系数据类型，也包括未加工的、半结构化和非结构化的信息，如以网页、文档、E-mail、视频、音频等形式存在的数据。

3. 处理速度快（Velocity）

数据产生和更新的频率也是衡量大数据的一个重要特征。1 秒定律，这是大数据与传统数据挖掘进行区别的最显著特征。例如，全国用户每天产生和更新的微博、微信和股票信息等数据，随时都在传输，这就要求处理数据的速度必须要快。

4. 数据价值密度低（Value）

数据量在呈现几何级数增长的同时，这些海量数据背后隐藏的有用信息却没有呈现出相应比例的增长，反而是获取有用信息的难度不断加大。例如，现在很多地方安装的监控使相关部门可以获得连续的监控视频信息，这些视频信息产生了大量数据，但是，有用的数据可能仅有一两秒。因此，大数据的 4V 特征不仅仅表达了数据量大，而且在对大数据的分析上也将更加复杂，更看中速度与时效。

10.1.3　大数据产生的原因

大数据的产生是计算机和网络通信技术（ICT）被广泛运用的必然结果，特别是互联网、移动互联网、物联网、云计算、社交网络等新一代信息技术的发展，起到了促进作用。新一代信息技术的发展使数据的产生方式发生了四大变化：第一，数据的产生由企业内部向企业外部扩展；第二，数据的产生由 Web 1.0 向 Web 2.0 扩展；第三，数据的产生由互联网向移动互联网扩展；第四，数据的产生由计算机/互联网（IT）向物联网（IOT）扩展。这 4 个方面的变化，让数据产生的源头呈几何级数增长，数据量更是呈现大幅度地快速增加。

1. 数据的产生由企业内部向企业外部扩展

由企业内部的办公自动化（OA）、企业资源计划（ERP）、物料需求计划（MRP）等业务及管理和决策分析系统产生的数据，主要被存储在关系型数据库中。内部数据是企业内最成熟并且被熟知的数据，这些数据已经通过多年的主数据管理（MDM）、ERP、OA、MRP、数据仓库（DW）、商业智能（BI）和其他相关应用的积累，实现了内部数据的收集、清洗、集成、结构化和标准化处理，可以为企业管理决策提供支持与帮助。对于商业企业而言，信息化的运用环境在发生着变化，其外部数据也迅速扩展。企业应用、互联网应用和移动互联网应用之间的融合越来越快，企业需要通过互联网来联系外部供应商、服务客户，联系上下游的合作伙伴，并在互联网上实现电子商务和电子采购的交易和结算。企业需要开通微博、微信、QQ、博客等社交网络来进行网络营销、品牌建设和客户关怀。把电子标签贴在企业的产品上，在制造、供应链和物流的全过程中进行及时跟踪和反馈，必将有更多来自企业外部的数据被产生出来。表 10.1 所示为企业内外部数据产生的源头、规模及存储情况。

表 10.1　　　　　　　　　　　　　　企业内外部数据的产生

	企业内部数据	企业外部数据
企业应用	ERP、CRM、MES、SCADA、OA、专业业务系统、传感器	电子商务、电子采购、知识管理、呼叫中心、企业微博、企业微信、RFID、传感器
数据规模	TB 级	PB 级
数据存储	关系型数据库、数据仓库	各种格式的文档

2. 数据的产生从 Web 1.0 向 Web 2.0

随着社交网络的迅速发展，互联网进入 Web 2.0 时代，个人从数据的使用者，变成了数据的制造者，数据规模不断扩张，每时每刻都在产生大量的新数据。例如，从全球统计数据的角度来看，全球每分钟发送 290 万封电子邮件，电子商务公司亚马逊每秒钟将产生 72.9 笔商品订单，每分钟会有 20 个小时的视频上传到视频分享网站 YouTube，谷歌每天需要处理 24PB 的数据，Twitter 上每天发布 5000 万条信息，每个家庭每天消费的数据有 375MB，每个月网民在 Facebook 上要花费 7000 亿分钟……从中国的统计数据来看，数据规模也十分巨大。淘宝网会员超过了 5 亿，在线商品数超过了 8.8 亿，每天产生的交易有数千万笔，产生约 20TB 的数据；目前百度拥有的数据总量接近 1000PB，存储网页的数量接近 1 万亿页，每天大约要处理 60 亿次的搜索请求，产生几十 PB 的数据；新浪微博每天有数十亿外部网页和 API 接口访问需求，服务器群在晚上高峰期每秒要接受 100 万个以上的响应请求。

3. 数据的产生由互联网向移动互联网扩展

移动互联网的发展让更多的使用者成为数据的制造者。据统计，每个月全球移动互联网的使用者发送和接收的数据高达 1.3EB。在中国，仅中国联通用户上网记录条数为 83 万条/秒，即一万亿条/月，对应数据量为 300TB/月，或 3.6PB/年。

4. 数据的产生从计算机/互联网（IT）向物联网（IOT）扩展

随着传感器、视频、RFID 和智能设备等技术的发展，音频、视频、机器对讲机器、RFID、人机交互、物联网和传感器等数据大量产生，其数据量更是巨大。根据国际知名市场研究公司 IDC 公布的数据，在 2005 年仅机器对机器产生的数据就占全世界数据总量的 11%，预计到 2020 年这一数值将可能增加到数据总量的 42%。思科（Cisco）公司预测，仅移动设备的数据总流量在 2016 年就将达到每月 10.8EB 的规模。

10.1.4　数据的量级

数据规模的大小是用计算机存储容量的单位来计算的，最基本的单位是字节（Byte）。每一级按照千分位递增，最小的基本单位是 Byte，按顺序所有单位依次为：Byte、KB、MB、GB、TB、PB、EB、ZB、YB、BB、NB、DB。它们按照进率 1024（2^{10}）来计算。

1KB= 1024Bytes

1MB= 1024KB = 1048576Bytes

1GB= 1024MB = 1048576KB

1TB= 1024GB = 1048576MB

1PB= 1024TB = 1048576GB

1EB= 1024PB = 1048576TB

1ZB= 1024EB = 1048576PB

1YB= 1024ZB = 1048576EB

1BB= 1024YB = 1048576ZB

1NB= 1024BB = 1048576YB

1DB= 1024NB = 1048576BB

四大名著中的《红楼梦》含标点 87 万字（不含标点 853509 字），每个汉字占两个字节，则 1 汉字=16bit = 2×8 位=2Bytes，以计算机单位换算，1GB 约等于 671 部《红楼梦》，1TB 约等于 631903 部，1PB 约等于 647068911 部。再以互联网为例，一天当中，在互联网上产生的全部内容可以刻满 1.68 亿张 DVD；发出的邮件有 2940 亿封之多；发出的社区帖子多达 200 万个，相当于《时代》杂志 770 年的文字量……

10.1.5　大数据的数据类型

大数据不仅体现在数量大，也体现在数据类型多。

1. 按照数据结构分类

按照数据结构分，数据可分为结构化数据与非结构化数据。非结构化数据又包含半结构化数据和无结构的数据。结构化数据通常存储在数据库中，可以用二维表结构来逻辑表达实现的数据。相对于结构化数据而言，非结构化数据是指不能用二维表结构来表现的数据，包括各种格式的办公文档、图片、图像、文本、HTML 文档、XML 文档、各类报表、音频和视频信息等。

（1）结构化数据

结构化数据的特点是任何一列数据都不可以再细分，并且任何一列数据都具有相同的数据类型。所有关系型数据库（如 SQL Server、Oracle、MySQL、DB2 等）中的数据全部为结构化数据。关系型数据库存储的结构化数据示例如表 10.2 所示。

表 10.2　　　　　　　　　　　　　结构化数据示例

学号	姓名	科目	成绩
1540610101	张伟	高等数学	85
1540610102	李一	英语	75
1540610103	周洋	高等数学	80

（2）半结构化数据

半结构化数据是处于完全结构化数据和完全无结构的数据之间的数据，这种数据类型的格式一般较为规范，都是纯文本数据。可以通过某种特定的方式解析得到每项数据。最常见的半结构化数据是日志数据、采用 XML 与 JSON 等格式的数据。每条记录可能都会有预先定义的规范，但是每条记录包含的信息可能不尽相同；也可能会有不同的字段数，包含不同的字段名、字段类型或者包含嵌套的格式等。这类数据一般都以纯文本的格式输出，管理维护相对而言较为方便。但是，在需要使用这些数据（如采集、查询、分析数据）时，可能需要先对这些数据格式进行相应的转换或解码。

下面是一个 XML 文档的示例。

```
<?xml version="2.0"?>
<Order>
<product xmlns="http://market">
<Title>The Joshua Tree</Title>
```

（3）无结构的非结构化数据

无结构的数据是指那些非纯文本类型的数据，这类数据没有固定的标准格式，无法直接解析出其相应的值。常见的无结构化数据有网页、文本文档、多媒体（声音、图像与视频等）。这类数据不容易收集和管理，甚至是无法直接查询和分析，所以对这类数据需要使用一些不同的处理方式。

2. 按照产生主体方式分类

（1）最里层数据

最里层数据是指由少数企业应用而产生的数据。常见的最里层数据如下。

① 关系型数据库中的数据。

② 数据仓库中的数据。

（2）次外层数据

次外层数据是指大量个人产生的数据。常见的次外层数据如下。

① 社交媒体，如微博、QQ、微信、Facebook、Twitter 等产生的大量文字、图片和视频数据。

② 企业应用的相关评论数据。

③ 电子商务在线交易、供应商交易的日志数据。

（3）最外层数据

最外层数据是指由巨量机器产生的数据。常见的最外层数据如下。

① 应用服务器日志（Web 站点、游戏）。

② 传感器数据（天气、水、智能电网）。

③ 图像和视频。

④ RFID、二维码或者条形码扫描的数据。

图 10.2 所示为不同的大数据主题示意图。

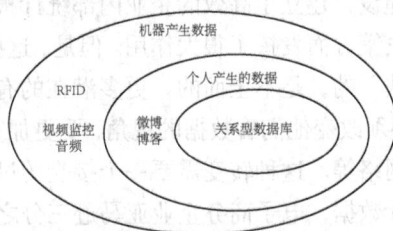

图 10.2　不同的大数据主题

3. 按照数据产生作用的方式分类

按照数据产生作用的方式分类，可将数据分为交易数据和交互数据。交易数据是指来自电子商务或者企业应用中的数据，包括 ERP、企业对企业（B2B）、企业对个人（B2C）、个人对个人（C2C）、线上线下（O2O）、团购等系统中的数据。这些数据存储在关系型数据库和数据仓库中，可以执行联机分析处理（OLAP）和联机事务处理（OLTP）。这些数据的复杂性和规模一直都在不断增加。交互数据指来自相互作用的社交网络中的数据，包括机器交互（设备生成交互）和社交媒体交互（人为生成交互）的新型数据。这两类数据的有效融合将是大势所趋。大数据应用要有效集成这两类数据，并在此基础上，实现对这些数据的处理和分析。

10.1.6　大数据的潜在价值

大数据的潜在价值可以通过数据结构的复杂性和关联性体现出来。当提到大数据时，人们最先想到的一定是其体量大，但是体量大的数据如果仅是简单的数据堆砌，或者仅是对单一类型数据的记录，那么这种重复性高、结构简单的数据还不能称之为大数据。例如，在一个购物商场内，商品种类有上千种，每种商品又有来自不同公司的产品，再加上购物、休闲、娱乐、餐饮等信息，则商场拥有的数据就能从各个维度反映出顾客的行为特征，从而蕴含更大的数据价值。

大数据潜在价值的另一个体现是其关联性。大数据的重要来源之一是互联网行业。随着移动互联网的发展及互联网普及率的提升，网民上网行为呈现出跨网站、跨终端、跨平台等特点，用户数据不仅包括人与人交流产生的数据，还包括人机交互及机器与机器间通信产生的数据。这些数据之间如果没有较明显的逻辑关系和确定的关联关系，则数据价值的挖掘就会变得相当困难，同时数据价值也相应要低很多。所以数据之间的逻辑性和关联性也是数据潜在价值的蕴藏点。

大数据潜在价值的实现包括 3 个层次：社会领域、行业领域及企业发展领域。大数据最终需要解决的问题主要集中在这样 3 个层面上：一是宏观层面，主要是应用于社会领域，如智慧交通、智慧城市和灾难预警等；二是中观层面，主要表现在提升行业生产率水平，促进行业的融合发展，以及促进行业内商业模式的变革等；三是微观层面，主要表现在促进客户服务水平的提升，企业流程的创新，内部运营成本的降低，以及供应链的协调和改善等。

10.1.7　大数据的挑战

大数据在带来巨大的潜在价值的同时，在业务视角、技术架构、管理策略等方面，由于存在差异性而形成了挑战。

1. 业务视角不同带来的挑战

在大数据未出现之前，企业通过对内部 ERP、客户关系管理（CRM）、供应链管理（SCM）、商业智能（BI）等信息系统的建设，建立了高效的企业内部统计报表、仪表盘等决策分析工具，这些管理系统在企业业务敏捷决策方面发挥了很大作用。但是，这些数据分析只反映了冰山一角，因为报表和仪表盘其实是"残缺"的，是不全面的，更多潜在的有价值的信息往往被企业忽略。在大数据时代，企业业务部门必须改变他们看数据的视角，要更加重视和利用以往被忽视的数据，如交易日志、客户反馈与社交网络等。这种转变需要一个接受的过程，但已经实现这种转变的企业则从中收获颇丰。据有关统计数据，电子商务企业亚马逊三分之一的收入来源于基于大数据相似度分析的推荐系统的贡献；花旗银行新产品的创意很大程度上来自于从各个渠道收集到的客户反馈数据。因此，在大数据时代，业务部门需要以更新的视角来面对大数据，接受和利用好大数据，以创造出更大的业务价值。

2. 技术架构不同带来的挑战

传统的结构化查询语言（SQL）和关系型数据库（RDBMS）在面对大数据时，已经显得力不从心，刺激性价比更高的数据计算、存储技术和工具不断涌现。对于已经熟练掌握和使用传统技术的企业信息技术人员来说，接受、学习和掌握这些新的技术与工具需要一个过程，内心认为现在的技术和工具已足够好，对新技术会产生一种排斥心理，怀疑它只是一个新的噱头，同时新技术本身的不成熟性、复杂性和用户不友好性也会加深这种印象。应该看到的是大数据时代的技术变革已经不可逆转，企业必须积极迎接这种挑战，以包容的方式迎接新技术，以集成的方式实现新老系统的整合。

3. 管理策略不同带来的挑战

大容量和多种类的大数据处理将带来企业信息基础设施的重大变革，也在企业信息技术管理、服务、投资和信息安全治理等方面带来了新的挑战。像如何利用私有云、公有云等服务来实现企业内、外部数据的处理和分析，对大数据架构应该采取什么样的管理和投资模式，对大数据可能涉及的数据隐私应当如何保护……这些都是企业应用大数据需要面对的挑战。

10.2　大数据与商业智能

10.2.1　商业智能的概念

商业智能（Business Intelligence，BI），又称商务智能或商业智慧，其概念于 1996 年由高德纳咨询公司（Gartner Group）提出。Gartner Group 将商业智能定义为：商业智能是描述一系列的概念和方法，通过应用基于事实的支持决策系统来辅助商业决策的制定和实施。商业智能技术提供使企业迅速计算分析数据的技术和方法，包括收集、组织、管理和分析数据，并将这些数据转化为有用的信息，然后分发到企业各处。不过，目前公认的商业智能的定义是指：企业在收集、组织、管理和分析结构化与非结构化的数据和信息时，使用现代信息技术，使商务决策水平得以提升，商务知识和见解得以创造和增加，并且能够帮助企业完善商务流程，采取更有效的商务行动，提升各方面商务绩效，提高综合竞争力的智慧和能力。

商业智能是一系列技术、方法和软件的总称，其最终目的是提高企业运营性能，以及增加企业商业利润。对于商业智能这个概念的正确理解，应从信息系统层面、数据分析层面、知识发现层面和战略层面 4 个层面展开。商业智能的转化如图 10.3 所示。

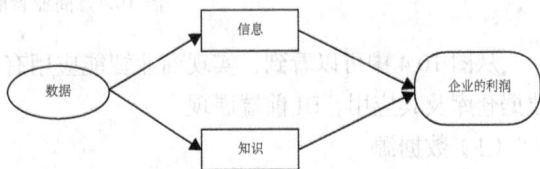

图 10.3　商业智能的转化

第一，信息系统层面。它是商业智能系统（BI System）的物理基础，是一个面向特定应用领域的信息系统平台，一个独立的软件工具，具有非常强大的决策分析能力。

第二，数据分析层面。商业智能是一系列具有计算、分析功能的工具、算法或模型的总称。在数据分析层面，首先是获取数据，获取与关心主题有关的高质量的数据或信息，然后自动或人工参与使用具有分析功能的算法、工具或模型，其间包括分析信息、得出结论、形成假设与验证假设等一系列过程。

第三，知识发现层面。它与数据分析层面一样，也是一系列工具、算法或模型的总称。这一层面可以直接将信息转变成知识，或者是把数据转变成信息后，借助大数据分析挖掘技术发现信息背后隐藏的东西，然后将信息转变成知识。

第四，战略层面。这一层面主要是将知识或信息应用在改善运营能力和提高决策能力及企业建模等方面。商业智能的战略层面是提高企业决策能力，通过利用应用假设或经验及一个或多个数据源的信息形成的一组方法、概念和过程的集合。战略层面通过获取、组织、管理和分析数据，将数据和信息提供给贯穿企业组织的各类人员，使企业的决策能力得以提高。

10.2.2　商业智能的架构体系

商业智能涉及的数据包括来自企业业务系统的订单、交易账目、库存、客户和供应商资料及来自企业外部（即企业所处行业和竞争对手）的数据，以及来自企业所处环境的其他外部的各种数据。商业智能辅助的业务经营决策既可以是操作层面的，也可以是战术层和战略层的决策。要将数据转化为知识，需要利用数据仓库（DW）、联机分析处理（OLAP）工具和数据挖掘（DM）等技术。因此，从技术层面上来讲，商业智能并不是基础技术或者是产品技术，而是数据仓库、联机分析处理和数据挖掘等相关技术走向商业应用后形成的一种应用技术，其系统架构如图 10.4 所示。

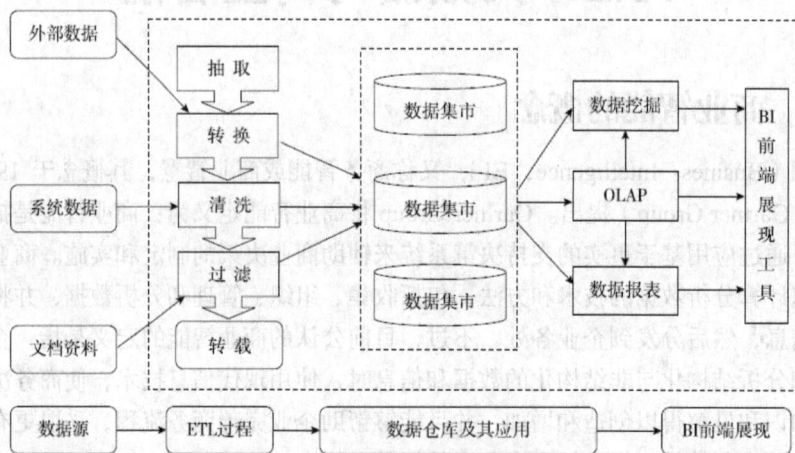

图 10.4　商业智能系统架构体系

从图 10.4 中可以看到，实现商业智能应用有 4 个非常关键的环节，包括数据源、ETL 过程、数据仓库及其应用、BI 前端展现。

（1）数据源

数据仓库系统的数据来源主要是外部的操作性应用系统及内部的业务系统。这些数据源包括数据的业务含义和业务规则，表达业务数据的表、字段、视图、列和索引。

（2）ETL 过程

ETL 过程即抽取（Extraction）、转换（Transformation）和装载（Load）过程。ETL 过程负责将业务系统中各种外部数据、关系型数据、遗留数据和其他相关数据经过清洗、转化和整理后放进中心数据仓库。

（3）数据仓库及其应用

数据仓库是商业智能系统的基础，是面向主题的、稳定的、集成的和随时间不断变化的数据集合。通过联机在线分析处理，可以对数据仓库中的多维数据实行钻取、切片及旋转等分析操作，及时完成决策支持所需要的查询及报表。通过数据挖掘，可以挖掘出数据背后隐藏的知识或信息。通过关联分析、聚类分析和判别分析等方法建立分析模型，来预测企业未来发展趋势及将要面临的问题。

（4）BI 前端展现

在海量数据和分析手段不断增多的情况下，BI 前端展现的主要功能是保障系统分析结果的可视化。一般认为，数据仓库、联机在线分析和数据挖掘技术是商业智能的三大核心技术。决策者通过正确运用商业智能技术，将使用结果加以反馈。通过反馈，可以暴露出潜在的问题，同时，也可以根据情况变化，表达新的需求，提高商业智能流程内在质量。商业智能为特定的应用系统（如客户关系管理 CRM、企业资源计划 ERP 与供应链管理 SCM）的数据环境和决策分析提供支持，在企业制订战略和决策时提供良好的支持。当面对特定应用的特定战略和决策问题时，商业智能能够从数据准备做起，建立或虚拟一个集成的数据环境，以集成的数据环境为基础，利用科学的决策分析工具，并通过数据分析、知识发现等过程为战略制订、决策分析、最终解释、执行分析和发现结果整个过程提供支持。在这个过程中，集成的数据环境和决策分析工具起了非常重要的作用。

10.2.3　商业智能的核心技术

商业智能实质上是将数据转化为信息的过程，这一过程也可称为信息供应链，其目的是把初始的操作型数据变成决策所使用的商务信息。在这一过程中，数据集成工具执行原数据的清洗、格式转化和合并计算等功能；数据存储过程建立数据存储模型，存储企业统一的数据视图，为商业智能系统的应用提供基础数据；数据分析工具一般包括联机分析处理、统计分析工具、数据挖掘工具及其他人工智能工具，这些工具结合商业处理规则，为决策者提供决策辅助信息。从商业智能系统建立的技术角度来看，构建一个完整的商业智能系统涉及以下 3 种核心技术。

1. 数据仓库技术

在 20 世纪 80 年代中期出现了数据仓库技术。此技术被数据仓库创始人之一 W·H·Inmon 定义为 "数据仓库是一个面向主题的、集成的、稳定的和包含历史数据的数据集合，它用于支持管理中的决策制定过程"。数据仓库系统是对数据的处理技术的集成，而商业智能系统的核心是解决商业问题，它把数据处理技术与商务规则相结合以提高商业利润，减少市场运营风险，是对数据仓库技术、决策处理技术和商业运营规则的集合。数据仓库与传统数据库存储的最大区别在于，数据库用于处理企业日常事务，而数据仓库则主要用于处理商务运营决策。数据仓库建立的目的在于在不影响日常操作处理的前提下对业务信息进行分析以辅助企业决策，为决策支持系统提供应用基础。因此数据库与数据仓库是应用于企业运营过程中不同目的的两种数据管理系统。数据的存储技术是数据仓库技术的核心内容，在数据仓库中被集成的数据常常以星型模式展现出来，即以事实表—维表结构来组织数据。事实表也称为主表，包括商务活动定量的或实际的数据，这种数据是可以用数字来度量的，由多行和多列组成；维表又称为辅助表，一般比较小，是反映商业活动中某个维的描述性的数据。事实表和维表通过关系进行连接，这样的组织方式被称为多维数据存储的星型模式。在扩展的星型模式中，维表本身还能够包括维表，这样在组成的数据仓库中包含了商务事实的物理存储模式。

2. 数据挖掘技术

数据挖掘主要用于从大量的数据中发现或挖掘隐藏于其背后的规律或数据之间的关系，它通常采用机器自动识别的方式，不需要太多的人工干预。采用数据挖掘技术，可以为用户的决策分析提供自动化的、智能的辅助手段，该项技术在金融保险业、零售业、医疗行业等多个领域都可以得到很好的应用。在数据挖掘技术中常用的数据模型主要有如下 4 个方面。

① 分类模型。该模型根据商业数据的属性将数据分配到不同的组别中。

② 关联模型。该模型主要描述一组数据项目的密切度和关系。

③ 顺序模型。该模型主要用于分析数据仓库中的某类在相同时间与之相关的数据，并发现某一时间段内数据的相关处理模型。顺序模型可以看成是一种特定的关联模型，它在关联模型中增加了时间属性。

④ 聚簇模型。当要分析的数据缺乏描述性信息，或者是无法组织成任何分类模式时，可以采用聚簇模型。聚簇模型按照某种相近程度度量方法，将用户数据分成互不相同的一些组。组中的数据相

近,组之间的数据相差较大。聚簇模型的核心是将某些明显的相近程度测量方法转换成定量测量方法。

3. 联机分析处理

联机分析处理(On-Line Analysis Processing,OLAP)的概念最早是由关系数据库之父爱德华·库德(E·F·Codd)博士于 1993 年提出的,是一种用于组织大型商务数据库和支持商务智能的技术。OLAP 数据库分为一个或多个多维数据集,每个多维数据集都由多维数据集管理员组织和设计,以适应用户检索和分析数据的方式,从而更易于创建和使用所需的数据透视表和数据透视图。OLAP 的应用主要是针对用户当前及历史数据进行分析,辅助商业决策。其典型的应用有对银行信用卡风险的分析与预测、公司精准策略的制定等。其优势是能够进行大量的查询操作,对时间的要求不太严格。在数据仓库应用中,OLAP 通常是数据仓库应用的前端工具,同时,OLAP工具还可以同计算分析工具和数据挖掘工具配合使用,以增强决策分析功能。

10.2.4　商业智能的研究内容和发展方向

1. 商业智能的研究内容

商业智能是以计算机高级技术为技术支撑,以现代管理技术为指导的应用型系统,其研究热点主要包括体系结构、支撑技术及应用系统 3 个方面。

（1）体系结构

它是指通过识别和理解数据在系统中的流动过程和数据在企业的应用过程中提供的商业智能系统的主框架。商业智能的体系结构包括:数据的预处理、数据仓库、数据分析和数据可视化等4 个部分。针对指定的应用会有相应的体系结构,从而使商业智能具有良好的性能。

（2）支撑技术

商业智能是 20 世纪 90 年代末期出现的跨学科的新兴领域,它的发展借助于两方面的先进成果:一个是计算机技术,比如数据仓库技术、数据挖掘技术、联机分析处理技术、数据可视化技术、数据预处理技术和计算机网络技术等;另一个是现代管理技术,比如预测和统计等运筹学方法、供应链管理、企业资源计划、客户管理等管理理论与方法,此外,还有目前在研究领域比较热的建模技术与方法。支撑技术的研究主要围绕两部分展开:决策支持工具研究和企业建模方法研究。其中决策分析工具的研究还包括对各种分析方法的研究,而企业建模则是解决如何建立特定企业模式的辅助工具。

（3）应用系统

应用系统主要是当问题出现后,要根据提出的解决方案或方式决定具体的解决方法,以及商业智能系统需要具备的功能,其研究重点主要是分析各个应用领域所面临的决策性问题。IT 技术、人工智能等技术的不断发展,为商业智能的完善提供了强大的技术支持。

当前,商业智能在企业运营的相关领域及其他很多领域形成了其特有的体系,并且应用广泛。其中具有代表性的有人力资源管理(HRM)、企业资源计划、企业性能管理(BPM)、客户关系管理、电子商务(E-Business)及供应链管理。

2. 商业智能的发展趋势

（1）注重人性化,逐渐"傻瓜"化

今后商业智能的门户将更加注重人性化,功能也会逐渐"傻瓜"化,强调易用性,更加开放,以及稳定性更高。此外更加重视整合众多信息来源,使人与人之间的沟通与合作更加便捷,帮助可拓展的管理支撑平台框架进一步完善,从而实现从"人去找系统"到"系统找人"的全新理念的转变。

未来商业智能系统能帮助人们充分发掘和释放潜能,帮助合适的角色在合适的时间、地点里获得合适的知识和数据，并且帮助企业将数据和信息转变为一种意念、能力，从而指导人的行为。在这里"人性化"也可以称为一种"自动化"，使管理系统的价值与作用得以最大地体现。

（2）不断集成，演变成门户化

与决策支持系统（DSS）相比，商业智能具有更加美好的发展前景。未来的商业智能将会全面集成信息服务，可以通过类似"门户"的技术对各项业务进行系统地整合，BI 可以融合集成 CRM、ERP 与 SCM 等应用系统。同时也可以联结企业所有信息资源、信息系统及工作人员，从而真正实现跨平台，最后演变成门户化。

（3）移动 BI 将成为新战场

工信部的统计数据显示，截止到 2016 年 1 月，全国电话用户总数达到 15.37 亿户，其中移动用户达 13.06 亿户，4G 用户总数达 3.86225 亿户。手机上网流量达到 37.59 亿 G，同比增长 109.9%。这些数字还在不断地增长，可以大胆地预测，未来利用新技术，移动协同应用将成为 BI 新的增长点。何谓移动协同应用，即用户可以在智能手机移动平台上提交数据，并且获取分析报告，实现商务智能与数据分析无处不在、无时不在的实时动态管理。该技术将会给传统的 BI 带来巨大的改变。因此，移动 BI 协同应用将是未来管理的巨大亮点。当前国内一些领先的、主流的 BI 软件企业正在积极利用现代手机移动技术，想必未来的 BI 移动办公及无线掌控将使管理者可脱离时间地点的控制，随时随地、随心所欲地进行管理。

（4）结合云计算，在云中部署 BI

近年来，云计算的发展如火如荼。由于云计算拥有极其强大的功能，因此，商业智能部署的主流方向将会是以云为基础的商业智能在线服务。可以说各 BI 厂商未来的生存与云计算的发展息息相关。从另一个角度考虑，BI 软件的发展及受欢迎程度必须要使产品基于面向云规模架构的设计，并符合云运营模式。即使 BI 在向云迁移的过程中会遇到许多困难与挑战，"在云中部署 BI"也不再是天方夜谭，越来越多的企业会将其业务应用置于云端。目前，BI 专业厂商 Informatica 发布的 Informatica BI 数据集成平台也已经能同时部署在"云"网络或预装在系统中，为企业用户提供云端集成服务。据了解，该公司已经尝试向用户交付云服务。

10.2.5 商业智能与大数据的结合应用

随着大数据时代的到来，商业智能与大数据的结合越来越紧密，并且已经应用到各行各业中，如图 10.5 所示。商业智能与大数据相结合，在各行各业中得到了广泛应用，其典型应用主要体现在以下 4 个方面。

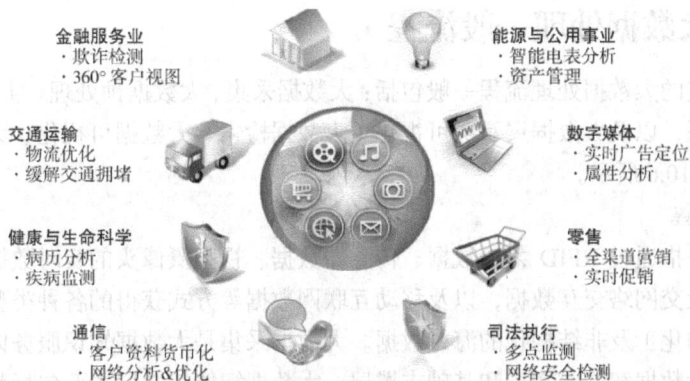

图 10.5 商业智能与大数据结合的应用

1. 产品销售管理（Product Sales Management）

产品销售管理包括产品销售影响因素分析、销售量分析、销售策略及产品销售方案的预测 4 个方面。首先，为方便分析产生了不同结果的销售模型的销售量及销售策略，对影响销售的因素进行分析和评估，根据不同的销售环境，针对相应的产品销售方案制订产品上架和下架计划，使企业营销额得以提高。可根据系统储存的产品销售信息建立总体销售模型和区域、部门销售模型。除此之外，还可以通过对历史数据分析，建立预测模型，提高销售量。

2. 事实管理（Management by Fact）

无论是目标管理还是例外管理，都需要用事实说话，用事实予以支持。过去，在信息缺乏的年代，管理层更多地是依靠个人的经验和直觉进行管理及制定决策。而在当今知识经济时代，在每天的交易之中，维持企业营运的 ERP 系统已积累了庞大的事实与知识，这时就需要进一步对这些事实与知识充分分析并利用，结合企业目标、例外与事实，查询并探测相关信息，以便更好地决策。这些目标可以通过商业智能系统实现。

因此，企业必须实施事实管理，不靠个人经验和直觉，以了解企业每日的商务情况信息为基础，借助商业智能进行科学决策。

3. 异常处理（Management by Exception）

在实际运行中，总会有一些偏差产生，商业智能系统可以监测实际与计划目标的偏差，实时并持续地计算各种绩效目标，这是商业智能数据挖掘应用的典型案例。在出现偏差过大的情况时，系统会采取各种通讯方式在第一时间通知企业责任主管，帮助企业主管及时知晓偏差状况，降低企业风险，进而提高企业收益。其具体应用包括银行及保险等行业的欺诈监测、信用卡分析等。

4. 客户关系管理（Customer Relationship Management）

众所周知，顾客是企业生存发展的关键因素，客户关系管理自然就成为企业一项重要的工作。为了采取相应对策保持顾客数量，培养忠实顾客，维持良好的客户关系，企业可以通过商业智能的客户关系管理子系统对顾客消费习惯和消费倾向进行分析，以便提高顾客满意度。

10.3　大数据处理流程及相关工具介绍

大数据技术，就是从各种类型的数据中快速获取有价值信息的技术。大数据领域已经涌现出大量新的技术，它们成为大数据采集、存储、处理和呈现的有力武器。

10.3.1　大数据处理一般流程

一个比较完整的大数据处理流程一般包括：大数据采集、大数据预处理（准备）、大数据存储、大数据分析与挖掘，以及大数据展示与可视化（大数据检索、大数据可视化、大数据应用、大数据安全等），如图 10.6 所示。

1. 大数据采集

大数据采集是指通过 RFID 射频数据、传感器数据、视频摄像头的实时数据，来自历史视频的非实时数据，社交网络交互数据，以及移动互联网数据等方式获得的各种类型的结构化、半结构化（或称弱结构化）及非结构化的海量数据。大数据采集是大数据知识服务体系的根本。大数据采集一般分为大数据智能感知层和基础支撑层。大数据智能感知层主要包括数据传感体系、网络通信体系、传感适配体系、智能识别体系及软硬件资源接入系统，实现对结构化、半结构化和非结构化的海量数据的智能化识别、定位、跟踪、接入、传输、信号转换、监控、初步处理和管理等，需要着重攻克针对大数据源的智能识别、感知、适配、传输、接入等技术。基础支撑层提供大数据服务平台所需的虚拟服务器，结构化、半结构化及非结构化数据的数据库，以及物联网资源等基础支撑环境，需要重点攻克分布式虚拟存储技术，大数据获取、存储、组织、分析和决策操作的可视化接口技术，大数据的网络传输与压缩技术，大数据隐私保护技术等。大数据采集方法主要包括系统日志采集、网络数据采集、数据库采集和其他数据采集 4 种。

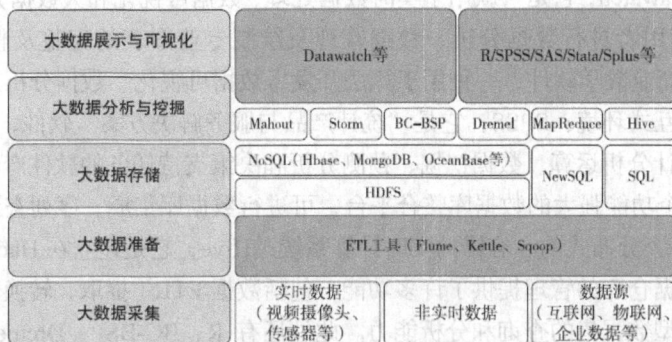

图 10.6　大数据技术体系

在大数据的采集过程中，其主要特点和挑战是并发数高，因为同时有可能会有成千上万的用户来进行访问和操作，比如火车票售票网站和淘宝，它们并发的访问量在峰值时达到上百万，所以需要在采集端部署大量数据库才能支撑。并且如何在这些数据库之间进行负载均衡和分片的确是需要深入的思考和设计。

2. 大数据准备

大数据准备主要是完成对数据的辨析、抽取、转换和加载等操作。因获取的数据可能具有多种结构和类型，数据抽取过程可以帮助用户将这些复杂的数据转化为单一的或者便于处理的结构，以达到快速分析处理的目的。目前主要的 ETL 工具是火槽（Flume）和水壶（Kettle）。Flume 是 Cloudera 提供的一个高可用、高可靠、分布式的海量日志采集、聚合和传输系统；Kettle 是一款国外开源的 ETL 工具，由纯 Java 编写，可以在 Windows、Linux 和 UNIX 上运行，数据抽取高效且稳定。

大数据准备过程的特点和挑战主要是导入的数据量大，每秒钟的导入量经常会达到百兆，甚至千兆级别。

3. 大数据存储

大数据对存储管理技术的挑战主要在于扩展性。首先是容量上的扩展，要求底层存储架构和文件系统以低成本方式及时、按需扩展存储空间。其次是数据格式可扩展，满足各种非结构化数据的管理需求。传统的关系型数据库管理系统（RDBMS）为了满足一致性的要求，影响了并发性能的发挥，而采用结构化数据表的存储方式，对非结构化数据进行管理时又缺乏灵活性。目前，主要的大数据组织存储工具包括：HDFS，它是一个分布式文件系统，是 Hadoop 体系中数据存储管理的基础；NoSQL，泛指非关系型的数据库，可以处理超大量的数据；NewSQL，它是对各种新的可扩展/高性能数据库的简称，这类数据库不仅具有 NoSQL 对海量数据的存储管理能力，还保持了传统数据库支持 ACID 和 SQL 等特性；HBase，它是一个针对结构化数据的可伸缩、高可靠、高性能、分布式和面向列的动态模式数据库；OceanBase，它是一个支持海量数据的高性能分布式数据库系统，实现了在数千亿条记录、数百 TB 数据上的跨行跨表事务。此外还有 MongoDB 等组织存储技术。

4. 大数据分析与挖掘

大数据分析与挖掘技术是基于商业目的，有目的地进行收集、整理、加工和分析数据，提炼有价信息的一个过程。数据分析是指通过分析手段、方法和技巧对准备好的数据进行探索、分析，从中发现因果关系、内部联系和业务规律，为商业目标提供决策参考。目前主要的大数据计算与分析软件包括：Datawatch，它是一款用于实时数据处理、数据可视化和大数据分析的软件；Stata，它是一套提供其使用者进行数据分析、数据管理及绘制专业图表的完整及整合性统计软件；Matlab，它是一款商业数学软件，一种用于算法开发、数据可视化、数据分析及数值计算的高级技术计算语言和交互式环境；SPSS，它是"统计产品与服务解决方案"软件，是由 IBM 公司推出的一系列用于统计分析运算、数据挖掘、预测分析和决策支持任务的软件产品及相关服务的总称；SAS，它是一个功能强大的数据库整合平台，可进行数据库集成、序列查询和序列处理等工作；Storm，它是一个分布式的、容错的实时计算系统；Hive，它是建立在 Hadoop 基础上的数据仓库架构，它为数据仓库的管理提供了许多功能，包括数据 ETL（抽取、转换和加载）工具、数据存储管理和对大型数据集的查询和分析能力。此外还有 R、BC-BSP、Dremel 等计算和分析工具。数据挖掘就是从大量的、不完全的、有噪声的、模糊的和随机的由实际应用产生的数据中，提取隐含在其中的，但又是潜在有用的信息和知识的过程。目前主要的数据挖掘工具有：Mahout，它是一个用于机器学习和数据挖掘的分布式框架，区别于其他的开源数据挖掘软件，它是基于 Hadoop 之上的；R，它是是属于 GNU 系统的一个自由、免费、源代码开放的软件，它是一个用于统计计算和统计制图的优秀工具。此外 Datawatch、MATLAB、SPSS、SAS 和 Stata 等都有着强大的数据挖掘功能。其中 Datawatch 桌面允许用户访问、抽取任何数据信息并将其转换为实时数据，以便显示、分析并与其他用户及系统分享。企业用户可以在 Datawatch 桌面上打开报告或文件，即点即选，数据立即就能提取出来。Datawatch 系统创建了可复用模型，定义了数据到行和列的转换。仅需一次单击动作，用户就能将最新的数据集显示于仪表板上，并开始可视化数据发掘工作。

大数据分析这部分的主要特点和挑战是分析涉及的数据量大，其对系统资源，特别是 I/O 会有极大的占用量。而挖掘的特点和挑战主要是用于挖掘的算法很复杂，并且计算涉及的数据量和计算量都很大，常用的数据挖掘算法都以单线程为主。

5. 大数据展示与可视化

大数据可视化技术可以提供更为清晰直观的数据表现形式，将错综复杂的数据和数据之间的关系，通过图片、映射关系或表格，以简单、友好、易用的图形化、智能化的形式呈现给用户，供其分析使用。可视化是人们理解复杂现象、诊释复杂数据的重要手段和途径，可通过数据访问接口或商业智能门户实现，以直观的方式表达出来。可视化与可视化分析通过交互可视界面来进行分析、推理和决策，可从海量、动态、不确定甚至相互冲突的数据中整合信息，获取对复杂情景的更深层的理解，供人们检验已有预测，探索未知信息，同时提供快速、可检验、易理解的评估和更有效的交流手段。目前，Datawatch、MATLAB、SPSS、SAS、Stata 等都有数据可视化功能，其中 Datawatch 是数据可视化方面最流行的软件之一。完整的可视化分析系统的一个基本要素是具有处理大量多变量时间序列数据的能力。Datawatch Designer 可以提供一系列专业化的数据可视化方案，包括地平线图、堆栈图及线形图等，让历史数据分析更简单、更高效。该软件能够连接传统的列导向和行导向的关系型数据库，从而支持对大型数据集进行快速、有效的多维分析。

Datawatch 提供了卓越的时间序列分析能力，是全球投资银行、对冲基金、自营交易公司及交易用户必不可少的法宝。

10.3.2　大数据处理框架

由于数据量从 TB 级向 PB 级跃迁，对于数据的分析要从常规的分析转入深入的分析，同时要实现对于从高成本的硬件平台向低成本的硬件平台进行过渡，这一系列变化都为大数据的分析带来了挑战。

1. 传统的数据仓库架构

传统的数据仓库将整个数据分析的层次划分为 4 个层次。传统的数据源中的数据，首先经过 ETL 工具对其进行相应的抽取，并将其在数据仓库中进行集中存储和管理，其次通过经典模型（如星型模型）组织数据，然后使用 OLAP 工具从数据仓库中对其进行读取；最后生成数据立方体（MOLAP）或者是直接访问数据仓库进行数据分析（ROLAP）。图 10.7 所示为传统的数据仓库架构。

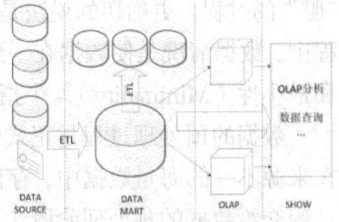

图 10.7　传统数据仓库架构

2. 大数据分析流程框架

传统的数据仓库为大数据的变化带来了诸多问题。

首先，数据的成本问题。数据在通过复杂的 ETL 过程后，存储到数据仓库中，在 OLAP 服务器中转换为经典模型。并且在执行分析时，在连接数据库将其数据取出，这些代价在 TB 级时尚可接受，当面对成指数级别增长的大数据时，会带来很高的移动数据的成本。因此传统的方式不可取。

其次，数据的变化性。传统的数据仓库主题变化较少，在传统数据库中解决变化的方式是对数据源到前端展现的整个流程中的每个部分进行更改，然后再重新加载数据。甚至有可能重新计算数据，导致其适应变化的周期较长。此模式适应的是数据质量较高、查询性能高，以及不是十分计较预处理代价的场合。而在大数据的时代，数据富于变化和多样，因此这种模式不适应新的需求。

再次，数据集的处理。传统的数据集都是在数据库外进行创建，每个分析专家都会独立创建自己的分析数据集，并且，每个分析工作都是由这些专家独立完成的，这表明可能会有更多的人同时创建不同的企业数据视图。一个 ADS（AnalyticDataSets）通常只会服务一个项目，每个专家都会拥有自己的生产数据样本。这些独立的数据集都会导致每个项目最终产生大量的数据，而在大数据的环境下，首先是数据量就很大，数据本身就占用空间。其次是对于数据的价值的重复利用，对微小差别而不同的结果集的取舍。最后是对资源和精力的节约，以降低成本。传统数据仓库与大数据下数据仓库比较如表 10.3 所示。

表 10.3　　　　　　　　　　传统数据仓库与大数据下数据仓库比较

类别	传统数据仓库（数据集）	大数据下数据仓库
数据移动成本	ETL→数据→仓库→模型，分析时取出	在海量数据的前提下，来回移动数据会产生很多不必要的费用
数据富于变化	主题变化幅度较小，对设计变化的各个环节进行更改，再去加载数据	数据富于多种多样的变化，传统方式不仅在来回更改时产生的成本高，且不能适应变化带来的需求
数据集处理	专家制定视图，并拥有独立样本，独立视图增加，造成项目的数据庞大	数据量本身打，占用空间；数据价值的复用存在问题，即能否降低成本提高效率

在文献[1]中提到采用 MapReduce 及并行式数据库的混合架构型的解决方案同时，将其与 MapReduce 主导型与并行式数据库主导型做了对比分析，文中在采用 MapReduce 及并行式数据库集成型的数据库时，在此基础上提出一个大数据分析的流程框架，系统地阐述了大数据分析的整个过程。在现代的库内分析框架下，通过对大数据的使用和研究，做出一个大数据分析的初步流程。其分为 6 个重要阶段，分别是大数据的预处理阶段、大数据的输入接口、分析沙箱、大数据的输出接口、大数据的展示，以及大数据的价值评价。大数据分析流程框架如图 10.8 所示。

1. 大数据的预处理阶段

大数据的预处理过程即一个数据的清洗过程，从字面上理解是对已存储好的数据进行一个去"脏"的过程。更确切的说法是，将存储数据中可以识别的错误去除。在数据仓库和数据挖掘的过程中，数据清洗是使数据在一致性（Consistency）、正确性（Correctness）、完整性（Completeness）和最小性（Minimality）4 个指标上达到最优。

数据的预处理过程是正式使用大数据进行使用和分析的最后一道门槛，在大数据的背景下，在来源不一的海量数据中，存储了冗余、复杂及错误的数据，之后的"去粗存精""去伪存真"的过程交给数据的预处理阶段，预处理阶断能够在极短的时间内，抽取出高质量的数据，形成统一的规范，使数据满足接下来的数据的接口，这将是大数据研究的热点。图 10.9 所示为数据预处理原理。

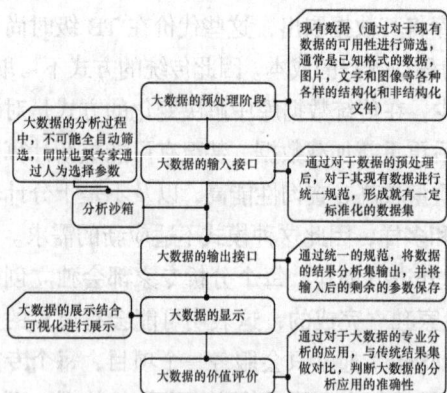

图 10.8　大数据分析流程框架

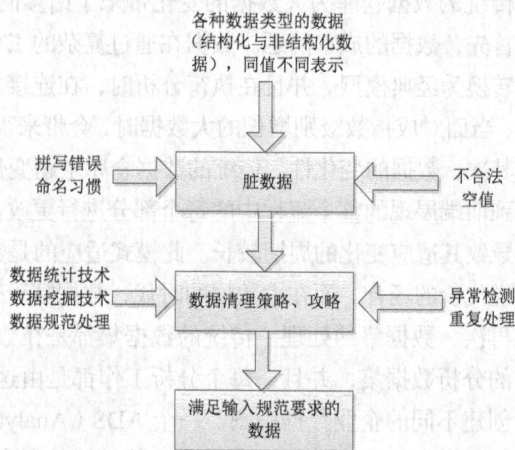

图 10.9　数据预处理原理

在 MapReduce 中，一次性的分析操作居多。对于多维数据的预计算，大数据上的分析操作虽然难以预测，但传统的分析，如基于报表和多维数据的分析仍占多数。因此，在 MapReduce 与并行数据库框架下的大数据分析平台应该利用预计算等手段加快数据分析的速度。出于对运算存储空间的考虑，MOLAP 显然不可取，试想在数据量爆棚时，计算数据立方体是多么可怕的事情，因此要优先考虑 HOLAP 的实现方案。在预处理阶段，采用 MapReduce 的分布式预处理的策略，能在一定程度上减少大数据移动带来的成本消耗。

2. 大数据的输入接口

在大数据的预处理阶段完成后，对其满足输入规范的数据进行统一管理，并将输入数据进行一定的特征提取和数据的关联分析。再通过使用输入接口的同时，开放算法接口模块卡，接收来自不同的算法，从而对数据集进行分析和整理。图 10.10 所示为大数据输入接口流程。

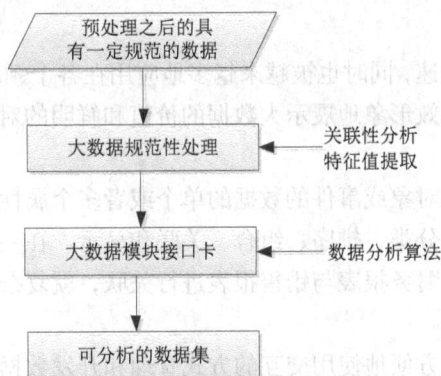

图 10.10　大数据输入接口流程

在整个大数据的输入接口部分应该实现对数据分析的展示，特别是对复杂分析的解释关联展示，努力做到模块接口的可视化。在形成可分析的数据集后，输入接口与输出接口应同时具有按照主题或语义分类的存储，这样能够解决主题变化，做到当数据在输入时就可以随主题变化而改变。

3. 分析沙箱

"沙箱"，顾名思义，是一种孩子们常见的玩具，孩子们可以根据个人意愿在沙箱里把沙子堆砌成各种形状。同样，分析沙箱就研究而言，相当于一个资源组，在这个资源组里，分析专家们能够根据个人的意愿对数据进行各种探索。在分析的整个流程中，沙箱为使用分析平台的专家们提供更为专业的模块接口和参数选择，方便分析人员提取更为有效的数据参数，从而更加精确地展示分析结果。

4. 大数据的输出接口

作为大数据分析的出口，输出接口为大数据的输出提供了统一的规范和标准。作为大数据展示的最后一道工序，大数据的输出接口应具备如下特点。

（1）规范性。通过大数据输出接口的数据应具有一定的规范性，规范性为大数据的结果展示做了良好的保证。

（2）可复用性及剩余资料保存性。作为输出结果集，大数据的所有参数或者是专家选择参数，在一次的分析过程中，其潜在的价值有可能被隐藏，需要有特定的、专门的数据仓库来暂时保存这些具有潜在价值的结果集。对于使用专用算法的数据，其输出结果集必然是其专用的数据参数集。而对于未被专家选择的参数，输出结果集应对剩余参数进行适当保留，直到不再挖掘其价值为止。

（3）模型化。在大数据的输出阶段，应尽可能将其模型化，以便在价值评估阶段有利于数据的利用和评分，更有利于将其应用在新的数据中，实现模型的复用。

（4）查询共享性。MapReduce 采用步步物化的处理方式，导致其 I/O 代价及网络传输代价较高。在多个查询间共享物化的中间结果（甚至原始数据），用以分摊代价并避免重复计算，这样可以有效降低 MapReduce 在物化过程中产生的代价。由此可见，如何在数据结果集之间建立多查询的共享中间结果将是一项非常有实际应用价值的研究。

（5）索引性。输出结果集应该具有一定的索引性，其输入数据是多维度的，其结果也是多维度的，在其具有一定的规范性的情况下。应该能够在 MapReduce 的背景框架下完成多维索引，从而实现对于多维索引的查询速度的提高。

5. 大数据的展示

可视化工具发展得如此迅速，同时也被越来越多地应用在各个领域，在大数据的结果展示中，采用数据可视化技术将更加高效形象地展示大数据的价值和鲜明的对比性。应用可视化技术具有以下特点。

（1）关联性。可以将表示对象或事件的数据的单个或者多个属性和变量进行关联，而数据可以按其所在的不同维度，将其分类、排序、组合、关联和显示。在一定程度上体现出了数据之间的关联性，简单地说，可以将财务报表与销售报表进行关联，就复杂关联来讲，让尿布与啤酒的销售量关联也成为可能。

（2）互动性。使用者可以方便地使用交互的方式管理和开发数据。

（3）可视性。通过数据接口的数据可以用图像、曲线、三维立体及动画等多种方式来展示，通过展示后，专家可以对其模式、关系和趋势做进一步分析。

6. 大数据的价值评估

随着分析流程的扩展性不断提高，新的分析流程如何利用分析后的价值把企业带到一个更高的层次，本书将引入对于大数据的价值评估方案。分析流程最终会产生新的信息，例如，在市场营销方面，客户购买某一种产品的概率，某个产品的最优价格，或者是在促销活动中能带来销量提升的区域。将大数据输出接口中的分析模型应用于最新数据，就是评分。在大数据的价值评估阶段，应具备以下两种要素。

（1）嵌入式评分。嵌入式评分能在数据库内定期执行评分过程，令使用者可以更加高效、方便地使用结果集所输出的模型。大数据应该尽可能包含部署每一个独立的评分过程和建立一个健全的机制来管理、监控这个评分过程。

（2）校验评估。校验评估是在检验对于专业数据处理分析的准确性，与人工神经网络和决策树判定一样，大数据的应用管理也需要检验，检验它在某一个专业领域的可行性，是否可以根据该分析方法和分析模型来判定这种方式的可行性，其准确的校验识别率决定了这种分析模型的可行性。例如，就石油勘探开发领域而言，使用大数据进行储层参数预测，可以根据大数据对储层参数进行识别和匹配，寻找相似的储层参数，从而进行评估，而在最初投放生产中，需要对其使用进行有效地评估，确定这个模型的建立与使用是否有效和可行，可以同经典的算法准确率做对比，计算校验误差值，来判定模型是否可行。

10.4 大数据核心技术——Hadoop

Hadoop 是一个由 Apache 基金会所开发的分布式系统基础架构。用户可以在不了解分布式底层细节的情况下，开发分布式程序，充分利用集群的威力进行高速运算和存储。Hadoop 实现了一个分布式文件系统（HadoopDistributed File System，HDFS）。HDFS 有高容错性的特点，并且设计用来部署在低廉的（low-cost）硬件上；而且它提供高吞吐量（high throughput）来访问应用程序的数据，适合那些有超大数据集（large data set）的应用程序。HDFS 放宽了（relax）POSIX 的要求，可以以流的形式访问（streaming access）文件系统中的数据。

Hadoop 由 Pig、Chukwa、Hive、HBase、MapReduce、HDFS、ZooKeeper、Core、Avro 九部分组成，最核心的设计就是 HDFS 和 MapReduce。HDFS 为海量的数据提供了存储功能，而 MapReduce 为海量的数据提供了计算功能。其中部分子项目的作用如表 10.4 所示。

表 10.4　　　　　　　　　　　　　　　　Hadoop 子项目的作用

子项目	作用
Pig	一种用于探索大型数据集的脚本语言
Chukwa	展示、监控和分析已收集的数据
Hive	提供类似 Oracle 的数据添加、查询、修改和删除方法
HBase	提供可靠的，可扩展的分布式数据库
ZooKeeper	为分布式提供高一致性服务
Core	提供了一个分布式文件系统（HDFS）和支持 Map Reduce 的分布式计算
Avro	序列化，提高分布式传输效率

10.4.1　MapReduce 并行程序设计

1. MapReduce 概述

MapReduce 是一种编程模型，用于大规模数据集（大于 1TB）的并行运算。概念"Map（映射）"和"Reduce（化简）"，和他们的主要思想，都是从函数式编程语言里借来的，还有从矢量编程语言里借来的特性。它极大地方便了编程人员在不会分布式并行编程的情况下，将自己的程序运行在分布式系统上。当前的软件实现是指定一个 Map（映射）函数，用来把一组键值对映射成一组新的键值对，指定并发的 Reduce（化简）函数，用来保证所有映射的键值对中的每一个共享相同的键组。

MapReduce 任务过程被分为两个处理阶段：map 阶段和 reduce 阶段。每个阶段都以键值对作为输入和输出，并由程序员选定它们的类型。程序员还需要具体定义两个函数：map 函数和 reduce 函数。

Hadoop 的 MapReduce 中，map 和 reduce 函数遵循如下常规格式。

```
map: (k1,v1)→list(k2,v2)
reduce: (k2,list(v2))→list(k3,v3)
```

一般来说，map 函数输入的键值对的类型（k1 和 v1）不同于输出类型（k2 和 v2）。虽然，reduce 函数的输入类型必须与 map 函数的输出类型相同，但 reduce 函数的输出类型（k3 和 v3）可以不同于输入类型。

2. MapReduce 的数据流

MapReduce 作业是客户端需要执行的一个工作单元，它包括输入数据、MapReduce 程序和配置信息。Hadoop 将作业分成若干个小任务来执行，其中包括两类任务：MapReduce 任务和 reduce 任务。MapReduce 工作原理如图 10.11 所示。

从图 10.11 可以看出，一切都是从最上方的 UserProgram 开始的，UserProgram 链接了 MapReduce 库，实现了最基本的 Map 函数和 Reduce 函数。图中执行的顺序都用数字进行标记。

（1）MapReduce 库先把 UserProgram 的输入文件划分为 M 份（M 为用户定义），每一份通常有 16MB 到 64MB，图中左方所示分成了 split0~4；然后使用 fork 将用户进程拷贝到集群内其他机器上。

（2）UserProgram 的副本中有一个称为 Master，其余称为 worker。Master 是负责调度的，为空闲 worker 分配作业（Map 作业或者 Reduce 作业），worker 的数量也可以由用户指定。

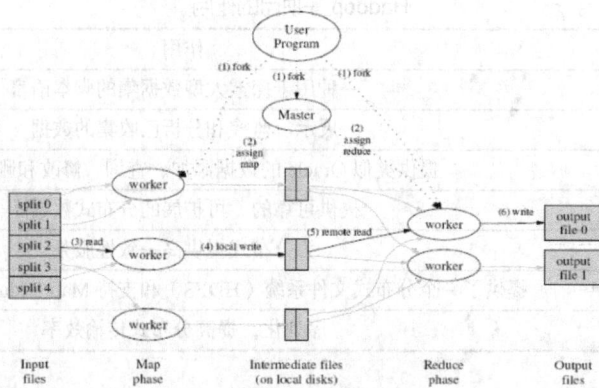

图 10.11　MapReduce 工作原理

（3）被分配了 Map 作业的 worker，开始读取对应分片的输入数据，Map 作业数量是由 Master 决定的，和 split 一一对应；Map 作业从输入数据中抽取键值对，每一个键值对都作为参数传递给 Map 函数，Map 函数产生的中间键值对被缓存在内存中。

（4）缓存的中间键值对会被定期写入本地磁盘，而且被分为 R 个区，R 的大小由用户定义，将来每个区会对应一个 Reduce 作业；这些中间键值对的位置会被通报给 Master，Master 负责将信息转发给 Reduceworker。

（5）Master 通知分配了 Reduce 作业的 worker 它负责的分区在什么位置（肯定不止一个地方，每个 Map 作业产生的中间键值对都可能映射到所有 R 个不同分区），当 Reduceworker 把所有它负责的中间键值对都读过来后，先对它们进行排序，使相同键的键值对聚集在一起。因为不同的键可能会映射到同一个分区，也就是同一个 Reduce 作业，所以排序是必须的。

（6）Reduceworker 遍历排序后的中间键值对，对于每个唯一的键，都将键与关联的值传递给 Reduce 函数，Reduce 函数产生的输出会添加到这个分区的输出文件中。

（7）当所有的 Map 和 Reduce 作业都完成后，Master 唤醒 UserProgram，MapReduce 函数调用返回 UserProgram 的代码。

所有操作执行完毕后，MapReduce 输出放在 R 个分区的输出文件（分别对应一个 Reduce 作业）。用户通常并不需要合并这 R 个文件，而是将其作为输入交给另一个 MapReduce 程序处理。整个过程中，输入数据是来自底层分布式文件系统（GFS）的，中间数据是放在本地文件系统的，最终输出数据是写入底层分布式文件系统（GFS）的。而且需要注意，Map/Reduce 作业和 Map/Reduce 函数的区别：Map 作业处理一个输入数据的分片，可能需要调用多次 Map 函数来处理每个输入键值对；Reduce 作业处理一个分区的中间键值对，期间要对每个不同的键调用一次 Reduce 函数，Reduce 作业最终也对应一个输出文件。

3. MapReduce 应用实例

本书将使用国家气候数据中心（National Climatic Data Center，NCDC 提供的数据，网址为 http://www.ncdc.noaa.gov/）。这些数据按行并以 ASCII 编码存储，其中每一行是一条记录。为全面了解 map 的工作方式，考虑将以下几行作为输入数据的示例数据。

0067011990999991950051507004,,9999999N9+00001+99999999,, 0043011990999991950051512 004,,9999999N9+00221+99999999,, 0043011990999991950051518004,,9999999N9-00111+99999999,, 0043012650999991949032412004,,0500001N9+01111+99999999,, 0043012650999991949032418004,,

0500001N9+00781+99999999,,这些行以键值对的方式来表示 Map 函数。

(0,0067011990999991950051507004,,9999999N9+00001+99999999,,) (106, 00430119909999919 50051512004,,9999999N9+00221+99999999,,) (212, 0043011990999991950051518004,,9999999N9-0 0111+99999999,,) (318, 0043012650999991949032412004,,0500001N9+01111+99999999,,) (424, 0043 012650999991949032418004,,0500001N9+00781+99999999,,)

键（key）是文件中的行偏移量，Map 函数并不需要这个信息，所以将其忽略。Map 函数的功能仅限于提取年份和气温信息（以蓝色显示），并将它们作为输出（气温值已用整数表示）：（1950,0）（1950,22）（1950,-11）（1949,111）（1949,78）。

Map 函数的输出经由 MapReduce 框架处理后，最后被发送到 Reduce 函数。这一处理过程中需要根据键值对进行排序和分组。因此，Reduce 函数会看到如下输入。

(1949,[111,78]) (1950,[0,22,-11])

每一年份后紧跟着一系列气温数据。所有 Reduce 函数现在需要做的是遍历整个列表，并从中找出最大的读数：(1949,111)(1950,22)。

这是最终输出结果：每一年的全球最高气温纪录。

10.4.2 HDFS

1. HDFS 简介

分布式文件系统（Hadoop Distributed File System，HDFS），有容错性的特点，并且用来部署在低廉的硬件上。而且它提供高吞吐量来访问应用程序的数据，适合那些有超大数据集的应用程序。HDFS 放宽了可移植操作系统接口（POSIX），的要求，这样可以实现以流的形式访问文件系统中的数据。

（1）数据块

每个磁盘都有默认的数据块大小,这是磁盘进行数据读/写的最小单位,一般为 512Byte。HDFS 同样也有块的概念，默认为 64MB。但与其他文件系统不同的是，HDFS 中小于一个块大小的文件不会占据整个块的空间。

（2）NameNode 和 DataNode

HDFS 集群有两类节点，并以管理者—工作者模式运行，即一个 NameNode（管理者）和多个 DataNode（工作者）。NameNode 管理文件系统的命名空间，它维护文件系统树及整棵树内所有文件和目录。DataNode 是文件系统的工作节点，它们根据需要存储并检索数据块（受客户端或 NameNode 调度），并定期向 NameNode 发送它们存储的块的列表。

2. HDFS 的数据流

文件写入，如图 10.12 所示。

（1）客户端通过对 Distributed File System 对象调用 create()函数来创建文件。

（2）Distributed File System 对 NameNode 创建一个 RPC 调用，在文件系统的命名空间中创建一个新文件，此时该文件中还没有相应的数据块。

（3）在客户端写入数据时，DFS Output Stream 将它分成一个个的数据包，并写入内部队列，称为"数据队列"。

（4）Data Streamer 将数据包流式传输到管线中的 3 个 DataNode 中。

（5）当收到管道中所有 DataNode 确认信息后，该数据包才会从确认将队列删除。

（6）客户端完成数据的写入后，会对数据流调用 close()方法。

文件读取，如图 10.13 所示。

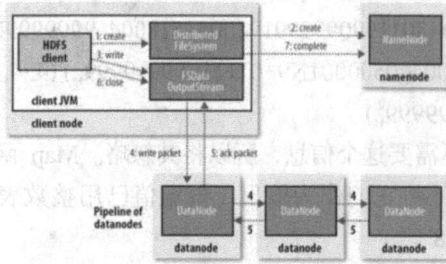

图 10.12　客户端将数据写入 HDFS　　　　图 10.13　客户端读取 HDFS 中数据

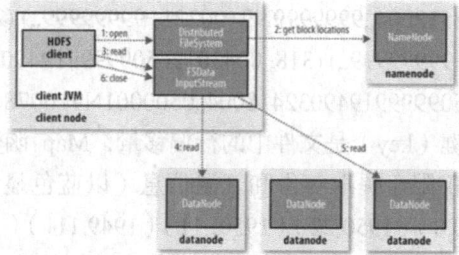

（1）客户端通过调用 Distributed File System 对象的 open()方法来打开希望读取的文件，对于 HDFS 来说，这个对象是分布式文件系统的一个实例。

（2）Distributed File System 通过使用 RPC 来调用 Name Node，以确定文件起始块的位置。

（3）客户端对这个输入流调用 read()方法。

（4）通过对数据流反复调用 read()方法，可以将数据从 Data Node 传输到客户端。

（5）到达块的末端时，DFS Input Stream 会关闭与该 Data Node 的连接，然后寻找下一个块的最佳 DataNode。

（6）一旦客户端完成读取，就对 FS DataInput Stream 调用 close()方法。

文件块复制。

（1）NameNode 发现部分文件的文件块不符合最小复制数或者部分 DataNode 失效。

（2）通知 DataNode 相互复制文件块。

（3）DataNode 开始直接相互复制。Hadoop 的默认布局策略是在运行客户端的节点上放第一个复本。第二个复本放在与第一个不同且随机选择的机架中的节点上（离架）。第三个复本与第二个复本放在相同的机架上，且随机选择另一个节点。

3. HDFS 的特点与不足

（1）HDFS 设计目标之一是适合运行在通用硬件上的分布式文件系统。硬件故障是常态，而不是异常。整个 HDFS 系统将由数百或数千个存储文件数据片断的服务器组成。实际上它里面有非常巨大的组成部分，每一个组成部分都会频繁出现故障，这就意味着 HDFS 里的一些组成部分总是失效，因此，故障的检测和自动快速恢复是 HDFS 很核心的结构目标。从这个角度说，HDFS 具有高度的容错性。

（2）HDFS 的另一个设计目标是支持大文件存储。运行在 HDFS 上的程序有很大量的数据集。这意味着典型的 HDFS 文件是 GB 到 TB 的大小，所以，HDFS 能很好地支持大文件。它可以提供很高的聚合数据带宽，一个集群中支持数百个节点，还能支持一个集群中千万的文件。

（3）HDFS 还要解决的一个问题是高数据吞吐量。HDFS 采用的是"一次性写，多次读"这种简单的数据一致性模型。换句话说，文件一旦建立后写入，就不需要再更改。网络爬虫程序就很适合使用这样的模型。

（4）移动计算环境比移动数据划算。HDFS 提供了 API，以便把计算环境移动到数据存储的地方，而不是把数据传输到计算环境运行的地方。这对于数据大文件尤其适用，可以有效减少网络的拥塞，从而提高系统的吞吐量。

（5）HDFS 不适用于低延迟数据访问、大量小文件及多用户写入、任意修改的情况。

10.4.3 Hadoop 的应用领域

其实 Google 最早提出 MapReduce 也是为了海量数据分析。HDFS 最早是为了搜索引擎实现而开发的，后来才被用于分布式计算框架中。海量数据被分割于多个节点，然后由每一个节点并行计算，将得出的结果归并到输出。同时第一阶段的输出又可以作为下一阶段计算的输入，因此可以想象到一个树状结构的分布式计算图，在不同阶段都有不同产出，同时并行和串行结合的计算也可以很好地在分布式集群的资源下得以高效处理。

（1）Hadoop 主要应用于以下领域。

（2）数据挖掘与商业智能，包括日志处理、点击流分析、相似性分析、精准广告投放。

（3）数据仓库，特别是使用 Pig 和 Hive。

（4）生物信息技术（基因分析）。

（5）金融模拟（如蒙特卡洛模拟）。

（6）文件处理（如 jpeg 大小修改）。

（7）Web 索引。

（8）日志分析。

（9）排序。

10.4.4 Hadoop 的优点与不足

1. Hadoop 的优点

（1）经济

Hadoop 是开源的 Apache 项目，所有人都可以免费使用。Hadoop 运行于普通硬件之上，因此无需购买专业的数据库服务器。

（2）高效

Hadoop 可以在几分钟内处理 TB 级的数据，在几小时内可以处理完 PB 级的数据。而且 Hadoop 还是那些互联网巨头（如 Facebook、Twitter、Yahoo、eBay、Amazon 等）快速处理大数据并制定决策的唯一方式。

（3）可扩展

不论是存储的可扩展还是计算的可扩展，都是 Hadoop 的设计根本，只需增加带硬盘驱动器的节点。

（4）可靠

分布式文件系统的备份恢复机制及 MapReduce 的任务监控保证了分布式处理的可靠性。

（5）数据类型灵活

由于 Hadoop 用于处理半结构化或非结构化的数据，所以 Hadoop 可以存储和处理任意类型的数据。

（6）编程语言多样

Hadoop 本身是用 Java 开发的，但是用户可以使用类 SQL 语言（如 Apache Hive）访问用户的数据。如果用户想要对过程式的语言进行分析，可以用 Apache Pig。如果用户想深入框架，可以用 Java、C/C++、Ruby、Python、C#、QBasic 等任意语言自定义分析用户的数据。

2. Hadoop 的不足

Hadoop 作为一个基础数据处理平台，虽然其应用价值已得到大家认可，但仍存在很多问题，以下是主要 4 个不足。

① NameNode/JobTracker 单点故障。Hadoop 采用的是 Master/Slaves 架构，该架构管理起来比较简单，但存在致命的单点故障和空间容量不足等缺点，这已经严重影响了 Hadoop 的可扩展性。

② HDFS 小文件问题。由于 NameNode 将文件系统的元数据存储在内存中，因此该文件系统能存储的文件总数受限于 NameNode 的内存容量。根据经验，每个文件、目录和数据块的存储信息大约占 150Byte。举例来说，如果有 10000000 个小文件，每个文件占用一个 Block，则 NameNode 需要 2G 空间。如果存储 1 亿个文件，则 NameNode 需要 20G 空间。这样 NameNode 内存容量严重制约了集群的扩展。

③ JobTracker 同时进行监控和调度，负载过大。为了解决该问题，Yahoo 已经开始着手设计下一代 HadoopMapReduce。他们的主要思路是将监控和调度分离，独立出一个专门的组件进行监控，而 JobTracker 只负责总体调度，至于局部调度，可以交给作业所在的 client。

④ 数据处理性能。很多实验表明，其处理性能有很大的提升空间。Hadoop 类似于数据库，可能需要专门的优化工程师根据实际的应用需要对 Hadoop 进行调优，有人称之为"Hadoop Performance Optimization（HPO）"。

10.4.5　Hadoop 的发展趋势

Hadoop 的长期目标是提供世界级的分布式计算工具，也是对下一代业务（如搜索结果分析等）提供支持的 Web 扩展（Web-Scale）服务。

近十年来，由于很多大型公司和一些理论研究机构都在对大规模分布式计算软件进行开发和研究，Hadoop 平台只为 MapReduce 服务的时代从 Hadoop 的 2.0 版本开始正式结束了。新版本支持的产品和服务将会和 Cloudera 的 Impala 一样用一个 SQL 查询引擎，或者用其他的方法来替代 MapReduce。HBase NoSQL 数据库就是 Hadoop 离开 MapReduce 约束后的一个很好的例子。大型的网络公司，像 Facebook、eBay 等都已经用 HBase 去处理事务型的应用了。另外，随着集群规模的不断扩大，数据检索速度呈线性增长，并且系统稳定性也改善不少。

目前，Hadoop 已经迅速成长为首选的、适用于非结构化数据的大数据分析解决方案。基于 Hadoop 利用商品化硬件对海量的结构化和非结构化数据进行批处理，给数据分析领域带来了深刻的变化。通过挖掘机器产生的非结构化数据中蕴藏的知识，企业可以做出更好的决策，促进收入增长，改善服务，降低成本。

随着互联网的发展，新的业务模式还将不断涌现，Hadoop 的应用也会从互联网领域向电信、电子商务、银行、生物制药等领域拓展。相信在未来，Hadoop 将会在更多的领域中扮演幕后英雄，为人们提供更加快捷优质的服务。

随着经济计算在消费市场的显现，人们这种开发和研究的兴趣更加高涨。Hadoop 的目标已经延伸到超越目前现存的任何技术复制品的地步。人们将致力于把 Hadoop 建立成一个对任何人都有用的系统。

10.5　大数据的应用

大数据应用自然科学的知识来解决社会科学中的问题，在许多领域具有重要的应用。早期的大数据技术主要应用在大型互联网企业中，用于分析网站用户数据及用户行为等。现在，传统企业、公用事业机构等有大量数据需要处理的组织和机构，也越来越多地使用大数据技术，以便完成各种功能需求。除了常见的商业智能和企业营销外，大数据技术也开始较多地应用于社会科学领域，并在数据可视化、关联性分析、经济学和社会科学领域发挥重要的作用。

10.5.1　大数据的应用概述

大数据应用基本上呈现出互联网领先，其他行业积极效仿的态势，而各行业数据的共享开放已逐渐成为趋势。

1. 大数据在互联网中的应用

互联网企业在大数据应用中处于领先地位，并逐步深入到其他行业中。互联网企业开展大数据应用拥有得天独厚的优势。互联网拥有大量的数据和强大的技术平台，同时掌握大量用户行为数据，能够进行不同领域的纵深研究。如谷歌、Twitter、亚马逊、新浪、阿里巴巴等互联网企业已广泛开展定向广告、个性推荐等较成熟的大数据应用。比如谷歌开发的无人驾驶汽车，依靠庞大的道路信息数据（每秒钟会采集超过 750MB 的数据），无人驾驶汽车能够智能地选择路径以及自动驾驶。2016 年 1 月云栖大会上海峰会中，阿里云宣布开放阿里巴巴十年的大数据能力，发布了全球首个一站式大数据平台"数加"，会中展示的产品覆盖数据采集、计算引擎、数据加工、数据分析、机器学习、数据应用等方面。

2. 大数据在企业中的应用

大数据的挖掘和应用成为未来的核心技术，将从多个方面创造价值。大数据的重心将从传输和存储过渡到数据的挖掘和应用，这将深刻地影响企业的商业模式。据麦肯锡预测，大数据应用每年可潜在地为美国医疗健康业和欧洲政府分别节省 3000 亿美元和 1000 亿欧元，利用个人位置信息潜在地可创造出 6000 亿美元的价值，因此，大数据的应用具有远超万亿美元的大市场。

企业的决策方法多以事实为基础，大量使用数据分析来优化企业运营的各个环节和流程，通过基于数据分析的业务优化和重组，把业务流程和决策过程中具有的潜在价值挖掘出来，从而达到节约成本、战胜对手、在市场中求生存的目标。大数据在企业中的分析包括顾客分析、商品分析、供应链和效率分析及其他关乎企业绩效方面的分析。例如，电信运营商运用大数据进行智能管理，基于用户、业务及流量分级的多维管控机制，以及精准的客户分析及营销（如套餐适配、离网预警、广告精准投放等）。这些应用大多数电信运营商早已执行，如中国电信、西班牙电信、中国移动等，都已开展城市人口流量模型等工作。此外，电信业通过审视自身的数据优势，服务公共社会的应用逐步展开，例如，智慧城市，利用位置和轨迹信息服务社会，为智慧城市提供海量数据预测服务等。

3. 大数据在政府中的应用

大数据另外一个重要的应用领域是社会或政府。目前，城市面临着人口、就业和环境等各方面问题，许多宏观数据也是大数据分析的重要应用范畴。美国等发达国家的政府部门在开展大数据应用方面起了重要的表率作用，例如，美国能源部、联合国防部等 6 个联邦政府部门或机构投资了 2 亿美元，以开展大数据的政府应用。美国国防部开展了与网络安全相关的若干大数据项目，进行情报搜集和分析。美国国家卫生研究院着手建立健康与疾病相关的数据集、基因组信息系统、公众健康分析系统及老龄化电子图书数据库等医疗大数据系统。国际上，早在 2009 年，联合国就启动了全球脉搏项目，跟踪和监控全球各地区的社会经济数据，采用大数据技术进行分析处理，以便更加及时地对危机做出反应。日本 2012 年开始对大数据进行专项调查，并将调查结果发布在《信息通信白皮书》里。2013 年，日本总务省对大数据的发展现状进一步深入开展宏观和微观层面的调查，针对大数据的生成、流通与存储环节进行宏观定量研究。

在我国，大数据将重点应用于商业智能、政府决策和公共服务三大领域。例如，商业智能技术，政府决策技术，电信数据信息处理与挖掘技术，电网数据信息处理与挖掘技术，气象信息分析技术，环境监测技术，警务云应用系统（道路监控、视频监控、网络监控、智能交通、反电信诈骗、指挥调度等公安信息系统），大规模基因序列分析比对技术，Web 信息挖掘技术，多媒体数据并行化处理技术，影视制作渲染技术，其他各种行业的云计算和海量数据处理应用技术等。

4．大数据在其他领域中的应用

大数据不仅在互联网、企业、政府中得到了广泛的应用，随着大数据的发展，大数据在医疗与生命科学研究、能源和司法执法等领域都得到了广泛的应用并不断扩展。例如，一个基因组序列文件大小约为 750MB，一个 CT 图像大约为 150MB 的数据，一个标准的病理图则接近 5GB。2010 年，国家公布的"十二五"规划中提出要重点建设国家级、省级和地市级三级卫生信息平台，以及建设电子病历和电子档案两个基础数据库等。此外，各级医院也将加大在数据中心、IT 外包等领域的投入。随着医疗信息数据的增长速度成几何倍数不断发展，医院的信息存储越来越重要，医疗信息中心也将从关注传统计算领域转移到更加注重存储领域上来。从 2013 年开始，电力、石油等能源行业纷纷拉开了大数据开发应用的序幕。大数据技术强调的是从海量数据中快速有效地获取有价值信息的能力，如何从海量数据中高效地获取数据，有效地深加工并最终应用到商业决策中是能源企业涉足大数据的目的。利用大数据可对业务进行分析，将其加工成有用的数据，进而全面掌控企业业务。例如，国网信通公司在北京亦庄的数据中心，设有 10200 个传感器。这些传感器及时采集数据，并被存储到云盘进行分析和利用。在大数据时代背景下，创新司法统计信息的收集与管理模式，深化司法统计数据的开发利用，对于更好地服务于审判管理，在更高的起点上推动人民法院工作实现新的发展具有重要意义。

10.5.2　国内外大数据经典案例

创想智慧城市研究中心收集研究了国内外大数据应用的经典案例，希望可以对读者有所启示。

1．塔吉特百货

最早关于大数据的故事发生在美国第二大超市塔吉特百货。孕妇对零售商来说是个含金量很高的顾客群体，但是她们一般会去专门的孕妇商店。人们一提起塔吉特，往往想到的都是日常生活用品，却忽视了塔吉特有孕妇需要的一切。在美国，出生记录是公开的，等孩子出生了，新生儿母亲就会被铺天盖地的产品优惠广告包围，那时候再行动就晚了，因此必须赶在孕妇怀孕前期就行动起来。

塔吉特的顾客数据分析部门发现，怀孕的妇女一般在怀孕第三个月的时候会购买很多无香乳液。几个月后，她们会购买镁、钙、锌等营养补充剂。根据数据分析部门提供的模型，塔吉特制订了全新的广告营销方案，在孕期的每个阶段给客户寄送相应的优惠券。结果，孕期用品销售呈现了爆炸性的增长。2002—2010 年，塔吉特的销售额从 440 亿美元增长到了 670 亿美元。大数据的巨大威力轰动了全美。

2．沃尔玛"啤酒加尿布"

总部位于美国阿肯色州的世界著名商业零售连锁企业沃尔玛拥有世界上最大的数据仓库系统，为了能够准确了解顾客在其门店的购买习惯，沃尔玛对其顾客的购物行为进行购物篮分析。沃尔玛数据仓库里集中了其各门店的详细原始交易数据，在这些原始交易数据的基础上，沃尔玛利用 NCR 数据挖掘工具对这些数据进行分析和挖掘，可以很轻松地知道顾客经常一起购买的商品有哪些。一个意外的发现是："跟尿布一起购买最多的商品竟是啤酒！"

3. 试衣间的大数据应用

传统奢侈品牌 PRADA 正在向大数据时代迈进。它在纽约及一些旗舰店里开始了大数据时代行动。在纽约旗舰店里，每件衣服上都有 RFID 码，每当顾客拿起衣服进试衣间时，这件衣服上的 RFID 会被自动识别，试衣间里的屏幕会自动播放模特穿着这件衣服走台步的视频。人一看见模特，就会下意识里认为自己穿上衣服就会是那样，会不由自主地认可手中所拿的衣服。

而在顾客试穿衣服的同时，这些数据会传至 PRADA 总部，包括：每一件衣服在哪个城市哪个旗舰店什么时间被拿进试衣间停留多长时间，数据都被存储起来加以分析。如果有一件衣服销量很低，以往的做法是直接被废弃掉。但如果 RFID 传回的数据显示这件衣服虽然销量低，但进试衣间的次数多。那就说明存在一些问题，衣服或许还有改进的余地。

这项应用在提升消费者购物体验的基础上，还帮助 PRADA 提升了 30%以上的销售量。传统奢侈品牌在大数据时代采取的行动，体现了其对大数据运用的视角，也是公司对大数据时代的积极回应。

4. 路易斯维尔利用大数据治理空气污染问题

美国堪萨斯州的路易斯维尔地区，大约有 10 万人饱受哮喘困扰。根据 2012 年路易斯维尔市发布的当地健康报告，受访的 500 个成年人中，有 15%都声称他们患有哮喘。这也让人们对当地的空气质量状况产生了担忧。

因此，路易斯维尔市政府与 IBM 及 Asthmapolis 合作，共同推出了"路易斯维尔哮喘数据创新计划"。该计划选取了 500 名哮喘病患者，让他们使用 Asthapolis 的传感器。每个哮喘病人可以得到价值 35 美元的 Walgreen 药店的购物卡及 500 美元的抽奖机会。

5. 阿里信用贷款和淘宝数据魔方

中国最大的电子商务公司阿里巴巴已经开始利用大数据技术提供服务：阿里信用贷款与淘宝数据魔方。

每天有数以万计的交易在淘宝上进行。与此同时相应的交易时间、商品价格、购买数量会被记录，更重要的是，这些信息可以与买方和卖方的年龄、性别、地址，甚至兴趣爱好等个人特征信息相匹配。各大中小城市的百货大楼做不到这一点，大大小小的超市也做不到这一点，而互联网时代的淘宝却可以。

淘宝数据魔方就是淘宝平台上的大数据应用方案。通过这一服务，商家可以了解淘宝平台上的行业宏观情况、自己品牌的市场状况、消费者行为情况等，并可以据此进行生产、库存决策，而与此同时，更多的消费者也能以更优惠的价格买到更心仪的宝贝。

而阿里信用贷款则是阿里巴巴通过掌握的企业交易数据，借助大数据技术自动分析判定是否给予企业贷款，全程不会出现人工干预。截至 2015 年底，阿里巴巴已经放贷 300 多亿元，坏账率约 0.3%左右，大大低于商业银行。

6. 其他大数据案例

（1）腾讯——大数据技术促使腾讯视频成为国内第一

腾讯视频凭借全平台资源，建立 ISEE 内容精细化运营战略，利用腾讯视频的庞大数据资源，了解用户所喜欢看的内容和用户的常见行为。通过技术优势带给用户更好的观看体现。最后借助腾讯视频社区化的关系链和多平台触达能力，让营销内容得到最大范围的传播，致力于成为国内最大的在线视频媒体交流平台。

（2）T-Mobile——大数据帮助移动运营商降低客户流失率

移动运营商 T-Mobile 在多个 IT 系统中整合了大数据应用，对客户交易和互动数据进行综合分析，更准确地预测客户流失率。通过将社交媒体数据和 CRM 及计费系统中的交易数据进行综合分析，T-mobile 在一个季度内将客户流失率降低了一半。

（3）TXUEnergy——智能电表

有了智能电表，供电公司每隔 15 分钟就能读一次用电数据，而不是过去的一月一次。这不仅节省了抄表的人工费用，而且由于能高频率快速采集分析用电数据（产生大数据），供电公司能根据用电高峰和低谷时段制定不同的电价，TXU Energy 就利用这种价格杠杆来平抑用电高峰和低谷的波动幅度。例如，TXU Energy 打出了这样的宣传口号：亲，晚上再洗衣服洗碗吧，晚上用电不要钱。实际上，智能电表和大数据应用让分时动态定价成为可能，而且这对于 TXU Energy 和用户来说是一个双赢变化。

（4）麦克拉伦一级方程式车队——借助大数据技术，降低事故，保驾护航

麦克拉伦车队（Mclaren'sF1racingteam）通过汽车传感器在赛前的场地测试中实时采集数据，结合历史数据，通过预测型分析发现赛车问题，并预先采取正确的赛车调校措施，降低事故概率并提高比赛胜率。

（5）UPS 快递——大数据技术下的最佳行车路径

UPS 快递多效地利用了地理定位数据。为了使总部能在车辆出现晚点时，跟踪到车辆的位置和预防引擎故障，它的货车上装有传感器、无线适配器和 GPS。同时，这些设备也方便了公司监督管理员工并优化行车线路。UPS 为货车定制的最佳行车路径是根据过去的行车经验总结出来的。2011 年，UPS 的驾驶员少跑了近 4828 万公里的路程。

（6）DPR——用大数据设计建筑

DRP 建筑公司是加州旧金山分校医学中心价值 15 亿美元的建筑合同的总包商。这也是首个完全基于大数据模型建设的医学中心建筑。DPR 使用了 Autodesk 公司的三维技术，设计师们能整合空气流动、建筑朝向、楼板空间、环境适应性、建筑性能等多种数据，形成一个虚拟模型，各种数据和信息可以在这个模型中实时互动。建筑师、设计师和施工队伍通过这个模型可以在接近真实的完整的运营环境里，以可视化的方式观察数以百万计的数据标记。

10.6　大数据热点问题

目前，大数据时代已经到来，不管是在学术界还是在产业界，人们都希望通过对大数据热点问题的研究，充分认识和了解大数据将要面对的关键性挑战和具有的独特价值，以便更好地把握投入方向，这对学术界、产业界及用户具有指导价值。

1. 数据科学与大数据的学科边界

迄今为止，什么是大数据，在产业界和学术界并没有形成一个公认的定义，对大数据的内涵与外延也缺乏清晰的说明。另外，大数据是否就意味着全数据，还有待进一步讨论与澄清。此外，还需要为动态、高维和复杂的大数据建立形式化、结构化的描述方法，进而在此基础上发展大数据处理技术。而后者关注的是数据界与物理界、人类社会之间的关联与差异，探讨是否存在独立于应用领域的数据科学。如果存在数据科学，其学科问题的分类体系又是什么？目前已有的共识是，大数据的复杂性主要来自数据之间的复杂联系。另外，新型学习理论与认知理论等也应当是

数据科学的重要组成部分。

2. 数据计算的基本模式与范式

大数据的诸多突出特性使传统的数据分析、数据挖掘和数据处理的方式方法都不再适用。因此，面对大数据，需要有数据密集型计算的基本模式和新型的计算范式，需要提出数据计算的效率评估方法，以及研究数据计算复杂性等基本理论。由于数据体量太大，甚至有的数据本身就以分布式的形式存在，难以集中起来处理，因此对于大数据的计算需要从中心化的、自顶向下的模式转为去中心化的、自底向上、自组织的计算模式。另外，面对大数据将形成基于数据的智能，人们可能需要寻找类似"数据的体量+简单的逻辑"的方法去解决复杂问题。

3. 大数据特性与数据态

这一问题综合了 3 个问题，即大数据的关系维复杂性、大数据的空间维复杂性和大数据的时间维复杂性问题。大数据往往由大量数据源头产生，而且常包含图像、视频、音频、数据流、文本与网页等不同的数据格式，因此其模态是多种多样的。主要来源于多模态的大数据之间存在错综复杂的关联关系，这种异质的关联关系有时还动态变化，互为因果，因此导致其关联模式也非常复杂。大数据的空间维问题主要关注人、机、物三维世界中大数据的产生、感知与采集，以及不同粒度下数据的传输、移动、存储与计算。另外，还需研究大数据在空间与密度的非均衡态对其分析与处理所带来的理论与技术的挑战。大数据的时间维问题则意图在时间维度上研究大数据的生命周期、状态与特征，探索大数据的流化分析、增量式的学习方法与在线推荐。

4. 大数据的数据变换与价值提炼

大数据的数据变换与价值提炼即"如何将大数据变小"与"如何进行大数据的价值提炼"。前者要在不改变数据基本属性的前提下对数据进行清洗，在尽量不损失价值的条件下减小数据规模。为此，需要研究大数据的抽样、去重、过滤、筛选、压缩、索引和提取元数据等数据变换方法，直接将大数据变小，这可以看作是大数据的"物理变化"。后者可看作是大数据的"化学反应"，对大数据的探索式考察与可视化将发挥作用，人机的交互分析可以将人的智慧融入这一过程，通过群体智慧、社会计算、认知计算对数据的价值进行发酵和提炼，实现从数据分析到数据价值判定和数据制造的价值飞跃。

5. 大数据的安全和隐私问题

只要有数据，就必然存在数据泄露、数据窃取等与安全、隐私有关的问题。目前，大数据在收集、存储及使用过程中都面临着重大的风险和威胁，大数据需要遵守更多、更合理的规定，但是传统的数据保护方法无法满足这一要求。因此，针对大数据的安全与隐私保护问题，还有大量的困难挑战亟须得到解决。具体挑战包括：大数据计算伦理学，大数据规模的密码学，分布式编程框架中的安全计算，安全的数据存储和日志管理，基于隐私和商业利益保护的数据挖掘与分析，数据计算的可信任度，实施安全/合规监测，强制的访问控制和安全通信，多粒度访问控制，以及数据来源和数据通道等。总体而言，当前国内外针对大数据安全和隐私保护问题的研究还比较少，根据我国的国情，只有通过技术手段与相关的政策法规相结合才能更好地解决此类问题。

6. 大数据对 IT 技术架构的挑战

不管是存储系统、传输系统还是计算系统，大数据都提出了很多非常苛刻的要求，况且大数据平台本身也将是技术高峰，现有的数据中心技术很难实现大数据提出的技术需求。例如，数据的增长远远超过了存储能力的增长，对此目前需要解决的关键问题就是设计出最合理的分层存储架构。分布式存储架构需要结合放大（scale-up）式和扩充（scale-out）式的可扩展性，因此对整个 IT 架构进行革命性地重构势在必行。此外，大数据平台（包括计算平台、传输平台和存储平台等）是大数据技术链条中的瓶颈，特别是大数据的高速传输，需要革命性的新技术。

7. 大数据的应用及产业链

大数据的研究与应用不是单一化的，应该与领域知识相结合，特别是在开展大数据研究的初期，计算机领域的科技工作者一定要虚心请教各领域的科技人员，从而真正了解和熟悉各领域数据的特征。根据不同的应用需求和不同的领域环境，大数据的获取、分析与反馈的方式也不尽相同。为此，针对不同行业与领域业务需求，首先需要展开业务特征与数据特征的研究，进行大数据应用分类与技术需求分析，然后构建从需求分析与业务模型，到数据建模、数据采集和总结反馈，最后到数据分析的全生命周期应用模型。其实，不同的应用环境和应用目标代表了不同的价值导向，这对于大数据的价值密度有很大的影响。

在大数据产业链方面，随着大数据的不断发展，很多数据都不知道如何运用，于是大量数据服务公司产生了。我国已经形成了大数据的"生产与集聚层—组织与管理层—分析与发现层—应用与服务层"产业链。

8. 大数据的生态环境问题

大数据被喻为 21 世纪的"新石油"，它是一种宝贵的战略资源，因此对大数据的共享与管理无疑是其生态环境的重要部分。所有权是大数据共享与管理的基础，而所有权既是技术问题，也是法律问题。因此，数据也是拥有权益的，对它的权益需要进行具体认定并进行保护，进而在保护好多方利益的基础上解决数据共享问题。为此，可能会遇到很多的困难，例如，人们对法律或信誉的顾虑，保护竞争力的需要，以及数据存储的位置和方式不利于数据的访问和传输等。此外，生态环境问题受到政治、经济、社会、法律、科学等因素的交叉影响，因为大数据对国家治理模式、组织和业务流程、企业的决策、个人生活方式都将产生巨大的影响，因此这种影响模式值得深入研究。

10.7   大数据的发展趋势

1. 大数据从概念化走向价值化

一方面，大数据将向更多新领域扩张，也会出现更多数据驱动的商业模式。具体来说，互联网金融等将会成为大数据应用的新的商业模式，特别是基于海量数据的信用体系和风险控制，一定会冒出来。另一方面，资本高度关注大数据领域，相关的融资、并购与初次公开上市股票（IPO）纷纷出现，因此大数据从概念走向价值化成为大数据发展趋势中的最大趋势。

2. 大数据安全与隐私越来越重要

大数据安全不容忽视，这是因为大数据更容易成为网络中的攻击目标；对存储的物理安全性要求也会越来越高；大数据分析技术更容易被黑客利用；大数据引起了更多不易被追踪和防范的犯罪手段，个人隐私的问题也更为严重。个人的隐私越来越多地融入各种大数据中，大数据拥有者掌控了越来越多人的越来越丰富的信息。同时，有偿的隐私保护服务会被大众所接受。

3. 大数据分析与可视化成为热点

大数据规模大、难理解，分析过程离不开可视化技术，可视化将贯穿于大数据分析与结果展示的全过程，可视化已经成为很多领域研究的热题。有了大数据，大规模、多角度、多视角与多手段的数据可视化，还有实时处理分析和大数据的处理方法贯穿整个数据分析和数据展示的过程。

4. 数据的商品化和数据共享的联盟化

数据共享联盟有望逐步壮大，成为产业、科研和学术界一个环环相扣的支撑环节和产业发展的核心环节。另外，由于数据变成资源，成为有价值的东西，数据私有化和独占问题就是客观存在的，成为关注的焦点。数据产权界定问题日益突出，在数据权属确定的情况下，数据商品化将成为必然选择。

5. 深度学习与大数据性能成为支撑性的技术

在大数据时代，依靠高性能计算的支持，深度学习将会成为大数据智能分析的核心技术之一。基于海量智能的技术成为发展的热点，它利用群体智能和众包计算支撑大数据分析和应用，依赖于对捕捉到的数据的分析来做判断和决策，这将成为要兴起的下一个浪潮。以分布式计算来支撑大数据分析是必经之路。在很多大数据的应用场合，基于物理资源的分散式应用会有更多的应用场景。

6. 数据科学的兴起

数据科学作为一个与大数据相关的新兴学科出现，各种大数据分析系统各有所长，在不同类型分析查询下，表现出不同的性能差异，使人们对数据科学兴起有了更具体的认识。目前，许多研究机构、学术团体和高校都在进行对大数据的研究，以及在大数据方面的学科建设和实验室建设，使大数据成为一门真正的数据科学。

7. 大数据产业成为一种战略性产业

早在 2011 年，全球知名咨询公司麦肯锡发布了《大数据：创新、竞争和生产力的下一个前沿领域》的报告，预示大数据产业将会成为本世纪具有决定性的产业。发展大数据产业，利用大数据分析提高国家经济决策和社会服务能力，保障国家安全成为各国的重要战略。除大企业成为大数据最活跃的群体外，一些拥有大数据的政府部门也纷纷利用积累的数据，采用大数据技术进行分析，产生了突出的效果。

8. 大数据生态环境逐步完善

虽然大数据生态环境目前还没有完善到令人满意的程度，但是它正在逐步完善。一方面，开源逐步成为主流；另一方面，大数据、云计算、物联网相互交融，开展大数据教育、计算机类相关的教育活动等，其中大数据教育更多是对人才方面的教育。

9. 大数据处理架构的多样化模式并存

在大数据处理方面，Hadoop/MapReduce 框架一统天下的模式已被打破，实时流计算、分布式内存计算、图计算框架等并存；在大数据存储与管理方面，大数据的 4V 特征放大了以前海量数据的存储与管理的挑战；在性能提升方面，内存价格不断降低，使内存计算将成为解决实时性大数据处理问题的主要手段。

综上所述，大数据技术也已成为人们生活中不可或缺的重要组成部分，对各个领域的发展具有十分重要的作用。大数据的特点也是有目共睹的，在互联网、云计算发展的推动下，大数据技术未来的发展会朝着更加智能化、先进化、广泛化的方向发展，从而为人们的生活带来更大的便利，为科技的发展注入新的活力。

本章小结

本章主要介绍大数据的定义、特征、产生的原因、数据类型的分类，大数据与商业智能的关系，大数据处理数据的流程及核心技术 Hadoop，应用领域及国内外大数据经典案例，当前热点问题及未来的发展趋势。

［1］王珊，王会举，覃雄派等. 架构大数据：挑战、现状与展望［J］. 计算机学报，2011，34(10)：1741-1752.

［2］深圳国泰安教育技术股份有限公司. 大数据导论：关键技术与行业应用最佳实践. 北京：清华大学出版，P1-20.